科学出版社"十四五"普通高等教育本科规划教材

发射装置控制技术

主编 王 洁

科 学 出 版 社
北 京

内 容 简 介

本书以地空导弹发射装置为对象,系统介绍了导弹发射装置控制系统的功能、组成以及控制原理和方法。内容包括发射装置控制系统总体概述、与计算机控制系统相关的计算机控制技术、随动系统原理和设计、数字控制器设计和电液控制技术等。相关设计内容采用 Matlab/Simulink 进行计算机辅助设计和仿真,并给出应用案例。

本书注重系统构成的完整性和应用性,内容丰富,理论性和实用性强,可作为高校武器发射工程、武器系统工程等专业本科生教材,也可作为相关专业师生和工程技术人员的参考书。

图书在版编目(CIP)数据

发射装置控制技术 / 王洁主编. —北京:科学出版社,2023.1
科学出版社"十四五"普通高等教育本科规划教材
ISBN 978-7-03-074132-5

Ⅰ. ①发… Ⅱ. ①王… Ⅲ. ①导弹发射装置—自适应控制—高等学校—教材 Ⅳ. ①TJ768

中国版本图书馆 CIP 数据核字(2022)第 232713 号

责任编辑:许 健 / 责任校对:谭宏宇
责任印制:黄晓鸣 / 封面设计:殷 靓

科学出版社 出版
北京东黄城根北街 16 号
邮政编码:100717
http://www.sciencep.com

南京展望文化发展有限公司排版
广东虎彩云印刷有限公司印刷
科学出版社发行 各地新华书店经销

*

2023 年 1 月第 一 版 开本:787×1092 1/16
2025 年 3 月第三次印刷 印张:22 3/4
字数:522 000

定价:90.00 元
(如有印装质量问题,我社负责调换)

《发射装置控制技术》
编写人员

主　编：王　洁

参　编：刘少伟　时建明　冯　刚

前　　言

  发射装置控制系统是导弹发射设备的重要组成部分,其性能直接影响武器系统的作战效能。目前,国内外现役导弹发射装置形式差别较大,不尽相同,但是根据其执行部件是机电系统还是液压系统可以将发射装置控制系统分为电气控制和电液控制两大类型。本书以地空导弹发射装置控制系统为对象,以计算机控制技术、随动系统和电液控制技术为主线,以通用控制技术为主、兼顾不同发射方式的控制需求,全面系统地论述发射装置控制系统所涉及的主要技术问题。

  本书主要包括发射装置控制技术概述、计算机控制技术基础、随动系统、随动系统动态设计、数字控制器设计和电液比例控制技术及应用六章内容。本书以通用基础理论为主,重点介绍控制技术和原理,突出其在发射装置控制系统中的应用。第一章发射装置控制技术概述,主要介绍发射装置控制系统概念、功能和组成,发射装置控制系统的技术性能指标和设计内容,发射装置控制技术的发展。第二章计算机控制技术基础,主要介绍计算机控制系统概述、计算机控制系统的信号变换、计算机控制系统输入/输出通道、计算机控制系统设计一般要求和设计方法。第三章随动系统,主要介绍随动系统概念、组成和分类,各组成部分的原理及选择设计方法。第四章随动系统动态设计,主要介绍基于希望特性的校正装置的设计方法。第五章数字控制器设计,主要介绍数字PID控制器设计、数字控制器间接和直接设计方法。第六章电液比例控制技术及应用,主要介绍电液比例控制技术概述、比例电磁铁、电液比例阀、比例控制放大器、发射装置调平起竖控制系统。

  针对控制系统理论性、系统性和应用性强的特点,本书紧贴理论和工程应用实际,采用理论与实践相结合的模式,充分利用仿真技术,力求使内容体现应用特色,为学生搭建起从基础课程到专业课程的中间桥梁,使学生掌握必备的专业基础理论和系统的设计方法。

  本书在编写过程中引用了许多专家学者的研究成果,对列入或未列入参考文献的专家学者在该领域所作出的贡献和无私奉献表示崇高的敬意,对引用他们的成果感到十分荣幸并表示由衷的感谢。

作者在编写过程中虽然花费了大量精力,但限于水平,本书难免存在疏漏与不足之处,恳请广大读者批评指正。

编　者

2022 年 2 月于空军工程大学防空反导学院

目　录

第一章
发射装置控制技术概述

地空导弹武器系统是导弹武器系统的重要分支,是由地面发射,用来打击敌方来袭的飞机、导弹等空中目标的一种导弹武器。导弹发射车是地空导弹武器系统中的主要作战装备,它涉及机、电、液、通信、控制、计算机等多种技术。发射装置是导弹发射车的主要组成部分,其控制系统主要涉及计算机控制技术、随动系统控制技术和电液比例控制技术。

1.1 发射装置控制系统

发射装置控制系统是指发射前控制发射装置完成导弹的展开、支撑、定向、自动跟踪瞄准和实施导弹发射,发射后控制发射装置完成撤收的所有控制系统的总称,主要由机电控制、电液控制和计算机控制等系统组成,其形式取决于导弹发射方式、武器系统作战要求和系统结构。本书介绍的发射装置控制系统不包括对导弹发射过程的程序控制。

1.1.1 发射方式

导弹的发射是指导弹从进入发射准备到实施发射,并在自身的推力或外部动力作用下飞离发射装置的过程。导弹的发射方式是指导弹脱离发射平台的方法与形式。

发射方式关系到武器系统的作战方式、作战能力、发射精度等战术技术性能指标,也涉及地面设备的总体方案和武器系统的研制成本等,并在发射系统的设计和研制过程起至关重要的作用。采用何种发射方式需要从发射技术、装备的战术性能指标要求、作战装备和支援保障装备的构成、装备的研制费用和效能指标等方面进行全面考虑和论证,最终由武器系统总体方案决定。对于地空导弹武器系统,导弹的发射方式可根据发射动力、发射姿态、发射装置机动等进行划分。图1-1给出了地空导弹发射方式的分类形式。

由图1-1可知,发射方式按发射姿态可分为倾斜发射和垂直发射两种方式。对于倾斜发射装置可分为裸弹和筒(箱)弹倾斜发射两种,如苏联的SA-2和美国的"霍克"地空导弹发射装置采用裸弹倾斜发射方式[图1-2(a)、(b)],美国的"爱国者"和意大利的"阿斯派德"地空导弹发射装置采用筒(箱)倾斜发射[图1-2(c)、(d)],发射装置采用的控制系统主要是发射架随动系统和电液调平控制系统等,现代随动系统多采用计算机控制,所以发射架随动系统多属于计算机控制系统。对于垂直发射装置也分为裸弹和筒(箱)弹垂直发射两种,早期的垂直发射装置,采用裸弹垂直发射,如美国的"奈基Ⅱ"地空

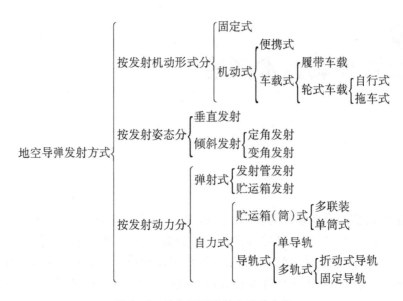

图 1-1　地空导弹发射方式的分类

(a) SA-2地空导弹发射装置

(b) "霍克"地空导弹发射装置

(c) "爱国者"地空导弹发射装置

(d) "阿斯派德"地空导弹发射装置

图 1-2　地空导弹倾斜发射装置

导弹发射装置[图1-3(a)]。目前几乎都采用筒(箱)弹垂直发射方式,如俄罗斯SA-10地空导弹发射装置[图1-3(b)],其发射装置控制系统主要是计算机控制系统和电液控制系统。

(a)"奈基Ⅱ"地空导弹发射装置　　　　　　　(b)SA-10地空导弹发射装置

图1-3　地空导弹垂直发射装置

1.1.2　发射装置控制系统功能与组成

1. 发射装置控制系统功能

尽管不同型号的地空导弹武器系统的作战目标和作战任务不同,但发射装置的功能基本相同。

(1)控制发射装置进行发射前准备,主要包括控制发射装置的展开、实现对导弹的支撑、定位定向、目标的跟踪瞄准、初始射向的控制,发射后发射装置的撤收等;

(2)实现发射系统的在线检测和维护。

2. 发射装置控制系统组成

发射装置控制系统从功能角度来看,组成如下:

(1)发射装置展开和撤收控制系统;

(2)导弹初始射向控制系统。

发射装置控制系统从技术领域来看,主要组成如下:

(1)电气控制系统;

(2)电液控制系统;

(3)计算机控制系统。

1.2　发射装置控制系统的技术性能指标

1.2.1　发射方式对发射装置控制系统设计的影响

发射方式是影响发射装置类型和发射控制系统形式的重要因素,而发射姿态则是影响发射装置结构形式和控制系统的决定因素。地空导弹常用的发射姿态为倾斜发射和垂直发射。由于发射姿态关系到发射装置上的导弹指向目标和进入稳态跟踪所需要的时间,因此对地空导弹武器系统的作战反应时间具有直接影响,其影响主要是发射装置上的导弹指向目标和进入稳态跟踪所需要的时间。倾斜发射时,通常需要随动系统控制发射装置调转指向目标,并进入稳态跟踪,因此从发现目标到导弹发射需要一定的时间。垂直发射无须发射装置调转和跟踪瞄准,因此缩短了系统响应时间,可以提高武器系统的作战反应能力和连续作战能力,且垂直发射装置占用空间小、无发射禁区和便于多联装。

1.2.2 发射装置控制系统主要技术指标

发射装置控制系统首先应满足武器系统的各项战术技术指标,同时满足环境条件和使用维护要求。

（一）发射装置控制系统的总体性能要求

在设计发射装置控制系统时,针对不同的发射方式应满足的性能指标不同。对发射装置控制系统的总体性能要求主要有以下三个方面。

1. 系统稳定性

稳定性是指系统受到外界输入干扰作用,能经短暂的调节过程后达到新的或者恢复到原有的平衡状态的能力。如果发射装置控制系统在受到扰动后偏离了原来的工作状态,控制装置再也不能使系统恢复到原来的状态,而是越偏离越远,这样的系统称为不稳定系统。显然,稳定是发射装置控制系统正常工作的前提。一般要求发射装置控制系统受到干扰后经过短暂调节能准确地恢复到稳态运行状态。

2. 快速响应性

快速响应是发射装置控制系统动态品质的标志之一,即要求发射装置控制系统能快速响应输入信号的控制。一方面要求响应过程的时间短;另一方面,还应要求满足系统稳定性。若系统响应过程持续时间很长,将使系统长久地出现大偏差和处于运动状态调节,也说明系统响应很迟钝,难以响应快速变化的输入信号的控制。一般来说,当系统的响应很快时,系统的稳定性将变坏,甚至可能产生不稳定的工作状态。在设计发射装置控制系统时,应该特别注意。

3. 控制精度

控制精度是度量发射装置控制系统输出量能否控制在目标值所允许的误差范围内的一个标准。它反映了发射装置控制系统控制过程后期的稳态性能,指的是控制发射装置的输出响应输入控制的能力,是衡量发射装置控制系统技术水平的最重要的指标。一个高质量的系统,在整个运行过程中,其输出响应与输入信号作用的偏差应该很小。对于随动系统,系统中被控量与输入量的偏差应该很小,如雷达跟踪系统、导弹随动系统和火炮随动系统、精密加工的数控机床等,所要求的精度通常都是比较高的,允许的偏差都小于几密位,当放大器的增益为无限大时,控制误差 $\lim\limits_{t \to \infty} e(t) = \lim\limits_{t \to \infty} [r(t) - y(t)] = 0$。对于垂直发射装置起竖系统来说,其发射筒（箱）起竖的角度应满足精度要求。

（二）倾斜发射装置随动系统的主要战术技术指标

由图1-1可知,倾斜发射随动系统有定角发射和变角发射两种方式。采用定角发射,发射装置的方位和高低角固定不变;变角发射,分为发射装置的方位角和高低角都可变或方位角可变而高低角固定两种情况。对于变角,无论是方位角还是高低角可变,都离不开随动系统,所以倾斜发射装置控制系统主要是随动系统。随动系统使发射装置带弹稳定跟踪目标,赋予导弹初始射向。

倾斜发射装置随动系统主要战术技术指标有:

(1) 方位和高低两个方向的工作范围;

(2) 方位角和高低角测量精度;

(3) 方位和高低两个方向的最低稳定跟踪角速度;

(4) 方位和高低两个方向的最大跟踪角速度、最大跟踪角加速度;

(5) 阶跃输入信号作用下的过渡过程指标:超调量 $\sigma\%$、稳态误差 e_{ss}、调节时间 t_s、振荡次数 N;

(6) 斜坡输入信号作用下的稳态误差;

(7) 正弦输入信号作用下的跟踪误差;

(8) 方位和高低两个方向调转时的最大跟踪角速度、最大跟踪角加速度;

(9) 方位和高低两个方向的最大调转角度和最大调转时间。

(三) 垂直发射装置控制系统主要战术技术指标

垂直发射装置控制系统主要战术技术指标有:

(1) 起竖角控制精度;

(2) 起竖时间及回平时间;

(3) 调平时间及调平精度。

对于发射装置控制系统除了上述的关键战术技术指标,在设计时,还需考虑系统连续工作时间、可靠性、使用寿命、使用环境条件和经济性等多方面的要求。

1.3　发射装置控制系统的设计内容

不同型号的发射设备,其发射装置结构、型式以及控制方法等不尽相同,因此在设计时也存在差异性,但是其主要设计过程和步骤是相似的。本书针对发射装置控制系统总体性能要求和主要技术性能指标,将一般发射装置控制系统的设计内容和任务概括为以下几方面。

1. 市场调研

在系统设计前,首先按照设计任务书提出的要求,根据被控对象的工作性质和特点,明确对具体系统的基本性能要求;其次了解构成发射装置控制系统元部件的市场情况,跟踪新产品、新器件、新工艺和新技术的发展与应用情况。

2. 系统总体设计方案的制定

根据发射装置控制系统的技术指标要求和控制对象的实际情况,确定控制系统的类型、结构、控制方式和系统的组成部分,形成合理的系统设计方案。对于倾斜发射方式,发射装置随动系统首先应该确定是采用模拟随动系统还是数字随动系统,是采用纯电气控制,还是采用电气—液压或电气—气动控制;其次,若确定采用纯电气方案,则需要选择是采用步进电动机作执行元件,还是采用直流伺服电动机或交流伺服电动机作执行元件;再次,确定系统控制方式是采用开环控制,还是采用闭环控制或复合控制;最后,确定主通道的构成,即整个系统应由哪些部分组成。选定系统的各主要元部件的型式,确定各元部件的接口方式、电源类型等。对于垂直发射装置起竖控制系统首先确定是采用电气控制系统还是采用电液控制系统;其次,若确定电气控制方案,则进一步选择采用交流控制还是直流控制;最后,确定主通道的构成。这些问题在制订方案时必须明确,必要时可以制订多个方案,以便进一步分析比较。

3. 静态设计

在确定系统方案的基础上,进行主通道的设计,即静态设计。静态设计包括负载计算与执行元件选择,传动装置的选择、放大装置的选择、检测装置的选择、信号变换电路的设计等,同时检验元部件之间输入、输出的功率匹配。

在进行主通道设计时,应为系统的动态设计留有余地,在保证系统动态性能改善的同时又能方便地引入校正装置。

4. 建立系统数学模型

当完成发射装置控制系统静态设计后,控制系统主通道的元部件基本确定。在此基础上,首先分别建立主通道各环节的数学模型;其次,建立发射装置控制系统的数学模型;最后,根据需要对系统模型进行适当简化和线性化处理,得到系统最终的数学模型。必要时还需对元部件的特性进行实验,通过系统辨识的方法进行建模。

系统的数学模型是对发射装置控制系统分析和动态设计的基础,所以建立的数学模型既要尽量反映发射装置控制系统的实际,又要便于系统动态设计。

5. 系统的动态分析与设计

系统的动态分析是研究发射装置控制系统的动态品质和提高系统动态品质的措施与方法。系统的动态设计是确定系统的校正(或补偿)方式和校正(或补偿)装置的形式,研究和设计校正(或补偿)装置,使得系统的动态性能能够满足系统的性能指标要求的关键环节。因此,必须根据指标要求,合理地选择设计方法。

设计校正装置一般还应考虑它在系统中所处的部位和连接形式。

6. 仿真验证和模拟试验

发射装置控制系统经过静态和动态设计后,还需要通过仿真试验验证确定系统的性能指标能否达到系统的技术指标要求。如果指标均满足要求,设计方案便可以确定。否则,必须对设计的校正装置作局部调整修改或重新设计,再进行仿真试验,直到系统的性能指标完全达到要求。如果经过反复设计仍无法满足系统技术指标要求,就需要重新制定系统方案。由于设计计算总是近似的,因此结果往往与实际情况有较大的出入,所以在样机试制前用计算机对系统进行仿真是一种有效的方法。必要时还可采用半实物仿真或采用缩比的实物模拟负载,逼近实际发射装置控制系统进行控制试验,指导具体发射装置控制系统的设计、研制、生产、安装和调试,提高发射装置控制系统设计的可靠性和有效性。

因此,要完成发射装置控制系统的设计,不仅需要具备对系统进行性能分析及其控制的能力,还必须了解和熟悉组成发射装置控制系统部件的工作原理及其性能与市场价格之间的情况,学会如何从现有的市场产品中选择出性价比优良的产品,并通过合适的接口、软件以及控制策略组合成达到发射装置控制系统性能指标的集成系统。

1.4　发射装置控制技术的发展

发射装置控制系统根据控制动力分为电气控制和电液控制两种,两种控制方式中执行部件不同,但其控制器都是计算机控制。因此,发射装置控制系统的核心技术主要是计算机控制技术、随动系统控制技术和电液比例控制技术。随着三项核心技术的不断发展,发射装置控制系统性能不断提升。

1.4.1　随动系统控制技术的发展

1. 随动系统控制技术的发展

随动系统亦称为伺服系统(servo-system),是自动控制系统中的一种。它通常是具有负反馈的闭环控制系统,有的场合也可以用开环控制系统来实现其功能。"伺服"的概念最早出现于20世纪初,1934年,第一次提出了伺服机构(servomechanism)这个词。对随动系统的控制技术一般又称为伺服控制技术,随动系统是伴随电子与电力技术的应用和伺服控制技术的发展而发展的。伺服控制技术的发展,一方面是工业生产的需求,尤其是军事装备发展的需求;另一方面与控制器件、功率驱动装置和执行机构的发展紧密相连。

为了便于了解随动系统控制技术的发展,本书按照控制器件和功率驱动装置的发展,对随动系统控制技术的发展大致归纳为四个阶段。

第一阶段是20世纪40年代和50年代初期,以电磁放大元件作为功率放大装置,以直流电动机作为执行机构。具有代表性的功率放大元件是交磁放大电机。世界上第一个随动系统是由美国麻省理工学院辐射实验室(林肯实验室的前身)于1944年研制成功的火炮自动跟踪目标的随动系统。这种早期的随动系统都是采用交磁放大电机-直流电动机式的驱动方式。由于交磁放大电机的频响差,电动转动部分的转动惯量以及电气时间常数都比较大,该阶段随动系统的特点是响应速度比较慢。第二次世界大战期间,由于军事上的需求,复杂零件的加工提出了大功率、高精度、快速响应等一系列高性能要求,因此这个时期单纯使用电磁元件的随动系统已很难满足要求。

第二阶段是20世纪50年代末60年代初,军事需求促使人们深入研究液压技术,使液压伺服技术得以迅速发展,关于液压伺服技术的基本理论也日趋完善,从而使电液随动系统的应用达到了前所未有的高潮,并广泛应用到武器装备、航空、航天等军事领域、工业部门以及高精度机床控制。电液随动系统良好的快速性、低速平稳性等一系列性能,使液压控制技术在60年代被广泛应用。由于液压控制有优于直流伺服电动机控制的趋向,因此一些由电机拖动的机床进给系统也相继改成了电液随动系统。虽然电液随动系统在快速性、低速平稳性上优于以交磁电机放大机为放大元件的电气随动系统,但液压元件因存在漏油、维护和维修不方便,以及对油液中的污染物比较敏感从而导致经常发生故障等缺点,影响了电液随动系统在军事装备中的广泛应用。

第三阶段是20世纪70年代以来,电力电子技术(即大功率半导体技术)的发展,电气随动系统的重要元件在性能上有了新的突破,尤其是1957年可控的大功率半导体器件——晶闸管问世,推出了新一代开和关都能控制的"全控式"电力电子器件。与此同时,稀土永磁材料的发展和电机制造技术的进步,众多性能良好的执行元件得以发展,与PWM脉宽调制装置相配合,使直流电源以 1~10 kHz 的频率交替导通和断开,通过改变脉冲电压的宽度来改变平均输出电压,从而控制执行电机的转速,大大改善了随动系统的性能,促进了电气随动系统的发展。用大功率晶体管 PWM 控制的永磁式直流伺服电动机驱动装置,实现了宽范围的速度和位置控制,较常规的驱动方式(交磁电机放大机驱动、晶体管线性放大驱动、电液驱动、晶闸管驱动)具有无可比拟的优点。

第四阶段是随着数字技术的飞速发展,计算机技术和控制理论为数字随动系统的发展奠定了基础。将计算机与随动系统相结合,使计算机成为随动系统中的一个环节已成为现实。现代控制理论的发展,为数字随动系统提供了新的控制律以及相应的分析和综合方法,而计算机控制技术的发展为数字随动系统提供了实现这些控制律的可能性。以计算机作为控制器、基于现代控制理论的随动系统,其品质指标无论是稳态性能还是动态性能,都达到了前所未有的水平。在全数字控制方式下,利用计算机实现了控制器的软件化。现在很多新型的控制器都采用了多种新算法,目前比较常用的算法主要有 PID(比例-积分-微分)控制、前馈控制、可变增益控制、自适应控制、预测控制、模型跟踪控制、在线自动修正控制、模糊控制、神经网络控制、H_∞ 控制等。通过采用这些控制算法,随动系统的响应速度、稳定性、准确性和可操作性都达到了很高的水平。在数字随动系统中,利用计算机来完成系统的校正,改变随动系统的增益、带宽,完成系统的管理、监视等任务使系统向智能化方向发展。

大规模集成电路的飞速发展,以及计算机(特别是高性能、高集成度数字控制器——DSP 控制器)在随动系统中的广泛应用,使随动系统的重要组成部分——伺服元件发生了巨大的变革,并且向着便于计算机控制的方向发展。为提高控制精度,便于计算机连接,位置、速度等测量元件也趋于数字化、集成化。用数字计算机作控制器,以高精度数字式元件(如光电编码器)作位置反馈元件,进一步提高了随动系统的静态精度。

随着微处理器技术、大功率高性能半导体功率器件技术和电动机永磁材料制造工艺的发展及其性能价格比的日益提高,交流随动系统在技术上已趋于完全成熟,具备十分优良的低速性能,并可实现弱磁高速控制,拓宽了系统的调速范围,适应了高性能伺服驱动的要求。并且随着永磁材料性价比的提高,其在工业生产自动化领域中的应用亦越来越广泛,交流伺服技术已经成为工业领域实现自动化的基础技术之一。交流随动系统按其采用的驱动电动机的类型来分,主要有两大类:永磁同步(SM 型)电动机构成的交流随动系统和感应式异步(IM 型)电动机构成的交流随动系统。其中,永磁同步电动机目前已成为交流随动系统的主流。感应式异步电动机由于其结构坚固,制造容易,价格低廉,因而具有很好的发展前景,代表了未来随动系统控制技术的发展方向。但由于感应式异步电动机交流随动系统采用矢量转换控制,相对永磁同步电动机随动系统来说控制比较复杂,而且电动机低速运行时还存在效率低、发热严重等问题,并未得到广泛应用。

由于随动系统是自动控制系统的一种,以传递函数、拉普拉斯变换和奈奎斯特稳定性理论、根轨迹法为基础的经典分析和设计方法也是进行随动系统分析和设计的常用方法。

这些方法主要用于单输入/单输出系统的分析和设计,而对于多输入/多输出时变系统的分析与设计无能为力。20 世纪 60 年代以来,现代控制理论的发展,为多变量时变系统的分析与设计奠定了基础,也为计算机在随动系统中应用提供了理论基础,并为航空、航天飞行器等复杂控制系统的设计提供了技术基础,基于现代控制理论的分析与设计亦成为随动系统设计的发展趋势。但从系统的复杂性上看,单纯的速度和位置随动系统远非空间飞行器控制技术那样复杂,因此,经典的控制系统分析与设计方法在随动系统的分析与设计中仍然广泛使用。

目前,随动系统在军事、机械制造等领域应用最多也最广泛。在机械加工制造业,各种机床运动的速度控制、运动轨迹控制、位置控制等,都是依靠各种随动系统进行控制的。它们不仅能完成转动控制、直线运动控制,而且能依靠多套随动系统的配合,完成复杂的空间曲线运动的控制,如仿型机床的控制、机器人手臂关节的运动控制等。它们完成的运动控制精度高、速度快,远非一般人工操作所能达到的。在冶金工业中,电弧炼钢炉、粉末冶金炉等的电极位置控制,水平连铸机的拉坯运动控制,轧钢机轧辊压下位置的控制等,都是依靠随动系统来实现的。在运输行业中,电气机车的自动调速、高层建筑中电梯的升降控制、船舶的自动操舵、飞机的自动驾驶等,也都是由随动系统进行控制的,在减缓操作人员疲劳的同时大大提高了工作效率。在军事上,随动系统用得更为普遍,如用于雷达天线自动瞄准跟踪控制的随动系统,火炮和防空导弹发射架瞄准跟踪的方位角和高低角随动系统,用于坦克炮塔防摇的稳定控制系统,防空导弹的制导控制系统,鱼雷的自动控制系统等。图 1-2 分别给出了苏联的 SA-2 防空导弹发射装置、美国的"爱国者""霍克"防空导弹发射装置和意大利的"阿斯派德"防空导弹发射装置,图 1-4 给出了苏联的 SA-6 以及美国、意大利和德国合研的"迈兹"防空导弹发射装置,它们都采用倾斜发射方式,利用随动系统实现对目标的跟踪和瞄准,其中"爱国者"和"迈兹"防空导弹发射装置是倾斜高低定角发射装置。

图 1-4　SA-6 和"迈兹"防空导弹发射装置

2. 随动系统的发展趋势

随着军事领域和工程应用对随动系统的要求越来越高。从国外和国内随动系统的发展和应用情况来看,随动系统控制技术的发展趋势可以概括为以下几个方面。

1）交流化

随动系统将继续由直流随动系统向交流随动系统方向发展。从目前国际市场的情况看,在工业发达国家,交流伺服电动机的市场占有率已经超过 80%。在国内,交流伺服电动机的应用也越来越多,正在逐步超过直流伺服电动机的应用,交流伺服电动机将会逐步取代直流伺服电动机的应用。

2）数字化

采用新型高速微处理器和专用数字信号处理器(digital signal processor,DSP)的控制器将全面代替以模拟电子器件为主的控制器,从而实现随动系统的数字化或全数字化,将原有的硬件控制变成了软件控制,从而使随动系统中应用现代控制理论的先进算法(如最优控制、人工智能、模糊控制、神经元网络等)成为可能。随着大规模集成电路的飞速发展和计算机在随动系统中的普遍应用,随动系统已向着易于计算机控制的方向发展,位置、速度等测量元件趋于数字化、集成化。例如,各种类型的轴角编码器、光电脉冲测速元件等在随动系统中得到了广泛的应用。

3）采用新型电力电子半导体器件

目前,随动系统的输出器件越来越多地采用开关频率很高的新型功率半导体器件,主要有大功率晶体管(giant transistor,GTR)、金属-氧化物-半导体场效应晶体管(metal-oxide-semiconductor field effect transistor,MOSFET)等。这些先进器件的应用显著地降低了随动系统的功耗,提高了系统的响应速度,降低了系统运行噪声。尤其是新型随动系统已经开始使用一种把控制电路功能和大功率电子开关器件集成在一起的新型模块,称为智能控制功率模块(intelligent power module,IPM)。这种器件将输入隔离、能耗制动、过温、过电压、过电流保护及故障诊断等功能全部集成于一个模块之中,其输入逻辑电平与 TTL信号完全兼容,与微处理器的输出可以直接接口。它的应用显著地简化了随动系统的设计,并实现了随动系统的小型化和微型化。

4）高度集成化

大规模集成电路的应用,随动系统的速度和位置控制单元的集成,使控制单元具有高度的集成化、小型化和多功能的控制作用。同一个控制单元,只要通过软件设置系统参数,就可以改变其性能,既可以使用电动机本身配置的传感器构成半闭环调节系统,又可以通过接口与外部的位置或速度或力矩传感器构成高精度的全闭环调节系统。高度的集成化还使随动系统的安装与调试工作都得到了简化。

5）智能化

智能化是所有工业控制设备的发展趋势,随动系统作为一种常用的工业控制设备当然也不例外。现代随动系统的数字化控制单元都尽可能设计为智能型产品,其主要特点如下。

（1）具有参数记忆功能,系统的所有运行参数都可以通过软件方式设置,保存在伺服控制单元内部,并通过通信接口,这些参数甚至可以在运行途中由上位计算机加以修改。

（2）具有故障自诊断与分析功能,无论什么时候,只要系统出现故障,就会将故障的类型以及可能引起故障的原因通过用户界面显示出来,简化了维修与调试的复杂性。

（3）有的随动系统还具有参数自整定的功能。保证随动系统满足系统的性能指标,带有自整定功能的伺服单元可以通过几次试运行,自动将系统的参数整定出来,并自动实现其最优化。

6）模块化和网络化

随着网络技术的发展,以局域网技术为基础的工厂自动化(factory automation,FA)技术得到了长足的发展,有些新研制的随动系统配置了标准的串行通信接口(如 RS-232C或 RS-422 接口等)和专用的局域网接口。这些接口的设置,显著地增强了随动系统与其他控制设备间的互连能力,使随动系统与计算机数字控制(computer numerical control,CNC)系统间的连接也变得简单。随动系统单元既可与上位计算机连接成整个数控系统,也可以通过串行接口与可编程控制器(programmable logical controller,PLC)的数控模块相连。

综上所述,随动系统将向两个方面发展:一方面是满足一般工业应用要求,对性能指标要求不高的应用场合,发展以低成本、少维护、使用简单等特点的驱动产品,如变频电动机、变频器等;另一方面是满足高性能需求的应用领域,发展具有高水平的伺服电动机、控制器,开发高性能、高速度、数字化、智能化、网络化的驱动控制。

1.4.2　计算机控制技术的发展

1946 年世界第一台计算机 ENIAC 正式使用以来,计算机得到了迅速的发展,计算机控制技术是自动控制理论与计算机技术相结合的产物,它的发展离不开自动控制理论与计算机技术的发展。随着通信技术的发展,当今计算机控制系统是以计算机技术、通信技术和控制技术作为理论支持而发展的。

1. 计算机控制技术的发展

利用计算机控制进行过程控制的思想出现在 20 世纪 50 年代中期,最重要的是1956 年美国得克萨斯州的一个炼油厂与美国的 TRW 航空工业公司合作进行计算机控制研究,经过 3 年设计出了采用 RW-300 计算机控制的聚合装置系统,用于调整反应器的控制压力大小。TRW 公司这一开创性的工作为计算机控制技术奠定了基础,使计算机控制技术获得了迅速发展。

计算机控制技术的发展过程经历了以下几个阶段:

第一阶段,是 1955~1962 年,也称为开创期。早期的计算机使用电子管,体积庞大、价格昂贵、可靠性差,只能从事部分操作和设定值控制。但是,过程控制向计算机提出了许多特殊要求,需要计算机对过程命令做出迅速响应,从而导致中断技术的出现,使计算机能够对更紧迫的过程控制任务及时做出响应。

第二阶段,是 1962~1967 年,也称为计算机直接控制时期。这个时期,计算机直接控制过程变量,完全取代了原来的模拟控制,因此称为直接数字控制系统,简称 DDC(direct digital control)。1962 年,英国的帝国化学工程公司利用计算机完全代替了原来的模拟控制。该计算机控制系统实现了 244 个数据采集量和 129 个阀门控制。

第三阶段,1967~1972 年,计算机技术有了很大的发展,它的主要特点是体积更小、速度更快、工作可靠、价格便宜。到了 20 世纪 60 年代后半期,出现了各种类型的适合工业控制的小型计算机,从而使得计算机控制系统不再是大型企业的工程项目,对于较小的工程问题也能利用计算机来控制。这一时期的计算机主要是集中控制,即用一台计算机控制尽可能多的调节回路。高度的集中控制,使得计算机的故障给整个过程控制产生严重影响。提高可靠性的措施就是采用多机并用,即增加小型机的数目,使过程控制计算机的台数迅速增长。这一时期为计算机的实用普及阶段。

第四阶段,是 1972 年至今,称为微型计算机时期。随着计算机技术的发展,出现了微型计算机,使计算机控制技术进入了崭新的阶段。20 世纪 80 年代,微电子技术的发展,使得大规模和超大规模集成电路技术发生了巨大发展,出现了各种计算机和计算机控制系统,如以个人微机、单片机、工业控制机可编程控制器为核心的计算机控制系统。现在微型计算机朝着网络化、智能化、集成化、标准化的方向发展。

2. 计算机控制理论的发展

计算机控制系统都是根据离散的过程变量进行控制的,那么在什么条件下信号才能根据它在离散点的值复现出来?此关键问题是由奈奎斯特解决的,他证明了要把正弦信号从它的采样值复现出来,每个周期至少必须采样两次。香农(Shannon)于 1949 年在他的重要论文中完全解决了这个问题,这就是香农采样定理。

采样系统理论最初起源于对某些特殊的控制系统的分析。奥尔登伯格(Oldenburg)和萨托里厄斯(Sartourius)于 1948 年对落弓式检流计的特性做了研究,这项研究对采样系统理论做出了最早的贡献。许多特征都可以通过分析一个线性时不变的差分方程来理解,即采用差分方程代替了微分方程,稳定性研究可以采用舒尔-科恩(Schur - Cohn)法,它相当于连续时间系统的劳斯-霍尔维兹判据(Routh - Hurwitz criterion)。

由于连续系统具有拉氏变换理论,人们自然会想到为采样系统建立一种变换理论,这种变换由霍尔维兹于 1947 年建立,由拉格兹尼(Ragazzini)和扎德(Zadeh)于 1952 年定义为 Z 变换。

香农采样定理、差分方程和 Z 变换理论为计算机控制系统分析和设计奠定了重要的理论基础。随着计算机技术和现代控制理论的发展,现代控制理论在计算机控制系统中得到了广泛应用。

3. 计算机控制系统的发展趋势

随着计算机技术、网络技术和控制技术的飞速发展,计算机控制已经由最初的主要面向工业控制领域逐渐延伸到社会生产和生活的各个领域,计算机控制技术不仅是现代计算机技术与控制技术的重要内容,而且成为社会的一种重要支撑技术。目前计算机控制系统的发展趋势主要有以下几方面:

(1)嵌入式控制系统广泛应用。各种嵌入式芯片和嵌入式软件技术的发展,为计算机控制在人们日常生活、工农业生产过程和军事应用等各领域的广泛应用提供了更好的技术条件。嵌入式控制系统将一个以微型计算机为核心的计算机控制系统嵌入到一个具体的应用系统中,作为系统固有的有机组成部分,具有成本低、体积小、功能完备、速度快、功耗低、可靠性高等特点。嵌入式控制系统在智能家电、智能仪器设备中应用广泛,同时嵌入式控制单元还可作为其他复杂控制系统的基本控制单元。

(2)可编程逻辑控制器(PLC)的功能更为全面和强大。可编程逻辑控制器作为一类较为成熟的专业级控制设备,已不再局限于原有的逻辑控制功能,还具备较为完善的数据处理、故障自诊断、PID 运算及联网功能，其功能更全面和强大、模块化结构适应性更强，大大拓展了 PLC 的应用范围。因此，PLC 还将作为一类重要的通用控制单元应用于复杂控制系统中。

（3）现场总线控制系统趋于标准化。随着实际应用中系统规模的不断扩大，总线控制结构已经得到广泛应用。现场总线控制系统（FCS）结构不同于传统的分布式控制系统（DCS），传统的 DCS 是一个相对封闭与专业的控制系统，通用性不理想，在现场级没有真正做到彻底分布，且在安全性和可靠性上仍有一定的限制。现场 FCS 是在传统 DCS 上发展起来的，利用现场总线技术，可使传统 DCS 控制站的部分功能向下分布到现场各个控制与检测单元中，从而减轻了控制站的负担，使控制站专门负责执行复杂的高层次控制任务。现场 FCS 已经成为工业控制中的主要应用形式，且有多种现场总线标准存在，制定统一的现场总线标准，形成真正的开放互联控制系统是计算机控制领域的发展趋势。

（4）网络控制系统日趋成熟。随着互联网技术的发展，基于网络控制系统受到各个领域的普遍关注。网络控制系统是以网络为媒介对被控对象实施远程检测、远程控制、远程操作的一种新兴的计算控制系统。在网络控制系统中，上层的管理决策、任务调度、优化控制等任务可以方便与各种现场设备连接在一起，从而实现全系统的整体自动化与性能优化。网络控制系统可用在人不易操作和无法到达的场合，也可用于一些特殊的远程控制场合。近年来，随着无线传感器网络（wireless sensor network，也称物联网，即 the internet of things）技术的兴起和发展，网络控制系统的应用更为广泛。

以上的计算机控制系统发展的几个方面相互联系、互为支撑，在大规模复杂控制系统中都发挥着重要作用。

1.4.3　电液比例控制技术的发展

1. 电液比例控制技术

电液比例控制是介于普通开关控制与伺服控制之间的新型电液控制技术分支。其中应用最多的是电液位置控制，电液比例位置控制系统可分为定位控制、跟踪控制和保持控制三类。定位控制是使执行元件定位于预定位置的控制，其目标位置恒定。跟踪控制是使执行元件在某一时刻定位于特定位置上的控制，其目标位置是随着输入指令信号连续变化的。位置保持控制是把执行元件移到所需要的位置后将其固定在该位置的控制类型。尽管电液比例控制系统结构各异、功能不同，但都是由指令元件、比较元件、放大器、电液比例阀、液压执行元件以及检测反馈元件等基本单元所组成的系统，如图 1-5 所示。

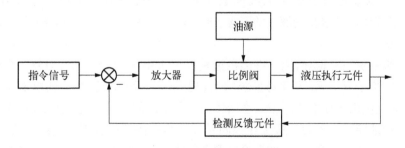

图 1-5　电液比例控制系统框图

在电液比例位置控制系统中,执行机构的位移与阀芯位移没有明确的关系。因此,真正意义上的电液比例位置控制系统必须是闭环控制。由于电液比例位置控制系统是一种非线性、时变性系统,其元件参数会随着工况的变化而变化,特别是阻尼比变化范围可达20~30倍。当工况发生较大变化使系统参数发生相应改变时,这种参数的改变将导致控制性能明显下降,甚至不能满足工程要求。同时,比例方向节流阀存在变流量死区特性,从而导致系统会有一定的稳态位置误差。比例阀与伺服阀的性能比较如表1-1所示。伺服比例阀的静态特性与伺服阀基本相同,但动态响应偏低(介于普通比例阀与伺服阀之间),普通比例阀(含无电反馈比例阀和带电反馈比例阀)的死区大、滞环大、动态响应低。

表 1-1 比例阀与伺服阀的性能比较

特　性	伺服阀	比　例　阀		
		伺服比例阀	无电反馈比例阀	带电反馈比例阀
滞环/%	0.1~0.5	0.2~0.5	3~7	0.3~1
中位死区/%	±0~5		±5~20	
频宽/Hz	100~500	50~150	10~50	10~70
过滤精度/μm	13/9~15/11	16/13~18/14		
应用场合	闭环控制系统	开环或闭环控制系统		

虽然与随动系统中的伺服阀相比,比例阀性能在某些方面还有一定的差距。但电液比例阀抗污染能力强,减少了由于污染而造成的工作故障,可以提高液压系统的工作稳定性和可靠性,更适用于工业过程;比例阀的成本比伺服阀低,而且不包含敏感和精密的部件,更容易操作和保养,因此在许多场合电液比例阀获得了广泛应用。

2. 电液比例控制技术的发展概况及现状

传统的液压控制方式是开关型控制,这是迄今为止用得最多的一种控制方式。它通过电磁驱动或手动驱动来实现液压流体的通断和方向控制,从而实现被控对象的机械化和自动化。但是这种方式无法实现对液流流量、压力连续按比例地控制,同时控制的速度也比较低、精度差、换向时冲击比较大,因此在许多场合下不宜采用。第二次世界大战期间,由于以飞机、火炮等军事装备为对象的控制系统要求快速响应、高精度等高性能指标,所以在这个背景下迅速发展了电液伺服控制。这种控制方式可根据输入信号(如电流)的大小连续按比例地改变液流的流量、压力和方向,克服开关型控制的缺点,实现高性能的控制要求。

液压伺服系统性能很好,但元件的制造精度要求很高、成本昂贵,另外一个严重问题就是对油液污染十分敏感,因此对系统的维护要求高。20世纪60年代电液伺服控制日趋成熟,迅速向民用工业推广。但是在向民用工业推广的过程中,由于上述两个致命弱点而难以被广泛地接受。因为一般工业控制系统虽然在许多场合下要连续按比例地控制,但是它要求精度不那么高,响应也不需要那么快速,对油液污染不敏感、维护简单、成本低廉,于是人们就想到如何发展廉价的伺服控制,这便导致研究和发展电液比例控制技术。

（1）20世纪70年代初是电液比例控制技术的诞生时期。各种相关技术被用在比例技术中进行新阀探索,此阶段的比例阀,将比例型的电-机械转换器（如比例电磁铁等）应用于工业液压阀,替换传统的开关电磁铁和调节手柄。阀门的设计准则和结构原理仍然与传统阀门相似,大多不含受控参数的反馈系统,它的工作频宽介于1~5 Hz,稳态滞环介于4%~7%,多在开环控制中使用。

（2）1975~1980年,是电液比例控制技术发展的第二阶段,应用各种具有内反馈功能的比例元件大量出现,耐高压比例电磁铁及比例放大器技术也逐渐成熟,其工作频宽可达5~15 Hz,稳态滞环可减小至3%,可用在开环和闭环控制中,应用范围不断扩大。

（3）20世纪80年代,是电液比例控制技术发展的第三阶段。比例元件的设计有了进一步的改进,因使用了更加完善的流量、压力、位移的内反馈、动压反馈以及电校正等方法和优化设计,比例阀的稳态性能除因制造成本而造成的保留中位死区外,重复精度、线性度、滞环等稳态性能已与伺服阀相当。此外,还出现了电液比例插装技术,之后出现了各种比例控制泵和执行元件等电液比例容积元件。

（4）20世纪90年代中后期,固定工程设备上采用电液比例技术已相当广泛,后来行走机械领域也开始出现电液比例控制技术,各种类型的节能负载适应控制和负载敏感控制等节能元器件与系统大量出现,使得大型工程机械实现了节能的效果,降低了发动机的输出功率。此外,正从小流量向中等流量改进的高速开关阀也已问世,该阀响应速度快、结构简单且性能可靠,目前已应用在多个领域。同时,随着电液比例闭环控制的技术增长,伺服技术与比例技术相结合的伺服比例阀逐渐出现,使比例技术与伺服技术的渗透整合进一步得到发展。既在不同的层面上各得所需,扬长避短,又在技术上进一步融合,促成了未来新技术体系的形成。

近年来比例控制技术被迅速、广泛地应用于各种工业控制,各种比例器件在许多国家形成了系列化、标准化的产品,例如德国已有30%以上的普通阀市场被比例阀取代。另外,随着计算机技术的发展,微处理机同液压比例技术相结合已是必然趋势,其主要特点如下:

（1）设计原理进一步完善,通过液压、机械以及电气的各种反馈手段,使比例阀的性能如滞环、频宽等同工业伺服阀接近,只是因制造成本所限,尚存在一定的中位死区;

（2）比例技术同插装技术结合,开发出二通、三通比例插装阀;

（3）出现各种将比例阀、传感器、电子放大器和数字显示装置集成在一块的机电一体化器件;

（4）将比例阀同液压泵、液压马达等组合在一起,构成节能的比例容积器件。

第二章
计算机控制技术基础

计算机控制技术是以计算机技术、自动控制技术以及检测与传感器技术等为基础的一门工程技术,广泛应用于许多领域,尤其推动了军事、航空航天等领域的发展。在地空导弹武器系统中,计算机控制技术也是导弹发射装置控制技术的基础,由于其有着与常规控制技术不同的特点,应用于发射装置随动系统和电液控制系统中,构成了相应的计算机控制系统。

2.1 计算机控制系统概述

计算机控制系统(computer control system,CCS)是应用计算机参与控制并借助一些辅助部件与被控对象相联系,以获得一定控制目的而构成的一种复杂控制系统,是控制工程中的重要应用形式。

2.1.1 计算机控制系统的一般概念

计算机控制系统是在自动控制理论与计算机技术的基础上发展起来的,与自动控制系统有着密切的关系。

1. 一般控制系统结构

一般自动控制系统的结构形式主要有两类,即开环控制系统和闭环控制系统,如图2-1所示。

图2-1(a)为开环控制系统,其控制器根据输入信号,依据事先确定的控制规律产生相应的控制信号,直接控制执行机构或被控对象工作。因此,系统的输出量对系统的控制作用不产生影响,这种控制称为开环控制。开环控制系统的特点是结构简单,所能实现的控制规律单一,其控制性能相对较差,不适合复杂和高精度的控制系统。如图2-2(a)所示的烤箱温度控制系统就是开环控制,烤箱是被控对象,烤箱温度是被控量,时间继电器为控制装置。当时间继电器工作时,电阻丝通电加热,烤箱温度升高;当加热时间到时,电阻丝停止加热。由图2-2(a)可知,烤箱温度的控制完全是靠时间继电器的工作来控制的,但烤箱的温度并没有反馈给时间继电器,烤箱温度的升高和降低不能控制时间继电器的工作。

图2-1(b)闭环控制系统与开环控制系统不同,通过反馈部件将被控对象的被控参量反馈到控制器的输入端,与系统的输入量(参考输入或希望输出量)进行比较,控制器

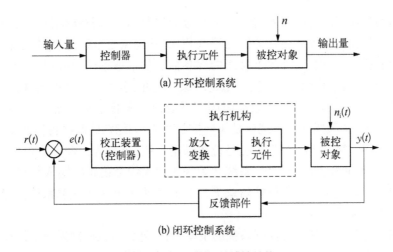

(a) 开环控制系统

(b) 闭环控制系统

图 2-1 自动控制系统的结构

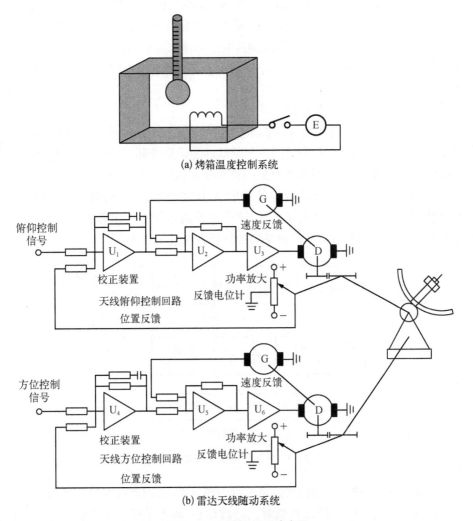

(a) 烤箱温度控制系统

(b) 雷达天线随动系统

图 2-2 自动控制系统应用

根据给定值与反馈值之间的偏差情况产生相应的控制信号来驱动执行机构工作,以使被控参量与输入量保持一致。与开环控制系统相比,其优点是系统能及时发现并自动修正偏差,有较高的控制精度,对外界干扰或内部参数变化不敏感;其缺点是系统结构比较复杂,设计较为困难,闭环系统会产生不稳定现象。因此,引入负反馈的闭环控制系统不仅具有更好的控制精度而且能够有效克服闭环系统内有关扰动对系统输出的影响。如图2-2(b)所示的雷达天线随动系统就是闭环控制系统,为能精确跟踪目标运动必须保证雷达天线准确定向。雷达天线控制系统是位置随动系统,可分为俯仰和方位两个独立随动系统,分别接收俯仰和方位角信号,系统将控制雷达天线准确跟踪输入信号,使雷达天线对准目标位置。天线俯仰和方位随动系统的工作原理相同,为了改善系统性能,采用串联和速度负反馈两种校正方式。

尽管闭环控制结构是自动控制系统的主要形式,绝大多数控制系统采用闭环控制,而开环控制结构由于简单且易于实现,仍有一定的应用领域。

自动控制系统按功能可分为自动调节系统(又称为恒值控制系统)、随动系统(又称为伺服系统)、程序控制系统。按控制器实现方式可分为连续模拟控制系统、计算控制系统,对于连续模拟控制系统,其控制器由模拟电子部件来实现;对于计算控制系统,其控制器由计算机来实现。按包含信号的形式可分为连续控制系统、离散控制系统和采样控制系统。

2. 计算机控制系统的基本结构

计算控制系统是指控制器由计算机来实现的控制系统,与传统的控制系统一样可以是开环系统也可以是闭环系统,如图2-3所示。无论是开环还是闭环形式,由于计算机的输入和输出均为数字信号,而被控对象的被控量及执行机构的输入信号一般为模拟量,因此,需要设置将模拟信号转换为数字信号的 A/D 转换器,以及将数字信号转换为模拟信号的 D/A 转换器。按信号形式分类时,计算机控制系统亦为采样控制系统,因此计算机控制系统的性能可以采用采样控制系统的分析方法进行分析。

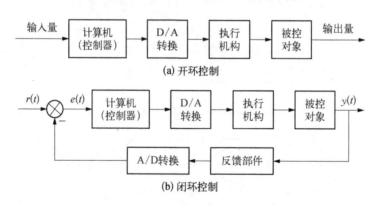

(a) 开环控制

(b) 闭环控制

图 2-3 计算机控制系统结构框图

对于大部分计算机控制系统,其控制过程为连续系统,因此需要经过连续信号的采样过程,将连续信号离散化,以便计算机对其进行处理,即为采样控制系统。可见采样控制系统中包含了各种不同类型的信号,是与离散控制系统有区别的控制系统。但是,对于一般的采样控制系统,在大多数情况下只描述系统在采样时刻的行为就足够了,此时采样控制系统就等同于离散控制系统来处理。因此离散控制系统的相关理论也就是计算机控制系统的一个重要基础。

在计算机控制系统中,计算机的作用主要有以下三个方面。

(1) 对于复杂的控制系统,输入信号和根据控制规律的要求实现的输出偏差信号的计算工作量很大,采用模拟解算装置不能满足精度要求,因而需要采用计算机进行处理。

(2) 用计算机软件程序实现对控制系统的校正,以保证控制系统具有所要求的动态特性。

(3) 由于计算机具有快速完成复杂工程计算的能力,因而可以实现对系统的最优控制、自适应控制等高级控制功能及多功能计算调节。

在一般的模拟控制系统中,控制规律是由硬件电路产生的,要改变控制规律就要更改硬件电路。而在计算机控制系统中,控制规律是用软件实现的,计算机执行预定的控制程序,就能实现对被控对象的控制。因此,要改变控制规律,只要改变控制程序就可以了。这就使控制系统的设计更加灵活方便。特别是可以利用计算机强大的计算、逻辑判断、记忆和信息传递能力,实现更复杂的控制规律,如非线性控制、逻辑控制、自适应控制、自学习控制及智能控制等。

由于引入了计算机与数字信号,从本质上来看,计算机控制系统的控制过程可以归结为以下三个基本步骤。

(1) 实时数据采集。对被控参量进行实时检测,并输入计算机。

(2) 实时控制决策。对采集到的被控参量进行处理、分析,并按预先规定的控制规律决定需要采取的控制策略与控制信号。

(3) 实时控制输出。根据控制决策,实时地对执行机构发出控制信号,完成控制任务。

上述采集、决策、控制三个步骤不断重复,使整个系统能按预定的性能指标要求进行工作,同时对系统出现的异常现象及时做出处理,达到预期的控制目标。

随着计算机网络技术的发展,信息共享和管理也介入到控制系统中,所以在计算机控制系统的控制过程中也应具有信息管理能力。

传统的连续控制系统从控制原理角度分析,也能分为对信号输入的处理、决策、控制三个步骤,由于控制器由模拟电路构成,一般不存在计算延迟与传输延迟,所有步骤均可认为是瞬间完成的,并不断地工作,因此三个步骤在时间上先后顺序不明显,一般认为是同时进行的。

对于计算机控制系统,由于控制过程中的每一步骤均需要计算机参与完成,计算机处理总需要一定的时间,因此,上述三个步骤在时间上有明确的先后顺序。同时,由于每个步骤均需要一定的计算机处理时间,这样从信号的输入到控制作用的产生就会有一定的延迟时间,为了达到期望的控制效果,这个延迟时间必须足够小,即要求"实时"。实时就是指信号的输入采集、分析与处理和输出控制都要在一定的时间范围内,即计算机对信号的采样与处理要有足够快的处理速度,并在一定时间内做出反应或实施控制,超出这个时间,就会失去控制的有效时机,控制也就失去了意义。实时的具体度量与具体的被控过程密切相关。如锅炉炉温控制系统,其延迟时间一般为秒级,如延迟1s,仍被认为是实时的。而对于导弹跟踪系统,当目标状态发生变化时,一般必须在毫秒级甚至更短时间内做出反应,否则难以命中目标。

上面所讲的计算机控制系统的一般概念,其计算机直接连在系统中工作,而不必通过其他中间记录介质来间接对过程进行输入输出及决策,这种生产过程设备直接与计算机连接的方式称为联机方式或在线方式;生产过程设备不直接受计算机控制,而是通过中间记录介质,靠人进行联系并做出相应操作的控制方式称为脱机方式或离线方式。离线方式不能实时地对系统进行控制。

从上面的实时性和在线方式的概念看,一个在线的系统不一定是一个实时控制系统,但一个实时控制系统必定是在线系统。例如,一个用于数据采集的计算机系统是一个在线系统,但它不一定是实时控制系统,而计算机直接数字控制系统必定是一个在线系统。

2.1.2 计算机控制系统基本组成

图2-4给出了水箱水位控制系统原理图,其中,图2-4(a)为传统的控制方式,图2-4(b)为计算机控制方式。由图2-4(b)可以看出,水箱水位计算机控制系统由计算机、数/模转换器、模/数转换器、放大器、执行元件、被控对象组成,其中前三项是计算机控制系统特有的组成部分。图2-5给出了雷达天线随动系统的计算机控制原理图。

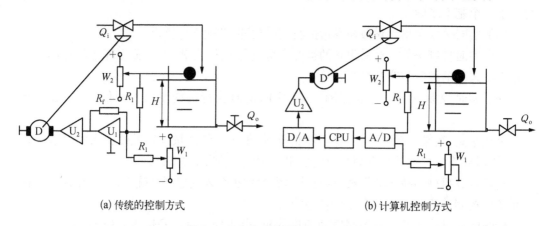

(a) 传统的控制方式　　　　　　　　　　(b) 计算机控制方式

图2-4　水箱水位控制系统原理图

由图2-3(b)、图2-4(b)和图2-5可看出计算机控制系统一般包括计算机系统、过程输入/输出通道和被控对象三大部分。从系统设计角度而言,由于有计算机参与控制,因此其组成应涉及硬件和软件两部分。

(一) 计算机控制系统的硬件组成

计算机控制系统的硬件主要包括计算机、系统总线、外部设备(包括操作台)、过程输入/输出通道、接口、检测设备及执行机构等。图2-6给出了计算机控制系统硬件配置的基本组成。

1. 计算机(主机)

计算机是整个控制系统的核心,由中央处理器(CPU)、内存储器(ROM、RAM)组成。

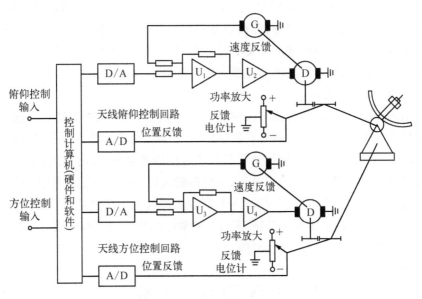

图 2 - 5　雷达天线随动系统的计算机控制原理图

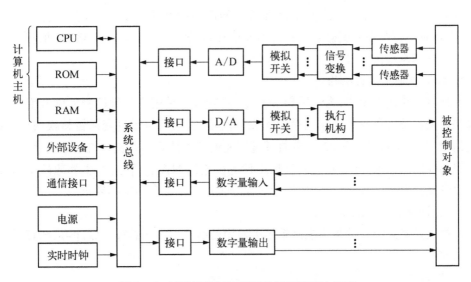

图 2 - 6　计算机控制系统硬件配置的基本组成

它主要根据输入通道送来的被控对象的状态参数,进行数据处理、分析判断、计算和作出控制决策,并通过输出通道发出控制命令。

2. 系统总线

系统总线分为内部总线和外部总线两大类,其中内部总线在计算机内部,完成计算机内部各模块之间传送各种控制、地址和数据信号,并为各模块提供统一电源;外部总线在计算机外部,为计算机系统之间或计算机系统与外部设备之间提供信息通信。

3. 外部设备

外部设备是实现计算机和外界信息交换的设备,按功能分为输入设备、输出设备和外存储器三类。其中,输入设备是计算机系统中的人机接口,主要用来输入程序和数据等,常用的输入设备有键盘、扫描仪等;输出设备是将各种信息和数据提供给操作人员,以便了解系统的控制过程,常用的输出设备有显示器、打印机和绘图仪等;外部存储器是用来存储程序和数据的设备,常用的外部存储设备有硬盘、U 盘等。

4. 过程输入/输出通道

过程输入/输出通道是计算机与被控对象实现信息传送与交换的通道,按照传送信号的形式可分为模拟量输入/输出通道和数字量输入/输出通道。数字信号可直接通过数字量输入/输出通道进行传送,模拟信号则需要通过模拟量输入/输出通道进行传送。若被控对象的过程参数是连续变化的非电量,在模拟输入通道中必须通过传感器将过程参数转换为连续变化的模拟电信号,再通过 A/D 转换器转换为计算机可以接受的数字量送给计算机。若被控对象需要模拟量控制,则计算机输出的数字信号需要通过 D/A 转换器转换为连续变化的模拟量去控制执行机构。

5. 接口

接口是连接通道与计算机的中间设备,通常是数据接口,可分为并行接口和串行接口。目前计算机都有配套的通用可编程接口芯片,如 8255 并行接口芯片和 MAX232、MAX485 串行接口芯片等。当多个计算机之间需要相互传送信息或与上层计算机通信时,每个计算机控制系统就必须设置网络通信接口,如 RS-232、RS-485 通信接口、以太网接口和现场总线接口等。

6. 检测设备及执行机构

在计算机控制系统中,为了采集和测量各种参数,采用了各种检测元件及变送器,其主要功能是将被检测参数的非电量转换成电信号,这些信号经过变送器转换成统一的标准电信号(1~5 V 或 4~20 mA),再通过过程通道送入计算机。执行机构是直接连接于被控对象的控制或驱动部件,其功能是根据计算机输出的控制信号,产生相应的动作,以调节或改变被控对象的某些状态,使控制对象的工作状态符合期望的要求。

(二)计算机控制系统软件

计算机控制系统软件是指控制系统中使用的所有程序的总称。软件可分为系统软件和应用软件。

1. 系统软件

系统软件是用来管理计算机内存、外设等硬件设备,提供计算机运行和管理的基本环境,方便用户使用计算机的软件。它主要包括操作系统、语言加工系统、数据库管理系统、计算机诊断系统等通用软件,由计算机生产厂家提供,无须用户自己设计。

2. 应用软件

应用软件是在系统软件支持下用户为解决实际问题编写的实现各种应用功能的专用程序,是实现信息采集、处理及输出功能的各种程序的集合。一般包括控制算法程序、过程控制程序、数据采集及处理程序等。

在计算机控制系统中,只有计算机硬件和软件两者有机配合与协调运行才能取得良好的控制效果,满足预期的控制目的。

2.1.3　计算机控制系统的特点

计算机控制系统,相对于传统的连续控制系统来说,在信号的特征和工作方式等方面具有以下特点。

(1)系统结构的特点。计算机控制系统执行控制功能的核心部件是计算机,被控对象、执行元件及测量元件均为模拟部件,要实现计算机控制必须有信号转换器。因此,计算机控制系统是具有模拟和数字部件的混合系统,而连续控制系统均为模拟部件。

(2)信号形式不同。计算机控制系统中有多种信号形式,而连续控制系统各处的信号均为模拟信号。由于计算机运行是串行工作,因此计算机必须按照一定的采样周期对连续信号进行采样,将其变为时间上离散的模拟信号,并经模数转换才能输入计算机。所以计算机系统除了具有连续的模拟信号和数字信号,还有离散的模拟信号和连续的数字信号,是一种混合信号形式的系统。

(3)信号传递时间上的差异。连续控制系统中(除有纯延迟环节外)模拟信号的计算和传递是并行进行的,可以认为是瞬时完成的,即输出反映了同一时刻的输入响应,系统各点信号都是同一时刻的响应值。在计算机控制系统中,由于计算机的工作是按程序顺序进行的,存在计算处理的延迟,因此系统输出与输入不是在同一时刻的响应值。

(4)系统工作方式特点。在连续控制系统中,一般是一个控制器控制一个回路。在计算机系统中,由于计算机具有高速的运算处理能力,用计算机作控制器可采用分时控制的方式控制多个回路。通常,利用巡回的方式实现多路分时控制。

与连续控制系统相比,计算机控制系统除了能完成常规的连续控制系统功能,还表现出如下一些独特的优势。

(1)易实现复杂的控制规律。计算机运算速度快、精度高、逻辑判断功能强、存储容量大。因此,能实现复杂的控制规律,如最优控制、自适应控制和智能控制等,提高系统的性能,从而达到了连续控制系统实现的要求。

(2)功能/价格比值高。对于连续系统,模拟硬件的成本与控制规律复杂程度、控制回路多少成正比;而计算机控制系统可以实现复杂的控制规律,并能同时控制多处控制回路。因此计算机控制系统的功能/价格比较高。

(3)具有较高的灵活性和较强的适应性,形成了一种柔性控制系统。对于连续控制系统若要修改控制规律,一般必须改变硬件结构。由于计算机控制系统的控制规律是由软件实现的,并且计算机具有强大的记忆和判断功能,修改一个控制规律,无论是复杂的还是简单的,只需修改软件,一般无须改变硬件结构,因此便于实现复杂的控制规律和对控制方案进行在线修改,使系统具有灵活性高、适应性强的特点。

(4)系统可靠性高。连续控制系统实现自动检测和故障诊断较为困难,但计算机控制系统由于采取了有效的抗干扰措施和各种冗余、容错技术,使计算机控制系统具有很高的可靠性。

（5）控制与管理更容易结合。利用网络结构可以构成计算机控制与管理系统实现过程控制与管理一体化,从而可以实现更高层次的自动化。

与连续控制系统相比,计算机控制系统也有一定的缺点和不足。例如,抗干扰能力较低,特别是由于系统中加入了数字部件,信号类型复杂,给设计实现带来了一定的困难,但总体上比较,随着微电子技术的不断发展和控制系统功能与性能要求的不断提高,计算机控制系统的优势将越来越突出。现代控制系统不论是简单的还是复杂的,几乎都采用计算机进行控制。

2.1.4　计算机控制系统的分类

计算机控制系统所采用的形式与被控对象的复杂程度密切相关,不同的被控对象和不同的要求,应有不同的控制方案。根据计算机控制系统的功能及结构特点,可以将计算机控制系统分为操作指导控制系统、直接数字控制系统、计算机监督控制系统、分布式控制系统、现场总线控制系统。

（一）操作指导控制系统

操作指导控制系统的组成框图如图 2-7 所示,属于开环控制型结构。计算机的输出与生产过程的各个控制单元不直接发生联系,计算机的输出与生产控制动作实际上由操作人员按计算机指示完成。该系统不仅具有数据采集和处理的功能,而且能够为操作人员提供反映生产过程工况的各种数据,并给出相应的操作指导信息,供操作人员参考。

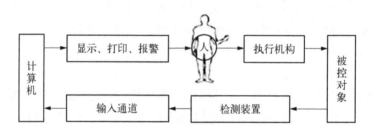

图 2-7　操作指导控制系统组成框图

操作指导控制系统的计算机通过测量装置对生产过程的参数检测进行采集,由过程输入通道（模拟量输入通道或数字量输入通道）输入,然后根据一定的控制算法,计算出供操作人员选择的最优操作条件及操作方案。操作人员根据计算机的输出信息,如 CRT 显示图形或数据、打印机输出等,改变调节器的给定值或直接操作执行机构。

操作指导控制系统是最早的,也是最简单的计算机控制系统,实际上操作指导控制系统是一种开环控制结构,其优点是结构简单,控制灵活安全,可对生产过程集中监视。缺点是要由人工操作,速度受到限制,不能控制多个对象。它特别适用于控制规律尚不清楚的系统,常用于计算机控制系统研制的初级阶段,或用于试验新的数学模型和调试新的控制程序等。

（二）直接数字控制系统

直接数字控制（direct digital control, DDC）系统是计算机用于工业过程最普遍的一种方式，属于闭环控制型结构，其结构如图 2-8 所示。计算机通过测量元件对一个或多个生产过程的参数进行巡回检测，经过过程输入通道输入计算机，并根据规定的控制规律和给定值进行运算，然后发出控制信号，通过过程输出通道直接控制执行机构，使各个被控量达到预定的要求。

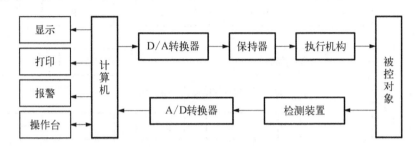

图 2-8　直接数字控制系统组成框图

DDC 系统中的计算机参加闭环控制过程，它不仅能完全取代模拟调节器，实现多回路的 PID（比例、积分、微分）调节，而且不需要改变硬件，只需通过改变软件就能实现多种较复杂的控制规律，如串级控制、前馈控制、非线性控制、自适应控制、最优控制等。

由于 DDC 系统中的计算机直接承担控制任务，所以要求（系统）实时性好、可靠性高和适应性强。为了充分发挥计算机的利用率，一台计算机通常要控制几个或几十个回路，那么就要合理地设计应用软件，使其不失时机地完成所有功能。DDC 系统是计算机用于工业生产过程控制的一种系统，在热工、化工、机械、冶金等部门已获得广泛的应用。在 DDC 系统中计算机作为数字控制器使用。

（三）计算机监督控制系统

在计算机监督控制（supervisory computer control, SCC）系统中，计算机根据工艺参数和过程参量检测值，按照所设计的控制算法进行计算，计算出最佳设定值直接传送给常规模拟调节器或者 DDC 计算机，最后由模拟调节器或者 DDC 计算机控制生产过程，从而使生产过程处于最优工况。从这个角度来说，它的作用是改变给定值，所以又称设定值控制（set point control, SPC）系统。

SCC 系统较 DDC 系统更接近生产变化的实际情况，它不仅可以进行给定值控制，还可以进行顺序控制、最优控制等，它是操作指导控制系统和 DDC 系统的综合与发展。

SCC 系统有两种结构形式，如图 2-9 所示。

（1）SCC+模拟调节器的系统。该系统原理如图 2-9（a）所示，在此系统中，由计算机对各物理量进行巡回检测，按一定的数学模型计算出最佳给定值并送给模拟调节器，此给定值在模拟调节器中与检测值进行比较，其偏差值经模拟调节器计算，然后输出到执行机构，以达到调节生产过程的目的。当 SCC 计算机出现故障时，可由模拟调节器独立完成操作。

（2）SCC+DDC 的控制系统。该系统原理如图 2-9(b)所示,此系统实际上是一个两级控制系统,一级为监控级 SCC,另一级为 DDC 控制级。SCC 的作用与 SCC+模拟调节器系统中的 SCC 一样,完成数据处理、分析和计算,并给出最佳给定值,送给 DDC 控制级计算机直接控制生产过程。两级计算机之间通过接口进行信息联系,当 DDC 控制级计算机出现故障时,可由 SCC 级计算机代替,因此,大大提高了系统的可靠性。

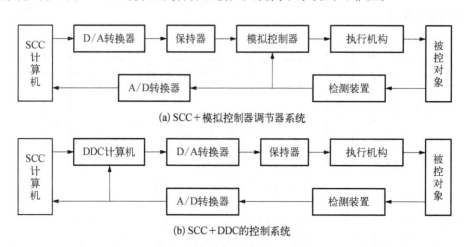

(a) SCC+模拟控制器调节器系统

(b) SCC+DDC 的控制系统

图 2-9　计算机监督控制系统

（四）分布式控制系统

操作指导控制系统、直接数字控制系统和计算机监督控制系统均采用集中型结构,即一台计算机控制(或检测)尽可能多的控制回路,实现集中检测、集中控制和集中管理。随着计算机与控制理论的不断发展,计算机控制系统的规模也在不断扩大,对于被控对象一般分布在不同的区域,并且各被控对象相互独立同时又并行地工作,集中型已很难适应这类被控对象分散、过程控制既存在控制问题又存在大量的管理问题的需求,于是出现了采用多台计算机构成的分布式控制系统(distributed control system, DCS)。分布式控制系统又称为集散控制系统(total distributed control system,TDCS),以微处理器为基础,借助计算机网络对过程控制进行集中管理和分散控制的先进计算机控制系统。

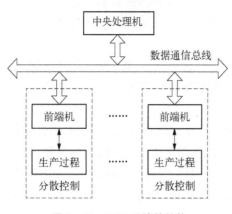

图 2-10　DCS 系统的结构

DCS 系统是采用积木式结构,以一台主计算机和两台或多台从计算机为基础的一种结构体系,所以也称主从结构或树形结构,从机绝大部分时间都是并行工作的,只是必要时才与主机通信。分布式控制系统通常具有二层结构形式、三层结构形式和四层结构形式。DCS 系统的二层结构形式如图 2-10 所示,第 1 层为前端计算机控制,前端计算机也称为下位机,直接控制生产过程(或被控对象)完成实时控制、前端处理功能。第 2 层为中央处理机,又称为上位机,完成后续处理功能。中央处理机不直接与现场设备打交道,如果中央处理机失效,现场设备的控制功能仍能得到保证。若在前端机和中央处理机间再加一层计算机,便构成了三层结构形式,如图 2-11 给出了三层分布式结构形式。第 1 层是底层,实现生产过程分散控制,用于直接生产控制,完成数据采集、顺序控制或某一闭环控制,向监督控制级发送数据,并接受监督控制级来的信息。该层由多个以计算机为核心的工作站组成。第 2 层是中间层,也是监督控制层,实现对生产过程监视、控制指令和数据的传送,向管理层返回数据和信息。第 3 层是顶层,也是综合信息管理层,是整个系统的中枢,接受管理者的指令,对信息进行存储与管理,给管理者提供各种信息与报表,根据监督控制层提供的信息及生产任务要求,选择模型和控制策略,对监督控制层下达指令等。

由图 2-10 和图 2-11 可以看出,DCS 系统采用分散控制、集中操作、分级管理、分而自治和综合协调的设计原则,把系统从下到上分为分散过程控制层、集中操作监控级、综合信息管理级,形成分布式控制,各层各类计算机之间使用高速通信线路互相连接,传递信息,协调工作。这里的分散性包括两方面,一是功能上的分散,二是地域上的分散。集中式是指用集中监视和操作代替庞大的仪表监视。

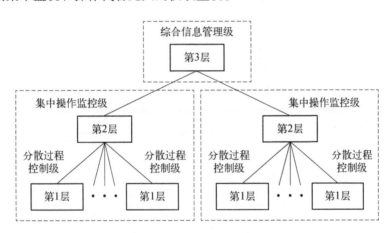

图 2-11　三层分布式结构形式

DCS 系统代替了原来的中小型计算机集中控制系统,它具有以下特点。

(1) 可实现不同的任务,可靠性高。分布式计算机控制系统能实现地理上和功能上分散的控制,使每台计算机的任务相应减少,功能更明确,组成也更简单,因此可靠性提高。

(2) 能够协调有效控制,速度快。分布式计算机控制系统各级并行工作,很多采集和控制功能都分散到各个子环节中,仅在必要时才通过高速数据通道与监督计算机进行信息交换,因此减少了数据集中串行处理的时间,也减少了信息传递的次数,所以处理速度提高。

(3) 资源配置优化、结构灵活,易于扩展。分布式计算机控制系统采用的是模块化结构,即把任务相同的部分做成一个模块,使生产过程实现管理和生产过程的优化,系统结构灵活,可大可小,便于操作、组装和调度,容易扩展。

(4) 设计、开发效率高,维护简便。由于系统采用模块式结构,且具有自诊断和错误检测系统,所以设计、开发的效率高,维护也很方便,使得系统成本降低,并能实现高级复杂规律控制。

（五）现场总线控制系统

现场总线控制系统(fieldbus control system, FCS)是 DCS 的替代品或是网络总线计算机系统,其核心是引入了现场总线。现场总线是连接过程控制现场各种智能设备(包括各种检测仪表与执行装置)与中央监控室之间的全数字、开放式双向通信网络,是一种专门面向工业控制现场的实时、高可靠性数据传输网络。目前国际上流行的现场总线标准有多种,包括 CAN、ProfiBus、HART、FF、LonWorks 等,它们各有其重点应用领域。

DCS 结构模式为"操作站—控制站—现场仪表"三层结构,系统成本较高,而且各厂商的 DCS 有各自的标准,不能互联。

FCS 结构模式为"工作站—现场总线智能仪表"二层结构,FCS 用二层结构完成了 DCS 中的三层结构功能,降低了成本,提高了可靠性,国际标准统一后,可实现真正的开放式互连系统结构,图 2-12 所示是一个简单的现场总线控制系统结构图。

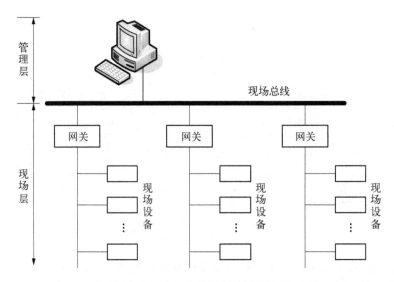

图 2-12　现场总线控制系统结构图

由图 2-12 可知,与传统的 DCS 比较,FCS 主要改变了现场控制层的结构,摒弃了传统 DCS 中的相对集中现场控制站,而将其化整为零,分散于各种现场仪表与现场设备,并通过现场总线构成相应的控制回路,实现了真正的分散控制,是控制技术、仪表工业技术和计算机网络技术三者的结合,代表了今后工业控制体系结构发展的方向。现场总线控制系统特点可归纳为以下几方面。

（1）FCS 是新一代的分布式控制结构,是 DCS 替代品。

（2）数字化的信息传输。实现高速、双向、多变量、多地点的可靠信息传输。

（3）分散的系统结构。采用集管理控制功能于一体的工作站与现场总线智能仪表的二层结构模式,把原来 DCS 分散到智能型现场仪表中,每个现场仪表都作为一个智能节点,都带 CPU 单元,可分别独立完成测量、校正、调节、诊断等功能,由网络协议把它们连接在一起统筹工作。

（4）方便的互操作性,改进了 DCS 成本高和由于各厂商的产品通信标准不统一而造成的不能互联等弱点。

（5）开放的互联网络,FCS 技术和标准全部是开放的。从总线标准、产品检验到信息发布都是公开的,面向所有的产品制造商和用户,可以实现信息共享。

以上简要介绍了较为典型的计算机控制系统分类方式,但这并不是一种严格的分类,具体的应用形式还与其具体应用背景和需求有关,如计算机集成制造系统（computer integrated manufacturing system, CIMS）是针对计算机在制造业管控一体化应用中的一种专门形式,它进一步强化了任务调度、企业生产经营管理等功能。

2.1.5　计算机控制系统的理论与设计

从概念上讲,计算机控制系统是从常规的连续控制系统基础上通过计算机的参与而得到的,连续控制系统的相关理论与方法在某些情况下也可用于计算机控制系统的分析与设计,但计算机控制系统也有许多特殊问题。如前所述,计算机控制系统是连续信号与离散信号的混合系统,采样间隔对系统有何影响? 常规的连续控制理论能否解决计算机控制系统的特殊问题? 是否需要计算机控制的相关理论和系统设计方法? 下面通过几个例子的讨论可以看到研究计算机控制系统的相关理论与方法是非常必要的。

（一）关于计算机控制系统的理论问题

计算机控制系统是由计算机及其相应的一些信号变换与接口装置取代了原来连续控制系统中的常规控制器,其被控过程本身是一个连续的过程,通过采样过程将连续时间信号离散化,即构成采样控制系统。一般情况下,当采样时间间隔足够小时,该系统可以与其相应的连续控制系统相当。因此,发展比较成熟的连续控制系统理论自然成为计算机控制系统分析与设计的一个重要基础。但是,由于计算机控制系统与连续控制系统存在差别,其控制律由计算机来实现,存在采样过程及离散信号的处理,因此计算机控制系统并不能与原来的连续控制系统完全等价,所产生的一系列新问题也是一般连续控制系统理论难以解决的,需要探讨离散时间信号系统的相关理论。离散信号在时间上的离散和幅值上的量化效应会引起计算机控制系统的什么问题?

1. 时不变连续系统变成计算机控制系统,不是严格时不变控制系统

若被控对象是线性时不变系统,通常所形成的连续控制系统也是线性时不变系统。但是当用计算机作为控制器形成计算机控制系统时,由于它的时间响应与外部输入信号作用的时刻和采样时刻是否同步有关,如图 2-13 所示,系统对相同的外部输入信号的响应,在不同的作用时刻可能不同。所以严格地说,计算机控制系统不是时不变控制系统,它的输出特性与时间有关。

2. 连续系统变成计算机控制系统其正弦响应信号可能出现差拍现象

众所周知,连续系统在正弦输入信号的激励作用下,稳态输出为同频率的正弦信号,但对计算机控制系统而言,其稳态正弦响应则与输入信号频率和采样周期有关,如图

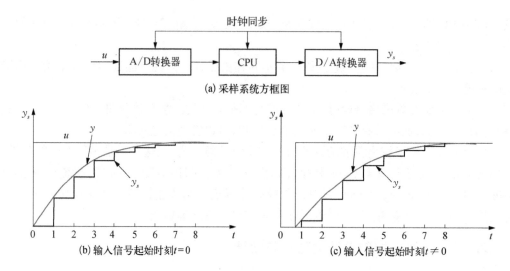

(a) 采样系统方框图

(b) 输入信号起始时刻$t=0$ (c) 输入信号起始时刻$t \neq 0$

图 2-13　采样系统的时变特性

2-14 所示。图中正弦信号频率为 4.9 Hz,图 2-14(a)为连续的正弦信号,若采样间隔时间为 0.1 s,则会发生振荡周期为 10 s 的差拍现象,如图 2-14(b)所示,这种现象在连续系统中是不会发生的,产生的原因可以根据信号采样理论进行分析。

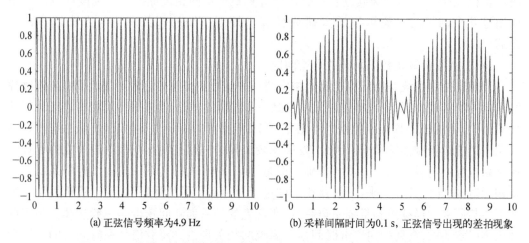

(a) 正弦信号频率为4.9 Hz   (b) 采样间隔时间为0.1 s,正弦信号出现的差拍现象

图 2-14　连续系统变成计算机控制系统其正弦响应信号差拍现象示意图

连续系统变成计算机控制系统其正弦信号差拍现象 Matlab 仿真程序如下:

```
% 正弦信号差拍现象仿真,正弦信号为 sin(2 * pi * f * t)
f=4.9;% 正弦信号频率
% 连续正弦信号
t1=0:0.01:10 % 连续系统正弦信号仿真步长为 0.01s 和仿真时间为 10s
y1=sin(2 * pi * f * t1);
% 离散正弦信号
t2=0:0.1:10 % 采样周期为 0.1s,仿真时间为 10s
y2=sin(2 * pi * f * t2);
```

```
figure(1)
plot(t1,y1);% 绘制连续正弦信号
figure(2)
plot(t2,y2);% 绘制离散正弦信号
% end
```

3. 连续系统变成计算机控制系统其性能可能发生变化

尽管计算机控制系统特性可以用连续控制系统理论解释,但还有很多现象不能用连续系统理论解释。通常,一个连续系统是可控可观的,但其变成计算机控制系统时,若采样周期选取不合适,则可能会变得不可控,其稳定性下降,甚至可能不稳定,如图 2-15 所示。在图 2-15(a)中,只采用比例控制连续系统是稳定的,其单位阶跃响应如图 2-15(b)所示,但变成计算机控制后,当采样周期 $T>1s$ 时,采样系统的响应振荡加剧,稳定性急剧下降,所以计算机控制系统可能变成了不稳定系统,如图 2-15(c)所示。如果对于简单的一阶惯性被控对象只采用比例控制,若采用连续控制方法,无论比例增益多大,系统总是稳定的,如果采用计算机控制,则可能在某个比例增益下,系统产生幅度不大的自持振荡,如图 2-16 所示。这是应用连续系统的理论甚至离散系统的理论所不能解释的,是由于数字信号幅值上量化效应所引起的特殊问题。

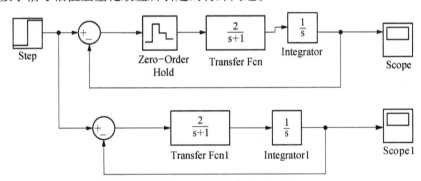

(a) 连续系统和计算机控制系统的Simulink仿真结构图

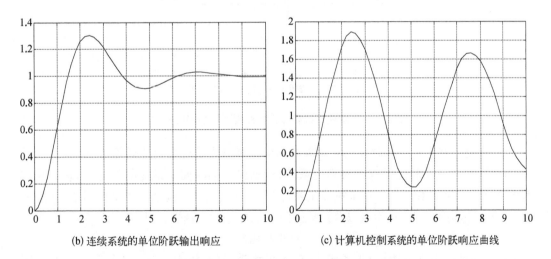

(b) 连续系统的单位阶跃输出响应　　　(c) 计算机控制系统的单位阶跃响应曲线

图 2-15　连续系统和计算机控制系统的响应曲线

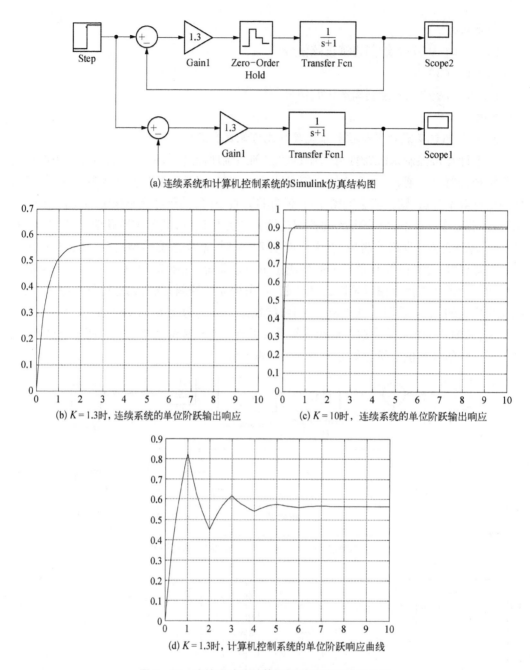

(a) 连续系统和计算机控制系统的Simulink仿真结构图

(b) $K=1.3$时，连续系统的单位阶跃输出响应

(c) $K=10$时，连续系统的单位阶跃输出响应

(d) $K=1.3$时，计算机控制系统的单位阶跃响应曲线

图 2 - 16　连续系统和计算机控制系统的响应曲线

4. 连续系统变成计算机控制系统其输出响应可在有限时间内达到稳态值

严格地说，一个稳定的连续时不变系统，达到稳态的时间应是无限的，因为它的响应是多个指数函数之和。但对计算机控制系统，可以通过设计实现在有限采样周期内（即有限时间内）达到稳态值，从而可以获得比连续系统更好的快速性，如图 2 - 17 所示。

5. 量化误差使计算机控制系统响应产生极限环

在计算机控制系统中，由于 A/D 或 D/A 转换器、计算机内存及运算器的字长是有限

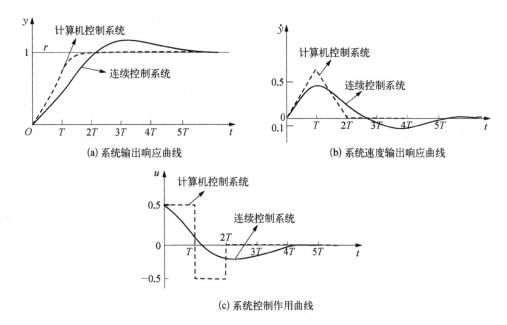

(a) 系统输出响应曲线　　　　　(b) 系统速度输出响应曲线

(c) 系统控制作用曲线

图 2 - 17　连续控制和计算机控制的有限时间调节系统

的,量化效应是非线性的变换,在某些情况下会使计算机控制系统响应产生极限环振荡,

如图 2 - 18 所示。这也是连续系统所没有的现象(当然,也会由系统中的非线性特性引起极限环振荡)。

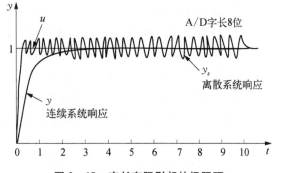

图 2 - 18　字长有限引起的极限环

综上所述,尽管计算机控制系统某些特性可以用连续控制系统的理论解释,但还有很多现象是不能用连续系统理论进行分析和解释的,还必须用其他相关理论进行研究。

(二) 计算机控制理论

除了连续系统理论,计算机控制系统由前面连续系统采用计算机控制后所出现的问题可知,由于数字信号所固有的时间上离散、幅值上量化的效应,计算机控制系统与连续控制系统在本质上有许多不同。当采样周期比较小(时间上的离散效应可忽略)并且计算机内存及运算字长比较长(幅值上的量化效应可忽略)时,可以用连续控制系统的分析和设计方法来研究计算机控制系统的问题。然而,当采样周期比较大(选取较大的采样周期可降低对计算机的要求)并且幅值上的量化效应不可忽略时,必须有专门的理论来分析和设计计算机控制系统。

当采样周期较大时,用连续控制系统理论设计的计算机控制系统,其实际系统的性能往往比设计时所预期的要差。然而,当采用直接离散化的设计方法设计时,计算机控制系统就可以比相应的连续控制系统达到更好的性能。例如,对于一个具有双重积分的控制对象,如图 2 - 19(a)所示,若采用连续控制方法,其典型的阶跃动态响应如图 2 - 19(b)、(c)所示。而采用计算机控制系统,并用直接离散化的设计方法,可以获得的响应曲线如图 2 - 19(d)、(e)所示。

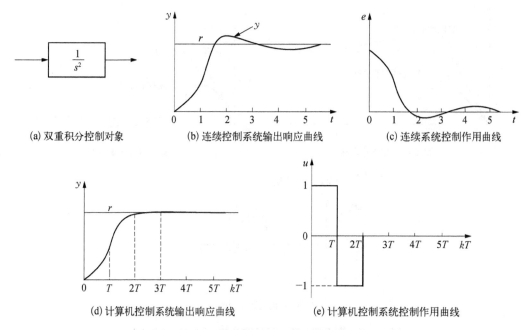

图 2 - 19 双重积分控制对象系统的阶跃响应

由图 2 - 19 可知,在最大控制量相同的情况下,采用计算机控制可以获得更满意的动态响应,输出量经过两拍的时间即完全达到稳态,且系统无超调。由图 2 - 16 可知,对于简单的一阶惯性控制对象仅有比例控制时,若采用计算机控制在一定的比例系数下却会使系统产生振荡。可见,对于计算机控制系统的分析和设计,不能只是简单地推广连续系统的理论,同时也需要一些专门理论来对它进行研究。计算机控制系统理论主要包括离散控制系统理论、采样系统理论及数字系统控制理论。

离散控制系统理论主要指对离散系统进行分析和设计的各种方法的研究,主要包括以下几方面。

(1)差分方程及 Z 变换理论。利用差分方程,Z 变换及脉冲传递函数等数学工具来分析离散系统的性能和稳定性。L 变换与 Z 变换的比较如图 2 - 20 所示。

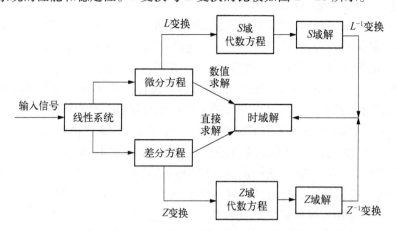

图 2 - 20 L 变换与 Z 变换的比较

（2）常规设计方法。以传递函数作为数学模型对离散系统进行常规设计的各种方法的研究,如最小拍控制、根轨迹法设计、离散 PID 控制及直接解析设计等。

（3）极点配置设计法。其中包括基于传递函数模型及基于状态空间模型的两种极点配置设计法。在利用状态空间模型时,它包括按极点配置设计控制规律及设计观测器两方面的内容。

（4）最优设计方法。主要包括线性二次型最优控制及状态的最优估计两方面内容,简称 LQG(linear quadratic Gaussian)问题。

（5）系统辨识及自适应控制。

计算机控制系统理论除了包括离散系统的理论,还包括采样系统理论以下内容。

（1）采样理论。主要包括香农(Shannon)采样定理、采样频谱及混叠、采样信号的恢复以及采样系统的结构图分析等。

（2）连续模型及性能指标的离散化。为了使采样系统能变成纯粹的离散系统来进行分析和设计,需将采样系统中的连续部分进行离散化。首先需要将连续环节的模型离散化。由于模型表示主要采用传递函数和状态方程两种形式,因此,连续模型的离散化也主要包括这两方面。由于实际的控制对象的参数是连续的,性能指标函数也常常以连续的方式给出,因此也需要将连续的性能指标进行离散化。

（3）采样控制系统的仿真。

（4）采样周期的选择。

（5）数字信号整量化效应的研究,如整量化误差、非线性特性等对控制器实现的影响问题,对计算延时、控制算法编程影响问题等。

数字控制系统的控制理论主要有以下两个方面。

（1）数字 PID、有限拍设计技术。

（2）离散状态空间分析法,包括线性离散系统的离散状态空间分析法。

（三）计算机控制系统的设计

由于计算机控制系统是一个混合信号系统,同时,连续控制系统理论又相对比较成熟,因此计算机控制系统的设计方法也可分为两大类,即基于连续系统理论的设计方法和离散域直接设计方法。

基于连续系统理论的设计方法,是把计算机控制系统视为一个连续系统,基于连续控制系统理论设计与数字控制器(数字控制算法)等价的连续控制器如图 2-21 所示,然后采用相应的一些离散化的方法将该等价连续控制器离散化(即数字化),以便于计算机实现。这种离散化将会产生误差,并与采样周期的大小有关,所以这种方法是一种近似实现方法。由于连续域的设计方法已比较成熟,所以该方法是比较常用的一种设计方法。

离散域直接设计方法,是把计算机控制系统视为一种离散时间信号系统,先将系统中所有连续部分离散化,然后直接在离散域进行设计,得到相应的数字控制器,并在计算机中实现。这种方法是一种较为准确的设计方法,无须再对控制器进行近似离散化,因而日益受到人们重视。

另外,从设计中使用的数学描述方法不同,还可分为基于 Z 传递函数的经典设计方法与基于系统离散状态空间描述的状态空间设计方法。

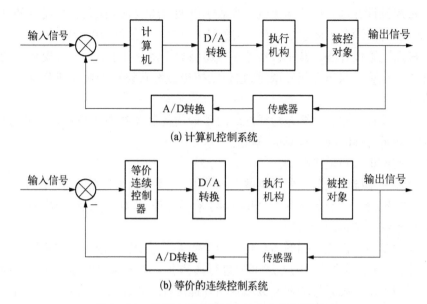

(a) 计算机控制系统

(b) 等价的连续控制系统

图 2-21　基于连续系统理论的数字控制器设计

2.2　计算机控制系统的信号变换

计算机控制系统一般是由模拟部件和数字部件构成的混合控制系统,其信号具有多种不同形式,其中最基本的信号形式是模拟信号和数字信号。因此,存在着模拟信号和数字信号之间的变换,这两种信号之间的变换对系统的性能有着直接影响。本节将分析计算机控制系统中模拟信号与数字信号之间的变换过程,并重点讨论其中的信号采样与信号恢复过程中的相关问题。

2.2.1　一般控制系统中信号类型

一般信号需要从时间与幅值两个方面进行分类。

从时间上可以分为连续时间信号和离散时间信号。将在时间轴上任何时刻都一直存在的信号称为连续时间信号,在时间轴上断续出现(即只在各个离散时刻点上存在)的信号称为离散时间信号。

从幅值上可分为模拟信号、离散信号和数字信号。将幅值在某一区间内连续变化(即幅值可在该区间内取任意值)的信号称为模拟信号。将幅值在某一区间内断续阶跃变化(即只对应该区间的一些离散值)的信号称为离散信号。将幅值用一定位数的二进制编码形式表示的离散信号称为数字信号。

基于上述两方面考虑,通常意义下的模拟信号即定义为在时间上连续存在、幅值上也连续变化的信号,而数字信号即定义为时间上离散、幅值上以二进制编码表示的信号,相应的离散信号是介于模拟信号与数字信号之间的一种信号。

应该指出,模拟信号是连续时间信号的特殊情况。通常也将连续时间信号简称为"连续信号",并用以代替"模拟信号",但严格来说,两者并不完全同义。

2.2.2　计算机控制系统中的 A/D 转换器

A/D 转换器是一种将连续时间模拟信号变换成离散时间数字编码信号的装置。通常,A/D 转换器要一次完成以下三种变换:采样-保持、量化和编码,其变换框图如图 2-22 所示。

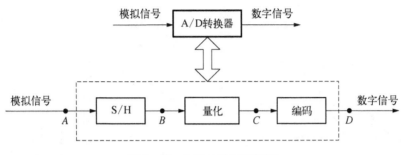

图 2-22　A/D 变换过程框图

(一) 采样-保持

1. 采样-保持概念

采样是抽取连续时间信号在离散时刻瞬时值序列的过程,是对连续的模拟输入信号[图 2-23(a)]按一定的时间间隔 T(即采样周期)进行采样,从而变成时间上离散、幅值上等于采样时刻输入信号值的脉冲序列,即离散时间模拟信号,如图 2-23(b)所示。其中,图 2-23(a)为图 2-22 中 A 点信号,图 2-23(b)为图 2-22 中 B 点信号。

完成信号采样变换的装置称为采样器或采样开关。当采样时间忽略不计时,采样过程可用一个理想的采样开关表示,该开关每隔 1 个采样周期闭合 1 次,又瞬时打开,即该开关从断开到闭合以及从闭合到断开的时间均为零,这就是理想采样过程。

虽然并不存在理想采样开关,但实际采样开关一般为电子开关,其动作时间极短,远小于采样周期和被控对象的时间常数,因此可以近似简化为理想采样开关。

在整个采样过程中若采样周期不变,则这种采样称为均匀采样。若采样周期是变化的,则称为非均匀采样;若采样间隔大小随机变化,则称为随机采样。

保持是对每个采样时刻的采样值保持一定的时间 p,以便 A/D 转换,如图 2-23(b)所示。由于 A/D 转换总需要一定的时间,为了减少在变换过程中信号变化带来的影响,采样后的信号应保持一定的时间,直至 A/D 转换完成。

采样过程是将连续时间信号变为离散时间信号的过程,即将时间上连续存在的信号变成时有时无的断续信号。这个过程涉及信号的有、无问题,因而是 A/D 转换中的本质问题。

2. 理想采样信号的时域描述

理想采样开关只让采样时刻的输入信号通过,非采样时刻的信号被阻断,因此采样器输出的采样信号为一串脉冲序列,脉冲的强度等于相应采样瞬时的输入信号值 $f(kT)$。理想采样开关及理想采样信号如图 2-24 所示。

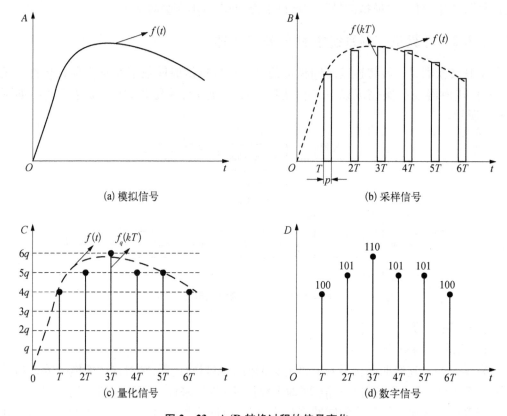

(a) 模拟信号   (b) 采样信号

(c) 量化信号   (d) 数字信号

图 2-23 　A/D 转换过程的信号变化

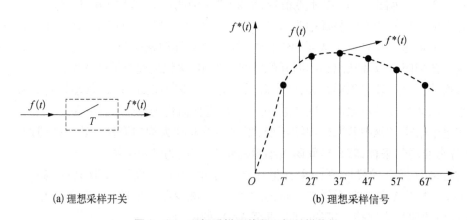

(a) 理想采样开关   (b) 理想采样信号

图 2-24 　理想采样开关及理想采样信号

采样开关相邻两次闭合之间的时间间隔称为采样周期,一般用 T 表示。相应地,将 $f_s = 1/T$ 称为采样频率,单位为 Hz; $\omega_s = 2\pi f_s = 2\pi/T$ 称为采样角频率,单位为 rad/s,一般也简称为采样频率。

1)理想采样开关的数学描述

理想采样开关输出的采样信号为一串脉冲序列,脉冲的强度等于相应采样瞬时的输入信号值 $f(kT)$。为了分析计算机控制系统,采样开关必须用数学方法来描述,为此,引入函数(也称为单位脉冲函数),采样开关以 T 为周期闭合并瞬间打开,因此形成一个单位脉冲序列,则理想采样开关的时域数学表达式可用 δ_T 表示为

$$\delta_T = \sum_{k=-\infty}^{\infty} \delta(t-kT) \qquad (2-1)$$

式中, $\delta(t-kT)$ 表示理想采样开关在 kT 时刻出现的脉冲,它仅表示脉冲出现的时刻,不表示幅值的大小。理想采样开关的特性如图 2-25 所示。

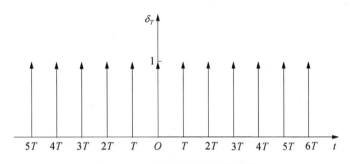

图 2-25　理想采样开关的特性

δ 函数的重要性质有筛选性和乘法性,其数字描述分别为

$$\begin{cases} \int_{-\infty}^{\infty} f(t)\delta(t)\,\mathrm{d}t = f(0) \\ \int_{-\infty}^{\infty} f(t)\delta(t-t_0)\,\mathrm{d}t = f(t_0) \end{cases} \qquad (2-2)$$

$$\begin{cases} f(t)\delta(t) = f(0)\delta(t) \\ f(t)\delta(t-t_0) = f(t_0)\delta(t-t_0) \end{cases} \qquad (2-3)$$

其中,式(2-2)为筛选性数学描述;式(2-3)为乘法性数学描述,相乘的结果仍是一个脉冲,其幅值变成了 $f(0)$ 或 $f(t_0)$。

2) 理想采样信号的时域描述

理想采样信号 $f^*(t)$ 则可视为被采样信号 $f(t)$ 经过理想采样开关而获得的输出信号,其时域描述可表示为

$$f^*(t) = f(t)\delta_T(t) = f(t)\sum_{k=-\infty}^{\infty} \delta(t-kT) = \sum_{k=-\infty}^{\infty} f(t)\delta(t-kT) \qquad (2-4)$$

由式(2-4)可知,采样器可视为一个脉冲调制器,采样过程可视为一个脉冲调制过程,其中理想的采样信号 $f^*(t)$ 可以看作连续信号 $f(t)$ 被单位脉冲序列 δ_T 调制的脉冲序列, $f(t)$ 是调制信号, δ_T 是载波信号。采样的脉冲调制过程如图 2-26 所示。在实际系统中,连续信号 $f(t)$ 在 $t<0$ 时都为零,而且 $f(t)$ 仅在脉冲发生时刻在采样器输出端有效,记为 $f(kT)$,所以式(2-4)可写为

$$f^*(t) = \sum_{k=0}^{\infty} f(kT)\delta(t-kT) \qquad (2-5)$$

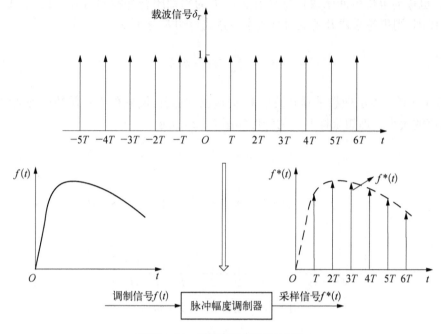

图 2-26 采样的脉冲调制过程

3. 采样信号的频域描述与频域特性

为了分析采样信号的频域特性,需要将其时域描述变换到频域。对于式(2-4)的周期性单位脉冲序列 δ_T,可以展开为复数形式的傅里叶级数,即

$$\delta_T(t) = \sum_{k=-\infty}^{\infty} C_k e^{jk\omega_s t} \tag{2-6}$$

式中,$C_k = \dfrac{1}{T}\displaystyle\int_{-\frac{T}{2}}^{\frac{T}{2}} \delta_T(t) e^{-jk\omega_s t} dt$。

根据 δ 函数的筛选性质,可得

$$C_k = \frac{1}{T}\int_{-\frac{T}{2}}^{\frac{T}{2}} \delta_T(t) e^{-jk\omega_s t} dt = \frac{1}{T}\int_{-\frac{T}{2}}^{\frac{T}{2}} \delta(t) e^{-jk\omega_s t} dt$$

$$= \frac{1}{T}\int_{-\infty}^{\infty} \delta(t) e^{-jk\omega_s t} dt = \frac{1}{T} e^{-jk\omega_s t}\big|_{t=0} = \frac{1}{T} \tag{2-7}$$

由式(2-7)可知,无论 k 为何值,其傅里叶系数 C_k 恒为 $1/T$。将其代入式(2-6),得

$$\delta_T(t) = \frac{1}{T}\sum_{k=-\infty}^{\infty} e^{jk\omega_s t} \tag{2-8}$$

将式(2-8)代入式(2-4),得

$$f^*(t) = f(t)\delta_T(t) = f(t)\frac{1}{T}\sum_{k=-\infty}^{\infty} e^{jk\omega_s t} = \frac{1}{T}\sum_{k=-\infty}^{\infty} f(t) e^{jk\omega_s t} \tag{2-9}$$

设 $f(t)$ 的傅里叶变换为 $F(\mathrm{j}\omega)$，$F(\mathrm{j}\omega)$ 即为 $f(t)$ 的频谱。对式（2-9）描述的采样信号 $f^*(t)$ 做傅里叶变换，有

$$F^*(\mathrm{j}\omega) = F[f^*(t)] = \frac{1}{T} \sum_{k=-\infty}^{\infty} F[f(t) \mathrm{e}^{\mathrm{j}k\omega_{\mathrm{s}}t}] \qquad (2-10)$$

由傅里叶变换位移定理，可得

$$F^*(\mathrm{j}\omega) = \frac{1}{T} \sum_{k=-\infty}^{\infty} F(\mathrm{j}\omega - \mathrm{j}k\omega_{\mathrm{s}}) \qquad (2-11)$$

式（2-11）即为采样信号的频谱表达式。

由式（2-11）可知，采样信号的频谱与被采样的连续信号的频谱 $F(\mathrm{j}\omega)$ 之间有十分密切的联系。设连续信号频谱带宽是有限的，且 ω_{m} 为其最高频率，在不同采样频率 ω_{s} 下，采样信号频谱与原连续信号频谱的关系如图 2-27 所示，图中仅给出了幅频谱。

根据式（2-11），可以得到 $F^*(\mathrm{j}\omega)$ 与 $F(\mathrm{j}\omega)$ 的基本关系：

（1）当 $k=0$ 时，$F^*(\mathrm{j}\omega) = \frac{1}{T} F(\mathrm{j}\omega)$，该频谱称为采样信号的主频谱，它正比于原连续信号的频谱，仅是幅值为原来的 $1/T$。

（2）当 $k \neq 0$ 时，派生出以 ω_{s} 为周期的高频频谱分量，称为辅频谱或旁带，这些频谱的形状与主频谱相同，只是在频率轴上以 ω_{s} 为周期，以主频谱为中心向频率轴两端做频移，如图 2-27(b) 所示。

（3）若原连续信号的频谱带宽有限，而采样频率 $\omega_{\mathrm{s}} \geq 2\omega_{\mathrm{m}}$，则采样后的辅频谱与主频谱不会重叠，如图 2-27(b) 和 (c) 所示；反之，当 $\omega_{\mathrm{s}} < 2\omega_{\mathrm{m}}$ 时，各频谱之间就会出现重叠现象，如图 2-27(d) 所示。

4. 采样定理

由以上采样信号的频谱可知，采样信号的频谱除了与原连续信号成比例的主频谱，还派生出无限个以 ω_{s} 为周期的高频频谱分量。如果这些周期性频谱分量是相互分离的，则可以通过一个理想的低通滤波器把所有的高频频谱分量去掉，只保留主频谱，再乘以 T，这样就从采样信号中获取了原连续信号的频谱。但是，如果这些周期性频谱分量是相互交叠的，这种交叠使采样信号的频谱与原连续信号频谱相比有很大差别，以致于无法利用理想的低通滤波器得到原连续信号的频谱，这种现象称为频率混叠。

若连续信号的带宽是有限的，即 ω_{m} 为连续信号中的最高频率，$\omega_{\mathrm{s}} < 2\omega_{\mathrm{m}}$，则会产生严重的频率混叠，如图 2-27(d) 所示。

显然，$\omega_{\mathrm{N}} = \omega_{\mathrm{s}}/2$ 是个关键频率，若连续系统的最高频率超过 $\omega_{\mathrm{s}}/2$，则混叠现象必然发生，即超过 $\omega_{\mathrm{s}}/2$ 的高频分量会折叠到低频段。因此，$\omega_{\mathrm{s}}/2$ 称为折叠频率或奈奎斯特频率。

此外，若连续信号的频谱是无限带宽的，则无论怎样提高采样频率，频率混叠都将发生。

综合以上可知，采样频率的选择将直接关系到能否从采样信号中获取原连续信号的

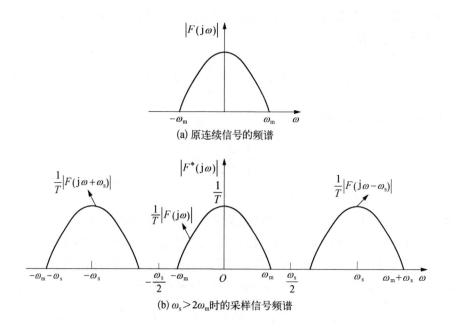

(a) 原连续信号的频谱

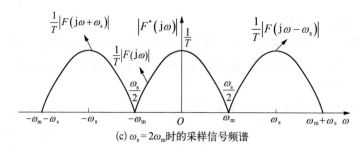

(b) $\omega_s > 2\omega_m$时的采样信号频谱

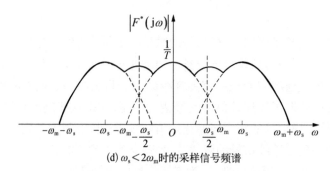

(c) $\omega_s = 2\omega_m$时的采样信号频谱

(d) $\omega_s < 2\omega_m$时的采样信号频谱

图 2-27 原连续信号频谱与采样信号频谱

特征。香农(Shannon)采样定理则定量地给出了采样频率的选择原则。

【采样定理】 如果连续信号具有有限带宽,其最高频率分量为ω_m,当采样频率$\omega_s >$ $2\omega_m$时,原连续信号可以由其采样信号唯一确定,即可以从采样信号中无失真地恢复原连续信号。

如果采样频率不满足采样定理,在频域将产生频率混叠现象,而在时域,则会出现假频现象,即由于采样频率过低,采样间隔内丢失的信息太多,因此对一个高频信号采样的结果看起来像一个低频信号。由式(2－11)可知,幅值相同、频率分别 ω 与 $\omega \pm k\omega_s (k=1,$ $2,\cdots)$ 的正弦信号,以频率 ω_s 采样后,所得到的采样信号的幅值将是一样的。例如,用 1 Hz 的采样频率分别对两个幅值相同、频率分别为 0.1 Hz 和 1.1 Hz 的两个正弦信号采样,所得的采样信号是一样的,假频现象如图 2－28 所示。

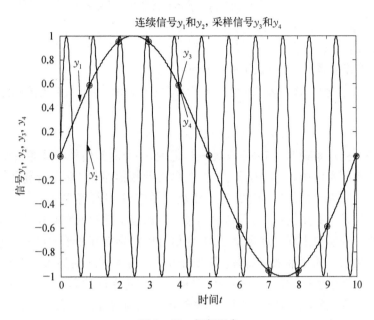

连续信号 y_1 和 y_2,采样信号 y_3 和 y_4

图 2－28　假频现象

绘制图 2－28 的 Matlab 程序如下:

```
% 绘制假频现象图 2－28
clear all ;
clc ;
% 连续信号频率 f1 = 0.1Hz,y1 = sin(2 * pi * f1 * t); f2 = 1.1Hz;y2 = sin
(2 * pi * f2 * t)
% 采样频率 fs = 1Hz,采样信号 y3,y4
f1 = 0.1;f2 = 1.1;
fs = 1;
% 连续信号
t1 = 0:0.01:10;
y1 = sin(2 * pi * f1 * t1);
y2 = sin(2 * pi * f2 * t1);
% 采样信号
t2 = 0:1/fs:10;
y3 = sin(2 * pi * f1 * t2);
y4 = sin(2 * pi * f2 * t2);
```

```
t =[t2,t2];
y =[y3,y4];
% 绘制连续信号和采样信号
figure
plot(t1,y1,'k',t1,y2,'k',t2,y3,'ko',t2,y4,'k*');
ylabel('信号 y1,y2,y3,y4');
xlabel('时间 t');
title('连续信号 y1 和 y2,采样 y3 和 y4');
gtext('y1');gtext('y2');gtext('y3');gtext('y4');% 用鼠标定位标注文本
y1,y2,y3,y4
    % end
```

上述频率混叠现象说明,如果不满足采样定理,一个高频信号经采样后变成了低频信号。在计算机控制系统中,若有用信号(通常都为低频信号)中混杂有高频干扰信号,而采样频率相对于高频干扰信号频率往往不满足采样定理,这样经采样后,高频干扰信号将变为低频信号混杂在有用信号中,即高频信号的频谱被折叠到低频有用信号频谱中,而无法再进行分离。为避免出现上述现象,当有用信号中混杂有高频干扰信号,而采样频率又不能按高频干扰信号的频率来选取时,需要在信号进行采样之前加入一个模拟的低通滤波器,称为前置滤波器,以滤除连续信号中包括高频干扰在内的高于 $\omega_s/2$ 的频谱分量,从而避免采样后出现频率混叠现象。图 2-29 给出了加前置滤波器和不加前置滤波器的作用示意图。

上面讨论的加在采样开关之前的前置滤波器是一个在 $\omega_s/2$ 频率处具有锐截止的理想低通滤波器,但它在物理上是无法实现的。实际采用的模拟式低通滤波器不具备这样的理想低通特性,但经过设计,完全可以达到抗频率混叠和滤除高频干扰的效果。

(二)量化

经过采样之后的采样信号在时间上是离散信号,但幅值上仍为连续的模拟量,即 $f(t)$ 经采样得到的采样信号 $f^*(t)$ 在采样时刻的幅值 $f(kT)$ 仍为连续的模拟量。为了将其变换为一定位数的二进制数码,必须对 $f(kT)$ 进行整量化处理,即用最小量化单位 q 的整数倍来表示 $f(kT)$ 的幅值,这个过程称为量化过程。这样,可以精确取值的模拟量 $f(kT)$ 只能用 $f_q(kT)$ 来近似表示。因此 $f(kT)$ 与 $f_q(kT)$ 之间是有差异的,显然,量化单位 q 越小,它们之间的差异也越小。这样,经过整量化之后,$f_q(kT)$ 即成为时间上和幅值上均离散的离散分层信号,如图 2-30 所示。

图 2-30(b)的量化信号即为图 2-22A/D 转换过程中 C 点的信号。

A/D 转换器的最低位代表的数值称为量化单位,记为 q,则

$$q = \frac{x_{\max}^* - x_{\min}^*}{2^n - 1} \tag{2-12}$$

式中,n 为 A/D 的位数;$x_{\max}^*$、$x_{\min}^*$ 分别为 A/D 输入的最大值和最小值。

当二进制有效位数 n 足够大时,式(2-12)也可近似为

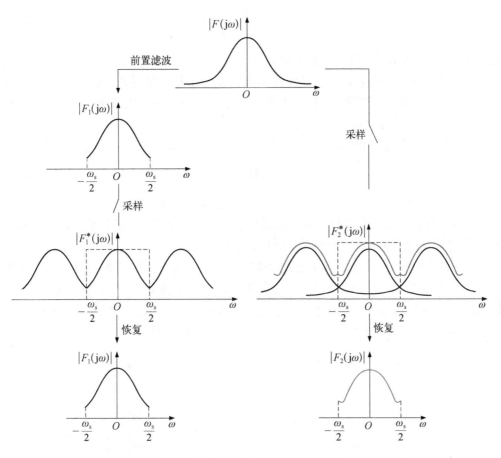

图 2-29 加前置滤波器和不加前置滤波器的作用比较示意图

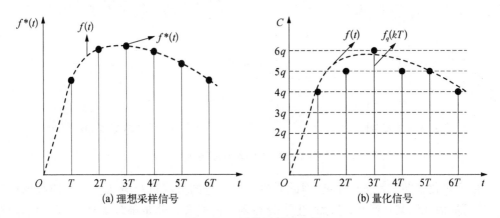

(a) 理想采样信号　　　　　　　　　　(b) 量化信号

图 2-30 量化过程示意图

$$q \approx \frac{x^*_{\max} - x^*_{\min}}{2^n} \tag{2-13}$$

若 $x^*(t)$ 为待量化的采样信号,其量化结果为 $x^*_q(t)$,则量化过程可表示为

$$x_q^*(t) = \left[\frac{x^*(t)}{q} \right] \tag{2-14}$$

式中,符号[   ]表示将计算结果取整量化。

量化过程是一个用 q 去度量采样值幅值大小的小数归整过程。按对尾数的不同处理,一般有"只舍不入"和"有舍有入"两种量化过程,因而存在量化误差。

1. "只舍不入"量化过程

"只舍不入"量化过程中,小于量化单位 q 的部分,一律舍去。其量化误差为

$$e = x^*(t) - x_q^*(t) \tag{2-15}$$

式中, $x^*(t)$ 为量化前的采样信号; $x_q^*(t)$ 为量化后的采样信号。

误差 e 可取 $0\sim q$ 之间的任意值,而且机会均等,因而是在 $[0,q)$ 区间上均匀分布的随机变量,这种随机变量称为量化噪声,如图 2-31(b)所示。

量化特性曲线 $Q(x)$ 表示量化过程中输出量与输入量之间的关系。当 $x^*(t)$ 在 $0\sim q$ 之间时,量化输出 $x_q^*(t)$ 取为 0,故 $Q(x)$ 在 $0\sim q$ 之间与 x 轴重合;当 $x^*(t)$ 在 $q\sim 2q$ 之间时,量化输出 $x_q^*(t)$ 为 q。依次类推,反向过程类似。所以,输出的量化特性曲线为阶梯状,在 $(-q,q)$ 区间存在死区,为非线性特性,如图 2-31(a)所示。

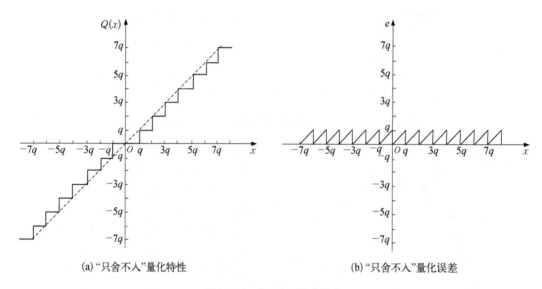

(a)"只舍不入"量化特性   (b)"只舍不入"量化误差

图 2-31　"只舍不入"量化

由于量化误差 e 为随机变量,因此需要用概率论的方法进行分析。一个连续随机变量,其可能值充满某一区间,这就产生了分布函数的概念。分布函数 F 的数值,表示随机变量落在某一区间的概率,记为 $F(x) = P(x<X)$,其中 P 表示概率,x 表示随机变量的可能值。对量化误差 e 的分布函数 $F(e)$ 而言,由于在区间 $[0,q)$ 概率分布均等,因而 $F(e)$ 在 $[0,q)$ 区间中呈线性分布,如图 2-32(a)所示。对于连续随机变量,概率密度也是描述概率分布的重要工具。若以 $p(e)$ 标志概率密度,则概率密度定义为概率分布函数的导数。即

$$p(e) = F'(e) = \frac{P(0 < e < q)}{q} \qquad (2-14)$$

对于"只舍不入"量化过程,$p(e) = 1/q$ 为常数,如图 2-32(b)所示。分布函数和概率密度是对随机变量最完整的描述。然而,对一个随机变量,最关心的还是其分布中心和围绕该分布中心的散布程度,分别以数学期望(均值)和方差命名,并称为随机变量的数字特征。

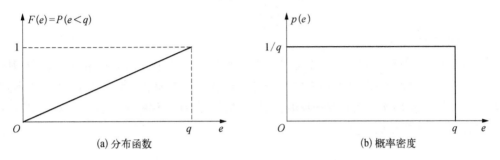

(a) 分布函数　　　　　　　　(b) 概率密度

图 2-32　"只舍不入"量化过程分布函数与概率密度

数学期望是从算术平均值中抽象出来的概念,用来描述随机变量散布中心的位置(平均值)。若令随机变量 x 的数学期望为 $E(x)$,概率密度为 $p(x)$,则连续随机变量 x 的数学期望计算公式为

$$E(x) = \int_{-\infty}^{\infty} x p(x) \, \mathrm{d}x \qquad (2-16)$$

方差表示随机变量相对于其数学期望的偏离程度。由于偏离可正可负,故采用偏差平方的数学期望来表示方差。若令随机变量 x 的数学期望为 $E(x)$,偏差平方为 $[x - E(x)]^2$,则方差的计算公式为

$$\sigma^2 = E\{[x - E(x)]^2\} \qquad (2-17)$$

在实用过程中,往往采用方差的方均根值来表征偏离量,即有

$$\sigma = \sqrt{E\{[x - E(x)]^2\}} \qquad (2-18)$$

σ 称为标准差,或称均方差。对于连续随机变量,方差的计算公式为

$$\sigma^2 = \int_{-\infty}^{\infty} [x - E(x)]^2 p(x) \, \mathrm{d}x \qquad (2-19)$$

在"只舍不入"量化过程中,概率密度 $p(e) = 1/q$,故量化噪声的数学期望为

$$E(e) = \int_{-\infty}^{\infty} e p(e) \, \mathrm{d}e = \int_{0}^{q} \frac{1}{q} e \, \mathrm{d}e = \frac{q}{2} \qquad (2-20)$$

说明此时量化噪声是有偏的。最大量化误差为

$$e_{max} = q \qquad\qquad (2-21)$$

而方差及标准差分别为

$$\sigma^2 = \int_{-\infty}^{\infty} [e - E(e)]^2 p(e)\,\mathrm{d}e = \frac{1}{12}q^2$$

$$\sigma = \frac{q}{2\sqrt{3}} = 0.289q \qquad\qquad (2-22)$$

2. "有舍有入"量化过程

"有舍有入"量化过程类似于数学中的"四舍五入",即采样信号在量化过程中,其值小于 $q/2$ 时,一律舍去;而大于 $q/2$ 时,则进位,其量化误差有正、有负,如图 $2-33$(b)所示。它可以在 $-q/2 \sim q/2$ 之间取任意值,且机会均等,因而量化噪声是在 $[-q/2,\ q/2)$ 区间上均匀分布的连续随机变量。

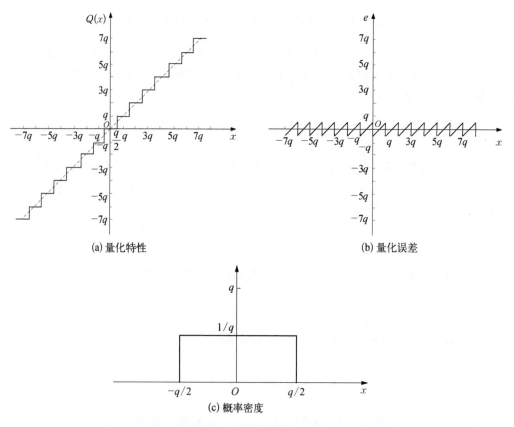

(a) 量化特性   (b) 量化误差

(c) 概率密度

图 $2-33$ "有舍有入"量化

"有舍有入"量化特性曲线如图 $2-33$(a)所示,概率密度 $p(e)$ 在 $-q/2 \sim q/2$ 之间均匀分布,其值为 $1/q$,如图 $2-33$(c)所示。量化噪声的数字特征如下。

数学期望:

$$E(e) = \int_{-\infty}^{\infty} ep(e)\mathrm{d}e = \int_{-\frac{q}{2}}^{\frac{q}{2}} \frac{1}{q} e\mathrm{d}e = 0 \qquad (2-23)$$

最大误差:

$$|e_{\max}| = \frac{q}{2} \qquad (2-24)$$

噪声方差:

$$\sigma^2 = \int_{-\infty}^{\infty} [e - E(e)]^2 p(e)\mathrm{d}e = \frac{1}{12}q^2$$

标准差:

$$\sigma = \frac{q}{2\sqrt{3}} = 0.289q \qquad (2-25)$$

在实际中采用"有舍有入"的方法常是"四舍五入",其量化误差的最大值为 $q/2$。

比较两种量化过程可知,它们的标准差相同,但"有舍有入"法最大误差小,且是无偏的,所以大部分 A/D 转换器都采用"有舍有入"量化方法。

由以上分析可以看出,在 A/D 转换器的输出位数 n 足够大时,可以使量化误差足够小,就可以认为数字信号近似于采样信号。如果在采样过程中,采样频率也足够高,就可以用采样、量化后得到的一系列离散的数字量来表示某一时间上连续的模拟信号,从而可以由计算机来进行计算、处理和控制。

3. 减少量化误差的方法

为了减少量化误差,应尽量减小量化单位 q,由式(2-12)可见,$x_{\max}^* - x_{\min}^*$ 是一定的,如果二进制字长 n 选得足够大,则量化单位 q 可以足够小。

例如,设模拟信号 $x = 0 \sim 15$ V,每级增量为 1 V,则量化单位为 $q = 1$ V,应选字长 $n = \log_2 16 = 4$。对于"有舍有入"量化方法,量化噪声最大误差 $|e_{\max}| = 0.5$ V;对于"只舍不入"量化方法,量化噪声最大误差 $|e_{\max}| = 1$ V。

4. 量化噪声对系统动态平滑性的影响

为了说明量化噪声的影响,暂不考虑采样过程。设连续信号 $x(t)$ 经量化后变成跳跃状量化信号 $x_q(t)$,其误差定义为

$$e = x(t) - x_q(t)$$

当字长 n 小,量化单位 q 大时,量化噪声曲线如图 2-34 所示。由图可见,量化过程产生低频大幅度量化噪声。

从前面对量化的分析可知,量化是有误差的,"有舍有入"的量化误差比"只舍不入"的量化误差小,所以一般常用"有舍有入"量化方法;两种量化方法都是非线性变化过程,线性信号经过量化以后都变成了阶梯非线性信号。量化处理相当于在系统中引入了随机噪声信号,噪声的幅度和量化单位成正比,噪声频率和量化单位成反比,和原系统频率成

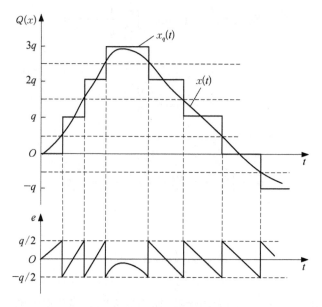

图 2-34　量化噪声曲线

正比。

例 2-1　若 A/D 转换器位数 $n=8$，模拟信号 $x_{max}^{*}=10\,\text{V}$、$x_{min}^{*}=0\,\text{V}$，求：（1）量化单位 q 是多少？（2）采用"只舍不入"和"有舍有入"时的最大量化误差、平均误差、方差各是多少？

解：（1）根据式（2-12）得

$$q = \frac{10}{2^8 - 1} \approx 39.2\,(\text{mV})$$

（2）采用"只舍不入"量化，有

最大量化误差　　　　　　　$|e_{max}| = q = 39.2\,(\text{mV})$

平均误差　　　　　　$E_{\varepsilon} = \frac{q}{2} = \frac{39.2}{2} = 19.6\,(\text{mV})$

方差　　　　　　$\sigma^2 = \frac{q^2}{12} = \frac{(39.2)^2}{12} = 128.1\,(\text{mV})$

采用"有舍有入"量化，有

最大量化误差　　　　　$|e_{max}| = \frac{q}{2} = \frac{39.2}{2} = 19.6\,(\text{mV})$

平均误差　　　　　　　　　$E_{\varepsilon} = 0\,(\text{mV})$

方差　　　　　　$\sigma^2 = \frac{q^2}{12} = \frac{(39.2)^2}{12} = 128.1\,(\text{mV})$

（三）编码

编码是将整量化后的分层信号变换为一定位数的二进制数码形式，即表示成数字信号形式，如图 2－35 所示。编码只是信号表示形式的改变，因此，可将它视为无误差的等效变换过程。

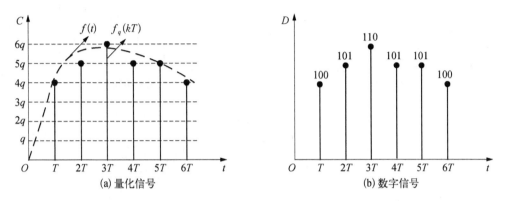

图 2－35　编码过程信号的变化

2.2.3　计算机控制系统中的 D/A 转换器

D/A 转换器是将数字编码信号转换为相应的时间上连续的模拟信号的变换装置。从功能的角度看，可将 D/A 转换器视为解码器与保持器的组合，如图 2－36 所示。

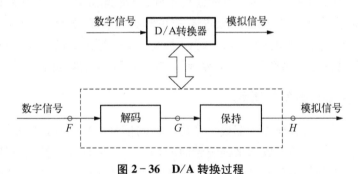

图 2－36　D/A 转换过程

（一）解码器

解码器的功能是把数字量 $f_D(kT)$ 转换为幅值等于该数字量的模拟脉冲信号 $f_p(kT)$（电压或电流信号），如图 2－37（b）所示。

（二）保持器

保持器的作用则是将解码后的模拟脉冲信号保持规定的时间，从而使时间上离散的信号变为时间上连续的信号。通常，保持当前信号在 1 个采样周期内不变，这样的保持器称为零阶保持器（zero-order holder, ZOH）。采用零阶保持器得到的信号是一个时间上连续、幅值上为阶梯状的信号，如图 2－37（c）所示。因此，D/A 转换器得到的信号并不是严格意义下的模拟信号。只有当系统采样周期足够小，而且 D/A 转换的位数又足够高时，才可认为 D/A 输出的就是时间上与幅值上均连续的模拟信号。

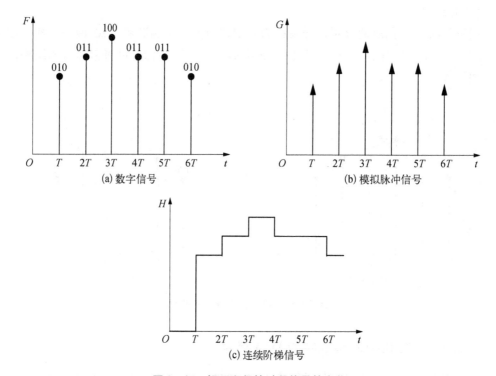

图 2 - 37　解码和保持过程信号的变化

在实际系统中,由于 D/A 转换器的结构不同,可能是如图 2 - 36 所示的先解码后保持结构(即模拟量保持结构),也可能是先保持后解码方案(即数字量保持结构)。

通过对 D/A 转换过程的分析可知,解码器也只是信号形式的变换,可视为无误差的等效变换;而保持器则将离散时间信号变成了连续时间信号,涉及信号的有无问题。

2.2.4　信号的恢复与重构

连续时间信号经过采样之后变成一个离散时间信号。从信息论的角度讲,信号的恢复是指如何由采样信号还原成原来的连续时间信号。而从计算机控制系统而言,把数字控制器给出的二进制数字量通过 D/A 转换器转换为能作用于过程控制的时间连续信号的这一转换过程称为信号的复现。尽管两者的出发点不完全相同,但其基本理论是一致的,都是基于信号采样理论来讨论。下面在上述分析 D/A 转换器的基础上,分别研究信号的理想恢复过程和实际的信号恢复与重构方法,并对零阶保持器进行讨论。

（一）信号的理想恢复过程

采样信号的恢复过程从时域来说,就是通过离散的采样值求出连续的时间函数,实际上就是对 D/A 转换器转换的与数字量等量的离散模拟量,求出连续的模拟量;从频域来说,就是要除去采样信号中附加的高频频谱分量,而保留主频谱分量。

由采样定理及其相关分析可知,当采样频率满足采样定理的要求时,能够从采样信号的频谱中完全保留主频谱分量而同时去掉附加频谱分量。理想不失真的恢复需要具备三个条件:

（1）原连续信号的频谱必须是有限带宽，即 $|\omega| < \omega_m$。

（2）满足采样定理，即 $\omega_s \geq 2\omega_m$。

（3）具有理想的低通滤波器，其特性为

$$H(j\omega) = \begin{cases} T, & |\omega| \leq \omega_c = \omega_s/2 \\ 0, & |\omega| > \omega_c \end{cases} \tag{2-26}$$

从式（2-26）可知理想低通滤波器是指它对截止频率 ω_c 以下的频率可以不失真地进行传输，而对于高于截止频率 ω_c 以上的频率全部衰减为零。理想低通滤波器的特性如图 2-38 所示。

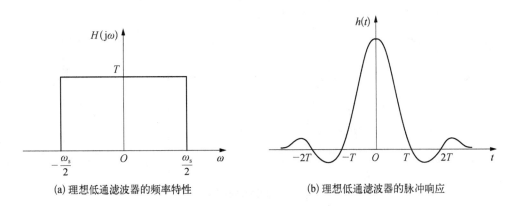

(a) 理想低通滤波器的频率特性　　　　(b) 理想低通滤波器的脉冲响应

图 2-38　理想低通滤波器特性

在上述三个条件下，理想低通滤波器的输出可以无失真地恢复出原连续信号，其恢复过程如图 2-39 所示。但是，理想滤波器是物理不可实现的。

从时域来看，所恢复的连续信号也可用卷积表示为

$$y(t) = f^*(t) * h(t) = f(t) = \sum_{k=-\infty}^{\infty} f(kT) \frac{\sin[(t-kT)\pi/T]}{(t-kT)\pi/T} \tag{2-27}$$

由式（2-27）可见，信号 $f(t)$ 在 t 时刻的恢复值既要用到过去的采样值，也要用到未来的采样值，因而这种理想的低通滤波器不仅在物理上难以实现，同时还会引入延迟，无法用于控制系统。

（二）非理想恢复过程

物理上可实现的信号恢复只能以现在及过去时刻的采样值为基础来重构相邻采样时刻之间的信息。

若已知某连续信号在 kT 时刻的采样值为 $f(kT)$，将连续信号 $f(t)$ 在该采样点邻域内展开成泰勒级数为

$$f(t) = f(kT) + f'(kT)(t-kT) + \frac{1}{2!}f''(kT)(t-kT)^2 + \cdots, \quad kT \leq t \leq (k+1)T$$

$$\tag{2-28}$$

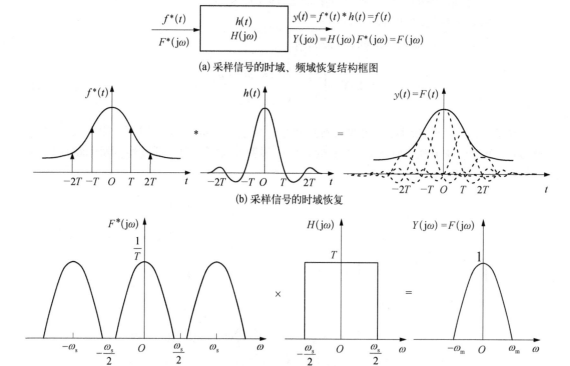

(a) 采样信号的时域、频域恢复结构框图

(b) 采样信号的时域恢复

(c) 采样信号的频域恢复

图 2-39　采样信号通过理想低通滤波器的恢复

其中，$f'(kT)$，$f''(kT)$… 为 $f(t)$ 在 kT 处的导数，它们可以由当前与过去时刻的采样值来估计，例如，一阶导数可用一阶差分来估计，二阶导数可用一阶导数的一阶差分来估计，则二阶导数可近似表示为

$$f''(kT) \approx \frac{\{f'(kT) - f'[(k-1)T]\}}{T} \approx \frac{\{f(kT) - 2f[(k-1)T] + f[(k-2)T]\}}{T^2}$$

$$(2-29)$$

由此可见，导数的阶次越高，所需的时间延迟越多。由式(2-29)可知，其级数项取得越多，相应的估计精度就越高，但所需的导数阶次也越高。而时间延迟的增加对反馈系统的稳定性有严重影响。因此，通常只取式(2-28)的前几项来重构信号。例如，只取等式右端第 1 项来估计，即

$$f(t) = f(kT)，\quad kT \leq t \leq (k+1)T \tag{2-30}$$

由于式(2-30)只使用了级数的零阶项，所以称为零阶外推插值，又称为零阶保持器(ZOH)。如果使用式(2-28)右端前两项之和来估计，即

$$\begin{aligned} f(t) &= f(kT) + f'(kT)(t - kT) \\ &\approx f(kT) + \frac{f(kT) - f[(k-1)T]}{T}，\quad kT \leq t \leq (k+1)T \end{aligned} \tag{2-31}$$

则称为一阶外推插值或一阶保持。

从前面的分析可知,实际信号的恢复采用最简单的办法,即将采样间隔内的信号保持不变。计算机输出的离散信号经 D/A 解码后,即把模拟脉冲信号恢复成阶梯形的连续信号,这样就减缓了脉冲信号对连续被控对象的冲击,从而使控制过程较为平稳。

（三）零阶保持器

在实际的物理系统中,除零阶保持器外,其他形式的保持器都难以实现,且阶数越高,延迟越多。故实际的信号重构一般都是用零阶保持器来实现的,即将前一个采样时刻 kT 的采样值恒定不变地保持到下一个采样时刻 $(k+1)T$。在计算机控制系统中,计算机输出的数字信号经 D/A 解码后就是按零阶保持器的方式将脉冲信号恢复成阶梯状的连续时间信号,如图 2-40 所示。

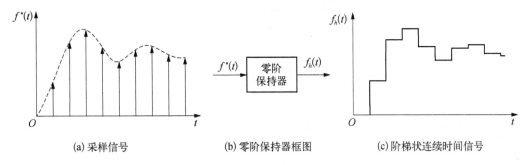

(a) 采样信号　　　　　(b) 零阶保持器框图　　　　　(c) 阶梯状连续时间信号

图 2-40　零阶保持器的功能示意图

式(2-30)是零阶保持器的时域表达式,为了分析零阶保持器的频域特性,需要用到其频域描述或传递函数。

由零阶保持器的时域特性,可以认为,在单位脉冲信号的作用下,零阶保持器的脉冲响应 $g_{h0}(t)$ 如图 2-41 所示。而脉冲响应又可视为阶跃函数 $1(t)$ 与 $1(t-T)$ 组合而成,即

$$g_{h0}(t) = 1(t) - 1(t - T) \qquad (2-32)$$

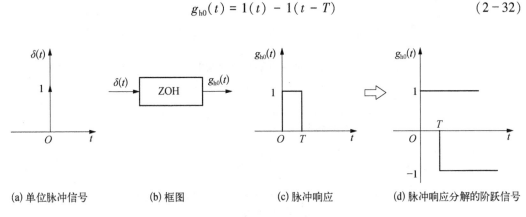

(a) 单位脉冲信号　　　　(b) 框图　　　　(c) 脉冲响应　　　　(d) 脉冲响应分解的阶跃信号

图 2-41　零阶保持器的脉冲响应

对式(2-32)取拉氏变换,可得零阶保持器的传递函数:

$$G_{h0}(s) = L\big[g_{h0}(t)\big] = \frac{1 - \mathrm{e}^{-sT}}{s} \tag{2-33}$$

令 $s = \mathrm{j}\omega$，可得零阶保持器的频率特性为

$$G_{h0}(\mathrm{j}\omega) = \frac{1 - \mathrm{e}^{-\mathrm{j}\omega T}}{\mathrm{j}\omega} = T\,\frac{\sin\dfrac{\omega T}{2}}{\dfrac{\omega T}{2}}\mathrm{e}^{-\mathrm{j}\frac{\omega T}{2}} \tag{2-34}$$

其幅频特性为
$$\left| G_{h0}(\mathrm{j}\omega) \right| = T\left| \frac{\sin\dfrac{\omega T}{2}}{\dfrac{\omega T}{2}} \right| = \frac{2\pi}{\omega_s}\left| \frac{\sin\dfrac{\omega\pi}{\omega_s}}{\dfrac{\omega\pi}{\omega_s}} \right| \tag{2-35}$$

其相频特性为
$$\varphi_{h0}(\omega) = -\frac{\omega\pi}{\omega_s} + \angle\,\frac{\sin(\omega\pi/\omega_s)}{\omega\pi/\omega_s} \tag{2-36}$$

式中，$\angle\,\dfrac{\sin(\omega\pi/\omega_s)}{\omega\pi/\omega_s} = \begin{cases} 0, & 2n\omega_s < \omega < (2n+1)\omega_s \\ \pi, & (2n+1)\omega_s < \omega < 2(n+1)\omega_s \end{cases}$，$n = 0, 1, 2, \cdots$

零阶保持器的幅频和相频特性曲线如图 2-42 所示。由图可见，零阶保持器特性基本上类似一个低通滤波器，然而与理想滤波器相比又有不小的差别。将理想滤波器与零

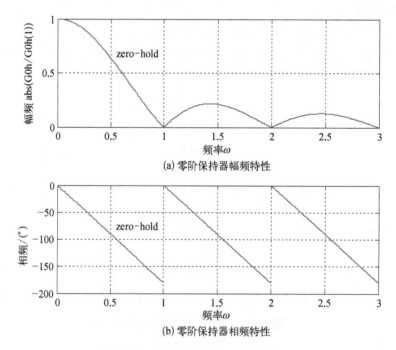

(a) 零阶保持器幅频特性

(b) 零阶保持器相频特性

图 2-42 零阶保持器的频率特性曲线

阶保持器进行对比可知,理想滤波器是锐截止,截止频率 $\omega = \dfrac{\omega_s}{2}$;而零阶保持器有无限多

个截止频率 $\omega = n\omega_s(n = 0,1,2,\cdots)$,在 $0 \sim \omega_s$ 内,幅值随 ω 增加而衰减,在 $\omega = \dfrac{\omega_s}{2}$ 时幅

值为 $0.632T$。此外,零阶保持器还允许采样信号的高频分量通过,但幅值逐渐衰减。从相频特性看,零阶保持器是一个相位滞后环节,相位滞后的大小与信号的频率 ω 和采样周期 T 成正比。

绘制零阶保持器的频率特性 matlab 程序如下:

```
% 零阶保持器频率特性
clear all;close all;
% ----ZOH amplitude frequency characteristic
w = 0.01:0.01:3
Gh0 = 2 * sin(pi * w)./w;
Gh0 = abs(Gh0/Gh0(1));
% ----ZOH phase frequency characteristic
Ph0 = -pi * w * 57.3;
% 画图
% figure(1)
subplot(2,1,1)
plot(w,Gh0);
ylabel('幅频 abs(G0h/G0h(1))');
xlabel('频率 w');
text(0.6,0.6,'zero -hold');
grid
% figure(2);
subplot(2,1,2)
plot(w(1:100),Ph0(1:100));hold on;
plot(w(101:200),Ph0(101:200)+180),hold on;
plot(w(201:300),Ph0(201:300)+360),hold on;
ylabel('相频(度)');
xlabel('频率 w');
text(0.55,-80,'zero -hold');
grid
% end
```

(四) 后置滤波

由于零阶保持器允许采样信号的高频分量通过,当采样周期较大时(相当于时域曲线的阶梯较大)。零阶保持器的输出势必对系统的动态特性产生不良影响。若高频噪声的

幅度大,而执行机构及被控对象的惯性又偏小,常会引起执行机构的高频抖动而造成机械磨损。为了减少和消除高频噪声的影响,应在保持器后面串入一个模拟式低通滤波器,称为后置滤波器,用来消除高频噪声。但低通滤波器必然会给系统引入相位滞后,为了这一不良影响,可在系统适当位置串入超前环节,或通过其他方法补偿。如果高频噪声不很严重,而执行机构及被控对象的惯性又比较大,依靠对象本身的惯性已能将其滤掉,这样应不需要另加后置滤波器了。

下面通过图 2-43 将系统中信号恢复前后的频谱形式以及时域特性变化情况给出示意。由图 2-43 可知,由于设置了前置滤波和后置滤波,经过零阶保持器恢复的信号基本上保持了原信号的特性,高频噪声也受到了抑制。

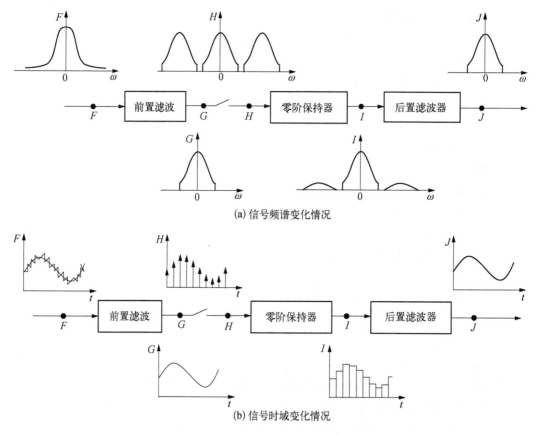

图 2-43　采样和恢复过程中信号特性的变化

(五) 采样周期的选择

采样周期 T 是计算机控制系统信号采样和信号复现中的重要参数,周期大小的选择对信号的采样具有重要的意义,在控制系统设计时必须综合考虑选择一个合适的采样周期。当采样信号恢复为连续信号时是有相位滞后(与采样周期 T 有关)的,即有时间延迟。在计算机控制系统中必须严格限制复现连续信号时产生的延迟时间,否则,将因这一延迟时间改变了连续信号作用于过程的实时时刻(即采样周期 T 确定的时刻)而使控制系统的性能变差。

采样定理作为计算机控制系统理论仅给出了采样频率的下限，即采样周期的上限，在这个范围内，一般情况下，系统采样周期越小，就越接近连续信号，系统的控制性能相对较好，但却增加了对计算机性能的要求。因此，在工程上选择采样周期一般是在满足系统性能指标的前提下，尽可能选择较长的采样周期。

采样周期对系统性能的影响是多方面的，在实际采样周期的选择中，需要综合分析各方面的因素，进行必要的折中处理，以确定合理的采样周期。在选择采样周期时，通常要综合考虑以下几个主要方面。

（1）闭环系统稳定性。与连续系统不同，在计算机控制系统中，采样周期 T 这个重要参数的引入，对闭环系统的稳定性及其他相关性能有很大影响。但系统其他参数一定时，可以确定使闭环系统稳定的最大采样周期 $T_{\max}$。由于最大采样周期是临界采样周期，实际选择的采样周期应比 $T_{\max}$ 小得多。

（2）闭环系统的带宽。在计算机控制系统中，被采样的信号通常是被控对象的输出信号。在这类闭环系统中，通常要求系统输出能准确跟踪输入信号，为此需要采样信号包括原连续输出信号的全部信息，才能形成正确的误差以产生控制输出信号。设被采样信号的最高频率为 $\omega_{\max}$，依据采样定理，要求采样频率 $\omega_s \geqslant \omega_{\max}$。但是，在实际系统中，通常不能确切知道被采样信号的具体频谱，此时，对于输出信号的最高频率，可以近似由系统的闭环带宽估计。考虑到实际最高频率较难准确估计，同时可能存在建模的不精确性，为了减少频率混叠，应根据具体问题进行选择，通常要求 $\omega_s \geqslant (4 \sim 10)\omega_b$，其中，$\omega_b$ 为系统的闭环带宽。

（3）保持器重构误差与相位滞后。由前面信号恢复与重构相关讨论可知，由于零阶保持器存在重构误差与相位滞后，即其输出为含有一定高频噪声的阶梯状信号，当采样周期较大时，这种信号将导致执行机构高频抖动，使系统输出不平滑，并使系统闭环稳定性能变差。为了减小重构误差与相位滞后，一般认为选取采样频率为闭环带宽的 10~20 倍更合适，则 $\omega_s \geqslant (10 \sim 20)\omega_b$。

（4）系统抗干扰性能。抗干扰能力是反馈控制系统的一种重要性能。系统除了受指令信号的控制，还经常受到各种不同类型的干扰影响。就抑制干扰的能力而言，通常，计算机控制系统不如连续控制系统。这主要是因为在计算机控制系统中，只在采样瞬间输出采样值才与实际值完全一致，反馈才真正起作用；而在其余时间，即两次采样间隔之间，干扰变换的信息不能被反映出来，反馈控制实际上未起作用。在极端情况下，如果采样开关动作速度比干扰变化的速度慢得多，即采样周期过长，则系统对干扰就如同完全没有控制作用一样，因而无法及时抑制干扰对输出的影响。如果采样频率相对于扰动频率高得多，那么计算机控制系统的抗干扰能力就接近于连续系统。因此理论上，必须依据干扰信号中的最高频率来选择采样频率，即要求采样频率应不低于其干扰信号的最高频率的两倍。但这在通常存在高频干扰的实际系统中，将使采样频率过高，因而无法工程实现。因此应采用必要的折中，即将扰动对系统的影响控制在一定范围之内，而不是完全抑制。

（5）前置滤波器。如前所述，若采样信号中含有高频噪声，就需要在采样之前，加一个前置滤波器将高于奈奎斯特频率的高频成分尽量滤除，以消除高频干扰，抑制频率混叠。这个低通滤波器的引入通常会影响系统的动态性能,为了减小这种影响,通常取前置滤波器的带宽 ω_f 为闭环带宽 ω_b 的 5~10 倍,而采样频率按 ω_f 的 4~10 倍选取,则 $\omega_s \geqslant$ $(20 \sim 100)\omega_b$。这样,前置滤波器对闭环动态性能的影响就可完全忽略不计。这样确定的采样周期必然很小,对于变化较慢的过程,这种选择是可以的,这样就可以不必考虑加入前置滤波器对系统动态性能的影响。

(6)计算机字长。以上几个方面综合起来,都是希望采样周期越小越好,只是在具体实现时可能受到一定限制。理论上,当采样周期足够小时,计算机控制系统应该与连续系统完全等价。而实际上,由于计算机字长的影响,计算机控制系统并不能完全趋近于连续系统。一般地,采样周期越小,由于计算机字长有限所产生的量化误差对系统的影响反而增大。用一个简单的例子来说明,当采样周期非常小时,一个变化速率很慢的信号就会以很高的采样频率被采样,这样,相邻的两个采样信号将有近似的幅值,如果计算机字长较短,那么就可能出现在连续几个采样周期内被采样信号的输出值保持不变,从而使系统调节作用减弱。此外,在利用积分消除静差的调节回路中,如果采样周期太小,将使积分增益过低,当偏差小到一定程度时,积分增量项的计算结果由于受计算机字长限制将始终为零,积分部分不能继续起到消除残差的作用。如果要把这部分残差消除或减小到可以接受的程度,就需要增加字长或增大采样周期。此外,采样周期过小时,将会增大控制算法对参数变换的灵敏度,即由于字长有限,控制算法的参数不能被准确表示,在采样周期过小时,将使控制算法的特性变化较大。

(7)数字控制器的设计方法。对于数字控制器设计,有些方法对采样周期也有不同的要求。在基于连续系统理论的等价设计方法中,一般是在采样周期足够小时,这样的等价精度才比较高,这在设计时为考虑零阶保持器的作用影响尤其如此。当采样周期较大时,设计得到的数字控制器构成的闭环系统性能将比预期的差很多,甚至可能不能正常工作。因此,对这种设计方法,一般要求具有较小的采样周期。相反,在最少拍控制设计方法中,理论上,采样周期越小,系统响应越快,但实际系统的响应还受到系统本身特性与控制量的约束。当采样周期较小时,一方面,控制作用将超过约束范围,并不能实施有效的控制;另一方面,这种较强的控制作用使系统可能来不及平滑响应,而使输出采样点之间出现振荡。因此,对这类设计方法,采样周期的选择须考虑到控制量的约束与被控对象的响应特性,而不能选择得太小。

(8)计算机工作负荷。在前面已经提到采样周期的减小会受到计算机字长的限制,这只是从一般意义上而言。实际设计时,则需要综合考虑计算机的工作负荷。对于计算机控制系统,一般要求计算机在一个采样周期内应完成必要的系统管理、信号采集、信号处理、控制算法计算与控制输出等任务。这些任务的计算或处理都需要一定的时间,因此,当计算机的速度与计算任务确定后,采样周期就要受到一定的限制。尽管现代计算机的运算速度越来越快,但其相应的支撑软件也比较复杂(当然功能越来越强大),并可实现一些非常复杂的先进控制算法,这反过来又增加了计算机的计算负荷,从而限制了采样周期的减小。

由以上分析可知,计算机控制系统采样周期的选择与许多因素有关,而各种因素与采样周期的关系有时又是相互矛盾的,对于一个具体的采样控制系统,采样周期并没有一个精确的计算公式,需要综合考虑以上相关因素,折中选择。对于大多数计算机控制系统,合理地减小采样周期可能会使系统控制性能得到改善,但当采样周期比较小时,又会加重计算机的计算负荷,对计算机、A/D 与 D/A 转换器的速度均提出了更高的要求,从而增加了系统成本。事实上,每个计算机控制系统应该有一个最优的采样周期,但这个最优采样周期却很难找到一个定量的计算方法。

在实际工程应用中,结合上述各方面的因素,依据实际经验,总结出一些有价值的选取采样周期的经验规则,可以作为实际系统采样周期选择时的参考。下面给出采样周期选择原则。

(1) 采样频率 ω_s 的最低限(采样周期 T 的上限),采样定理给出了采样频率的最低限,即 $\omega_s \geq 2\omega_m$,其中 ω_m 为连续系统的最高频率。常取 $\omega_s \approx (4 \sim 10)\omega_m$。

(2) 根据系统的动态指标要求,一般取 $T \approx \left(\dfrac{1}{15} \sim \dfrac{1}{4}\right) t_s$。

(3) 根据系统的动态特性,当系统中对象的惯性时间常数 T_0 起主要作用(延迟可忽略)时,$T \leq 0.1 T_0$。

(4) 当对象有延迟时间 τ 和时间常数为 T_0 的一阶惯性环节时,即对象有环节 $\dfrac{e^{-\tau s}}{T_0 s + 1}$,则 $T = \begin{cases} (1.2 \sim 0.35)\tau, & 0.1 < \tau/T_0 \leq 1 \\ (0.35 \sim 0.22)\tau, & 1 < \tau/T_0 \leq 10 \end{cases}$。

(5) 当控制多个回路时,各回路的采样周期可以不同,但必须保证各路的控制算法都得到执行。对于等周期采样,设有 n 个回路,每个回路采样时间为 τ,则 $T \geq n\tau$。

(6) 当有积分作用消除静误差时,采样周期 T 不能过小,为防止积分作用的失效,应合理选择采样周期 T,使 T/T_i 大小合理。

由于用理论计算来确定采样周期存在一定的难度。因此,一般根据表 2-1 的经验数据来选择,然后在系统运行试验时进行修正。

表 2-1　常见对象采样周期的经验数据

被 控 量	采样周期/s	备　注
流量	1~5	优先选用1~2 s
压力	3~10	优先选用6~8 s
液位	5~10	优先选用7 s
温度	15~20	取纯滞后时间常数

2.2.5　计算机控制系统中信号的形式

从计算机控制系统中的 A/D 转换器和 D/A 转换器的分析可以看出,计算机控制系统中信号的变换包含六种信号形式,如图 2-44 所示。与连续系统不同,计算机控制系统中包含六种信号形式,如表 2-2 所示。

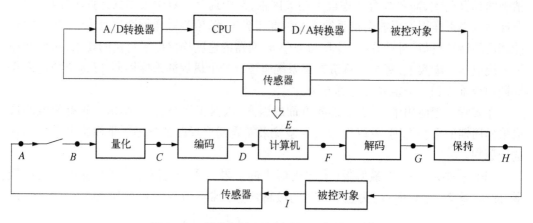

图 2－44　计算机控制系统中信号的变换过程

表 2－2　计算机控制系统中信号的形式

信 号 形 式		图 形	系统中各点信号
时 间	幅 值		
连续	模拟量		A、I
连续	阶梯模拟量		H
离散	模拟量		B

信号形式		图　形	系统中各点信号
时　间	幅　值		
离散	离散量	（图形：C 对 t，$f(t)$、$f_q(kT)$，纵轴 $q,2q,3q,4q,5q,6q$，横轴 $T,2T,3T,4T,5T,6T$）	C、G
离散	数字量	（图形：F 对 t，010 011 100 011 011 010）	D、F
连续	数字量	（图形：E 对 t，100 101 110 101 101 100，阶梯状）	E（计算机内存信号）

由图 2-44 和表 2-2 的分析可知,计算机控制系统与连续系统相比除了信号形式多样,信号的传递速度也不同。连续系统中模拟信号的传递是瞬时完成的,系统的输出反映同一时刻的输入响应,即各点的信号都是同时刻的值。计算机控制系统中由于 A/D、D/A、计算机运算等时延,某时刻的值实际上不是当前时刻输入的响应。

由图 2-44 和表 2-2 还可看出,在计算机控制过程中,各组成部分实际传输的信号是 A（或 I）点的模拟信号（或连续模拟信号）、B 点的采样信号（或离散的模拟信号）、D（或 F）点的数字信号（或离散数字信号）、H 点的连续信号（或连续阶梯模拟信号）四种。

总之,在计算机控制系统的 A/D、D/A 转换中,最重要的是采样、量化和保持三个过程。编码、解码仅是信号的表现形式的改变,其过程可看作无误差等效变换关系,在分析中可忽略。在计算机控制系统中,采样是将连续时间信号变为离散时间信号;保持是将离散信号变为连续时间信号,它涉及采样间隔中信号的有无问题,影响系统的传递特性,是本质问题,在系统中必须考虑;量化是将模拟信号按最小单位整量化,其产生的误差影响系统的特性,当量化单位小影响小时,在系统中可不考虑。

2.3 计算机控制系统输入/输出通道

在计算机控制系统中,为了实现对系统的控制,需要将被控过程的各种被测参数转换成计算机能够接收的信号形式后再送入计算机进行运算处理,处理后的结果也必须变换成适合于对系统进行控制的信号形式。因此,在计算机与控制对象之间,必须设置信息的变换和传递装置,即过程输入/输出通道。输入/输出通道一般包括模拟量输入/输出通道和开关量(数字量)输入/输出通道。模拟量输入通道将被控对象的模拟输入信号(如电压、电流、温度、压力等)转换为数字信号送给计算机;模拟量输出通道将计算机输出的数字控制信号转换为模拟输出信号(电压或电流)作用于执行机构,以实现对被控对象的控制;开关量(或数字量)输入通道用于输入反映系统或设备状况的开关信号(如继电器触点信号、行程开关信号等)、脉冲信号(如流量脉冲、旋转码盘脉冲信号等);开关量(或数字量)输出通道用于控制那些可以接受开关信号(或数字信号)的执行机构和指示装置。本节主要讨论计算机控制系统中输入/输出通道的一般构成、关键部件及设计过程中需要考虑的一些特殊问题,而对于较为通用的计算机接口与一些具体器件等知识,在这里不做详细讨论,读者可参阅其他相关资料。

2.3.1 模拟量输入通道

模拟量输入通道是数据采集系统输入通道中的一种,它的任务是把传感器检测到的电信号经过适当的处理,然后转换成数字量输入计算机。在计算机控制系统中,模拟量输入通道是系统设计的一个重要内容。

（一）模拟量输入通道组成

模拟量输入通道一般包括信号调理、多路转换器、信号放大电路、采样保持器,A/D 转换器及其接口电路等,其一般组成结构如图 2－45 所示,图 2－45 采用的是多路模拟量输入共用一个 A/D 转换器的结构,其主要优点在于可降低过程通道的硬件成本。但是,当各路模拟量的输入信号差异较大,同时又对系统采样频率要求较高时,应采用各路独立的 A/D 转换器结构。

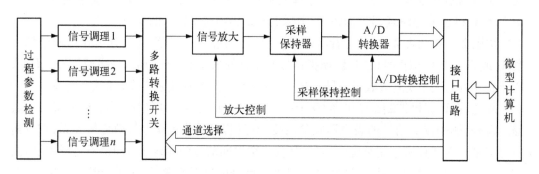

图 2－45 模拟量输入通道的一般组成结构图

在图 2－45 中,多路转换开关之后共用的信号放大器电路一般为一个可编程增益放大器,可将来自前级处理的各路检测信号放大到 A/D 转换器所要求的电平范围。如经前级处理的各路信号均已在所需的电平范围内,则可不必设置该放大电路。采样保持器则是在采样时刻进行快速采样,然后在 A/D 转换过程中保持该采样信号不变,以确保转换的准确度。目前,绝大多数 A/D 转换器均包含了相应的采样保持器功能,因此不用再单独设计。

1. 信号调理

信号调理是对来自传感器或变送器的信号进行必要的调整处理,使之成为较为标准的模拟信号,根据具体需要可包含信号调整、信号滤波、信号隔离、阻抗匹配、电平转换、非线性补偿、电压/电流转换等功能。

(1) 信号调整。对于模拟量输入通道,传感器测得的信号一般为直流电压信号或直流电流信号,这些信号需要调整为 A/D 转换器所要求的输入信号范围内的信号,才能通过 A/D 转换及其接口送入计算机进行处理。

若被检测的直流电压信号为 TTL 电平,则最简单的方法是直接采用满足精度要求的 A/D 转换器。反之,就要设计相应的调理电路(如分压、放大等),将这类信号转换成 A/D 转换器所能接收的电平形式,再连接到 A/D 转换器输入端。

若检测的信号为直流电流信号,对于要求电压信号形式输入的计算机控制系统,在电流回路中串入一个 I/V 变换电阻 R。如检测信号为 4~20 mA 的电流信号 I_{in} 变换成 1~5 V 的直流电压信号 U_{out},即 $U_{out} = I_{in}R$。 电流信号传输及 I/V 变换的典型电路如图 2-46 所示。采用这种方法,可以将直流电流信号转换为直流电压信号,然后再采用直流电压信号的调整方法来处理。

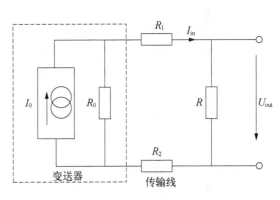

图 2-46 电流信号传输及 I/V 变换

(2) 信号滤波。在控制系统中,来自各类传感器或变送器的模拟信号在检测与传输过程中将不可避免地会受到各种噪声干扰。针对不同的干扰源,采取不同的抑制和消除干扰措施,可以极大地削弱进入系统的各种噪声的强度。但这样做并不能保证完全消除噪声,仍有部分噪声会混入测量信号中。如果噪声与有用信号的频谱范围不同,通常采用不同的带通滤波器来滤除干扰信号。

采用滤波技术消除干扰信号的影响对任何控制系统都是必要的,但对计算机控制系统更为重要。因为一般噪声的频率较高,对连续控制系统而言,由于系统本身具有低通特性,这些高频干扰对系统输出的影响较小。但在计算机控制系统中,当混有高频干扰的低频有用信号被采样后,将会使高频干扰信号折叠到低频范围,严重影响系统的输出。因此,在计算机控制系统中,如果系统干扰较为严重,一般都应在信号采样之前(对应于本节的信号调理或放大器部分)加入一个适当的模拟低通滤波器(即抗频率混叠的前置滤波器),将高于频率 $\omega_s/2$ 的干扰信号滤掉,对于增加前置滤波器的分析已在前面分析了。

通常采用较为简单的一阶低通电路构成前置滤波器。其中,一阶低通滤波器的传递函数为

$$G_f(s) = \frac{1}{T_f s + 1} \qquad (2-37)$$

式中，$T_f = 1/\omega_f$，ω_f 为滤波器的转折频率。该滤波器可采用 RC 网络来实现，如图 2-47 所示，其中，时间常数 $T_f = RC$。

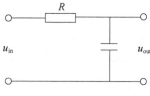

图 2-47 一阶低通滤波器

在选取滤波器参数时，应尽量保证在系统频带内信号幅值变化比较平坦，而在该频带外，信号幅值有较大的衰减，成为较陡峭衰减的形状。一般依据信号在奈奎斯特频率 $\omega_s/2$ 处要求衰减的百分比来确定。为了使高于 $\omega_s/2$ 的频率成分得到有效衰减，通常应选择：

$$\omega_f = (0.1 \sim 0.2)\omega_s \qquad (2-38)$$

理论上，如果滤波器的转折频率 ω_f 远远大于系统的频带，则前置滤波器将不会对系统的性能产生较大的影响。但是，正常情况下，采样频率相对于系统频带而言不会很高，结合式(2-38)可知，ω_f 一般不大可能远远大于系统的频带。因此，一般情况下，应考虑前置滤波器对系统性能的影响。

当然，如果采样频率选得足够高，相应的 ω_f 也可提高，则可忽略前置滤波器对系统性能的影响。分析表明，若要求引入的前置滤波器基本不影响系统原来的特性，而同时又要起到抑制频率混叠的作用，则其采样频率要比正常情况下高出 10 倍左右。

2. A/D 转换器

A/D 转换器是模拟量输入通道中的关键器件，A/D 转换器的分辨率、转换精度与转换速度等相关技术指标对控制性能有重要影响，因此在设计时需要根据具体被检测参数的特性与被控系统的性能指标要求来综合考虑。

(1) A/D 转换器的分类。目前常用 A/D 转换器就其工作原理来讲，可分为逐次逼近式、双积分式、并行比较式、串行比较式、压频(V/F)转换式、$\Sigma-\Delta$ 调制式等类型。目前常见的 A/D 转换器采用前两种结构方式。逐次逼近式转换速度是双积分式转换速度的 100 倍以上，因此逐次逼近式 A/D 转换器广泛应用于计算机控制系统中。

常用的 8 位 A/D 转换器有 ADC0809(8 路)、MAX165(1 路)，常用的 10 位 A/D 转换器有 ADC1005(1 路)，常用的 12 位 A/D 转换器有 ADC1210(1 路)、AD574A、AD674A、AD1674、ICL7109、MAX186(8 路)。常用 A/D 转换器的性能和参数如表 2-3 所示。

表 2-3 常用 A/D 转换器的性能和参数

型 号	分辨率	精度	电 源	转换方式	转换速度	输入范围	输入路数	其 他
ADC0809	8 位	±0.4%	单电源+5 V、需外部参考电源	逐次逼近	典型时钟 640 kHz，转换时间 100 μs，最高时钟 1 280 kHz	0~5 V	8 路单端	不需零点和满度调节；数字输出三态 TTL 电平锁存，并行输出、方便和微处理器接口；外部提供时钟；总失调误差 1LSB；CMOS 工艺制造

型　号	分辨率	精度	电　源	转换方式	转换速度	输入范围	输入路数	其　他
MAX165	8 位	最大非调节误差±0.4%	单电源+5 V、内部有参考电源	逐次逼近	5 μs	0~+2.46 V	1 路单端	一般不需零点和满度调节；数字输出三态锁存，并行输出、方便和微处理器接口；内部时钟电路，仅需外部阻容配合；CMOS 工艺制造；信号带宽 50 kHz
ADC1005	10 位	线性误差±0.1% 或±0.05%	单电源+5 V、需外部参考电源	逐次逼近	外部时钟 1.8 MHz，转换时间 50 μs	0~5 V	1 路差分输入	数字输出三态电平锁存，并行输出；TTL/CMOS 输入输出兼容；内置时钟兼顾外部时钟；低功耗，典型工作电流 1.5 mA
ADC1210	12 位	线性误差±0.122%（max）	正电源和基准电压+5~+15 V、负电源 0~-20 V	逐次逼近	100 μs（typ）	单极性 0~+15 V、双极性 -15~+15 V	1 路单极性或双极性	低功耗；逻辑电平兼容 TTL/CMOS 电平，数字输出锁存无三态逻辑，故不可直接接在微机总线上；外部时钟最高 500 kHz，典型为 130 kHz
AD574A、AD674A、AD1674	12 位	优于±0.05%	需+5、+12 V/+15 V、-12 V/-15 V 三种电源	逐次逼近	35 μs（max）AD674A：15 μs	±5 V、±10 V、+10 V、+20 V	1 路	内部具有参考电压源和时钟电路，可以选择使用内部或外部的参考电压；数字输出为三态锁存，易于接口；有良好的性价比；AD1674 内有采样保持器
ICL7109	12 位		双电源供电	双重积分式	20 次/s	0~+409.5 mV	1 路差分输入	内部具有参考电压源和时钟电路；数字输出为三态锁存并行输出，用于低速、高精度的场合

（2）A/D 转换器的技术指标。A/D 转换器的主要性能指标有：

① 精度，也称线性误差，表示 A/D 转换器数字输出量所对应的模拟输入量的理论值和实际值之间的接近程度，即差值。转换器的精度是重要的指标之一，它通常由量化误差、电源波动误差、温度漂移误差、零点漂移误差等多方面的因素决定。

② 分辨率，表示 A/D 转换器对输入信号变化的敏感程度，即反映输出数字量变化一个相邻数字所需输入的模拟电压的变化量，或者以最小二进制位所代表的电压量来描述，

即量化单位 q。对于单极性信号，输出为 n 位二进制编码信号，如果 A/D 转换器允许输入的模拟量的最大值为 x_{max}，其分辨率 D 相应地可表示为

$$D = q = \frac{x_{max}}{2^n} \qquad (2-39)$$

其中，D 或者 q 也就是二进制编码输出的最低有效位(LSB)代表的物理量。显然，D 越小，分辨率越高。由于 n 位二进制数的最大输出为 $2^n - 1$，因此，分辨率有时也表示成

$$D = q = \frac{x_{max}}{2^n - 1} \qquad (2-40)$$

例如，对 8 位 A/D 转换器，其输出数字量的变化范围为 0~255，即输入电压最多可分为 255 份，每份对应一个最小二进制位。当输入电压为 5 V 时，转换器对输入电压的分辨能力为 5 V/255 ≈ 19.6 mV，输出数字就发生变化。

从概念上讲，A/D 转换器的分辨率取决于量化过程的量化单位，因此，其分辨率是与各 A/D 转换器的具体量化原理有关的。

③ 转换时间，也称为孔径时间，表示完成一次模拟信号到数字信号的转换过程所需要的时间。也可用转换速率来表示，即 A/D 转换器在 1 秒时间内完成 A/D 转换的次数，也是完成一次从模拟量转换到数字量所需时间(以秒单位)的倒数。

④ 量程，是指 A/D 转换器允许输入模拟量的变化范围，包括单极性输入(如 0~5 V、0~10 V 等)和双极性输入(如 -2~+2 V、-5~+5 V 等)两种形式。

(3) A/D 转换器的选择方法。在选择模拟量输入通道的 A/D 转换器时，主要根据系统被检测信号的特性与控制系统性能要求来确定，一般应考虑 A/D 芯片的启动信号与转换结束机制或结束信号、输出编码方式、分辨率、转换精度与转换速率、A/D 芯片转换的稳定性与抗干扰能力等是否符合要求。一般选择原则为：

① 满足使用环境和技术要求；

② 注意 A/D 输出方式和对启动信号的要求；

③ A/D 转换器的精度与传感器精度有关，应高于传感器精度一个数量级；

④ 转换时间与系统带宽有关；

⑤ A/D 转换器应具有较高的稳定性和抗干扰能力。

根据输入模拟信号的动态范围可以选择 A/D 转换器的位数。设 A/D 转换器的位数为 n 位，模拟输入信号最大值 x_{max} 为 A/D 转换器的满刻度，模拟输入信号的最小值 x_{min} 为 A/D 转换器的最低有效位，有如下关系：

$$x_{min} \geqslant \frac{x_{max}}{2^n - 1}$$

则
$$n \geqslant \frac{\lg \left[\dfrac{x_{max}}{x_{min}} + 1 \right]}{\lg 2} \qquad (2-41)$$

（4）实现多路 A/D 转换的方法。一般来说，有三种方案可以解决多路模拟量输入问题。

第一种方案是采用集成多路 A/D 转换器，如 ADC0809（8 路、8 位）、MAX186（8 路、12 位）等，或选择内含集成多路 A/D 转换器的微处理器，如 M68HC11 系列、MCS96 系列的微处理器。这种方案的设计简洁、可靠性高，在转换精度、线性度、温度漂移、通道数等可以满足要求的情况下，应优先考虑采用；但也应注意有时各模拟量输入互相串扰的问题。

第二种方案是每个模拟量输入配置一个 A/D 转换器。当系统中模拟量输入较多时，硬件费用会迅速增加、可靠性降低，一般不采用这种方案，仅在考虑转换速度、各模拟量互相串扰等情况下使用。

第三种方案是采取多路模拟量输入复用一个 A/D 转换器的方案，如图 2-45 所示。在图 2-45 所示电路中，由计算机控制多路模拟开关选择某一路模拟信号，将其送至放大器，再经采样-保持器、A/D 转换处理变为数字量，从而完成该路模拟输入的采样与转换工作。多路的 A/D 转换是计算机通过分时方式重复地进行上述过程实现的。图中的放大电路除信号放大功能外，主要作用是在模拟开关和采样保持器之间进行阻抗匹配，即对模拟开关侧提供高输入阻抗，对采样保持器侧提供低输出阻抗。

3. 多路开关

多路开关是多路复用 A/D 转换电路的重要器件，下面介绍两种常用类型。

1）机械触点式

机械触点式多路开关主要有干簧继电器、水银继电器等，其中干簧继电器体积小、切换速度高、噪声小、寿命长，最适合作为模拟输入的多路开关。干簧继电器的开关频率 10~40 次/s，断开时的电阻大于 1 MΩ，导通电阻小于 50 mΩ，切换动作时间约 1 ms，不受环境温度影响，可通过的电压、电流容量大，动态范围宽；与电子开关相比，其缺点是体积大、工作频率低，而且通断时有机械抖动现象，故一般用于低速高精度检测系统中。图 2-48 为干簧继电器原理图，线圈通/断电就使触点接触或断开。

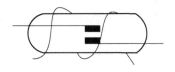

图 2-48　干簧继电器原理图

2）集成模拟开关

集成模拟开关是将多路半导体模拟开关集成在一个芯片上，其特点是切换速度快、体积小、应用方便，但比机械多路开关的导通电阻大，为几十至几百欧，而且各通道之间有时会互相串扰。集成模拟开关的种类很多，表 2-4 列出了常用集成模拟开关的性能参数。注意，其中 AD 公司的 AD7501、AD7506 等的模拟信号传输是单向的，只能从多到一。

4. 采样/保持器

在进行 A/D 转换时，如果模拟信号的频率较高，就会由于 A/D 转换器的转换时间（即孔径时间）而造成较大的转换误差，克服的方法是在 A/D 转换器之前设置采样/保持电路。

采样/保持器平时处于采样状态，跟踪输入信号变化；进行 A/D 转换之前使其处于保持状态，在 A/D 转换期间一直保持转换开始时刻的模拟输入电压值；转换结束后，又使其变为采样状态。是否设置采样/保持器,应根据模拟输入信号的变化频率和 A/D 转换器的转换时间来确定。

表 2－4　常用集成模拟开关的性能参数

型　号	切换路数	传输方向	电源	功耗	接通电阻	模拟输入	控制信号	其　他
CC4051	单路8通道	双向	单电源	30 mW	180 Ω	15 V(max)	TTL、CMOS电平兼容	同类产品有 AD7501、CD4051、MC14051 等。典型接通时间 0.8 s,典型断开时间 0.8 μs
CC4067	单路16通道	双向	单电源	1.5 mW	180 Ω	15 V(max)	TTL、CMOS电平兼容	同类产品有 AD7506、F4067 等,接通时间 1.5 s(max),断开时间 1 μs(max)
MAX382	单路8通道	双向	单电源或双电源	小于300 μW	100 Ω(max)	正负电源电压之间	TTL/CMOS电平兼容	漏电流小、工作电压低、抗静电放电能力强;引脚兼容 DG428、DG429、DG528、DG529、MAX368,MAX369;具有过电压保护功能;输入锁存
MAX384	双路4通道							
MAX396	单路16通道	双向	单电源或双电源	小于10 μW	100 Ω(max)	正负电源电压之间	TTL/CMOS电平兼容	漏电流小、工作电压低、抗静电放电能力强;引脚兼容 DG406、DG407、DG506A、DG507A、MAX306、MAX307
MAX397	双路8通道							

采样保持器通常由保持电容、采样开关及输入、输出缓冲放大器组成,保持电容 C_h 上的电压,即为采样保持器的输出电压。输入、输出缓冲放大器的共同特点是,输入电阻很大而输出电阻很小。

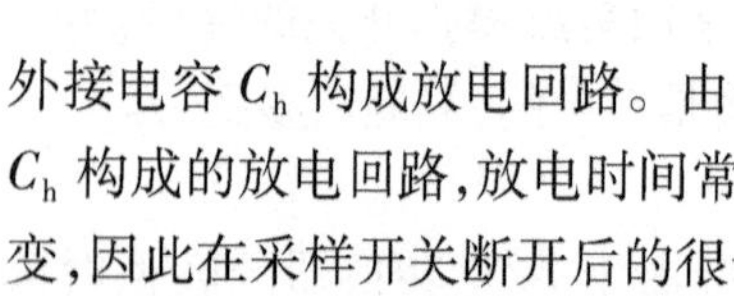

图 2－49　采样保持器的等效电路

根据前面所述采样保持器所要完成的功能,可分为两个方面,即采样和保持。采样保持器的等效电路如图 2－49 所示,其中,R_i 是输出缓冲放大器的电阻,R_o 是输入缓冲放大器的输出电阻,C_h 是外接保持电容。

在图 2－49 中,当采样开关断开后,采样保持器处于保持状态,在此期间,输出缓冲放大器的输入电阻 R_i 与外接电容 C_h 构成放电回路。由于输出缓冲放大器的输入电阻 R_i 非常大,由其与外电容 C_h 构成的放电回路,放电时间常数 R_iC_h 非常大,外接电容 C_h 上的电压衰减很慢,几乎不变,因此在采样开关断开后的很长时间内,采样保持器输出信号的幅度,仍然保持了采样瞬间输入信号的幅度值,这就是保持功能。

根据相关的电路理论得出,从采样的角度来看,外接保持电容 C_h 越小越好;但从保持的角度来看,保持电容 C_h 却越大越好。

在计算机控制系统中,一般采用集成的采样/保持器。最常用的采样保持器有 AD 公司的 AD582、AD346、AD389 以及国家半导体公司的 LF 198/298/398,表 2 - 5 所示为常用的集成采样/保持器的性能参数。

表 2 - 5 常用集成采样/保持器的性能参数

型号	采样时间	保持电容	增益误差	失调电压	下降率	电 源	控制信号	其 他
LF198 LF298 LF398	10 V 级,到 0.01%;20 μs	外接	0.01%	7 mV	3 mV/s（typ）	正电源5~18 V 负电源-5~-18 V	兼容 TTL、CMOS PMOS	反馈型采样/保持放大器,单输入,带宽 1 MHz,高电源抑制比
AD582	10 V 级,到 0.01%;25 μs。20 V 级,到 0.01%;6 μs	外接		6 mV		AD582K: 正电源 9~18 V,负电源-9~-18 V AD582S: 正电源 9~22 V,负电源-9~-22 V	兼容 TTL、PMOS	反馈型采样/保持放大器,差分输入,输入阻抗 30 MΩ,12 位分辨率,采样保持电流比率 10^7,转换周期 200 μs
AD346	10 V 级,到 0.01%;2 μs。20 V 级,到 0.01%;2.5 μs	内含	±0.02%	±3 mV	0.5 mV/μs	正电源 12~18 V,负电源-12~-18 V	兼容 TTL、PMOS	无须外部元件即可正常工作,适于频率达 96 kHz 的快速 A/D 转换系统,内含补偿网络,采用激光调整技术
AD389	10 V 级,到 0.01%;1.5 μs 20 V 级,到 0.003%;2.5 μs	内含	±0.01%	±3 mV	0.1 μV/μs	正电源 11~18 V,负电源-11~-18 V	兼容 TTL、PMOS	内含保持电容和补偿网络,外围元件少,14 位的分辨率,满功率带宽 1.5 MHz

5. 模拟量输入放大器

传感器的输出信号通常都是弱信号,需经放大才能进行 A/D 转换,信号放大是控制系统中不可缺少的环节。一般集成运算放大器,其体积小、精度高、可靠性好、开环增益大,可用于构成比例、加减、积分、微分等运算电路。下面讨论计算机控制系统中设计放大电路的两个特殊问题。

(1) 测量放大器。传感器的输出信号一般较弱,且其中含有各种共模干扰,这就要求对其放大的电路具有很高的共模抑制比和高增益、高输入阻抗、低噪声,习惯上这种放大器称为测量放大器或仪表放大器。

图 2 - 50 所示是四个运放构成的测量放大器电路,其中,运算放大器 A_1 ~ A_3 构成仪表放大器,运算放大器 A_4 用于实现零输出的综合补偿。

(2) 增益程控放大器。为了减少 A/D 转换的误差,应使模拟输入信号的幅值范围尽可能接近 A/D 转换器的量程。如果采用固定增益的放大电路,当输入信号幅值波动范围大时,无法在输入信号的整个变化范围内实现减少误差的目的。另外,当有多路模拟输入信号时,各信号的幅值也可能相差悬殊,采用固定增益的放大电路同样会造成大信号转换

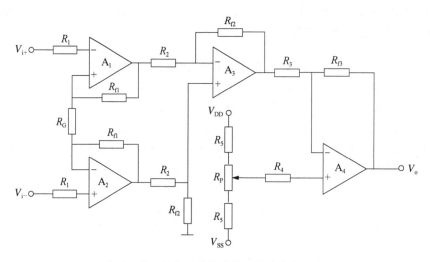

图 2-50　四个运放构成的测量放大器电路

精度高而小信号转换误差大的后果。这时,可以采用程控增益放大器来解决这个问题。

　　图 2-51 所示是程控增益放大器的原理图。模拟开关 $S_1 \sim S_3$ 由计算机程序来控制,任何时候至少有一个开关是闭合的。通常由软件控制使模拟开关中的某一个或某几个闭合,然后进行 A/D 转换,并由转换结果判断放大倍数是否合适,如不合适则改变开关状态,直至达到可能的最佳放大倍数。图 2-52 所示是用 8 选 1 的模拟开关 CD4051 组成的程控增益放大器电路。图中 A、B、C 是输入通道地址选择端,通过计算机的并行输出口控制,每次只选中 8 个输入 $Y_0 \sim Y_7$ 中的一路与公共端 COM 接通。此电路可实现 8 种不同的放大倍数。

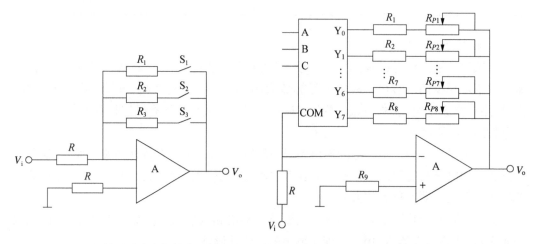

图 2-51　程控增益放大器的原理图　　　图 2-52　CD4051 组成的程控增益放大器电路

　　与测量放大器类似,程控增益放大器也有集成化产品,如 AD524、AD624、LHU084 等,这些放大器将译码电路和模拟开关集成在一起,甚至将设定增益的电阻网络也集成进去了,使用起来非常方便。

（二）模拟量输入的隔离

出于对系统抗干扰、噪声抑制及安全等因素的考虑，往往对模拟量信号输入进行隔离。根据具体情况，可以采用以下几种措施。

（1）光电隔离。在计算机控制系统中，一般在计算机接口和 A/D 转换电路之间实施光电隔离，如图 2-53 所示。这种隔离保证了模拟量信号输入部分和计算机数字处理系统之间彻底的电气隔离，而且由于是在数字接口部分隔离，其实现简单、造价低廉。

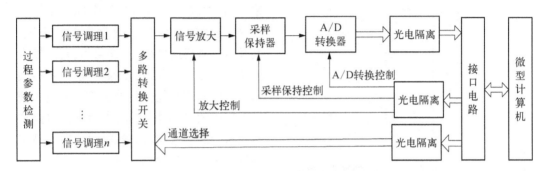

图 2-53 具有光电隔离的模拟量输入通道

（2）共模电压的隔离。共模电压是指多根信号线对参考电压的相等的部分。若是相差的部分则为差模电压。

电气设备的绝缘性能不好，静电感应及分布电容的影响，传感器、执行机构等的电气耦合等都会产生共模电压，特别是这些设备浮地或对地为高阻抗时，将会产生很高的共模电压干扰（常称共模干扰）。另外，传输线上的工频感应也是共模电压的一个来源。过高的共模电压会击穿设备或影响模拟量信号的测量精度，必须采取措施予以克服。对于单个设备来讲，通过良好的接地可以消除共模电压的影响，而对不能良好接地的多个设备，隔离则是消除共模电压最有效的措施。

常用的共模电压隔离措施有光电隔离、电容隔离和隔离放大器。光电隔离即前面所述的模拟量信号输入光电隔离技术，它实现了模拟部分和数字部分的电气隔离，能够克服光电隔离输出、输入两端设备的地线间的共模干扰，但无法克服模拟信号之间的共模干扰。电容隔离可以克服模拟信号之间共模电压的影响。对于隔离放大器方法，若每一路模拟量信号输入都采用隔离放大器，就可以从根本上消除共模电压的影响。

2.3.2 模拟量输出通道

在计算机控制系统中，当被控对象或执行机构需要模拟量输入时，就要求对计算机输出的数字控制量转换为模拟量输出。因此模拟量输出通道的任务是把计算机输出的离散数字量变换成连续模拟量，这个任务主要由 D/A 转换器来完成，因此 D/A 转换器是模拟量输出通道的关键部件。由于模拟量输出通道直接与被控过程的执行机构相连，要求可靠性高，并满足一定的精度，同时还必须具有将离散时间信号变为连续时间信号的保持功能。此外,由于这些经保持器输出的阶梯状信号将驱动执行机构动作,因此,在必要的情况下,还需引入功率驱动电路及后置滤波电路。

（一）模拟量输出通道的结构形式

计算机控制系统中,模拟量输出通道有两种结构形式。

1. 各路独立配置 D/A 转换器结构

如图 2-54 所示,在各路独立 D/A 转换器结构中,计算机和输出通道之间通过独立的接口缓冲器传送信息,在新的数字量到来之前,本次数字量将在该缓冲器中维持不变,因此这种结构是数字量保持方案。其优点是转换速度快、工作可靠,每条输出通路相互独立,不会由于某一路 D/A 转换器故障而影响其他通路的工作。但由于使用了较多的 D/A 转换器,因而硬件电路成本相对较高。但随着大规模集成电路技术的发展,其成本也明显下降。

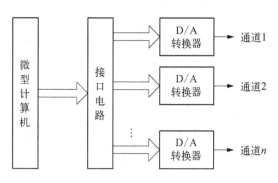

图 2-54 各路独立配置 D/A 转换器多通道模拟输出结构

2. 多路共用 D/A 转换器结构

如图 2-55 所示,因为多路共用一个 D/A 转换器,因此它必须在计算机的控制下分时工作,即 D/A 转换器依次把各路对应的数字量转换成模拟信号（电压或电流信号）,并通过多路模拟开关传送给相应的输出保持器进行保持,直至下一轮输出信号到来之前,即数字量保持方案。

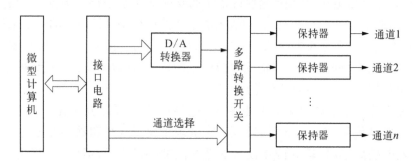

图 2-55 多路共用 D/A 转换器多通道模拟输出结构

（二）D/A 转换器

D/A 转换器是模拟量输出通道中将数字量变换成模拟量（电压信号或电流信号）的信号变换装置。数字量是用代码按数位组合起来表示的,每位代码都有一定的位权。为了将数字量转换成模拟量,必须将每一位的代码按其位权的大小转换成相应的模拟量,然后将这些模拟量相加,即可得到与数字量成正比的总模拟量,从而实现 D/A 转换。实现 D/A 转换过程的关键电路是解码网络。构成解码网络的形式很多,但通常为 T 形或倒 T 形电阻解码网络。

1. D/A 转换器主要性能指标

与 A/D 转换器一样,D/A 转换器的主要性能指标包括精度、分辨率、转换时间等关键参数,同时还涉及输出信号类型和输入代码形式等其他指标。

(1) 精度。D/A 转换精度反映实际模拟输出量与数字量对应的理想模拟输出量接近的程度。同样也有绝对误差与相对误差两种表示形式。D/A 转换的精度主要由 D/A 转换电路的元器件及基准电压精度与电路特性决定,具体而言,其精度主要由电路的线性误差、增益误差及偏移误差决定,如图 2-56 所示。

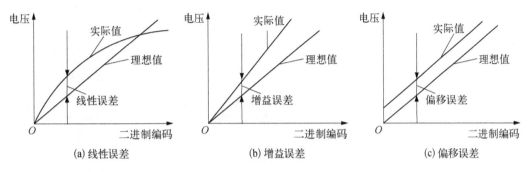

图 2-56　D/A 转换器的主要误差

(2) 分辨率。D/A 转换器的分辨率可定义为当输入数字量发生单位变化时输出模拟量的变化量。与 A/D 转换器一样,D/A 转换器的分辨率 D 也是由数字量的位数决定的,一般为

$$D = \frac{V_{REF}}{2^n}$$

或
$$D = \frac{I_{REF}}{2^n} \tag{2-42}$$

式中,V_{REF} 和 I_{REF} 分别为基准电压和基准电流。D/A 转换器的分辨率也通常用输入数字量的位数来表示。

(3) 转换时间。当 D/A 转换器输入的数字量发生变化时,输出的模拟量并不能立即达到所对应的量值,而需要一段时间。因此,D/A 转换器的转换时间定义为从 D/A 转换器中的数字量输入到完成转换,输出达到最终值并稳定所需要的时间。但对于不同数字量的变化,这个时间也可能是不同的,因此为指标的统一,通常将 D/A 转换时间定义为输入的数字量从全 0 变为全 1 时,输出电压或电流达到规定的误差范围(通常为 ±LSB/2)时所需的时间,一般为几十纳秒到几微秒。

(4) 输出信号类型。D/A 转换器有两种基本的输出类型,即电压型和电流型。对于电压型输出,D/A 转换器不同型号输出电平相差较大,一般为 5~10 V,高压型可达 24~30 V。对于电流型输出,电流低的有 20 mA,高的有 3 A。

(5) 输入代码形式。D/A 转换器单极性输出时有二进制代码和 BCD 码两种形式。D/A 转换器双极性输出时有原码、补码和偏移二进制码。

2. 典型集成 D/A 转换器

从数字量到模拟量的转换,一般都采用集成 D/A 转换器实现。常用的集成 D/A 转换器的性能参数如表 2-6 所示。

表 2-6　常用的集成 D/A 转换器的性能参数

型　号	分辨率	电流稳定时间	工作电源	输入锁存	基准电压	输出形式	功耗	其　他
DAC0832	8 位	1 μs	单电源 +5～+15 V	有	外部提供	电流	200 mW	可单缓冲、双缓冲或直接数字输入,只需在满量程下调整线性度
AD558	8 位	1 μs	单电源 +5～+15 V	有	内含高精度参考电压源	电压	7.5 mW	不需要外接元件和调整即可和微机接口;有两种输出范围
AD7522	10 位	500 ns	双电源	有	外部提供	电流	30 mW	具有双缓冲、并行或串行数据输入,可与通用微处理器直接接口
AD7533	10 位	500 ns (typ)	单电源 +5～+15 V	无	外部提供固定或可变基准电压	电流	10 mW	具有四象限乘法功能
DAC1220	12 位	500 ns	单电源 +5～+15 V	无	外部提供	电流	200 mW	
DAC1208	12 位	1 μs	单电源 +5～+15 V	有	外部提供	电流	200 mW	双缓冲结构

3. D/A 转换器的选择方法

D/A 转换芯片的输入端口通常有两种不同的结构形式,即带输入缓冲寄存器和不带输入缓冲寄存器的结构。

选择 D/A 转换器时,主要考虑以下几方面。

(1) D/A 转换器的性能必须满足模拟量输出通道对 D/A 转换的技术要求。对于 D/A 转换器的性能指标主要考虑分辨率、转换精度、转换时间等。D/A 转换器的转换时间要与计算机系统的采样周期匹配,其转换精度一般应与其对应的执行机构的精度匹配,并约高于执行机构的精度。

(2) 结构及应用特性应与被控对象相适应。D/A 转换器在结构和应用上接口方便、外围电路简单、价格低廉。

(3) D/A 转换器位数(即字长)的选择。对于 D/A 转换器位数(即字长)的选择,一般由与其对应的执行机构的动态输入范围和精度要求来共同确定。若设执行机构的输入范围为 $[u_{max}, u_{min}]$,执行机构的死区电压或要求的分辨率为 Δu,而根据控制精度要求折算到 D/A 输出端的最大允许误差为 e_{max},D/A 转换的字长为 n,从执行机构的动态输入范围考虑,计算机控制系统的最小输出单位模拟量应小于执行机构的死区,结合

控制精度要求,则有

$$\frac{u_{max} - u_{min}}{2^n} \leqslant \min\{\Delta u, e_{max}\}$$

则　　　　　　　　$$n \geqslant \frac{\lg\left[\dfrac{u_{max} - u_{min}}{\min\{\Delta u, e_{max}\}}\right]}{\lg 2}$$　　　　(2-43)

(三) 模拟量输出的光电隔离

在实际应用中,为了消除公共地线带来的干扰,提高系统的安全性和可靠性,应采用光电隔离措施来隔离计算机控制系统与现场被控设备。模拟量信号输出的光电隔离,一般在计算机与 D/A 转换器之间的数字接口部分进行,其原理如图 2-57 所示。注意对模拟开关的通道选择控制部分也应采取光电隔离措施。

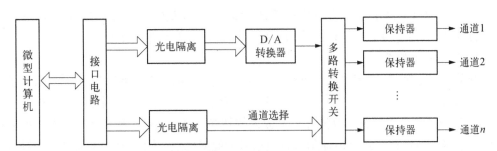

图 2-57　带光电隔离的多路复用 D/A 转换器的原理图

2.3.3　开关量输入通道

在计算机控制系统中,为了获取系统的运行状态或设定信息,经常需要进行开关量的输入。开关量的共同特征是幅值离散,可以用一位或多位二进制码表示。下面介绍开关量输入通道和一般意义下的开关量输入通道的设计原则。

(一) 开关量输入的类型

开关量输入有以下基本类型。

(1) 一位的状态信号。例如,阀门的开启与闭合,电机的启动与停止,触点的接通与断开,一些仪器仪表和设备输出的极限报警信号等。

(2) 成组的开关信号。如用于设定系统参数的拨码开关组等。

(3) 数字脉冲信号。许多数字式传感器(如转速、位移、流量的数字传感器)将被测物理量值转换为数字脉冲信号,这些信号也可归结为开关量。

(二) 通道结构及输入信号预处理方法

针对不同性质的开关量输入,可以采取不同的方法输入计算机并进行处理。一般的系统设定信息和状态信息可以采用并行接口输入;极限报警信号采用中断方式处理;数字脉冲信号可以使用系统的定时/计数器来测量其脉冲宽度、周期或脉冲个数。成组的开关信号可以采用扩展的外部并行接口进行输入。图 2-58 是开关量输入通道的典型结构，具体接口电路应综合考虑实际信号、选用的计算机等进行设计。

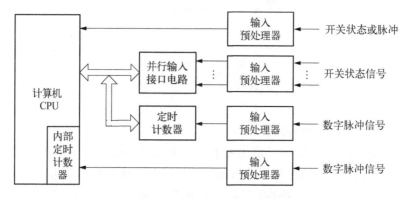

图 2-58 开关量输入通道的典型结构

另外，出于安全或抗干扰等方面的考虑，现场的开关量输入至计算机接口前，一般需要进行预处理，然后再送至接口。下面介绍几种常用的预处理方法。

1. 信号转换处理

开关量或数字量，在逻辑上是逻辑 1 或逻辑 0，信号形式则可能是电压信号、电流信号或开关的通断，其幅值范围也往往不符合数字电路的电平范围要求，因此必须进行转换处理。图 2-59 所示是电压或电流开关量输入的转换电路，分压电阻 R_1 和 R_2 的阻值应根据输入信号是电压信号还是电流信号以及信号的幅值选取。图 2-60 所示是开关触点信号输入电路，它把开关的通断转换为 0 或 +5 V 信号。

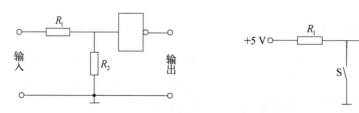

图 2-59 电压或电流开关量输入的转换电路　　**图 2-60 开关触点信号输入电路**

2. 安全保护处理

在设计计算机控制系统时，必须针对可能出现的输入过电压、瞬间尖峰或极性接反等情况，预先采取安全保护措施，图 2-61 给出了一些常用的输入保护电路。

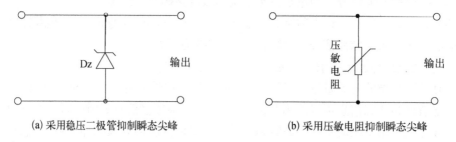

(a) 采用稳压二极管抑制瞬态尖峰　　(b) 采用压敏电阻抑制瞬态尖峰

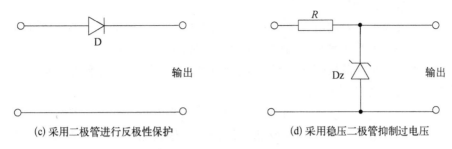

(c) 采用二极管进行反极性保护　　　(d) 采用稳压二极管抑制过电压

图 2-61　输入保护电路

3. 滤波处理

长线传输、电路内部干扰影响,使得输入信号带有噪声,这有可能导致误读信号而出错。图 2-62 给出一种用 *RC* 滤波电路去除接口噪声的方法,它同样可以消除开关的抖动信号。

4. 消除触点抖动

操作按钮、继电器触点、行程开关等机械装置在接通或断开时均要产生机械抖动,体现在计算机的输入上就是输入信号在逻辑 0 和 1 之间多次振荡,如不进行处理就会导致计算机的错误

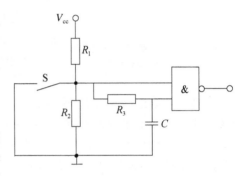

图 2-62　*RC* 滤波电路

控制。图 2-63(a)是积分电路消除开关抖动的电路;图 2-63(b)是常用的 *RS* 触发器消除开关抖动的电路。

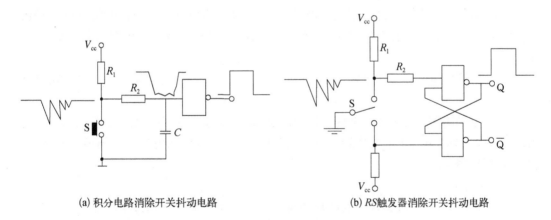

(a) 积分电路消除开关抖动电路　　　(b) *RS*触发器消除开关抖动电路

图 2-63　开关量输入防抖电路

5. 光电隔离处理

从控制现场获取的开关量或数字量的信号电平往往高于计算机系统的逻辑电平,即使输入开关量电压本身不高,也有可能从现场引入意外的高压信号,因此必须采取电隔离措施,以保障计算机系统的安全。常用的隔离措施是采用光电隔离器件进行隔离。

1）光电隔离器原理与使用

光电隔离器是一种常用且非常有效的电气隔离器件,由于价格低廉、可靠性好,广泛地用于现场设备与计算机系统之间的隔离保护。根据输入通道的不同,用于开关量隔离的光电隔离器件可分为晶体管输出型、晶闸管输出型等几种,但其工作原理都是采用光作为传输信号的媒介,实现电气隔离。

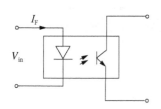

**图 2 - 64 光电晶体管输出型的
光电隔离器件**

以图 2 - 64 所示的光电晶体管输出型的光电隔离器件为例介绍隔离原理。当输入侧(即发光二极管)流过一定的电流 I_F 时,发光二极管开始发光,它触发光电晶体管使其导通;当断开该电流时,发光二极管不发光、光电晶体管截止。这样,就实现了以光来传递信号,保证了两侧电路没有电气联系,从而达到了隔离的目的。

使用光电隔离器时应注意以下几方面:

（1）输入侧导通电流。要使光电隔离器件导通,必须在其输入侧提供足够大的导通电流,以使发光二极管发光。不同的光电隔离器件的导通电流也不同,典型的导通电流 $I_F = 10$ mA。

（2）频率特性。受发光二极管和光电元件响应时间的影响,光电隔离器只能通过一定频率以下的脉冲信号。因此,在传送高频信号时,应该考虑光电隔离器件的频率特性,选择通过频率较高的光电隔离器件。

（3）输出端工作电流。光电隔离器输出端的工作电流不能超过额定值,否则就会使元件发生损坏。一般输出端额定电流在毫安量级,不能直接驱动大功率外部设备,因此通常从光电隔离器件至外设之间还需增加驱动电路。

（4）输出端暗电流。这是指光电隔离器件处于截止状态时,流经输出端元件的电流,此值越小越好。在设计接口电路时,应考虑由于输出端暗电流而可能引起的误触发,并予以处理。

（5）隔离电压。它是光电隔离器件的一个重要参数,表示光电隔离器件电压隔离的能力。

（6）电源隔离。光电隔离器件两侧的供电电源必须完全隔离。无论是输入隔离还是输出隔离,只要采取光电隔离措施,就必须保证被隔离部分之间电气完全隔离,否则就起不到隔离作用了。

2）隔离电路

一般情况下,加在现场开关或触点两端的电压为 12～36 V,同时,现场还有许多其他强电设备,为了提高系统可靠性,防止高电压及干扰信号引入,一般应在输入端加隔离措施。图 2 - 65 所示为几种开关量光电隔离输入电路,光电隔离电路除了实现电气隔离,还具有电平转换功能。

在图 2 - 65(c)中,当输入为 24 V 时,开关 S 闭合,发光二极管发亮,光敏三极管导通,输出状态为"1",对应于高电平 5 V;反之,当开关 S 断开时,发光二极管不发光,光敏三极管截止,输出状态为"0",对应于低电平 0 V。所以此电路既有隔离作用,又有电平转换作用。

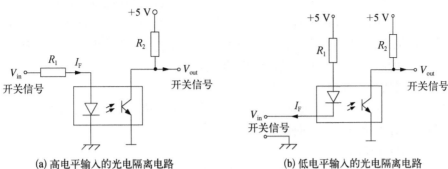

(a) 高电平输入的光电隔离电路　　　(b) 低电平输入的光电隔离电路

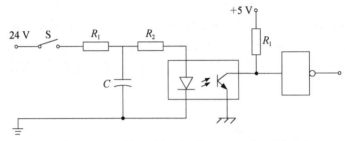

(c) 防止高电压及干扰信号引入的开关量输入隔离和电平转换电路

图 2 - 65　开关量光电隔离输入电路

2.3.4　开关量输出通道

在计算机控制系统中,经常需要控制执行机构的开/关(如对电磁阀的控制)或启/停(如各种交、直流电机的控制)等,这些控制是通过计算机开关量输出通道来实现的。与开关量输入信号类似,开关量输出信号也有一位的状态控制信息、成组的开关控制信息和数字脉冲输出信号。

(一) 开关量输出通道的结构

开关量(数字量)输出通道的主要功能是,根据计算机输出的数字信号,经适当的电平变换或功率驱动去控制相应执行机构的通/断或启/停等。这类输出通道一般由输出接口与输出信号处理电路构成,典型开关量输出通道的结构如图 2 - 66 所示。

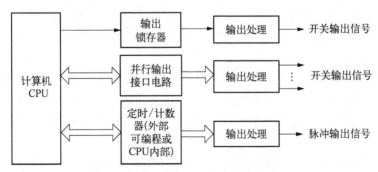

图 2 - 66　典型开关量输出通道的结构

一般并行输出接口都带有输出锁存器,所以在需要时直接把开关量输出值写到相应的并行输出接口即可。若系统需要数字脉冲信号(如直流随动系统控制需要的 PWM 脉冲调制信号)输出,可以根据实际情况采用软件延时方法或硬件定时器实现。有些单片机还提供了专门的脉宽调制输出功能,可以直接利用。

（二）输出信号的处理

在计算机控制系统中,开关量输出信号用于控制各种现场设备,因此要考虑电平转换、功率放大、抗干扰及安全等问题。

1. 输出信号的隔离处理

当计算机控制系统的开关量输出用于控制较大功率的设备时,为防止现场设备的强电磁干扰或高电压通过输出控制通道进入计算机系统,一般需要采取光电隔离措施隔离现场设备和计算机系统,图 2-67 所示均是采用了光电隔离的开关量输出电路,其中图 2-67(a)是 OC 门输出方式,图 2-67(b)是晶体管输出方式。图 2-67(a)选择 OC 门的原因是开关信号的电压一般比较大,OC 门的集电极一般可接的电压范围都比较大,而且电流也比较大。

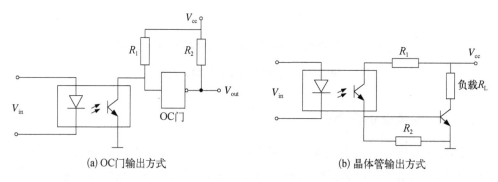

(a) OC门输出方式　　　　(b) 晶体管输出方式

图 2-67　光电隔离的开关量输出电路

2. 电平转换和功率放大

计算机通过并行接口电路输出的开关量,往往是低压直流信号。一般来说,这种信号无论是电压等级还是输出功率,均无法满足执行机构的要求,所以应该进行电平转换和功率放大,再送往执行机构。

1) 低压小功率开关量输出

对于低压小功率开关量,可采用晶体管、OC 门或运放等方式输出,图 2-67 所示的两种电路一般仅能提供几十毫安级的输出驱动电流,可以驱动低压电磁阀、指示灯等。

2) 继电器输出

继电器经常用于计算机控制系统中的开关量输出功率放大,即利用继电器作为计算机输出的执行机构,通过继电器的触点控制较大功率设备或控制接触器的通/断以驱动更大功率的负载,从而完成从直流低压到交流(或直流)高压、从小功率到大功率的转换。

使用继电器输出时,为克服线圈反电动势,常在继电器的线圈上并联一个反向二极管。继电器输出也可以提供电气隔离功能,但其触点在通/断瞬间往往容易产生火花而引起干扰,一般可采用 *RC* 电路予以吸收。图 2 - 68 所示为继电器式开关量输出电路,由继电器触点控制负载的电路未画出。

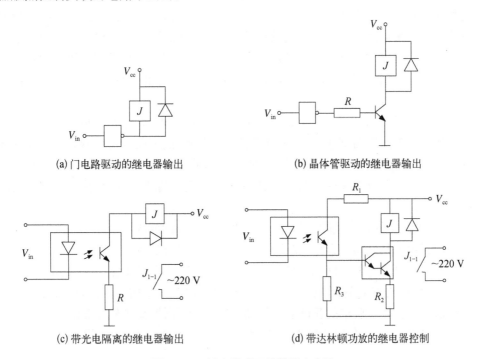

(a) 门电路驱动的继电器输出　　　　　　(b) 晶体管驱动的继电器输出

(c) 带光电隔离的继电器输出　　　　　　(d) 带达林顿功放的继电器控制

图 2 - 68　继电器式开关量输出电路

从功率的角度看,图 2 - 67 是低压小功率开关输出电路;而图 2 - 68 为中功率开关输出电路。

2.4　计算机控制系统设计一般要求和设计方法

计算机控制系统是一个复杂的控制系统,其设计和开发是一项复杂的系统工程问题,所涉及的领域和对象范围非常广泛,涵盖控制理论、计算机技术、自动检测技术与仪表、通信技术、电气电工、电力电子技术、工艺设备等众多领域。因此,计算机控制系统的设计与实现既是一个理论问题,也是一个工程应用问题。前面已经介绍的计算机控制系统基本概念、计算机控制系统的信号变换、输入/输出通道等,是设计计算机控制系统的理论和技术基础。

计算机控制系统的设计虽然随系统的控制对象、控制方式、规模等而有所差异,但是计算机控制系统设计的基本要求是一致的,具有某些相同的特点。本节简要介绍计算机控制系统设计的基本要求、方法以及设计步骤。

2.4.1　系统设计的特点

计算机控制技术涉及多学科理论与技术,其理论性、应用性、综合性、实践性都比较强。因此,计算机控制系统的设计对设计人员的要求比较高。

首先设计人员必须具备一定的硬件基础知识,可以设计接口电路、驱动装置、检测电路等,对外围设备的数据进行采集并实施控制;其次应具备一定的软件设计能力,可根据系统的需要,进行 A/D 转换、D/A 转换、报警、数据处理等,并能对系统进行实时监控和数字控制器设计。最后还应该具备一定的理论基础,可以根据受控过程建立系统的数学模型,从理论上探讨各种控制算法的优劣,推导出控制算式。计算机控制系统的设计包含了硬件、软件、理论、试验等各方面的内容,因此需要设计人员团结合作,综合运用各种知识,才能设计出计算机控制系统。

计算机控制系统必须结合实际的受控对象和生产过程,设计人员必须掌握生产过程的工艺性能及被测参数的测量方法,了解被控对象的特性,才能确定控制方案。在现场调试过程中,还涉及系统的安装、试验方法、精度的测量等。此外系统的设计还应考虑先进性、操作的合理性、开发的周期以及人力、物力的节约等。综上所述,计算机控制系统的设计具有以下特点:

(1)综合性、实践性比较强,对设计人员提出了很高的要求。

(2)项目组成员须团结合作,取长补短,才能完成设计任务。

(3)设计中合理分配硬件和软件功能。某些功能,既可用硬件实现,其实时性强,但增加了成本,结构比较复杂;也可通过软件实现,降低成本,结构简单,但实时性较差。通常在满足系统的实时性要求的基础上,尽可能减少硬件开销,做到软硬兼施。

(4)尽可能采用已有的成熟的控制策略和控制方法,缩短开发周期,节约人力和物力。

(5)应该具有前瞻性,保证计算机系统在一定时间段内的先进性,使其发挥作用,创造较高的经济效益,而不会在很短的时间内被淘汰。

(6)坚持以人为本的理念,人机界面友好,操作简单方便。

2.4.2　系统设计的一般要求

尽管计算机控制系统的对象各不相同,其设计方案和具体的技术指标也千变万化,但在系统的设计与实施过程中,还有许多共同的基本要求。

1. 可靠性高

计算机控制系统的应用环境比较恶劣,周围存在各种干扰源,它们直接影响着控制系统的运行。一旦系统出现故障,就会影响系统的控制质量,威胁到整个控制过程,严重时会造成事故,甚至人员伤亡和财产损失。因此,可靠性是计算机控制系统设计的第一要素,是最重要的一个基本要求。系统的可靠性主要是指系统应该具备高质量、高抗干扰能力,有较长的平均无故障时间。

对于要求连续工作的计算机控制系统,就要求系统具有高度可靠性,运行中途不能发生故障。CPU 的性能决定了计算机控制系统的性能,为了保证系统有较高的可靠性,首先必须选择高性能的工业控制计算机,保证系统在恶劣的工业环境下,仍能正常工作。选择计算机时,通常要求计算机每年出现故障的时间不超过 4 小时,目前的工控计算机都能做到几千小时不出一次故障。一旦出现故障也能在几分钟之内修复。同时为了防止外界干扰,除了供电系统采用隔离变压器,在生产过程与过程通道之间也采取继电器、变压器、光电管等隔离方法,使计算机系统与外界的过程控制器和检测仪表之间没有公共地线,成为一个浮空系统,保证危险不会扩散。

其次在设计过程中,应该考虑各种安全保护措施,如报警、事故预测、事故处理、实时监控、不间断电源等,以降低系统出现故障的概率,提高其可靠性。另外为了保证计算机控制系统的可靠性,还常常设计后备装置、采用双机系统或者分布式控制系统等方法。当一台计算机出现故障时,后备装置或其他计算机会维持工作过程的正常运行。

2. 实时性强

实时性是计算机控制系统中一个非常重要的指标,要求系统可以及时响应并处理各种事件,并且不丢失任何信息,不延误任何操作。计算机系统的实时性并不是指系统的速度越快越好,而应根据实际要求,从毫秒到分进行采样控制,能实时监控现场的各种工艺参数并进行在线修正,对紧急事故进行及时处理。

设计时应充分考虑被控对象以及执行机构的响应速度,选择合适的计算机、A/D 转换器、D/A 转换器、检测仪表等,保证信号的输入、计算处理、输出控制都能在一定的时间间隔内完成,计算机输出的信息以足够快的速度进行处理并在一定的时间内做出反应或进行控制。实时性必须结合实际控制过程,变化缓慢的控制过程,采样间隔可以长一点;变化速度快的控制过程,采样间隔可以短一些。

3. 通用性好、可扩展性强

计算机控制系统区别于传统控制系统的特点之一,是一个计算机控制系统可以控制多个设备或多个不同的过程参数,并可随着控制任务的需求变化进行较为方便的增减。因此,在计算机控制系统设计时,就需要充分考虑到与该控制系统相关的控制任务的需求变化情况,这就要求系统的通用性好,可扩充性强。在硬件、软件设计方面应为系统通用性和扩充性留有一定的空间与方便的实现途径,即设计时应该考虑能适应不同设备和各种不同的受控对象,采用模块化结构,按照控制要求灵活构建系统。

为了达到这个目的,应该做到设计标准化,硬件上采用通用的标准总线结构,增强硬件配置的装配性和可扩充性,功能扩充时只需增加功能模板就能实现,接口部件最好采用通用接口芯片。软件上采用标准模块结构,不需要进行二次开发,只需按照要求选择各个功能模块,实现控制任务。另外设计时考虑的设计指标应留有余地,如设计的电源功率、存储器容量、输入/输出通道数等,应考虑系统的扩展使用。

4. 操作性好,维修方便

硬件和软件设计时,要考虑操作性和系统维修问题。操作性好是指操作简单,不需要操作人员掌握专门的计算机知识,降低对操作人员的专业知识的要求,同时兼顾操作人员的习惯,方便用户使用。应用软件应采用模块化结构,对程序加以注释,增强其可读性。程序应尽可能短小精悍,让人一目了然。

系统发生故障时,应方便维修。在硬件上应该选择便于维修的零部件,并在模板上设置监测点和指示灯,便于测试和维修;在软件上应配置查错程序和故障诊断程序,便于查找故障,以缩短查找故障的时间。

5. 性价比高

系统设计时,元件的选择、CPU 的选型、执行机构以及检测装置、传感器的选择等,都应考虑性价比。计算机控制系统一般应用于过程的自动化控制,经济效益是必须考虑的。这就要求设计人员要有市场竞争意识,选择器件时要充分考虑性价比,在满足性能指标的前提下尽可能降低成本,提高其经济效益。另外在设计实现方案时,应该多次论证,详细考察,尽量简化硬件电路,用软件实现其功能,降低硬件成本。

以上是计算机控制系统设计的基本要求,其他指标要求,如精度、速度、体积、调节时间、安装、监控参数及监视手段等,对不同的被控对象是不同的,应该根据实际需要,量化指标要求,设计中应予以重视,满足使用要求。

2.4.3 计算机控制系统的设计方法及步骤

计算机控制系统的设计虽然随被控对象、生产过程、控制方式、系统规模、设计人员的不同而有所差异,但是其设计过程和设计步骤大致相同。

(一)计算机控制系统的设计步骤

计算机控制系统的设计步骤一般包括以下几个方面。

1. 需求分析

系统设计的第一步,是对被控对象进行深入调查、分析,熟悉生产过程的流程,充分了解具体的控制要求,确定所设计的控制系统应该具有的功能及性能指标,这就是系统需求分析的过程。

系统需求分析的结果,形成设计任务说明书,任务说明书采用工艺图、时序图或控制流程图等形式,对系统的功能和性能要求进行适当的描述。另外,设计任务说明书还应对系统成本、可靠性、可维护性等方面的安排和考虑进行说明。设计任务说明书是整个控制系统的总体要求和依据。

2. 总体设计

系统的总体设计就是根据需求分析,形成由子系统或功能模块构成的系统总体架构。在这一总体架构中,可以体现出各子系统或功能模块之间的相互联系,确定计算机控制系统硬件和软件的基本结构。

3. 子系统的模块化设计

由总体设计确定的子系统,需要进行进一步的深化设计,具体完成子系统各功能模块的硬件和软件设计。对于硬件和软件都须采用模块化、标准化设计。

4. 系统的调试

计算机控制系统的调试是一个自下而上的检验、调试过程。首先,检验采用标准化设计的硬件和软件模块,确保这些模块完全符合设计要求;其次,检验由标准化的硬件和软件模块组成的子系统,确保各模块之间的组合、工作协调,经调试确保子系统能够完成预先规定的任务;最后,对计算机控制系统进行整体调试,确保构成计算机控制系统的子系统间不发生冲突,并保证系统在设计指标要求下,能够实现设计任务书中规定的任务和功能。

(二)系统的设计及实现过程

前面介绍了系统设计的基本步骤,下面主要讨论系统设计及实现过程中所遇到的问题及解决方法,对实际应用有重要的借鉴意义。

1. 选择微处理器

设计计算机控制系统之前,必须选择合适的微处理器。微处理器是整个控制系统的核心,其性能的好坏直接决定了系统的性能。微处理器种类繁多,应该根据任务要求、规模以及现场条件进行选择。

现在常用的处理器有工控机、单片机、可编程逻辑控制器(PLC)、数字处理芯片(DSP)等,因此处理器种类非常多。如果设计的任务规模比较大,需要对现场的控制过程进行监控,就可以选择工控机,实现远程监控;如果限制系统的体积,可以选择单片机或DSP;如果设计任务紧,可靠性要求高,可选择PLC,其具有开发周期短、抗干扰能力强、可靠稳定等优点。

此外,还应根据数据格式、处理器的速度、输入/输出点数、中断处理能力、指令种类和数量等性能指标来具体选择微处理器。

2. 扩展输入/输出通道

确定过程输入/输出通道是设计中的重要内容,通常应根据被控对象参数的数量来确定。估算和选择通道时,应考虑以下问题:

(1) 统计数据流向,确定输入输出通道的个数;

(2) 数据的格式及传输速率;

(3) 数据的分辨率;

(4) 多通道的选择控制。

模拟量输入通道的核心器件是 A/D 转换器,可以根据分辨率、转换时间、通道数目、转换精度等进行选择。数据采集通道经常采用两种结构形式:第一种是多个通道共用一个 A/D 转换器和采样/保持器;第二种是每个通道使用一个采样/保持器和共用一个 A/D 转换器。选用哪种结构形式采集数据,是模拟量输入通道设计时首先考虑的问题。第一种形式中,被测参数经过多路转换开关依次切换到采样/保持器和 A/D 转换器,转换速度比较慢,但是节省硬件开销,目前在计算机控制系统中应用较多。第二种形式中,每个模拟量输入通道增加一个采样/保持器,可以实现多个参数的同步采集。

模拟量输出通道的核心器件是 D/A 转换器,同样可以根据分辨率、精度、速度、输出形式等进行选择。模拟量输出通道采用两种保持方案:第一种是数字量保持方案,第二种是模拟量保持方案。因此,对应了两种结构形式:每个通道各用一个 D/A 转换器和多个通道共享一个 D/A 转换器。第一种形式可靠性高、速度快,但是使用的 D/A 转换器较多。第二种形式中,各通道必须分时进行 D/A 转换,每个通道增加一个保持器。虽然节省了 D/A 转换器,但是实时性及可靠性都比较差。

对于开关量输入/输出通道,采用光电隔离把处理器与外部设备隔开,以提高系统的抗干扰能力。

3. 选择检测元件

检测元件是能够感受规定的被测量并按照一定规律转换成可用输出信号的器件和装置,通常由敏感元件和转换元件组成。其中,敏感元件是指传感器中能直接感受和响应被测量的部分;转换元件是指传感器中能将敏感元件的感受或响应的被测量转换成适于传输和测量的电信号部分。传感器的共性就是利用物理定律或物质的物理、化学、生物特性,将非电量(如位移、速度、加速度、力等)输入转换成电量(电压、电流)输出。

在计算机控制系统中,对检测元件的基本要求包括检测精度、检测量程以及适用的环境等。

4. 选择执行机构

执行机构是一种能提供直线或旋转运动的驱动装置,它利用某种驱动能源并在某种控制信号作用下工作。在计算机控制系统中,计算机所做出的控制决策,一般需要通过执行机构与驱动装置执行。执行机构与驱动装置是计算机控制系统中的关键一环,其种类繁多,如采用电动机及其驱动器构成的电气传动系统直接驱动机械设备,是常见的驱动技术。

5. 硬件设计应注意的问题

选择好处理器、执行机构和检测元件,就可进行硬件设计。硬件设计主要包括接口电路的设计和驱动装置的设计。接口电路主要包含地址译码电路、可编程的接口芯片、控制方式的选择等;驱动装置主要包括功率放大器、光电隔离器、继电器等。

硬件设计时应注意以下问题:

1)地址分配问题

接口电路中要通过地址译码电路给可编程接口芯片分配地址,地址译码器通常选择三-八地址译码器74LS138。同时防止和其他接口板上的地址冲突。

2)速度匹配问题

CPU 的速度是很快的,外围设备的速度却有快慢之分,有的是毫秒级,有的是秒级,如炉温控制系统就是秒级。为了保证 CPU 的工作效率,并适应各种外设的速度匹配要求,应该在 CPU 和外设之间进行协调。

I/O 接口电路中通常包含数据锁存器、缓冲器、状态寄存器以及中断控制电路等,CPU 可以采用查询方式和中断方式给外设提供服务,保证 CPU 和外设之间异步而协调的工作。

3)负载匹配问题

总线的负载能力是有限的,若把过多的信号直接挂到 CPU 的总线上,必然会超过 CPU 总线的负载能力,造成 CPU 工作不可靠,降低系统的抗干扰能力,有时甚至会损坏器件。采用接口电路可以分担 CPU 总线的负载,使 CPU 不致超负荷运行。

计算机控制系统中经常用到 TTL 元件和 MOS 元件,必须注意总线的负载能力。TTL 元件输出的高电平大于 3 V,输出的低电平小于 0.3 V;对输入信号的要求是高电平必须大于 1.8 V,低电平必须小于 0.8 V。如果输入的电平不满足这个要求,输出就会出现错误。

如果总线上的负载超过允许范围,为了保证系统可靠工作,必须增加总线驱动器。常用的总线驱动器有三态输出八总线双向收发器 74LS245。另外单向驱动器 74LS07、六反相器 74LS04、单向三态门 74LS244 和三态输出锁存器 74LS373 也可以提高总线的驱动能力。

如果逻辑电路接口之间出现负载不匹配问题,就需要增加中间接口。当 TTL 器件驱动 MOS 电路时,超过负载,可以增加 TTL OC 门或采用电平转换电路;当 MOS 器件驱动 TTL 电路时,超过负载,可以增加缓冲器/电平转换器作为中间接口。

6. 确定控制算法

控制算法通过程序实现控制规律的计算,产生控制量。算法的优劣决定了控制效果的好坏。同样的硬件,同一个被控对象,不同的控制算法其结果是不同的。例如,在位置随动系统中,控制算法决定了随动系统的跟踪品质;在自动调平系统中,调平算法决定了调平效果。因此,必须结合实际情况进行选择。

计算机控制系统中,最常用的控制算法是 PID 控制,纯滞后的被控对象经常采用 Smith 预估器的补偿算法和 Dahlin 算法。此外,还有最少拍控制算法、模糊控制算法、最优控制算法、自适应控制算法等。

7. 编写应用程序

硬件、软件功能分配后,就可编写应用程序。首先必须选择编程环境和编程工具;然后画出程序流程图;最后根据流程图编写应用程序。

常用的应用程序包括数据采集、数据处理、数字滤波、按键处理和显示程序、通信程序以及硬件的控制程序等。在远程监控系统中,还有监控程序、报警程序等。应用程序编写完成,应该进行编译,判断是否存在语法错误。

8. 系统调试

硬件和软件设计完成后,进入调试阶段。调试分为离线仿真与调试阶段和在线调试与运行阶段。离线仿真与调试阶段一般在实验室进行,如果没有被控对象,可以自行设计一套模拟装置,模拟现场的各种情况。在线调试与运行阶段在控制现场进行,对系统进行实际试验和检查。调试过程是非常复杂的,会遇到各种意想不到的问题,应该理论联系实际,有时经验会起到决定性的作用,因此应在实际中不断积累经验,并向有经验的设计人员请教。

第三章
随动系统

倾斜发射装置控制系统分别由方位角和高低角两套相互独立的随动系统组成,其主要按照指挥控制系统送来的目标方位和高低两个方向信息进行控制,完成对目标的对准和跟踪,直至导弹发射。方位角和高低角随动系统都是位置随动系统,本章主要介绍位置随动系统的概念、随动系统的典型负载和随动系统各组成部分的工作原理及选择方法。

3.1 随动系统基本概述

3.1.1 随动系统的定义

随动系统是用来控制被控对象的某种状态,使其能自动、连续、精确地复现输入信号的变化规律,通常是闭环控制系统。其作用在于系统接受来自上位控制装置的指令信号,驱动被控对象跟随控制指令运动,实现快速、准确的运动控制。随动系统主要解决被控对象的速度或位置跟踪控制问题,其根本任务就是实现对输入指令的准确跟踪。本章主要介绍位置随动系统(以下简称随动系统)的原理。

3.1.2 随动系统的组成

为了便于说明随动系统的组成,下面介绍三个实际随动系统。

图 3-1 是防空导弹发射装置方位角随动系统示意图。图 3-1 中 $\varphi_r(t)$ 为雷达天线指向的目标方位角,$\varphi_c(t)$ 为防空导弹发射装置方位角随动系统的输出方位角,当防空导弹的方位角与雷达天线指向的目标方位角一致时,$\varphi_r(t) - \varphi_c(t) = 0$,说明导弹能完全跟随目标。图 3-1 中,方位角执行电机 M 是电枢控制的直流电动机,其电枢电压由功率放大装置提供,并通过自整角机误差测量装置提供的控制电压 u_e 来改变电动机的电枢电压控制执行电机转动,并经过减速器带动发射架在方位上转动(即被控量)。图 3-2 是防空导弹发射架方位角随动系统的原理框图。

在图 3-2 中,误差 $e(t) = \varphi_r(t) - \varphi_c(t)$,这一误差通过自整角机线路测量并转换为误差电压 $u_e(t)$,经串联校正装置、放大器放大,再经功率放大器进行功率放大后加到执行电机电枢两端,控制执行电机转动。执行电机一方面经减速器减速带动防空导弹发射装置方位角系统朝着消除误差的方向转动,只要输出方位角 $\varphi_c(t)$ 和输入方位角 $\varphi_r(t)$ 不相

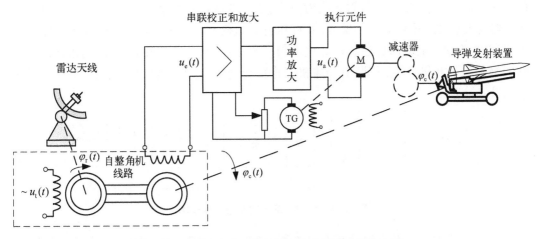

图3-1　防空导弹发射装置方位角随动系统示意图

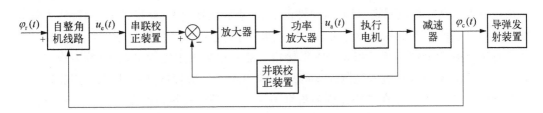

图3-2　防空导弹发射架方位角随动系统的原理框图

等,就会产生误差电压控制执行电机转动来消除误差,使导弹不断地跟踪瞄准目标,直到误差角等于零,执行电机停止转动;另一方面经过测速发电机并联负反馈,负反馈信号加到放大器,形成速度环对放大部分的变化进行补偿。当$e(t) = 0$时,方位角随动系统实现了输出角$\varphi_c(t)$复现输入角$\varphi_r(t)$的运动,导弹指向与雷达指向一致,说明导弹已瞄准目标,可以发射。串联校正装置和并联校正装置用于提高系统的品质性能。

图3-3所示为仿型铣床随动系统示意图。图中,$y(t)$为铣刀杆的位移,希望铣刀的运动$y(t)$完全复现模杆的运动$r(t)$,使加工零件与模型一致。

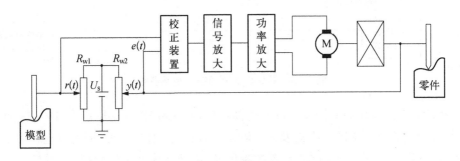

图3-3　仿型铣床随动系统示意图

图3-4所示为仿型铣床随动系统原理框图。由于系统的惯性,$r(t)$随时间发生变化时,$y(t)$不能完全与$r(t)$相同,因此存在误差$e(t)$,$e(t) = r(t) - y(t)$。误差$e(t)$通过由电

位计 R_{w1} 和 R_{w2} 构成的测量装置转换为误差电压,误差电压经过放大器、校正装置和功率放大器放大后加到执行电机的输入端,使执行电机转动,并通过减速器驱动被控对象铣刀,朝着消除误差的方向运动。只要 $y(t)$ 与 $r(t)$ 不相等,执行电机就会转动消除误差,直到 $y(t)$ 与 $r(t)$ 相等,误差为零,执行电机停止转动,表明随动系统实现了输出量 $y(t)$ 复现输入量 $r(t)$。

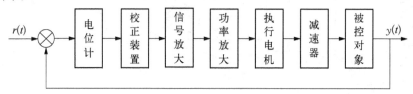

图 3-4　仿型铣床随动系统原理框图

图 3-5 是某火炮数字随动系统原理图。系统采用 MCS-96 系列单片机作为控制计算机或数字控制器(专用微型计算机),以 PWM(脉宽调制)放大器作为功率放大器控制直流电机形成数字控制系统,具有低速性能好、稳态精度高、快速响应性好、抗扰能力强等特点。整个系统主要由控制计算机、PWM 放大器、被控对象和位置反馈四部分组成。控制计算机具有 3 个输入接口和 2 个输出接口。数字信号发生器给出 16 位数字输入信号 θ_i 经两片 8255A 的 A 口进入控制计算机,系统输出角 θ_o(模拟量)经多极双通道旋转变压器和 A/D 转换器及其锁存电路完成轴角编码,将输出角模拟量转换成二进制数码(粗、精各 12 位),该数码经锁存后,取粗 12 位、精 11 位分别由 8255A 的 B 口和 C 口进入控制计算机。经计算机程序运算,将精、粗合并,得到 16 位数字量的系统输出角 θ_o。

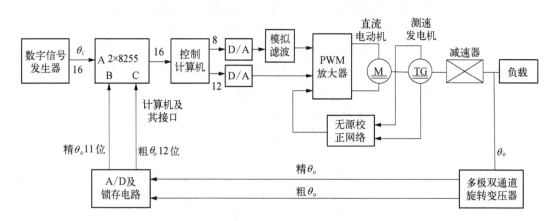

图 3-5　某火炮数字随动系统原理图

控制计算机的输出为主控输出口和前馈输出口,主控输出口由 12 位 D/A 转换芯片等组成,其中包含与系统误差角 θ_e 及其一阶差分 $\Delta\theta_e$ 成正比的信号,同时也包含与系统输入角 θ_i 的一阶差分 $\Delta\theta_i$ 成正比的复合控制信号,从而构成系统的模拟量主控信号,通过PWM 放大器,驱动直流电动机,带动减速器与火炮,使其输出转角 θ_o 跟踪数字指令 θ_i。前馈输出口由 8 位 D/A 转换芯片等组成,它将数字前馈信号转换为相应的模拟信号,再经模拟滤波器滤波后加入 PWM 放大器,作为系统控制量的组成部分作用于系统,主要用来提高系统的控制精度。

控制计算机及其接口、PWM 放大器(包括前置放大器)、直流电动机和减速器构成闭环系统控制负载(火炮)连续运动。测速发电机,以及速度和加速度无源反馈校正网络用以提高火炮随动系统的性能。

图 3-5 表明,以计算机作为系统的控制器,其输入和输出只能是二进制编码的数字信号,即时间上和幅值上都是离散的信号;而系统中被控对象和测量元件的输入与输出是连续信号,所以在计算机控制系统中需要用 A/D(模/数)和 D/A(数/模)转换器,以实现两种信号的转换。因此,火炮数字随动系统是数字与模拟混合控制系统。图 3-6 给出数字随动系统的原理框图。

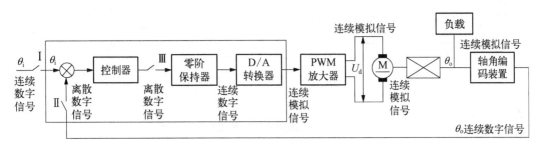

图 3-6 数字随动系统的原理框图

由以上三个实际随动系统的原理框图可以看到,随动系统的应用很广,种类很多,组成元件和工作状况多种多样,按组成随动系统的元部件的职能可分为以下几类。

(1)测量装置。其职能是检测被控制物理量,在位置随动系统中被检测量是角度或位移,而在速度控制系统中被测量是转速或角速度。如果被测量是非电量参数,一般必须转换为电量。常见的构成测量装置的元件有电位计、测速发电机、自整角机和旋转变压器等。对于高精度随动系统,测量精度要求更高,可以选用数字测量元件,如用于测速的光电脉冲测速机和用于测角位移的数字式轴角编码器。

(2)比较元件。其职能是把测量元件检测的被控量与输入量进行比较,求出它们的偏差。常用的比较元件有差动放大器、机械差动装置、电桥电路等。

(3)放大装置。其职能是将比较元件给出的偏差信号进行放大,用来推动执行元件并控制被控对象。构成电压放大装置的元件有电子管、晶体管等,构成功率放大装置的元件有电机放大机、可控硅功率放大装置、PWM 功率放大器等。

(4)执行机构。其职能是直接驱动被控对象。电气随动系统常用执行元件有电动机,液压随动系统常用执行元件有液压马达等。

(5)校正装置。其职能是改善随动系统的动态和稳态品质。校正装置也称补偿装置,它由结构和参数都易于调整的元件构成,以串联或并联方式连接在系统中。最简单的校正装置是由电阻、电容组成的无源或有源网络。现代随动系统也多用计算机作为校正装置。

(6)信号转换电路。其职能使各部件之间能有效地组配和连接,实现信号的有效传递和控制。随动系统常用的信号转换电路有交流-直流转换、直流-交流转换、直流-直流、频率-电压和电压-频率转换等。

（7）电源和辅助装置。其职能是给随动系统的各部分提供所需的各种类型电源,并对系统进行保护和支持随动系统完成控制功能。电源装置常用的有 50 Hz 的工频电源、400 Hz 的中频电源和各种直流电压的开关电源等。辅助装置常用的有过载保护装置、限位器、行程开关和制动器等。

从组成随动系统的职能环节来看,随动系统的组成可简单地用图 3-7 来表示。

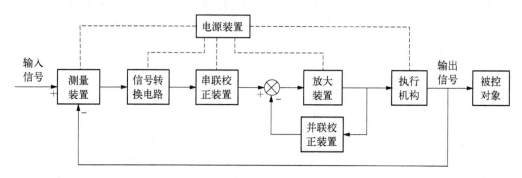

图 3-7　随动系统的组成框图

3.1.3　随动系统的分类和结构

随着控制技术的不断发展,组成随动系统的元件不断出现,随动系统的具体结构形式多种多样,随动系统的类型也多种多样,按不同的方式分类,则得到不同名称的随动系统。

1. 按输出物理量方式分类

（1）位置随动系统,即系统的输出量是角位移量或线位移量。

（2）速度随动系统,即调速控制系统,它的输出量是角速度或线速度。

2. 按系统的控制方式分类

1）按误差控制的随动系统

它的特点是系统的运动快慢取决于误差信号的大小。当误差为零时（即系统的输出量与输入量完全相等）,系统便处于静止状态。按误差控制的随动系统的结构形式如图 3-8 所示,它由前向通道 $G(s)$ 和反馈通道 $H(s)$ 构成,亦称闭环控制系统。

系统的开环传递函数为

$$G_o(s) = G(s)H(s) \qquad (3-1)$$

系统的闭环传递函数为

$$\Phi(s) = \frac{G(s)}{1 + G_o(s)} \qquad (3-2)$$

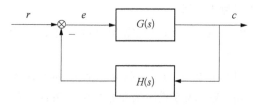

图 3-8　按误差控制的系统结构图

若系统为调速系统,输入 r 为给定电压 U_r,输出 c 为速度,与输出速度相应的反馈电

压为 U_f，用输入信号 U_r 与反馈信号 U_f 的差进行控制，则误差 e 为误差电压

$$e = U_r - U_f \tag{3-3}$$

调速系统的速度反馈通常采用测速发电机，所以主反馈通道的传递函数为常系数，即

$$H(s) = K_f \tag{3-4}$$

若系统为角位置随动系统，输入 r 为角位移 φ_r，输出 c 为角位移 φ_c，将输出角位移 φ_c 信号反馈到输入端，用输入角位移 φ_r 与输出角位移 φ_c 进行控制，则误差 e 为误差角

$$e = \varphi_r - \varphi_c \tag{3-5}$$

那么位置随动系统的主反馈通道的传递函数通常是

$$H(s) = 1 \tag{3-6}$$

即所谓的单位反馈系统，这也是位置随动系统的特点。它的开环传递函数与闭环传递函数分别为

$$G_o(s) = G(s) \tag{3-7}$$

$$\Phi(s) = \frac{G(s)}{1 + G(s)} \tag{3-8}$$

按误差控制的随动系统应用最早也最广，由于系统的动态品质和稳态品质存在矛盾，要使系统输出能完全准确地复现输入，这是随动系统设计必须解决的主要问题。

2）按输入或扰动补偿复合控制的系统

这种类型的随动系统采用负反馈与前馈相结合的控制方式，亦称为开环-闭环控制系统，如图 3-9 所示，图中 $G_q(s)$ 为前馈通道的传递函数。

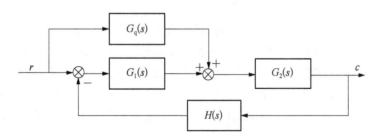

图 3-9 按输入或扰动复合控制的系统结构图

系统闭环传递函数为

$$\Phi(s) = \frac{[G_q(s) + G_1(s)]G_2(s)}{1 + G_1(s)G_2(s)H(s)} \tag{3-9}$$

通过适当选择 $G_q(s)$ 的参数，不但可以保持系统稳定，而且可以极大地减小乃至消除稳态误差，以及抑制几乎所有的可测量扰动。无论是速度控制还是位置控制随动系统，都可以通过复合控制形式，提高系统的精度和快速性，而不影响系统的闭环稳定性。

3）模型跟踪控制系统

这种类型的控制系统除了具有前向主控制通道,还有一条与它平行并行的模型通道

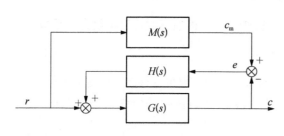

图 3-10 模型跟踪控制系统结构图

$M(s)$,如图3-10所示。在模拟随动系统中,它通常用电子线路来实现;在数字随动控制系统中,它主要用计算机软件来实现。将两条通道输出的差 e 作为主反馈信号,通过反馈通道 $H(s)$ 反馈到主通道的输入端,要求系统的实际输出 c 跟随模型的输出 c_m。

两条通道输出差为

$$e = c_m - c \tag{3-10}$$

与复合控制系统类似,该系统的传递函数可表示为

$$\Phi(s) = \frac{[1 + M(s)H(s)]G(s)}{1 + G(s)H(s)} \tag{3-11}$$

由式(3-11)可看出,通过适当选取模型通道的传递函数 $M(s)$ 和反馈通道的传递函数 $H(s)$,可以使系统获得较高的精度和良好的动态品质。它可以看成是由复合控制演变而成的,故仍属于相同的一类。模型跟踪控制用于速度随动系统比较方便,在位置随动系统中只宜于用于速度环的控制。

3. 按组成系统元件的物理性质分类

1）电气随动系统

组成系统的元件除了机械部件,均是电磁或电子元件。根据执行元件所用电动机种类的不同,又将电气随动系统分为三类:

(1)纯直流随动系统。系统中传递的都是直流信号,执行元件是直流伺服电动机。

(2)纯交流随动系统。系统中传递的都是交流信号,执行元件是交流伺服电动机。

(3)交直流混合系统。系统中传递的既有交流信号又有直流信号。当执行元件是直流伺服电动机时,在直流信号前应增加交流信号到直流信号的变换电路(称为相敏整流电路或解调器);当执行元件是交流伺服电动机时,在交流信号前应增加直流信号到交流信号的变换电路(称为调制器)。

2）电气-液压随动系统

系统的误差测量装置与前级放大部分是电气的,而系统的功率放大与执行元件则是液压元件。

3）电气-气动随动系统

系统的误差测量与前级放大部分是电气的,而执行元件是气动元件。

4. 按系统传递信号的特点分类

1）连续随动系统

系统中传递的电信号是连续的模拟信号而不是离散的数字信号。

2）数字随动系统

系统中传递的电信号既有离散的脉冲数字信号,又有连续的模拟信号。数字信号与模拟信号必须经过转换才能进行传递。在数字随动系统中,数字计算机作为系统的控制器,是系统的一个环节,其输入和输出都必须是数字信号,而系统中模拟元件的输入和输出必须是模拟信号。因此,在数字随动系统中必须有数/模(D/A)、模/数(A/D)转换器。所以数字随动系统是模拟信号和数字信号的混合系统,实质上数字随动系统就是一种计算机控制系统。

3）脉冲-相位随动系统

系统的特点是输入信号为指令方波脉冲,输出也转换为方波脉冲,按输入与输出方波脉冲的相位差来控制系统的运动。这种系统又称为锁相随动系统。

5. 按系统部件输入-输出特性不同分类

1）线性随动系统

系统各部件的输入-输出特性在正常工作范围内均是线性关系。可用线性微分方程或线性状态方程描述系统的运动。

2）非线性随动系统

系统中含有输入-输出特性是非线性的部件。描述这种系统的微分方程是非线性微分方程。

严格地说,任何一个实际的随动系统都是非线性系统,不可能存在理想的线性系统,因为组成系统的某些元部件总是存在较小的不灵敏区(或称死区),并有饱和界限。但只要系统处于正常的工作状态时,系统仍能工作在线性区,则称系统是线性系统。而当系统处于正常的工作状态时,有元部件的输入-输出特性存在非线性特性,就称该系统为非线性系统。

6. 按执行元件功率分类

(1)小功率随动系统。一般指执行元件输出功率在 50 W 以下。

(2)中功率随动系统。一般指执行元件输出功率在 50~500 W。

(3)大功率随动系统。一般指执行元件输出功率在 500 W 以上。

7. 按随动系统的无差度来分类

1）一阶无差度随动系统

又称为 I 型系统或一阶无静差系统,系统的结构特点是正向通道(主通道)包含一个纯积分环节,它的开环传递函数形式为

$$G(s) = \frac{K(1 + b_1 s + b_2 s^2 + \cdots + b_m s^m)}{s(1 + a_1 s + a_2 s^2 + \cdots + a_n s^n)}, \quad n > m \qquad (3-12)$$

I 型系统结构简单、易于稳定,快速性较好,一直被广泛应用。

2）二阶无差度随动系统

又称为 II 型系统或二阶无静差系统,系统的结构特点是正向通道(主通道)包含两个纯积分环节,它的开环传递函数形式为

$$G(s) = \frac{K(1 + b_1 s + b_2 s^2 + \cdots + b_m s^m)}{s^2(1 + a_1 s + a_2 s^2 + \cdots + a_n s^n)}, \quad n > m \qquad (3-13)$$

II 型系统和 I 型系统相比,结构复杂,稳定性差,但 II 型系统的精度要比 I 型系统高得多。

当然还可以具有三阶或更高阶无差度系统,这样虽然系统的精度提高了,但系统的稳定性会更差,系统也会变得更复杂,所以一般随动系统至多设计为 II 型系统。

3.1.4 常用的随动系统控制方案

系统控制方案的选择要考虑许多方面的因素,如系统的性能指标要求、元件的资源和经济性;工作的可靠性和使用寿命;可操作性能和可维护性能。通常要经过反复比较,才能最后确定。随动系统控制方式的分类已在前面介绍过,下面仅给出几种常用的典型控制方案。

1. 纯直流控制方案

纯直流控制系统在结构上比较简单,容易实现。但是直流放大器的漂移较大,这种系统的精度较低,目前只用于精度要求低的场合。

2. 纯交流控制方案

纯交流控制系统如图 3 – 11 所示。这种控制方案结构简单,使用元件少,系统精度难以提高。通常应用在精度要求不高的场合。

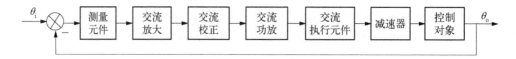

图 3 – 11　纯交流控制系统

在上述纯交流控制系统中,测量元件输出的误差信号中含有较大的剩余电压,这部分电压是由正交分量和高次谐波组成的。当系统的增益较大时,剩余电压可使放大器饱和而堵塞控制信号的通道,使系统无法正常工作,因而这种方案限制了增益的提高,也就限制了控制系统精度的提高。另外,交流校正装置的实现比较困难,这给控制系统的调整带来困难。由于上述原因,目前纯交流控制方案应用也较少。在要求较高的控制系统中,一般都采用交直流混合的控制方案。

3. 交直流混合控制方案

交直流混合控制系统如图 3 – 12 所示。与图 3 – 11 纯交流控制系统相比增加了相敏整流环节。如图 3 – 12 所示的控制方案是执行电机为直流电机的情况,若采用交流电机,则在功放前面还应加一级将直流电压变为交流电压的调制器。交直流混合方案采用了相敏整流环节,有效地抑制了零位的高次谐波和正交分量,同时采用直流校正装置也容易实现,使得控制系统的精度得到提高,因而广泛应用。在设计和调整中,要注意在交直流变换过程中,应尽量少引进新的干扰成分和附加时间常数,在解调器中应注意滤波器参数的选择。

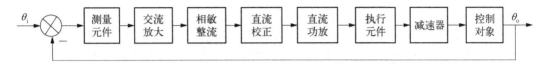

图 3-12 交直流混合控制系统

4. 采用调相控制方案

调相工作的角度随动系统如图 3-13 所示。系统的输入角由数字装置给出,它以输入方波对基准方波的相位表示。系统的输出角经测量元件(精密移相器)变成方波电压的变化。这样输入和反馈的方波在比相器中进行相位比较,将相位差转换成直流电压,经校正后控制执行电机转动。

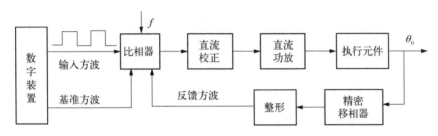

图 3-13 数字相位系统

调相系统具有很强的抗干扰能力,与计算机连接很方便,采用计算机参与控制,可以使控制更灵活和具有更强的功能。控制系统可由单回路、双回路和多回路构成。

5. 数字随动系统方案

数字随动系统如图 3-14 所示。以计算机作为系统的数字控制器,其输入和输出只能是二进制编码的数字信号,即时间上和幅值上都是离散的信号;而系统中被控对象和测量元件的输入与输出是连续信号,所以在计算机控制系统中需要用 A/D(模/数)和 D/A(数/模)转换器,以实现两种信号的转换。

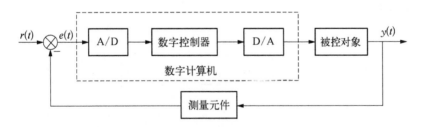

图 3-14 数字随动系统

6. 单回路的控制方案

单回路控制系统如图 3-15 所示。图中 $G_o(s)$ 为固有特性,$G_c(s)$ 是串联校正装置。这类系统结构简单,容易实现。一般只能施加串联校正。这种结构在性能

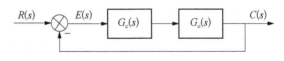

图 3-15 单回路控制系统

上存在下列缺陷。

（1）对系统参数变化比较敏感。如图 3-15 所示，系统开环特性 $G(s) = G_c(s) G_o(s)$ 都在前向通道内，因此 $G_c(s)$ 和 $G_o(s)$ 的参数变化将全部反映在闭环传递函数的变化中。

（2）抑制干扰能力差。在存在干扰作用时，系统的结构图如图 3-16 所示。系统输出对干扰作用 $N_1(s)$ 和 $N_2(s)$ 的传递函数分别为

$$\frac{C(s)}{N_1(s)} = \frac{G_2(s)}{1 + G_1(s)G_2(s)} = G_2(s)[1 - \Phi(s)] \tag{3-14}$$

$$\frac{C(s)}{N_2(s)} = \frac{1}{1 + G_1(s)G_2(s)} = 1 - \Phi(s) \tag{3-15}$$

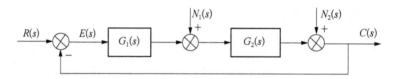

图 3-16　系统干扰作用下结构图

对于二阶系统，在一定频率范围内，$1 - \Phi(s) > 1$，由上式可见，系统对于扰动 $N_2(s)$ 比没有反馈时要差。因此，单回路控制系统难以抑制干扰作用的影响。另外，在单回路系统中，如果系统的指标要求较高，系统的增益应当较大，则系统通过串联校正很可能难以实现，必须改变系统结构。由于上述原因，单回路控制系统只适用于被控对象比较简单、性能指示要求不很高的情况。

7. 双回路或多回路控制方案

在要求较高的控制系统中，一般采用双回路和多回路的结构。图 3-17 是双回路随动系统的结构图。

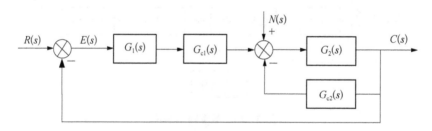

图 3-17　双回路随动系统的结构图

系统对输入和干扰的传递函数分别为

$$\frac{C(s)}{R(s)} = \frac{G_1(s)G_{c1}(s)G_2(s)}{1 + G_2(s)[G_{c1}(s)G_1(s) + G_{c2}(s)]} \tag{3-16}$$

$$\frac{C(s)}{N(s)} = \frac{G_2(s)}{1 + G_2(s)[G_{c1}(s)G_1(s) + G_{c2}(s)]} \tag{3-17}$$

由上式看出,可以选择串联校正装置 $G_{c1}(s)$ 和并联校正装置 $G_{c2}(s)$ 来满足对 $R(s)$ 和 $N(s)$ 的指标要求。由于有了局部反馈,可以充分抑制 $N(s)$ 的干扰作用,而且当部件 $G_2(s)$ 的参数变化很大时,局部闭环可以削弱它的影响。一般局部闭环是引入速度反馈。控制系统引入速度反馈还可改善系统的低速性能和动态品质。

选择局部闭环的原则如下:一方面要包围干扰作用点及参数变化较大的环节;另一方面不要使局部闭环的阶次过高(一般不高于三阶)。

8. 按干扰控制的多回路控制方案

按干扰控制的多回路控制方案亦称复合控制方案。反馈控制是按照被控参数的偏差进行控制的,只有当被控参数发生变化时,才能形成偏差,从而才有控制作用。复合控制则是在偏差出现以前,就产生控制作用,它属于开环控制方式。复合控制结构图如图 3-18 所示。

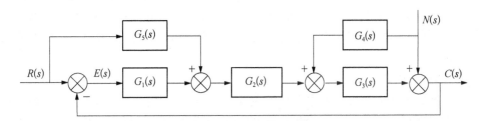

图 3-18　复合控制结构图

有时前馈控制又叫顺馈控制或开环补偿。引入前馈控制的目的之一是补偿系统在跟踪过程中产生的速度误差、加速度误差等。

补偿控制是对外界干扰进行补偿。当外界干扰可量测时,通过补偿网络,引入补偿信号可以抵消干扰作用对输出的影响。如果实现

$$N(s)G_4(s)G_3(s) = -N(s) \tag{3-18}$$

即

$$G_4(s) = -\frac{1}{G_3(s)} \tag{3-19}$$

则干扰 $N(s)$ 对系统的作用可得到完全补偿,也称控制系统对干扰实现了完全的不变性。在实际系统中,由于干扰源较多,而且测量往往不准确,网络的构成也存在困难,因此完全补偿是不可能实现的,只能做到近似补偿,亦称近似不变性。

9. 非线性控制方案

常在随动系统中利用非线性环节改善系统的性能,如用非线性反馈实现快速控制等。

此外,正确处理方案选择和元部件选择的关系也是很重要的。有时采用某一方案看

起来显得简单,但对元部件要求很高。这时如果在方案上采取措施,则对元部件的要求可以降低。例如,采用交流方案将对测量元件零位信号提出很高的要求,改用交直流混合方案就很容易解决了。在选择方案时,要综合考虑各方面因素,使控制的设计精度和成本都满足要求。

选择方案时还应注意以下因素:

(1)选择方案最基本的依据就是系统的主要技术要求。但是,针对不同的使用环境,选择方案的出发点就不同。例如,对军用随动系统应多注意工作品质、可靠性和灵活性;而对民用工业的随动系统,还需考虑长期运行的经济性;系统在室内还是在室外工作,温度变化范围,电气元件是否要密封;采用模拟控制有利还是数字控制有利。所以系统方案应依据系统设计指标来选择和确定。

(2)当系统运行速度很高,且经常处于加速度状态,并对精度的要求又较高时,可以考虑设计二阶无差度的随动系统或者采用复合控制系统。当然二阶无差系统稳定性较差,当机械传动的间隙稍大时易产生自振荡。负载需要调速范围很宽时,一般对执行电动机的选择应十分慎重。对负载需要高速旋转,且低速要求又很严时,一般选无槽电动机为宜。但通常电动机与负载之间需齿轮耦合,为了提高刚性,在高性能系统中,一般拟选大惯量宽调速伺服电动机,采用直接耦合传动方案。对于敏感元件,一般以采用无触点敏感元件为宜。

(3)考虑电磁兼容性要求。

总之,选择方案时应首先根据系统的主要要求,初步拟定一个方案,进行可行性分析和论证,在必要情况下做一些试验和分析,进一步证明方案的可行性。有时往往需要设计几个方案进行对比、优化。待方案确定后便可按照设计步骤逐项进行,也可能在试验中做局部修改。

3.2 随动系统典型负载分析与折算

位置随动系统是带动被控对象作机械运动,并使输出完全复现输入,实现对输入信号的跟随。在设计随动系统时,在明确了系统技术指标后,就要研究被控对象的运动学、动力学特性,根据对象的具体特点和负载情况选择执行元件。

在系统中,被控对象是系统输出端的机械负载,它与系统执行元件的机械传动联系有多种形式,并与机械传动装置组成系统的主要机械运动部分,这部分的动力学特性对整个系统的性能影响极大。被控对象(以下简称负载)运动形式有直线运动和旋转运动两种,具体负载往往比较复杂,为便于分析,常将它分解成几种典型负载,根据系统的运动规律再将它们组合起来,以便在系统设计中进行定量计算和分析。要定量计算就要涉及量纲,本书采用国际单位制 SI,考虑到有些指标使用工程单位制,所以在实际应用时要进行单位换算。

3.2.1 典型负载分析

被控对象能否达到预期的运动状况,完全取决于系统的稳态和动态性能。执行电动机的控制特性与相连的被控对象的动力学特性关系极大。实际系统的负载情况往往是很复杂的,分析负载的目的一方面是因为随动系统在控制被控对象运动过程中,要克服多种负载;另一方面,为了便于定量计算,将负载划分成典型负载,建立系统动力学方程以及选择执行元件。常见的负载类型有摩擦负载、惯性负载、阻尼负载、重力负载、弹性负载以及流体动力负载等。

1. 摩擦负载

在任何机械传动系统中,每一对相对运动物体的接触表面之间都存在着摩擦。

摩擦负载类型可从接触表面的相对运动形式和润滑条件来划分。

(1) 按相对运动形式可分为滑动摩擦、滚动摩擦。其特点是滚动摩擦比滑动摩擦小。

(2) 按润滑条件可分为干摩擦、黏性摩擦和介于两者之间的边界摩擦(俗称半干摩擦)。其特点是黏性摩擦力小,干摩擦力最大。

直线运动的干摩擦负载为

$$F_c = |F_c| \mathrm{sign}\, v \qquad (3-20)$$

旋转运动的干摩擦力矩为

$$M_c = |M_c| \mathrm{sign}\, \Omega \qquad (3-21)$$

式中,v 为负载线速度;Ω 为负载角速度。

直线运动的黏性摩擦负载为

$$F_b = b_1 v \qquad (3-22)$$

旋转运动的黏性摩擦负载为

$$M_b = b_2 \Omega \qquad (3-23)$$

式中,b_1、b_2 为黏性摩擦系数。

对具体系统负载而言,干摩擦力 F_c(或力矩 M_c)的大小可能是变化的,但只要它的变化量较小,可近似看成 F_c(或 M_c)为常值,其符号由运动方向(即 v 和 Ω 符号)决定。

古典的库伦摩擦定律认为:摩擦力 $F_c = f \times N$。这里 N 为法向压力,f 为摩擦系数,并认为 f 是常值。近代对摩擦的研究发现,摩擦系数与法向压力、接触表面特性、粗糙度、温度、滑动速度、接触时间等均有关,不能简单用常数表示。

对于一个具体的反馈系统而言,其输出轴上承受的摩擦力矩是由系统整个机械传动各部分的摩擦作用综合的结果。各部分摩擦条件通常也并不一样。

以旋转运动为例,多数系统的摩擦负载力矩具有图3-19(a)所示的特性,即静摩擦力矩最大,随着输出角速度的增加(在 $0 < |\Omega| < \Omega_1$ 内),摩擦力矩减小,当 Ω 继续增加($|\Omega| > |\Omega_1|$)时,摩擦力矩又略有增加或保持不变。工程上常将摩擦负载特性近似为如图3-19(b)所示的形式,即取为常值,但始终与运动方向相反。

在动态计算时,用线性理论分析和计算,常将摩擦负载特性近似用线性关系表示如图3-19(c)。

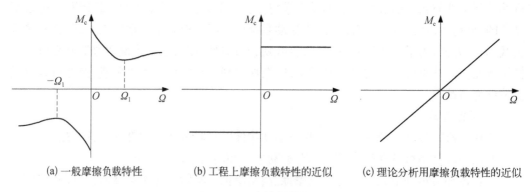

(a) 一般摩擦负载特性 (b) 工程上摩擦负载特性的近似 (c) 理论分析用摩擦负载特性的近似

图 3 - 19　摩擦负载的特性

摩擦负载影响着系统的控制精度。当要求低速跟踪时,由于摩擦负载在低速区有 $dM_c/d\Omega < 0$,如图 3 - 19(a)所示,系统将出现低速爬行现象。

通常减小摩擦负载的措施有:改善润滑条件,尽量避免干摩擦;采用滚动接触,避免滑动摩擦。在要求高的场合,如船用导航系统采用静压轴承技术,可以使摩擦系数减小到 $f = (1.0 \sim 4.0) \times 10^{-4}$。

2. 惯性负载

根据牛顿运动定律可知,物体作变速运动时便有惯性负载产生。

当执行元件带动被控对象沿直线作变速运动时,被控对象存在惯性力 F_z

$$F_z = m_z \frac{dv}{dt} \tag{3-24}$$

式中,m_z 为被控对象质量;v 为运动速度。

当系统所带的被控对象做旋转运动时,被控对象形成的惯性负载转矩为

$$M_z = J_z \frac{d\Omega_z}{dt} \tag{3-25}$$

式中,M_z 为惯性负载转矩;J_z 为被控对象绕其转轴的转动惯量;Ω_z 为负载角速度。

3. 位能负载

位能负载主要是重力引起的负载。直线运动时用重力表示;转动时用不平衡力矩表示。在简单情况下其特点是大小和方向不变。

4. 弹性负载

直线运动时用弹力表示为

$$F_k = K_1 l \tag{3-26}$$

转动时用弹性力矩表示为

$$M_k = K_2 \varphi \tag{3-27}$$

式中,$K_1(N/m)$、$K_2(N \cdot m/rad)$ 为弹性系数。

5. 风阻负载

通常直线运动时简化成风阻力 F_f 与负载线速度的平方 v^2 成正比;旋转运动时风阻力矩 M_f 与负载角速度的平方 Ω^2 成正比,即为

$$F_f = f_1 v^2 \tag{3-28}$$

$$M_f = f_2 \Omega^2 \tag{3-29}$$

式中,f_1、f_2 为风阻系数。

3.2.2　负载的折算

被控对象有做直线运动的,如电梯、机床刀架、磁盘驱动器的磁头等;有做旋转运动的,如机床的主轴传动、机器人手臂的关节运动、雷达天线、舰船上的防摇稳定平台、火炮和导弹发射架的随动系统等。作为随动系统的执行元件有旋转式电机和液压马达,也有直线式电机和液压油缸。但用得较多的还是旋转式电机,如他励直流电动机、两相异步电动机、三相异步电动机和同步电动机等。执行元件与被控对象之间有直接连接,也有通过机械传动装置连接,而后者占大多数。因此,在进行动力学分析计算时,需要进行负载折算。

1. 执行元件与负载的连接形式

1) 直线电机与负载直接连接

如图 3-20(a)所示,考虑干摩擦力和黏性摩擦力,其他因素可忽略时。电机带动负载一起运动时电机的负载总和为

$$F_\Sigma = F_c + F_b + (m_d + m_z)a \tag{3-30}$$

式中,a 为运动加速度;m_d、m_z 分别为电机转子质量、负载的质量;F_c、F_b 分别为运动时干摩擦力和黏性摩擦力。

2) 旋转电机与负载直接连接

如图 3-20(b)所示为单轴传动。考虑负载干摩擦力矩,其余因素可忽略不计时,电机的负载总和为

$$M_\Sigma = M_c + (J_d + J_z)\varepsilon \tag{3-31}$$

式中,ε 为负载转动的角加速度;J_d、J_z 分别为电机转子的转动惯量和负载的转动惯量;M_c 为负载干摩擦力矩。

3) 旋转运动到直线运动

负载是位能负载,如图 3-20(c)表示执行电机带动一辘轳转动,用绳索将负载提升或下放。忽略摩擦力矩,电机的负载就根据向下或向上运动来确定。

当向上运动时,绳索将负载提升,电机轴上的负载总和为

$$M_{up} = mgR + (J_d + J_p + mR^2)\varepsilon_1 \tag{3-32}$$

当向下运动时,绳索将负载下放,电机轴上的负载总和为

$$M_{\text{down}} = -mgR + (J_{\text{d}} + J_{\text{p}} + mR^2)\varepsilon_2 \qquad (3-33)$$

式中，m、g 分别为负载质量和重力加速度；J_{d}、J_{p} 分别为电机转子转动惯量和辘轮转动惯量；R 为辘轳的半径；ε_1、ε_2 分别为提升和放下时电机的角加速度；mgR 为位能负载；mR^2 为负载转动惯量。

4）具有齿轮减速装置的传动

如图 3-20(d)所示，因执行电机的转速高而转矩小，而负载需要的是转速低、转矩较大，所以应加减速器。图中给出的是三级齿轮减速器。对于通过减速器连接执行元件和负载的系统，负载通过减速器进行传递和转化，所以必须进行负载折算才能计算电机轴上的总负载。

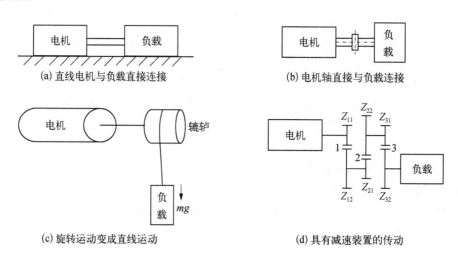

图 3-20　执行元件与负载的传动形式示意图

2. 负载的传递和转化（负载的折算）

由于高速转动的元件通过减速带动低速的被控对象转动，选择执行元件时，需要把对象所受到的或由于外界原因而作用于对象上的负载换算到执行元件输出轴上。

如图 3-20(d)所示电机经过三级齿轮减速而带动负载为例说明。

1）减速比

电机至负载的总减速比 i 为

$$i = \frac{\Omega_{\text{d}}}{\Omega_{\text{z}}} = \frac{Z_{12}}{Z_{11}}\frac{Z_{22}}{Z_{21}}\frac{Z_{32}}{Z_{31}} = i_1 i_2 i_3 \qquad (3-34)$$

$$i_1 = \frac{Z_{12}}{Z_{11}}, \ i_2 = \frac{Z_{22}}{Z_{21}}, \ i_3 = \frac{Z_{32}}{Z_{31}}$$

式中，Z_{11}、Z_{12} 为第一级齿轮齿数；Z_{21}、Z_{22} 为第二级齿轮齿数；Z_{31}、Z_{32} 为第三级齿轮齿数；Ω_{z}、Ω_{d} 分别为负载轴角速度和电机轴角速度。

2）功率传递

从负载轴测得的阻力矩为 M_{z}，电机输出力矩为 M_{d}，忽略传动装置所消耗的能量，由

传递功率不变性可知

$$M_d \Omega_d = M_z \Omega_z \qquad (3-35)$$

若考虑减速器的损耗,一般用传动效率来表示这部分消耗掉的能量在总能量中所占的比例。传动效率 η 为

$$\eta = \left(1 - \frac{减速器消耗的能量}{传递的总能量}\right) \qquad (3-36)$$

一般 η 是小于1的数,越接近1,传动效率越高。实际的力矩传递应满足

$$\eta M_d \Omega_d = M_z \Omega_z \qquad (3-37)$$

式中, η 为三级传动效率, $\eta = \eta_1 \eta_2 \eta_3$, η_1 、 η_2 、 η_3 分别表示各级齿轮对的效率。

3) 力矩传递(负载转矩的折算)

考虑到传递效率后,由式(3-34)和式(3-37)可得力矩传递为

$$M_{dz} = \frac{M_z}{i\eta} \qquad (3-38)$$

式(3-38)即负载转矩折算到电机轴上的等效负载转矩 M_{dz} ,这里的传动效率 η 已将减速器的摩擦考虑在内。各种负载力矩均可由式(3-38)折算到电机轴上,这就把多轴传动问题简化成单轴传动。

从式(3-38)可以看出,合理选择减速器的形式,对于提高效率,特别是对减小整个系统的摩擦负载(尤其是对于小功率系统)影响很大。

4) 角度和角加速度的传递

$$\varphi_d = i\varphi_z \qquad (3-39)$$

$$\varepsilon_d = i\varepsilon_z \qquad (3-40)$$

式(3-39)即负载转动的角度折算到电机轴上的等效负载转动的角度;式(3-40)即负载转动的角加速度折算到电机轴上的等效负载转动的角加速度。

5) 惯性负载动能的传递与折算

$$\frac{1}{2}J_z' \Omega_d^2 = \frac{1}{2\eta}J_z \Omega_z^2 \qquad (3-41)$$

式中, J_z' 表示负载转动惯量折算到电机轴上的等效转动惯量。

式(3-41)表示惯性负载的动能折算到电机轴上的等效负载动能。

6) 负载参数的折算

除了负载转矩,常需将负载轴上的黏性摩擦系数 b 、弹性系数 K 、转动惯量 J 和风阻系数 f 等参数,等效折算到执行电机的轴上。若忽略减速器和齿轮轴的转动惯量,由式(3-23)、式(3-27)、式(3-29)、式(3-41)以及能量守恒定律可得下列表达式。

负载转动惯量折算到电机轴上

$$J_z' = \frac{J_z}{i^2 \eta} \tag{3-42}$$

负载黏性摩擦系数折算到电机轴上

$$b' = \frac{b}{i^2 \eta} \tag{3-43}$$

负载弹性系数折算到电机轴上

$$K' = \frac{K}{i^2 \eta} \tag{3-44}$$

负载风阻系数折算到电机轴上

$$f' = \frac{f}{i^3 \eta} \tag{3-45}$$

由上面的式子可以看出要提高系统的动态性能,应尽量选择合理的传动比以及减速器的形式和速比的分配。

由于执行元件与被控对象之间传动的形式多种多样,但都可用上述原理进行负载折算,将复杂的多轴传动简化成单轴传动问题来处理。

如图 3-20(c)所示,如果电机轴与辘轮轴之间还有减速装置,其减速比为 i,传动效率为 η,则式(3-32)和式(3-33)中的参数需相应地变成 $\frac{J_p}{i^2 \eta}$、$\frac{mR^2}{i^2 \eta}$、$\frac{mgR}{i\eta}$。

3. 负载的综合特性分析

在实际的控制系统中包含有多种负载成分,应根据负载的运动规律和工作特点做具体分析,下面用实例来说明。

例 3-1 龙门刨床工作台控制系统负载分析与综合如图 3-21 所示。执行电动机带动工作台往复运动,其速度 V 的变化规律如图 3-22(a)所示,其中 $V>0$ 为工作行程,执行电机正转。$V<0$ 为返回行程,电机反转。工作行程包含起动段($0\sim t_1$)、切削加工段($t_1\sim t_2$)和制动段($t_2\sim t_3$);回程也有起动段($t_3\sim t_4$)、等速度段($t_4\sim t_5$)和制动段($t_5\sim t_6$)。图 3-22(a)表示正反行程的速度变化;图 3-22(b)表示折算到电机轴上的摩擦力矩的变化,摩擦力矩近似为常值 M_c;图 3-22(c)表示惯性力矩 M_j,它包含执行电动机转动惯量 J_d 和往复运动部分总质量 m 所形成的惯性力矩,这里把起动段与制动段看成等加速运动,所以 M_j 为常量;图 3-22(d)表示切削加工段的切削力矩 M_p。设 R 为与工作台齿条相啮合的齿轮的圆半径,i 为电机与该齿轮之间传动链的总速比,η 为总的传动效率,忽略齿轮的转动惯量,计算总的负载力矩。

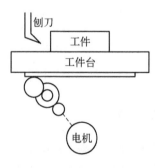

图 3-21 龙门刨床工作台控制系统

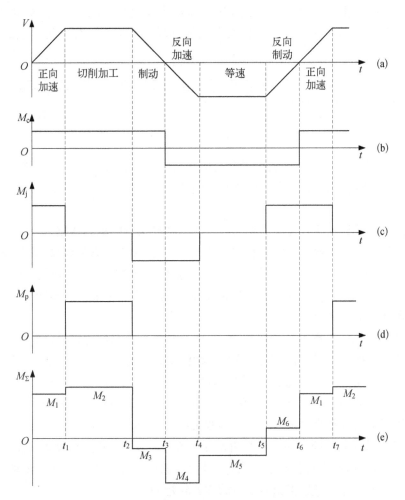

图 3 - 22　龙门刨床工作台控制系统曲线示意图

解：将负载折算到电机轴上，干摩擦力矩 M_c 和切削力矩 M_p 分别折算的结果是

$$M_c = \frac{F_c R}{i\eta}, \ M_p = \frac{F_p R}{i\eta}$$

电机轴上总的惯性转矩 M_j 为

$$M_j = \left(J_d + \frac{mR^2}{i^2\eta} \right) \frac{i}{R} \frac{\mathrm{d}V}{\mathrm{d}t}$$

式中，$\dfrac{i}{R} \dfrac{\mathrm{d}V}{\mathrm{d}t}$ 为负载的线加速度折算到电机轴上的角加速度。

将 M_c、M_j、M_p 进行叠加，便得到如图 3 - 22(e) 所示的电机轴上所受的综合负载力矩 M_Σ。

总的负载曲线[图 3 - 22(e)]具有明显的周期性，从 t 为零到 t_6 是一个周期。在选择电机时,一般要用等效力矩。等效的含义是发热等效,而发热与电流关系密切,电流又与力矩成比例。故可用一个周期内负载力矩的均方根值来计算电机轴上的等效负载力矩 M_{dx}。

$$M_{dx} = \sqrt{\frac{M_1^2 t_1 + M_2^2(t_2 - t_1) + M_3^2(t_3 - t_2) + M_4^2(t_4 - t_3) + M_5^2(t_5 - t_4) + M_6^2(t_6 - t_5)}{\alpha t_1 + (t_2 - t_1) + \alpha(t_4 - t_2) + (t_5 - t_4) + \alpha(t_6 - t_5)}}$$

$$(3-46)$$

式中,α 是考虑到起动段和制动段执行电机散热条件较差而引入的系数,一般取 $\alpha = 0.75$;$M_1, M_2, \cdots, M_6$ 分别代表对应运动段的力矩幅值;$t_1, t_2, \cdots, t_6$ 分别为对应运动段的转换时间。

按上面公式计算的等效负载力矩 M_{dx} 可作为选择执行电机的依据。

这种周期运动的对象在实际中有许多应用,如高层建筑的升降电梯,它频繁地在楼层之间时升时降,也具有启动段、制动段、匀速段,虽然其周期不像龙门刨工作台那样有规律,每次载重量也不均衡,但也可按其运动高峰期的统计规律得到类似图 3-22(a)的曲线作为选择执行电机的依据之一。

不少随动系统的工作没有一定规律,特别是随动系统在进行设计计算时常选取运行最恶劣的情况,求最大负载力矩 M_{max} 及其持续作用时间 t。

在无固定运动规律的情况下,为检验系统长期运行时执行元件的发热与温升,工程上采取等效正弦运动的办法,如舰载装备随动系统、火炮和导弹发射架随动系统等。下面给出等效正弦运动信号和等效正弦运动时等效负载转矩的求解方法。

例 3-2 某随动系统的最大跟踪角速度为 Ω_m,最大跟踪角加速度为 ε_m,电机转子转动惯量为 J_d、传动速比为 i,传动效率为 η,被控对象的干摩擦力矩为 M_c、转动惯量是 J_z,求等效正弦运动信号及等效正弦运动时的等效转矩 M_{dx}。

解: 设 φ_m 是随动系统等效的正弦运动信号的幅值,ω 是等效的正弦输入信号的角频率,则正弦运动信号的形式为

$$\varphi(t) = \varphi_m \sin \omega t \qquad (3-47)$$

根据正弦运动信号计算得 $\dot{\varphi}$,$\ddot{\varphi}$,$\dddot{\varphi}$,$\cdots$,这是校验系统跟踪误差的依据。其中,φ、$\dot{\varphi}$、$\ddot{\varphi}$ 又是确定执行元件功率和动态范围的依据。

在如火炮、导弹和雷达等随动系统的技术指标中,要求根据最大跟踪角速度 Ω_m 和最大跟踪角加速度 ε_m 这两个值确定一个等效正弦输入信号。对式(3-47)求导数得

$$\dot{\varphi}(t) = \varphi_m \omega \cos \omega t \qquad (3-48)$$

$$\ddot{\varphi}(t) = -\varphi_m \omega^2 \sin \omega t \qquad (3-49)$$

则有

$$\begin{cases} \Omega_m = \varphi_m \omega \\ \varepsilon_m = \varphi_m \omega^2 \end{cases} \qquad (3-50)$$

由此可以得到

$$\begin{cases} \varphi_{\mathrm{m}} = \dfrac{\Omega_{\mathrm{m}}^2}{\varepsilon_{\mathrm{m}}} \\[3mm] \omega = \dfrac{\varepsilon_{\mathrm{m}}}{\Omega_{\mathrm{m}}} \end{cases} \qquad (3-51)$$

因此,由 Ω_{m} 和 ε_{m} 可以确定等效正弦运动信号为

$$\varphi(t) = \frac{\Omega_{\mathrm{m}}^2}{\varepsilon_{\mathrm{m}}} \sin \frac{\varepsilon_{\mathrm{m}}}{\Omega_{\mathrm{m}}} t \qquad (3-52)$$

由式(3-51)可得等效正弦运动的周期为

$$T = \frac{2\pi\Omega_{\mathrm{m}}}{\varepsilon_{\mathrm{m}}} \qquad (3-53)$$

由式(3-38)有干摩擦力矩 M_{c} 折算到电机轴上为

$$M_{\mathrm{c}}' = \frac{M_{\mathrm{c}}}{i\eta}$$

由式(3-42)有折算到电机轴上总的转动惯量为

$$J_{\mathrm{d}}' = J_{\mathrm{d}} + \frac{J_{\mathrm{z}}}{i^2\eta}$$

则折算到电机轴上的等效转矩为

$$\begin{aligned} M_{\mathrm{dx}} &= \sqrt{\frac{1}{T}\int_0^T \left(\frac{M_{\mathrm{c}}}{i\eta}\right)^2 \mathrm{d}t + \frac{1}{T}\int_0^T \left(J_{\mathrm{d}} + \frac{J_{\mathrm{z}}}{i^2\eta}\right)^2 (i\varepsilon_{\mathrm{m}})^2 \sin^2\frac{2\pi}{T}t\,\mathrm{d}t} \\ &= \sqrt{\left(\frac{M_{\mathrm{c}}}{i\eta}\right)^2 + \frac{1}{2}\left(J_{\mathrm{d}} + \frac{J_{\mathrm{z}}}{i^2\eta}\right)^2 (i\varepsilon_{\mathrm{m}})^2} \qquad (3-54) \end{aligned}$$

在系统设计时,必须针对具体对象具体地计算等效负载转矩,这就要求设计时先了解被控对象。

3.3 随动系统执行电动机的选择和传动装置的确定

在随动系统中,使用执行电动机作为执行元件来驱动被控对象,其作用是将控制作用转换成被控负载的位移信号。为了提高随动系统的精度和快速性,执行电动机是系统组成中一个非常重要的环节和关键的组成部件,要求电动机具有尽可能大的加速度,转子惯量小,过载转矩大。随动系统的静态特性、动态特性和运动精度均与系统的执行电动机性能有着直接的关系,通常根据控制对象进行执行电动机的选择,要求执行电动机应能连

续、平滑、快速、准确地控制被控对象跟随输入规律运动。所以执行电动机应满足下列基本要求：

（1）具有宽广而平滑的调速范围；

（2）具有较硬的机械特性和良好的调节特性；

（3）具有快速响应特性；

（4）空载启动电压和转动惯量小；

（5）满足负载运动要求，即提供足够的力矩和功率。

一般高速电动机作随动系统执行元件时，需要机械减速装置使执行电动机与被控对象相匹配，这样需要确定的因素较多，为此工程上有不少方法，这里仅介绍一种先进行初选，然后进行验算校核的方法。

3.3.1 执行电动机的初选

设被控对象只含有摩擦力矩 M_c 和转动惯量 J_z，而执行电动机转子转动惯量为 J_d，减速器的速比为 i，假设传动效率为 η。当执行电动机经减速器带动负载做等加速 ε_m（最大的）运动时，电动机轴上承受的总负载力矩为

$$M_\Sigma = \frac{M_c}{i\eta} + \left(J_d + \frac{J_z}{i^2\eta}\right)i\varepsilon_m \tag{3-55}$$

1. 按总力矩达到最小的最佳速比计算总力矩

如果选最佳速比 i_{01} 使系统总的负载力矩达到最小，则由式（3-55）对 i 求导可得

$$\frac{\mathrm{d}M_\Sigma}{\mathrm{d}i} = J_d\varepsilon_m - \frac{J_z}{i^2\eta}\varepsilon_m - \frac{M_c}{i^2\eta} = 0 \tag{3-56}$$

则最佳传动比为

$$i_{01} = \sqrt{\frac{M_c + J_z\varepsilon_m}{\eta J_d\varepsilon_m}} \tag{3-57}$$

若反过来将合成力矩 M_Σ 由电动机轴折算到负载轴上，则有

$$M'_\Sigma = i_{01}M_\Sigma \tag{3-58}$$

将式（3-55）和式（3-57）代入式（3-58），可得折算到负载轴上的总力矩为

$$M'_\Sigma = 2(M_c + J_z\varepsilon_m) \tag{3-59}$$

式（3-59）表明：用最佳速比关系，执行电动机转子的惯性转矩 $J_d\varepsilon_m i_{01}$ 折算到负载轴上时，正好等于负载本身的力矩（$J_z\varepsilon_m + M_c$），而式（3-59）并不显现 J_d 和传动比 i，只需将负载力矩（$J_z\varepsilon_m + M_c$）乘以 2，就将电动机的惯性转矩和负载转矩都考虑到了，这使得初选电动机大为简化。

2. 执行电动机参数和选择

1）执行电动机参数

一般高速电动机产品技术条件中包括输入和输出参数两类。

额定输入参数：额定电压 $U_e(V)$ 和额定电流 $I_e(A)$。对于直流电动机指的是电枢参数，对于三相异步电动机指的是一相的参数，对于两相异步电动机则是控制绕组的参数。

额定输出参数：额定功率 $P_e(W)$、额定转速 $n_e(r/min)$ 和额定转矩 $M_e(N \cdot m)$。

$$P_e = \frac{M_e n_e}{9.55} = M_e \Omega_e \tag{3-60}$$

式中，额定角速度 $\Omega_e = n_e/9.55(rad/s)$，因此产品技术条件中 P_e、n_e、M_e 一般只列出其中两个，则第三个参数可用式（3-60）计算出来。

2）执行电动机选择

一般高速电动机 n_e 比被控对象转速高很多，故初选电动机都从输入功率入手，用负载最大角速度 Ω_m 和负载轴上的总力矩 M'_Σ 为依据选择执行电动机的额定功率 P_e。

根据式（3-60），P_e 应满足

$$P_e \geq (0.8 \sim 1.1)M'_\Sigma \Omega_m = (0.8 \sim 1.1) \times 2(M_c + J_z \varepsilon_m)\Omega_m \tag{3-61}$$

根据式（3-61）选择电动机后，电机参数 U_e、I_e、P_e、n_e、M_e 及 $J_d(kg \cdot m^2)$（或飞轮转矩 $GD^2(N \cdot m^2)$）均为已知。飞轮转矩 GD^2 与转动惯量 J_d 之间的换算公式为

$$J_d = \frac{GD^2}{4g} \tag{3-62}$$

式中，g 为重力加速度，$g = 9.8 \ m/s^2$。

3）减速比 i 的选择方法

（1）利用速比关系式。选择执行电动机后，还应确定减速装置的速比 i，通常用以下关系式确定：

$$i = \frac{a\pi n_e}{30\Omega_m} \tag{3-63}$$

式中，$0.8 < a < 1.3$。$a = 1$，即电动机达到 n_e 时，负载轴达到 Ω_m；$a < 1$，则负载达到 Ω_m 时，电动机尚未达到 n_e；而取 $a > 1$ 时，即负载达到 Ω_m，执行电动机已超过 n_e。若选直流伺服电动机，则它允许的最高转速不超过 $1.5n_e$；若选三相异步电动机，它的最高转速通常在同步转速 $n_0 = 60f/p$（这里 f 为电源频率、p 为电机磁极对数）附近；两相异步电动机的最高转速，也可以是 $(1.5 \sim 2)n_e$ 以下。因此，一般用式（3-63）选传动比时，常取 $a = 1$。

在初选电动机所用的式（3-61）中，已运用了最佳速比 i_{01} 的概念。

（2）按角加速度达到最大时，选择最佳速比。如果选最佳速比 i_{02} 使系统输出角加速度达到最大，并使执行电动机输出达到额定转矩 M_e 时，由力矩方程得

$$M_e - \frac{M_c}{i\eta} = \left(J_d + \frac{J_z}{i^2\eta}\right)i\varepsilon \tag{3-64}$$

则加速度表达式为

$$\varepsilon = \frac{i\eta M_e - M_c}{i^2 \eta J_d + J_z}$$

上式对 i 求导,得

$$\frac{d\varepsilon}{di} = \frac{\eta M_e(i^2\eta J_d + J_z) - 2i\eta J_d(i\eta M_e - M_c)}{(i^2\eta J_d + J_z)^2} = 0$$

则

$$i_{02} = \frac{M_c}{\eta M_e} + \sqrt{\frac{M_c^2}{\eta^2 M_e^2} + \frac{J_z}{\eta J_d}} \tag{3-65}$$

以上仅给出了两种传动比的计算方法,还可以由其他不同条件来确定最佳速比,在此不一一列举。

3.3.2 执行电动机的校核

经过电动机选择,虽然执行电动机参数已初步确定,但还需要对初选执行电动机进行多方校核检验,检验是否能满足随动系统的动、静态要求。通常需要进行以下三个方面的校核。

1. 校核执行电动机的发热与温升

在随动系统设计中,常利用等效转矩来检验执行电动机的额定功率。求等效转矩 M_{dx} 可结合被控对象的工况要求,参照前面介绍的均方根转矩求等效转矩 M_{dx},即利用式(3-46)和式(3-54)。若式中电动机轴上的转矩应包含传动装置转动惯量 J_p 的因素,则式(3-54)可写成

$$M_{dx} = \sqrt{\frac{M_c^2}{i^2\eta^2} + \frac{1}{2}\left(J_d + J_p + \frac{J_z}{i^2\eta}\right)^2 i^2\varepsilon_m^2} \tag{3-66}$$

同理,在式(3-46)中计算 $M_1, M_2, \cdots, M_6$ 时,也应将 J_p 包含在内。要求所选执行电动机的额定功率 P_e 满足

$$P_e \geqslant (0.8 \sim 1.1)iM_{dx}\Omega_m \tag{3-67}$$

或用电动机的额定转矩 M_e 来检验

$$M_e \geqslant (0.8 \sim 1.1)M_{dx} \tag{3-68}$$

2. 校核执行电动机的瞬时过载能力

不同用途的随动系统,工况条件有很大区别,以雷达跟踪随动系统为例,常有大失调角时快速协调的要求,系统所能达到的极限角速度 Ω_k 和极限角加速度 ε_k 越大,对系统实现大失调角快速协调越有利。但 Ω_k 和 ε_k 均受执行电动机容许条件的限制,而 ε_k 将根据

各类执行电动机的短时过载能力来决定。

执行电动机瞬时过载能力通常用 λM_e 表示，λ 为过载系数，一般直流电动机过载系数 $\lambda \approx 2.5 \sim 3$；绝缘等级高的(如用 F 或 H 级)电机 $\lambda \approx 4 \sim 5$(以环境温度是 20℃，在过载持续时间 3 s 条件下)，若过载持续时间不大于 1 s，则过载系数还可以更大一些。三相异步电动机的最大转矩与临界转差率对应，因此 $\lambda = M_{max}/M_e \approx 1.6 \sim 2.2$；起重用和冶金用的三相异步电动机 $\lambda \approx 2.2 \sim 2.8$；两相异步电动机鼠笼转子的 $\lambda \approx 1.8 \sim 2$；空心杯转子 $\lambda \approx 1.2 \sim 1.4$；力矩电动机则不能超过峰值堵转力矩 M_{fd}。

当系统只有干摩擦和惯性负载时，可用下式检验瞬时过载能力

$$\lambda M_e \geqslant \frac{M_c}{i\eta} + \left(J_d + J_p + \frac{J_z}{i^2\eta} \right) i\varepsilon_k \tag{3-69}$$

式中，ε_k 为系统所需最大调转角加速度，即要求系统以 ε_k 角加速度作等加速运动时，负载折算到电动机轴上的总力矩应不超过 λM_e(电动机短时过载力矩)，否则也需重选电动机。

3. 检验执行电动机能否满足系统的通频带要求

根据对系统阶跃输入响应的过渡过程时间 t_s 的要求，可求得开环幅频特性的截止频率 ω_c，根据等效正弦信号和正弦跟踪误差，将执行电机瞬时过载所能达到的极限角加速度 ε_k 折算为

$$\varepsilon_k = e_m \omega_k^2 \tag{3-70}$$

式中，e_m 为系统的最大正弦跟踪误差角，单位 rad；ω_k 为执行电动机瞬时过载时所能达到的极限角频率。

$$\omega_k = \sqrt{\frac{\varepsilon_k}{e_m}} = \sqrt{\frac{\lambda M_e - M_c/i\eta}{e_m i(J_d + J_p + J_z/i^2\eta)}} \geqslant 1.4\omega_c \tag{3-71}$$

用上式检验 $\omega_k \geqslant 1.4\omega_c$，即

$$\omega_k = \sqrt{\frac{\lambda M_e - M_c/i\eta}{e_m i(J_d + J_p + J_z/i^2\eta)}} \geqslant \frac{9-14}{t_s} \tag{3-72}$$

总之，初选出的执行电动机，只有经以上几方面检验都满足条件，即需要同时满足式(3-67)~式(3-72)时，所选电动机才算符合要求，其中之一不能满足时，都需要考虑重选电动机，直至以上条件全部满足。

综合上述分析，选择电动机一般按以下步骤进行：

(1) 计算执行电动机的负载；

(2) 根据设计要求选择执行电动机类型；

(3) 根据负载力矩、转动惯量、速度和加速度初步选择执行电动机的型号与齿轮传动减速比；

(4) 根据电动机的技术参数校验能否满足设计的技术指标要求(包括力矩、速度、加

速度);

(5) 校验减速比是否接近最佳值;

(6) 校验执行电动机功率是否满足要求(发热和温升校核);

(7) 校验执行电动机的过载能力是否满足要求;

(8) 校验执行电动机是否满足带宽要求。

例 3-3 考虑两个具有不同参数的电动机如表 3-1 所示,需要电动机在 3 000 r/min 速度下运行,并产生峰值力矩 $M_{max} = 0.2$ N·m。此时需要什么样的电机?

表 3-1 电机的参数

参 数	电动机 A	电动机 B
K_m/(N·m/A)	0.1	0.2
K_e/[V/(rad/s)]	0.1	0.2
R/Ω	0.5	2.0

解: 设峰值力矩 M_{max} 对应于峰值电流 I_{max},则

$$I_{max} = \frac{M_{max}}{K_m}$$

电动机 A 和电动机 B 的电流分别为

$$I_{Amax} = \frac{0.2}{0.1} = 2 \text{ A}$$

$$I_{Bmax} = \frac{0.2}{0.2} = 1 \text{ A}$$

在 3 000 r/min 速度下,对于电机 A、B 所需的电压分别为

$$U_{Am} = R \times I_{Amax} + K_e \times \Omega_A$$
$$= 0.5 \times 2 + 0.1 \times 3\,000 \times 2 \times 3.14/60 = 32.4 \text{ V}$$

$$U_{Bm} = R \times I_{Bmax} + K_e \times \Omega_B$$
$$= 2 \times 1 + 0.2 \times 3\,000 \times 2 \times 3.14/60 = 64.8 \text{ V}$$

可见,电动机 B 所需要的电压是电动机 A 所需要电压的两倍,而电流是电动机 A 的一半。可根据具体负载情况选择电动机。

例 3-4 某角度随动系统,其负载按正弦规律变化,技术指标为:最大角速度 $\Omega_{max} = 4$ rad/s,最小角速度 $\Omega_{min} = 0.5$ rad/s,最大角加速度 $\varepsilon_{max} = 0.4$ rad/s²,负载转动惯量 $J_z = 4$ kg·m²,负载摩擦力矩 $M_c = 1$ N·m,瞬时负载干扰力矩 $M_g = 5$ N·m。试选择执行电动机。

解:(1) 计算总的负载力矩。按总力矩达最小选择速比,计算总负载。利用式

（3-59）估算负载力矩,可得总的负载力矩为

$$M'_\Sigma = 2(M_c + M_g + J_z\varepsilon_{max}) = 2(1 + 5 + 4 \times 0.4) = 15.2\ \text{N·m}$$

计算所需电机的功率。利用式（3-61）可得所需电机的功率为

$$P_e \geqslant (0.8 \sim 1.1)M'_\Sigma\Omega_{max} = (0.8 \sim 1.1) \times 2(M_c + M_g + J_z\varepsilon_{max})\Omega_{max}$$

有 $$(0.8 \sim 1.1) \times 2(M_c + M_g + J_z\varepsilon_{max})\Omega_{max} = 48.64 \sim 66.88\ \text{W}$$

则所选电动机功率 P_e 应满足

$$P_e > 48.64\ \text{W}$$

（2）初选执行电动机和计算执行电动机相关参数。由前面预估的电动机功率可初选电动机,由于负载功率较小且负载速度变化范围小,所以选择两相交流伺服电动机可以满足要求。

初步选用90SL001型鼠笼转子两相交流伺服电动机,其主要参数如下。

激磁电压为115 V,堵转输入功率 P（激磁/控制）为108/110 W,控制电压为115 V,频率为400 Hz,堵转转矩 M_d 为0.137 2 N·m,空载转速 n_0 为9 000 r/min,堵转输入电流 I_d 为1.5 A,输出功率 P_o 为50 W,时间常数 T_M 为14.5 × 10^{-3} s,因此有

$$48.64\ \text{W} < P_o < 66.88\ \text{W}$$

电动机的输出功率 P_o 大于估算的最小功率,所选电动机功率可满足负载功率要求。

计算电动机相关参数。电动机的转动惯量可利用电动机的空载角速度、时间常数和堵转力矩计算为

$$J_d = \frac{M_d}{\varepsilon_0} = \frac{M_d \times T_M}{\Omega_0} = \frac{60 \times M_d \times T_M}{2 \times \pi \times n_0}$$

$$= \frac{60 \times 0.137\ 2 \times 14.5 \times 10^{-3}}{2 \times \pi \times 9\ 000} = 2.111\ 8 \times 10^{-6}\ \text{kg·m}^2$$

（3）计算减速比。为了使执行电动机工作速度留有一定余量和提高执行电动机的工作效率,利用式（3-63）,$a<1$,取 $a=2/3$,则减速比 i 为

$$i = \frac{a\pi n_0}{30\Omega_{max}} = \frac{2}{3} \times \frac{3.14 \times 9\ 000}{30 \times 4} = 157$$

取 $i=157$。

（4）负载折算到电动机轴上的负载力矩。考虑正齿减速器的传动效率 $\eta = 0.95$,折算到电机轴上最大总负载力矩为

$$M_{\Sigma max} = \frac{M_c + M_g}{i\eta} + \left(J_d + \frac{J_z}{i^2\eta}\right)i\varepsilon_{max}$$

$$= \frac{1 + 5}{157 \times 0.95} + \left(2.111\ 8 \times 10^{-6} + \frac{4}{157^2 \times 0.95}\right) \times 157 \times 0.4$$

$$\approx 0.040\ 228 + 0.000\ 172\ 9 \times 157 \times 0.4$$
$$\approx 0.051\ 1\ N \cdot m$$

利用式(3-54)计算折算到电机轴上的等效力矩,将负载力矩看成一个恒值力矩与一个具有正弦变化的力矩之和,其等效力矩为

$$M_{dx} = \sqrt{\left(\frac{M_c + M_g}{i\eta}\right)^2 + \frac{1}{2}\left(J_d + \frac{J_z}{i^2\eta}\right)^2 (i\varepsilon_m)^2}$$

$$= \sqrt{\left(\frac{1+5}{157 \times 0.95}\right)^2 + \frac{1}{2}\left(2.112 \times 10^{-6} + \frac{4}{157^2 \times 0.95}\right)^2 \times (157 \times 0.4)^2}$$

$$\approx 0.041\ N \cdot m$$

由于 $M_d = 0.137\ 2\ N \cdot m$,所以

$$M_d > M_{\Sigma max} > M_{dx}$$

计算得到最大负载 $M_{\Sigma max}$ 和等效负载 M_{dx} 都小于电动机的堵转力矩,所以符合要求。

(5) 校核。根据式(3-67)和式(3-68)进行发热与温升校核检验,得

$$(0.8 \sim 1.1)iM_{dx}\Omega_{zmax} = (0.8 \sim 1.1) \times 157 \times 0.041 \times 4 \approx 20.6 \sim 28.3\ W$$

$$(0.8 \sim 1.1)M_{dx} = (0.8 \sim 1.1) \times 0.041 = 0.032\ 8 \sim 0.045\ 1\ N \cdot m$$

由电动机输出功率,知

$$P_o > 28.3\ W$$

由电动机堵转力矩,知

$$M_d > 0.045\ 1\ N \cdot m$$

根据式(3-60)可得电动机的输出力矩为

$$M_o = \frac{9.55P_o}{n_0} = \frac{9.55 \times 50}{9\ 000} = 0.053\ 1\ N \cdot m$$

由于两相鼠笼转子交流电动机的过载系数为 $\lambda \approx 1.8 \sim 2$,取 $\lambda = 1.8$,则

$$\lambda M_o = 1.8 \times 0.053\ 1 = 0.095\ 58\ N \cdot m$$

比较 λM_o 和 $M_{\Sigma max}$,有电动机的过载力矩大于电机轴上最大总负载力矩

$$\lambda M_o > M_{\Sigma max}$$

经过发热校核和过载校核,所选电动机满足发热和过载要求。由于本例未给出系统的调节时间,所以电动机的带宽未做校核。

3.3.3 减速器的形式和传动比的分配

在传动比确定后,就需考虑选用减速器的形式和传动速比的分配。在随动系统中用

得最多的减速装置是齿轮传动,它的传动效率较高,精度也较高。但受到齿轮副的结构尺寸及转动惯量的限制,i 较大时应选多级减速装置。那么如何确定传动级数? 每一级速比如何确定? 这不仅是一个机械设计问题,也关系到整个随动系统的特性。下面从工程应用角度来说明传动级数的确定和传动比的分配。

1. 传动级数的确定

考虑减速装置的转动惯量 J_p,J_p 为每级齿轮的转动惯量都折算到减速器的输入轴(即电机轴上)叠加在一起。J_p 的大小与每对齿轮副的尺寸、材料和减速比都有关系。它将与执行元件的 J_d 直接相加,从而影响整个系统的特性。下面用一种简化条件说明 J_p 与传动级数 N 的关系,以及每级速比的分配。

设整个减速装置都用同一模数的齿轮减速传动,每一级小齿轮一样大。转动惯量均为 J_1,其余齿轮与小齿轮一样厚,材料一样,均为实心,传动轴的转动惯量忽略不计,有 J_p/J_1 与 N、总传动比 i 之间的关系如图 3-23 所示。根据 J_p/J_1 和总的传动比 i 由图 3-23 就可选择传动装置的级数 N。

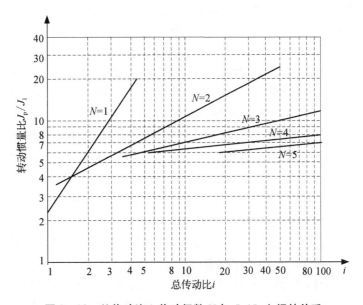

图 3-23　总传动比 i、传动级数 N 与 J_p/J_1 之间的关系

2. 传动比的分配

传动级数 N 选定后,每级速比与总传动比的关系如图 3-24 所示,图中"×"标出的数即传动级数,根据图 3-24 的最佳速比确定和分配每一级的传动比。具体用法如下:

(1) 先根据总速比 i 的数值在图 3-24 右侧坐标轴上找到对应于 i 的值,根据传动级数 N 找到对应的×点,由 i 至×点连一条直线并延长交于左侧坐标轴上,在左侧坐标轴上交点对应的数值即为第一级齿轮传动比 i_1。

(2) 用 i/i_1 作为总速比,以 $(N-1)$ 为总传动级数,在图 3-24 右侧坐标轴上找到对应于 i/i_1 的值,根据传动级数 $(N-1)$ 找到对应的×点,由 i/i_1 至×点连一条直线并延长交于左侧坐标轴上,在左侧坐标轴上交点对应的数值即为第二级齿轮传动比 i_2。

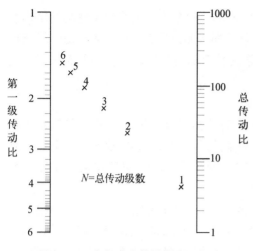

图 3-24　各级速比的最佳分配关系

（3）继续以 $i/(i_1 i_2)$ 作为总速比，以（N-2）为总传动级数找到对应的×点，由 $i/(i_1 i_2)$ 至×点连一条直线并延长交于左侧坐标轴上，在左侧坐标轴上交点对应的数值即为第三级齿轮传动比 i_3。

（4）依次类推，就可以确定每一级的速比，最终就可将 N 级齿轮的速比一一确定。

以上确定传动级数 N 和各级速比的方法，是在简化条件下得到的，但在实际系统中传动装置不都是采用齿轮传动装置。例如，采用蜗杆蜗轮机构，传动比可以比较大，但传动效率也相应减小。即使全用齿轮副减速，各级齿轮副的模数不一定一样，齿轮所用材料也不一定完全一样，大齿轮通常不用实心的。总之，常与简化条件不同，故图 3-23 和图 3-24 只能作为选择传动装置参数的参考。

传动装置的设计需要进行大量的工作。在选执行电动机时，不可能等传动装置设计后再进行，通常可作粗略估算，传动装置折算到执行电动机轴上的转动惯量 $J_p = (0.1 \sim 0.3)J_d$。执行电机功率大的取较小的值，功率小的取较大的值。

传动装置的传动效率，也可根据经验数据来估计，每对正齿轮副的传动效率 $\eta = 0.94 \sim 0.96$；每对锥齿轮副的传动效率 $\eta = 0.92 \sim 0.96$；蜗杆蜗轮为单螺线 $z=1$ 时，$\eta = 0.7 \sim 0.75$；$z=2$ 时，$\eta = 0.75 \sim 0.82$；$z=3$ 或 4 时，$\eta = 0.82 \sim 0.9$；如果形成自锁传动，则 $\eta < 0.7$。根据所选传动形式和级数 N，可估计出总传动效率。

要正确选择传动装置还应考虑以下情况：

（1）无论是要提高传动精度、提高传动装置的刚度，还是从减小整个传动装置的转动惯量的角度考虑，减速装置的传动比应遵循"先小后大"的原则，即 $i_1 < i_2 < i_3 < \cdots$。

（2）从提高传动精度、提高整个传动链的刚度、减小空回的角度考虑，应尽量增大单级传动比的值，以减少级数。相反，从减小传动装置转动惯量的角度考虑，各级齿轮传动比不能太大，因而级数应取多些。

例 3-5　已知减速器的总的传动比 $i=80$，试确定传动级数，并确定各级的传动比。

解：在图 3-23 中，在 i 轴上过 $i=80$ 画一条垂直于 i 轴的直线与级数 N=5、N=4 和 N=3 的线相交。若试取级数 N=5，由图 3-23 查得 $J_p/J_1=6.2$；N=4，$J_p/J_1=7$；N=3，$J_p/J_1=10.50$；从 J_p/J_1 最小的角度出发，取 5 级合适。但取 N=4，J_p/J_1 的值与 N=5 时差不多，却少了一级，结构简单些，所以取 N=4 为宜。

根据 $i=80$，N=4，在图 3-25 上连接 $i=80$，N=4 与第一级传动比轴交于 $i_1=1.7$。

$i/i_1=47.059$，N=3，在图 3-25 上连接 $i/i_1=47.059$，N=3 与第一级传动比交于 $i_2=2.1$。

$i/(i_1 i_2)=22.409$，N=2，在图 3-25 上连接 $i/(i_1 i_2)=22.409$，N=2 与第一级传动比交

于 $i_3 = 2.5$。

$i/(i_1 i_2 i_3) = 8.963\,5$，$N = 1$，$i_4 = 8.963\,5$。

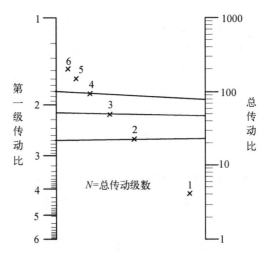

图 3 - 25　各级传动比分配示意图

3.4　随动系统测量装置

3.4.1　概述

在工业生产和国防军事装备武器系统中,各种测量装置起着极其重要的作用,在一定程度上决定了系统的水平,有时甚至成为影响系统工作的关键。速度和位置测量装置是实现位置(速度)反馈的重要装置,是产生一个与被检测量等效的电信号,并与输入的信号进行比较,送给控制器控制系统工作。在随动系统中,测量装置是随动系统的重要组成部分,主要用于测量位置和速度等物理量以实现各种控制,其精度直接影响随动系统的精度。

现代科学技术的发展,对随动系统的精度要求越来越高,高精度随动系统的应用也越来越广。例如,用于跟踪卫星的雷达天线随动系统和导弹发射架随动系统,观测天体的射电望远镜,家用电视激光放像机等。以上的应用均要求随动系统有很高的精度,因此对系统中测量装置所采用的元件的精度要求会更高。系统中测量装置的元件首先要对误差能够分辨,并能提供有效的信号,然后才能对系统进行控制。因此,高精度的测量装置是实现高精度随动系统的前提。

测量装置分类方法很多,从随动系统应用的角度出发,可按被测物理量、输出量的函数值形式和信号转换的原理三种方法进行分类。

1. **按被测物理量分类**

根据随动系统工作所需测量的物理量,分为以下四种:

(1) 位移测量装置。主要用于测量位移量,实现位移量反馈,包括角位移和线位移。

（2）速度测量装置。主要用于测量速度量，实现速度量反馈，包括角速度和线速度。

（3）加速度测量装置。主要用于测量加速度量，实现加速度量反馈，包括角加速度和线加速度。

（4）电流测量装置。主要用于测量电流量，实现电流反馈。

在位移、速度和加速度测量装置中，又分为直线和旋转角度两种方式。而无论哪种测量装置，无论采用何种原理，测量装置最后都是以电信号的形式输出。

2. 按输出量的函数值形式分类

根据随动系统中测量装置输出的电信号的函数值形式可分为以下两种：

（1）模拟量形式。模拟量形式是以电压、电流等形式输出的，可能值通常有无穷多个。

（2）数字量形式。数字量形式是数码形式输出，由于寄存器的位数总是有限的，因此数字量可能取的值总是有限多个，如寄存器为 8 位，数字信号可能取为 00H—0FFH，共 256 个。

若对数字与模拟混合控制系统中的信号进行更细地分类，则可分为四类，即连续数字信号、连续模拟信号、离散数字信号和离散模拟信号。图 3-26 形象地表示了这四种信号，其横坐标 t 表示时间。图 3-26(a) 表示连续数字信号，在 $0 \leqslant t \leqslant T_1$，其值为 12H；在 $T_1 \leqslant t \leqslant 2T_1$，其值为 0EH，以此类推。图 3-26(b) 表示连续模拟信号。图 3-26(c) 表示离散数字信号，当 $t=0$ 时，其值为 09H；当 $t=T_2$ 时，其值为 18H；当 $t=2T_2$ 时，其值为 7EH，以此类推，但当 $0 \leqslant t \leqslant T_2$, $T_2 \leqslant t \leqslant 2T_2$, $\cdots$, 它没有定义。图 3-26(d) 表示离散模拟信号，当 $t=0$、$t=T_3$、$t=2T_3$ 等时，它取一定数值；其余时刻，它没有定义。

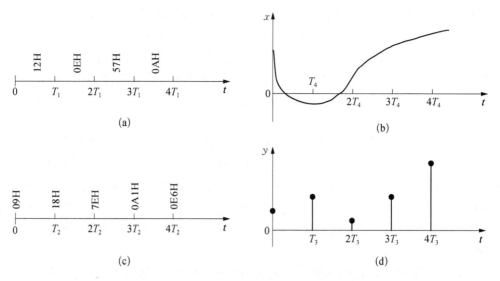

图 3-26 数字-模拟混合控制系统中信号的形式

在有的文献中，仅将图 3-26(c) 的信号称数字信号，但是数字随动系统属于数字-模拟混合系统，为了叙述方便，也将图 3-26(a) 的信号称为数字信号，在"数字信号"前加上"连续"或"离散"来区分图 3-26(a) 和图 3-26(c) 这两类数字信号。

3. 按信号转换的原理分类

随动系统的测量装置基本上都是采用物理原理进行信号测量的,根据物理原理,随动系统常用的测量装置可分为以下两种:

(1) 电磁感应原理类,有自整角机、旋转变压器及测速发电机和感应同步器等。

(2) 光电效应类,有光电编码器和光栅等。

不同类型的随动系统其测量装置不同,在位置随动系统中除了位移测量,还有速度测量,一般随动系统都要求实现速度控制和位置控制,需要速度和位置两个反馈信号,所以在系统中需要对速度和位置两种信号进行测量。对于模拟随动系统多采用电磁感应原理类测量装置;对于高精度的数字随动系统多采用光电效应类测量装置。本节仅就常用的速度和位置测量装置进行介绍。

3.4.2　速度测量装置

在随动系统中,速度控制和速度反馈必须有速度测量装置,因此在随动系统中测速装置被广泛应用。用得最多的是各种测速发电机和光电脉冲测速机,在一些精度要求不高的场合,有的也采用电桥测速电路。测速发电机是模拟测速装置,光电脉冲测速器是数字测速装置,它们在随动系统中构成速度反馈环。

（一）测速发电机

测速发电机是一种微型发电机,它的作用是将角速度量(转速)变为电压信号,用来测量角速度(转速)。根据结构和工作原理的不同,常见的测速发电机有三种,即直流测速发电机、交流异步测速发电机和交流同步测速发电机。其中交流同步测速发电机实际应用很少。在随动系统中,测速发电机常用作调速系统和位置随动系统的校正元件,它产生的速度反馈电压用以提高随动系统的稳定性和精度。

1. 直流测速发电机

直流测速发电机有他励式和永磁式两种,其主要性能均一致,其工作原理电路如图 3-27 所示。

在空载时直流测速发电机的输出电压将满足

$$U_a = C_e n = K_e \Omega \qquad (3-73)$$

式中, C_e、K_e 为直流测速发电机常数,即比电势常数; n、Ω 分别为直流测速发电机转子的转速和角速度。

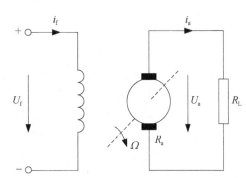

图 3-27　直流测速发电机工作原理电路

由式(3-73)可知,直流测速发电机在空载时其输出电压与转子的角速度(或转速)呈线性关系。

有负载时,直流测速发电机的输出电压将满足

$$U_a = \frac{K_e \Omega}{(1 + R_a / R_L)} \qquad (3-74)$$

由式(3-74)可知,直流测速发电机电枢输出直流电压 U_a,其极性由输入转向决定,大小与输入角速度 Ω 成正比,它的输出特性如图 3-28 所示。

若令

$$K_e' = \frac{K_e}{(1 + R_a/R_L)}$$

则

$$U_a = K_e'\Omega \qquad (3-75)$$

由式(3-75)可以看出,在理想状态下,K_e 和 R_L 都保持常数,直流测速发电机在有负载时其输出电压与角速度仍是线性关系。但实际上,由于电枢反应及温度影响,输出特性不完全是线性的,负载越小转速越高,输出非线性程度越大,因此在精度要求高的场合使用,必须选择较大负载,转速也应工作在较低的范围内。

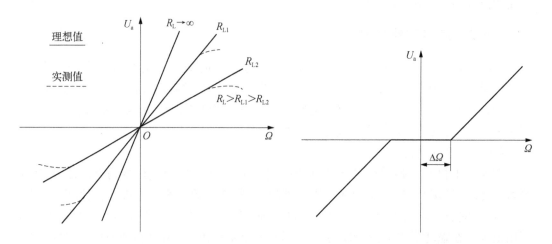

图 3-28 直流测速发电机输出特性　　　图 3-29 考虑接触电阻对直流测速发电机输出特性影响

直流测速发电机特性的线性误差一般 ≤0.05%。由于有电刷与换向器的接触电压降 ΔU,从而给直流测速发电机输出特性造成一定死区,如图 3-29 所示。

影响接触压降 ΔU 大小的因素很多,在电刷尺寸和接触压力一定的条件下,电刷和换向片的材料是很重要的因素。换向片一般是紫铜的,而电刷材料有多种。一般电刷用铜-石墨制成,一对电刷造成的接触压降 $\Delta U \approx 0.2 \sim 1\ \mathrm{V}$;若采用银-石墨的电刷,则 $\Delta U \approx 0.02 \sim 0.2\ \mathrm{V}$;在要求灵敏度更高的直流测速发电机中,采用铂、锗材料制成的电刷,其接触压降可降到几毫伏或十几毫伏。根据 ΔU 和比电势 K_e,可估算出测速发电机能检测的最低角速度为

$$\Delta\Omega \approx \frac{\Delta U}{K_e} \qquad (3-76)$$

直流测速发电机的主要技术参数是比电势 K_e,通常可用测速发电机最高转速 n_{max} 和最大输出电压 U_{max} 计算得到。

$$K_e = \frac{9.55 U_{max}}{n_{max}} \qquad (3-77)$$

由于有整流换向,直流测速发电机输出的直流电压总带有高频噪声,它的频率取决于换向器的换向片数和转速,对周围电路形成高频电磁干扰。要保持换向器表面清洁,电刷与它接触良好,应采取滤波措施和必要的屏蔽,尽量减小换向带来的影响。

直流测速发电机在速度控制系统中的应用原理如图 3-30 所示。

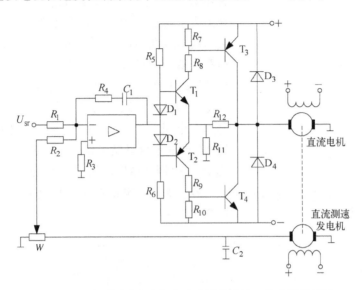

图 3-30 直流测速发电机在速度控制系统中的应用原理图

2. 交流异步测速发电机

交流异步测速发电机的基本结构与两相异步电动机相似,有两个定子绕组,一个用作励磁,加固定的励磁电压 $u_f = U_f \sin \omega_0 t$;另一个是输出绕组,转子用非磁性材料制成杯形,两相绕组彼此相差 90°,励磁电源以旋转的转子为媒介,在工作绕组上便产生感应电压 u_o,工作原理电路如图 3-31 所示。异步测速发电机的输出电压 u_o 的角频率与励磁电压 u_f 的角频率一致,但 u_o 的相位一般要滞后于 u_f,滞后相位一般小于 30°。在励磁电源幅值 U_f 一定的情况下,当输出负载很小时,异步测速发电机的输出幅值 U_o 与转子的角速度 Ω 成正比,输出特性如图 3-32 所示。异步测速发电机的输出幅值 U_o 为

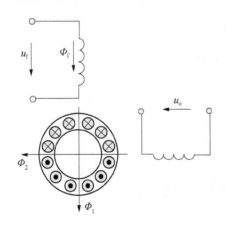

图 3-31 异步测速发电机工作原理

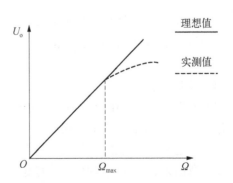

图 3-32 异步测速发电机的输出特性

$$U_o = K_e \Omega \tag{3-78}$$

式中，K_e 为异步测速发电机的比电势常数，比电势常数仍可用式(3-77)计算。

从图 3-32 输出特性可看出，异步测速发电机的线性特性也有一定范围，有最大线性

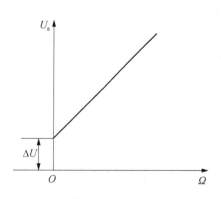

图 3-33　考虑剩余电压的异步测速发电机输出特性

转速 Ω_{max}。输入转速超过 Ω_{max}，则线性误差将随转速的平方增加。异步测速发电机不仅在转速较高时会出现非线性，而且在输入角速度 $\Omega = 0$ 时，有输出电压存在 ΔU，ΔU 称为剩余电压，如图 3-33 所示，造成 ΔU 的因素很多，最主要的是定子两个绕组在空间不是严格正交和磁路的不对称。对一台具体的异步测速发电机而言，ΔU 随转子处于不同位置而变化，但 ΔU 的固定分量是主要的。一般 ΔU 有十几毫伏到几十毫伏，制造精度高的可降到几毫伏。

异步测速发电机在速度控制系统中的应用原理如图 3-34 所示。

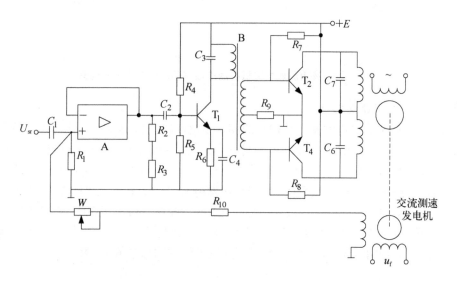

图 3-34　异步测速发电机在速度控制系统中的应用原理图

3. 直流测速发电机与异步测速发电机的性能比较

1）直流测速发电机的主要优点

（1）没有相位波动；

（2）没有剩余电压；

（3）输出特性斜率比异步测速发电机大。

2）直流测速发电机的主要缺点

（1）有电刷和换向器，有接触电压和换向火花，易产生干扰；

（2）摩擦力矩大，产生输出不太稳定；

（3）结构复杂、维护不便；

（4）正、反向转动时,输出特性不对称。

3）异步测速发电机的主要优点

（1）不需要电刷和换向器,无滑动接触,不易产生干扰;

（2）转动惯量小,输出特性稳定;

（3）摩擦转矩小,精度高;

（4）正、反向转动时,输出特性对称。

4）异步测速发电机的主要缺点

（1）有剩余电压;

（2）有相位误差;

（3）负载大小和性质会影响输出电压的幅值与相位。

在实际应用中应注意以上特点,根据随动系统的性能要求选择合适的测速发电机。

（二）测速电路

在有些测速精度要求不高的系统中,可以利用执行电动机的特点,用简单的电路来获得与速度成比例的电信号。

1. 简单直流测速电路

最简单的直流测速电路是利用他励直流电动机电动势正比于电动机速度的原理,通过直流电动机两端电压测出转速,如图3-35所示。由于电枢两端电压是变化的,所以转速测量误差较大。

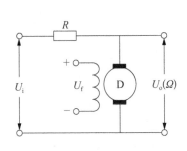

图3-35　最简单的直流测速电路原理图　　图3-36　电桥测速电路原理

2. 测速电桥

在采用他激直流电动机作执行元件的随动系统中,如果采用的是控制电机电枢电压的控制方式,可用电动机电枢与三个电阻形成电桥进行测速。电桥测速电路原理如图3-36所示。

根据图3-36可求得测速电桥的端电压为

$$U_o = \frac{R_a U_i}{R_3 + R_a} - \frac{R_2 U_i}{R_1 + R_2} + \frac{E_a R_3}{R_3 + R_a} \tag{3-79}$$

式中,E_a 为执行电机的反电势;R_a 为直流电动机电枢电阻;R_1、R_2、R_3 为桥路的三个电阻。

若电枢内阻 R_a 与三个电阻 R_1、R_2、R_3 保持以下平衡关系

$$R_1 R_a = R_2 R_3 \qquad (3-80)$$

则式(3-79)变为

$$U_o = \frac{R_3 E_a}{R_3 + R_a} = \frac{R_3}{R_3 + R_a} K_e \Omega \qquad (3-81)$$

式中,K_e 为执行电动机的反电势系数;Ω 为执行电动机角速度。

很明显,这与直流测速发电机的输出电压方程式是一致的。当电动机角速度 $\Omega = 0$ 时,电桥保持平衡,则测速桥的输出电压 $U_o = 0$;当电动机转速不为零时,即电动机转动时,电枢绕组将产生反电势 $K_e \Omega$,电桥不再平衡,测速电桥的输出电压 U_o 与执行电动机的转速成正比。可以看出电桥测速很简单,但在电动机电枢电流较大时,由于 R_a、R_1、R_2、R_3 的发热状况不一样,阻值变化将使式(3-80)不再成立,则输出电压 U_o 不再正比于角速度 Ω。这表明该桥的测速精度难以保证,故一般只用在精度要求不高的场合,或电动机十分小,不适合带测速装置的场合。

图3-37给出测速桥在单向调速控制系统中的应用,单向调速系统采用单向全波整流电源,由晶闸管 KZ 控制他励直流电动机的电枢电压。电动机电枢电阻 R_a 与电阻 R_6、R_7、R_8 形成一个电桥。

当电桥平衡时,$R_6 R_7 = R_8 R_a$,则 $U_o = \dfrac{R_6}{R_6 + R_a} K_e \Omega$。

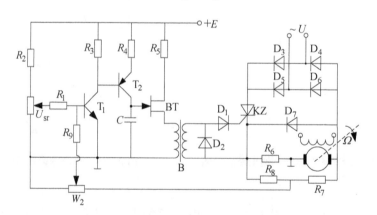

图3-37 直流测速电桥的应用原理图

图3-38给出测速桥在交流速度系统中的应用,执行电动机采用两相异步电动机,图中电动机控制绕组的电阻 R_a 和电感 L_a,与电阻 R_{15}、R_{16}、R_{17} 和电容 C_4 形成一个交流电桥。根据图3-38可求得测速电桥的端电压为

$$U_{ab}(s) = \frac{R_{16} U_I(s)}{R_{15} + R_{16} + R_{15} R_{16} C_4 s} - \frac{R_{17}[U_I(s) - E_a(s)]}{R_{17} + R_a + L_a s} \qquad (3-82)$$

式中,E_a 为两相异步电动机的反电势;U_I 为加在测速桥的输入控制电压。

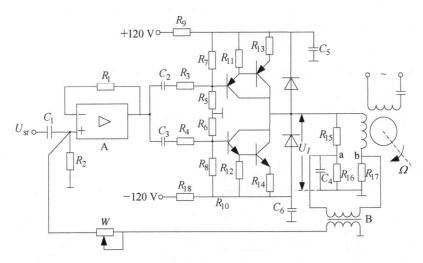

图 3-38　交流测速电桥的应用原理图

若式(3-82)电桥满足以下平衡关系

$$\begin{cases} R_{15}R_{17} = R_{16}R_a \\ L_a = R_{15}R_{17}C_4 \end{cases} \tag{3-83}$$

则式(3-82)变为

$$U_{ab}(s) = \frac{R_{17}E_a(s)}{R_{17} + R_a + L_as} = \frac{R_{17}}{R_{17} + R_a + L_as}K_e\Omega(s) \tag{3-84}$$

式中, K_e 为两相异步电动机的反电势系数。

由式(3-84)可得出,当交流电桥平衡时,交流测速桥的输出电压 U_{ab} 的幅值与两相异步电动机的角速度 Ω 成正比。在图 3-38 所示的交流速度系统中,当两相异步电动机角速度 $\Omega = 0$ 时,测速桥 ab 两端电压 $U_{ab} = 0$;当 $\Omega \neq 0$ 时,ab 两端的电压幅值与角速度成正比。

(三) 光电测速器

1. 光电测速原理

光电测速器是高精度数字式测速装置,主要由光电脉冲发生器和检测装置组成。光电脉冲发生器主要由光源、圆盘、光敏元件组成。圆盘周边均匀开设一圈小孔,并与被测轴相连,光源与光敏元件固定不动,圆盘处于光源和光敏元件之间,光源通过圆盘的小孔射到光敏元件上。当电动机带动圆盘旋转时,光源发出的光交替通过小孔照到光敏元件上,使光敏元件导通和断开,便发出与转速成正比的脉冲信号,经过放大整形电路就可得一串脉冲,基本电路原理如图 3-39(a)所示。很明显,脉冲的频率 f_c 与圆盘的小孔数目 P、电动机转速 n 有关,即

$$f_c = \frac{Pn}{60} \tag{3-85}$$

由式(3-85)看出,当P固定时,输出脉冲频率f_c与电机转速n成正比;当n固定时,圆盘小孔数目P越大,测速的精度就越高,但P的大小受圆盘大小的制约,圆盘的直径不宜过大,否则会造成变形反而使测速精度降低。

对于双向控制系统,为了判别转向,光电脉冲发生器输出两路U_A和U_B,它们是在相位上相隔$\pi/2$电脉冲角度的正交脉冲。当电动机顺时针转时,U_A脉冲超前U_B脉冲;反之,电动机逆时针转时,U_A脉冲滞后U_B脉冲,输出脉冲波形如图3-39(b)所示。

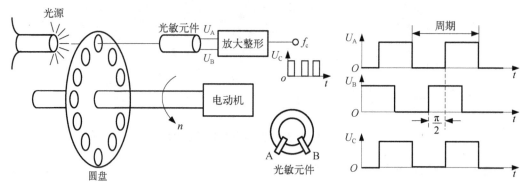

(a)基本光电脉冲发生器输出波形   (b)电动机顺时针转时输出波形

图3-39　基本电路原理及输出波形

2. 数字测速方法

在闭环随动系统中,根据脉冲计数来测量转速的方法有M法、T法和M/T法三种。衡量测速方法优劣的指标主要有分辨率、测量精度和测量时间。

分辨率是表征测速装置对速度变化的敏感程度,当测量数值改变时,对应转速由n_1变为n_2,则分辨率Q为

$$Q = n_2 - n_1 \tag{3-86}$$

在式(3-86)中,Q值越小,表示测速装置对速度变化越敏感,其分辨率越高。

测量精度是表示偏离实际值的百分比,即当实际转速为n、误差为Δn时的测速精度为

$$e\% = \left(\frac{\Delta n}{n}\right) \times 100\% \tag{3-87}$$

影响测速精度的主要因素有光电测速器的制造误差及对脉冲计数产生的±1个脉冲的误差。

检测时间是表示两次速度连续采样的间隔时间T。T越短,对系统的快速性影响越小。

1)M法测速(测频测速法)

在规定的时间间隔$T_g(s)$内,测量所产生的脉冲数来获得被测速度值,这种方法称为M法。

设脉冲发生器每转一圈发出的脉冲数为P,且在规定的时间$T_g(s)$内,测得的脉冲数

为 m_1，如图 3-40 所示，则电动机每分钟转数为

$$n_{\mathrm{M}} = 60 \frac{m_1}{PT_{\mathrm{g}}} \qquad (3-88)$$

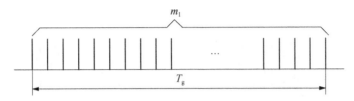

图 3-40　M 法测速原理

M 法测速的分辨率是当在 T_{g} 时间内,脉冲数 m_1 变化一个数时,转速的变化。由式 (3-88)可得,M 法测速的分辨率为

$$Q = 60 \frac{m_1 + 1}{PT_{\mathrm{g}}} - 60 \frac{m_1}{PT_{\mathrm{g}}} = \frac{60}{PT_{\mathrm{g}}} \qquad (3-89)$$

由式(3-89)可见,Q 值与转速无关,即计数值 m_1 变化 ± 1,在任何转速下所对应的转速值增量均等。欲提高分辨率,可改用较大 P 值的脉冲发生器(亦即增加光电转盘的透光孔或刻线密度),或者增加检测时间 T_{g}。

M 法测速的测量精度是在 M 法测量过程中总会有 1 个脉冲的检测误差,所以 M 法测速过程存在误差,显然测量相对误差为 $1/m_1$。当电动机转速很小时,在规定时间 T_{g} 内只有少数几个脉冲,甚至只有一个或者不到一个脉冲,因此测出速度的准确性不高。随着转速增加,m_1 即增大,相对误差会减小,这说明 M 法适用于高速测量场合。

M 法测速的检测时间可由式(3-89)得

$$T = T_{\mathrm{g}} = \frac{60}{PQ} \qquad (3-90)$$

由式(3-90)可见,在保持一定分辨率的情况下,缩短检测时间唯一的办法是改用每转脉冲数 P 值大(转盘刻线密度大或透光孔多)的光电脉冲发生器。

2) T 法测速(测周期测速法)

测量相邻两个脉冲的时间来确定被测速度的方法叫做 T 法测速。用已知频率为 f_{c} 的时钟脉冲向计数器发送脉冲数,此计数器由测速脉冲的两个相邻脉冲控制计数器的起始和终止。若计数器的读数为 m_2,如图 3-41 所示,则电机每分钟的转数为

$$n_{\mathrm{M}} = 60 \frac{f_{\mathrm{c}}}{Pm_2} \qquad (3-91)$$

T 法测速的分辨率由式(3-91)的定义可得

$$Q = 60 \frac{f_{\mathrm{c}}}{Pm_2} - 60 \frac{f_{\mathrm{c}}}{P(m_2 + 1)} = \frac{n_{\mathrm{M}}^2 P}{60 f_{\mathrm{c}} + n_{\mathrm{M}} P} \qquad (3-92)$$

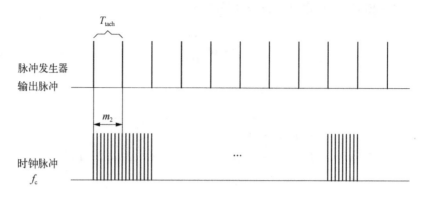

图 3-41 T 法测速原理

由式(3-92)可见,随着转速 n_M 的升高,Q 值增大,转速越低,Q 值越小,亦即 T 法测速在低速时有较高的分辨率。

T 法测速的测速精度与脉冲发生器的制造误差和 T 法测速存在的误差有关。由于脉冲发生器不可避免存在制造误差 $e_P\%$,且由此导致测速的绝对误差随着转速的升高而增加。例如,$e_P = 10\%$,当 $n_M = 100$ r/min 时,$\Delta n_M = 10$ r/min;当 $n_M = 1\,000$ r/min 时,$\Delta n_M = 100$ r/min。除了脉冲发生器制造误差,T 法测速也存在误差。若不考虑脉冲发生器的制造误差,当计数器对 f_c 时钟脉冲计数时,计数值 m_2 总有 ±1 个脉冲的误差,由此造成的相对误差为 $1/m_2$。随着转速 n_M 增加,m_2 计数值减小,此项误差也增大。则 T 法产生的误差为

$$e = e_P + \frac{1}{m_2}$$

可见,T 法在低速时有较高的精度和分辨率,适合于低速时测量。

T 法测速的检测时间 T 等于测速脉冲周期 T_{tach},由图 3-41 可知 $T_{tach} = \dfrac{m_2}{f_c}$,由式 (3-91)可得

$$T = T_{tach} = \frac{60}{n_M P} \tag{3-93}$$

可见,随着转速的升高,检测时间将减小。确定检测时间的原则是:既要使其尽可能短,又要使计算机在电动机最高速运行时有足够的时间对数据进行处理。

时钟脉冲频率 f_c 可由式(3-91)确定。由式(3-92)可知,f_c 越高,分辨率越高,测速精度越高;但 f_c 过高又使 m_2 过大,使计数器字长加大,影响运算速度。f_c 确定方法是:根据最低转速 $n_{M \cdot min}$ 和计算机字长设计出最大计数 $m_{2 \cdot max}$,由式(3-91)得

$$f_c = \frac{n_{M \cdot min} P m_{2 \cdot max}}{60} \tag{3-94}$$

3）M/T 法测速（测频测周法）

M/T 法是同时测量检测时间和在此检测时间内脉冲发生器发送的脉冲数来确定被测转速,其原理如图 3-42 所示。它是用规定时间间隔 T_g 以后的第一个测速脉冲去终止时钟脉冲计数器,并由此计数器的示数 m_2 来确定检测时间 T。显然,检测时间为

$$T = T_g + \Delta T \tag{3-95}$$

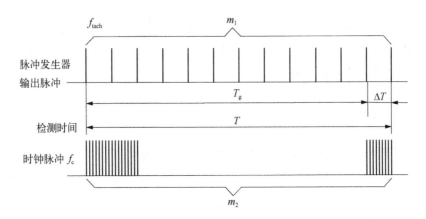

图 3-42 M/T 法测速原理

设电机在 $T(s)$ 时间内转过的角度位移为 θ,则其实际转速值为

$$n_M = \frac{60\theta}{2\pi T} = \frac{60\theta}{2\pi(T_g + \Delta T)} \tag{3-96}$$

如果脉冲发生器每转输出 P 个脉冲,在 T 时间内,计数值为 m_1,则角位移 θ 为

$$\theta = \frac{2\pi m_1}{P} \tag{3-97}$$

同时,考虑在检测时间 $T = T_g + \Delta T$ 内,由计数频率为 f_c 的参考时钟脉冲来定时,且计数值为 m_2,则检测时间 T 可表示为

$$T = \frac{m_2}{f_c} \tag{3-98}$$

于是被测转速为

$$n_M = \frac{60 f_c m_1}{P m_2} \tag{3-99}$$

在式（3-99）中,$\dfrac{60 f_c}{P}$ 是常数,在检测时间 T 内,分别计取测速脉冲 f_{tach} 和时钟脉冲 f_c 的脉冲个数 m_1 和 m_2,即可计算出电机转速值。计取 T_g 时间内的测速脉冲 f_{tach} 的个数相当于 M 法;而计取 $T(T = T_g + \Delta T)$ 时间内参考时钟脉冲 f_c 的个数 m_2 相当于 T 法,所以这

种测速方法兼有 M 法和 T 法的优点,在高速和低速段均可获得较高的分辨能力,M/T 法由此而得名。

M/T 法测速的分辨率与 m_2 有关。由于 T_g 定时和 m_1 计数同时开始,m_1 无误差。由 m_2 变化±1 时,算出分辨率 Q 为

$$Q = \frac{60 f_c m_1}{P}\left(\frac{1}{m_2 - 1} - \frac{1}{m_2}\right) = \frac{60 f_c m_1}{P m_2 (m_2 - 1)} = \frac{n_M}{m_2 - 1} \tag{3-100}$$

M/T 法的测速精度与测速脉冲周期 T_{tach} 不均匀和 m_2 的计数误差有关。用 e_P 表示测速脉冲周期 T_{tach} 不均匀误差,因该误差不累积,计取 m_2 时只在最后一个周期内对 m_2 产生影响,由此引起测速误差 e_{tach} 为

$$e_{tach} = \frac{e_P}{m_1} \tag{3-101}$$

再考虑计数 m_2 时可能产生±1 的误差,则计数误差为

$$e_m = \frac{1}{m_2 - 1} \tag{3-102}$$

忽略微机有限字长的舍入误差,则 M/T 法测速的最大误差为

$$e_{max} \approx e_{tach} + e_m = \frac{e_P}{m_1} + \frac{1}{m_2 - 1} \tag{3-103}$$

由图 3-42 可以看出,在检测时间 T 内光电脉冲发生器产生的脉冲数为 m_1,则光电脉冲发生器产生脉冲频率为

$$f_{tach} = \frac{m_1}{T} = \frac{m_1 f_c}{m_2} \tag{3-104}$$

由式(3-95)、式(3-96)和式(3-104)可得 M/T 法测速的检测时间为

$$T = T_g + \Delta T = T_g + T_{tach} = T_g + \frac{60}{n_M P} \tag{3-105}$$

M/T 法是目前广泛应用的测速方法,下面说明与 M/T 法测速有关参数的选取方法。

(1)时钟脉冲频率 f_c 的选取。由式(3-100)可知,当测速规定时间 T_g 和光电脉冲发生器的每转输出脉冲数 P 一定时,f_c 越高,则分辨率越高。但 f_c 太高,将使低速时的计数值 m_2 增大,必将导致需要计数器有较大的字长,否则 m_2 计数产生溢出,造成错误结果。实际应用中应根据计算机字长,由希望被检测到的最低转速值 $n_{M·min}$ 和所应用计数器字长所对应的最大计数值 $m_{2·max}$ 来确定。若最低转速 $n_{M·min}$ 对应的 m_1 值为 $m_{1·min}$,则由式(3-99)可得

$$f_c = \frac{n_{M·min} P m_{2·max}}{60 m_{1·min}} \tag{3-106}$$

（2）测速规定时间 T_g 的选择。T_g 的大小主要取决于测速系统最高速运行时对分辨率的要求,当然亦与所选用闭环调节器算法的难易、微处理机的运算速度、所用计数器的字长有关,其选取原则是:在性能指标允许的条件下,尽可能选取小的 T_g 值。

3. 数字测速方法的比较

以上对数字测速的三种方法作了详细描述,为了便于比较,表 3-2 给出了三种数字测速方法的汇总。

表 3-2　数字脉冲测速的计算公式

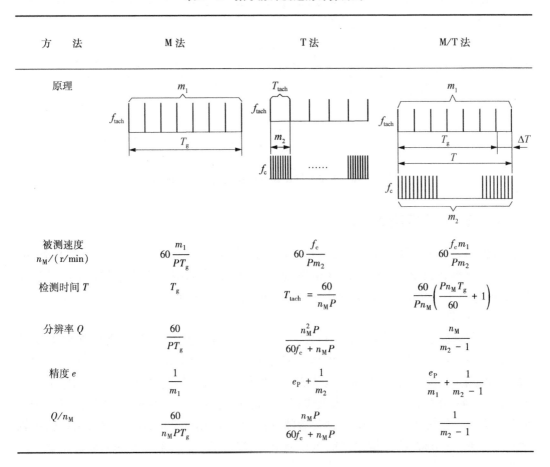

方　法	M 法	T 法	M/T 法
被测速度 $n_M/(\text{r/min})$	$60\dfrac{m_1}{PT_g}$	$60\dfrac{f_c}{Pm_2}$	$60\dfrac{f_c m_1}{Pm_2}$
检测时间 T	T_g	$T_{tach}=\dfrac{60}{n_M P}$	$\dfrac{60}{Pn_M}\left(\dfrac{Pn_M T_g}{60}+1\right)$
分辨率 Q	$\dfrac{60}{PT_g}$	$\dfrac{n_M^2 P}{60f_c+n_M P}$	$\dfrac{n_M}{m_2-1}$
精度 e	$\dfrac{1}{m_1}$	$e_P+\dfrac{1}{m_2}$	$\dfrac{e_P}{m_1}+\dfrac{1}{m_2-1}$
Q/n_M	$\dfrac{60}{n_M PT_g}$	$\dfrac{n_M P}{60f_c+n_M P}$	$\dfrac{1}{m_2-1}$

由表 3-2 可见,就分辨率与速度之比 Q/n_M 而言,T 法低速时分辨率较高,随着速度的增大,分辨率变差;M 法则相反,高速时分辨率较高,随着速度的降低,分辨率变差;M/T法的 Q/n_M 是常数,与速度无关,因此它比前两种方法都好。从测速精度上看,由于 M/T法兼有 M 法对高速系统测量精度高和 T 法对低速系统测量精度高的优点,因此测速精度也以 M/T 法为佳。从检测时间看,在标准的 M 法中,$T=T_g$,与速度无关;在 T 法中,因为取测速脉冲的间隔时间 T_{tach} 作为检测时间,因而,随着速度的增大而减小;M/T 法检测时间相对前两种方法是较长的,但是若稍微牺牲一点分辨率,选择分辨率在最低速时仍使 $m_1=5\sim6$ 个脉冲,便可使检测时间几乎与 M 法相同（$T=T_g$）。另外,控制系统的响应速

度绝不仅仅是由检测时间确定的,还与功率转换电路、电动机的特性以及负载情况有关。因此,检测时间的选取,应视具体系统的要求而定。但对快速响应要求比较高的系统来说,检测时间的影响是不容忽视的。

图 3-43 给出了光电脉冲测速器在速度控制系统中的应用。在图中给定频率 f_{ref} 脉冲发生器经过频率/电压转换器 F/V 转换成电压信号 V_{ref},光电脉冲测速器输出测速脉冲的频率经频率/电压转换器 F/V 转换成电压信号 V_{f},V_{ref} 与 V_{f} 进行比较得到误差电压 e 并输入控制器经 PWM 功率放大器驱动执行电动机按照给定的速度工作。图 3-43 的光电脉冲测速器作为速度反馈装置将执行电动机的速度反馈到系统的输入端与给定输入速度进行比较。

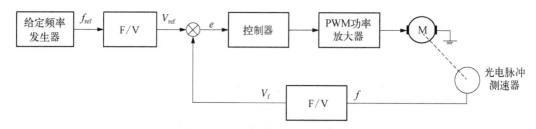

图 3-43　光电脉冲测速器速度控制系统原理图

3.4.3　角位置测量装置

位置测量装置是随动系统的重要组成部分,对提高随动系统的精度起着重要的作用。位置测量装置和测量方法较多,常用的有电位计、差动器、感应同步器、自整角机、旋转变压器等,本节主要介绍在随动系统中常用的几种角位置测量装置。

（一）电位计

以电位计构成位置测量电路是位置测量常用的方法,由于用电位计测量位置量,必然有滑动接触,容易因磨损产生接触电压和温热电动势,且会引起接触不良,造成测量误差大而影响测量精度,并会因接触不良造成可靠性低。因此,常用在精度要求不高的系统。

图 3-44 给出了一个由微型永磁式直流电动机、电位计 W_1 和 W_2 组成测角电路和晶体管直流放大器构成的随动系统,即位置随动系统。输入轴带动的是 W_1 的滑臂、输出轴带动的是 W_2 的滑臂,两滑臂之间的电压差 u_θ 与输入角、输出角之差 $\theta(\theta = \varphi_{\mathrm{r}} - \varphi_{\mathrm{c}})$ 成正比。

当 $\varphi_{\mathrm{r}} = \varphi_{\mathrm{c}}$,误差角 $\theta = 0$ 时,$u_\theta = 0$,放大器输出亦为零,电动机不转,系统处于稳定协调状态。当 $\varphi_{\mathrm{r}} \neq \varphi_{\mathrm{c}}$,误差角 $\theta \neq 0$ 时,$u_\theta \neq 0$,放大器输出信号不为零,电动机电枢两端有电压,电动机转动,并带动 W_2 的滑臂向减小 θ 的方向转动。当达到 $\theta = 0$ 时,系统又处于协调状态。

电位计 W_1 和 W_2 可以是直线位移型,误差可以是直线位移差;也可以是圆弧转动型,误差可以是转角差。无论哪一种,其运动范围都是受限的,只能用于运动范围有限的随动系统中,且由于电位计滑臂与电阻之间是接触运动,容易因磨损引起接触不良,故精度与可靠性都难达到很高。

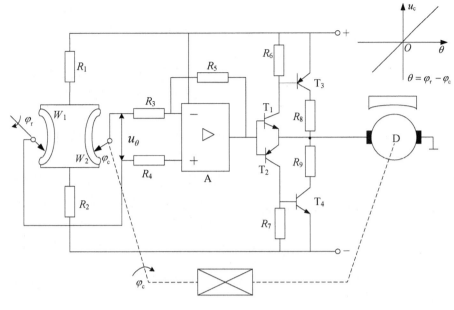

图 3－44　位置随动系统

（二）自整角机与旋转变压器测角电路

自整角机和旋转变压器都是常用的角位移检测元件,目前主要用于角度位置随动系统中,特别是在高精度的双通道随动系统中广泛应用。

1. 自整角机测角电路

自整角机又称为同步机(syncro),是一种感应式机电元件,是随动系统中应用最广泛的一种测量元件,既用于大功率随动系统,又可用于小功率随动系统中。自整角机分为力矩式自整角机和控制式自整角机,通常为两个或两个以上组合使用,分别称为发送机和接收机。

力矩式自整角机主要用于角位置指示,在 20 世纪 50 年代和 60 年代初期,因数字显示尚未发展,在地空导弹武器系统中常用于分辨远距离指示雷达的方位角、俯仰角位置和

导弹发射装置发射臂的方位角、高低角位置,如在导弹发射装置上使用时,将一个力矩式自整角机安装在发射架方位(高低)机轴上,称为力矩式发送机,将另一个力矩式自整角机带有指针或刻度盘安装在指控车操作控制面板上,称为力矩式接收机,以指示发射臂的方位(高低)位置。力矩式自整角机线路如图 3－45 所示。

控制式自整角机主要用于角位置误差的测量,其角位置误差测量电路如图 3－46 所示。控制式自整角接收机不直接驱动机械负载,只是输出电压信号,工作

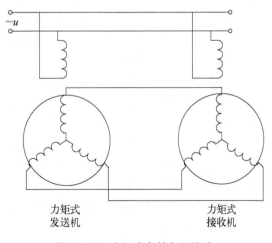

图 3－45　力矩式自整角机线路

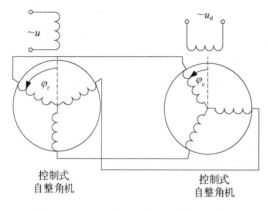

图 3 - 46　控制式自整角机测角原理电路

情况如同变压器,因此又称变压器式自整角,其测角线路亦称为自整角机误差测量装置。

在图 3 - 46 中,控制式自整角机线路工作时,发送机的转子与控制轴相联,接收机的转子与执行电动机轴相联,当接收机与发送机不协调时,就会在接收机转子绕组上出现误差信号电压,使随动系统工作,执行电动机转动带动接收机向与发送机协调方向转动,消除误差角。控制式自整角接收机输出电压为

$$u_\theta(t) = U_\mathrm{m} \sin\theta \sin\omega t \qquad (3-107)$$

式中,U_m 为接收机最大输出误差电压;θ 为失调角(即误差角),$\theta = \varphi_\mathrm{r} - \varphi_\mathrm{c}$;$\omega$ 为发送机单相绕组电源角频率。

在式(3 - 107)中,称 $u_\theta(t)$ 与失调角 θ 关系为输出特性,即

$$e_\theta = U_\mathrm{m} \sin\theta \qquad (3-108)$$

自整角机测角线路输出特性如图 3 - 47 所示。

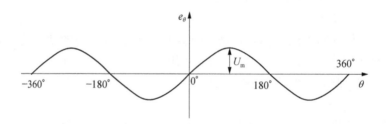

图 3 - 47　自整角机测角线路输出特性

从图 3 - 47 自整角机测角线路的输出特性可以看出:控制式自整角接收机输出电压 $u_\theta(t)$ 与系统失调角 θ 成正弦关系,自整角机的转角不受限制。当失调角 $\theta = 0$,$e_\theta = 0$ 时,执行电动机不转,系统处在稳定协调状态,故称为系统的稳定零点。在 $\theta = 0$ 附近,若出现 $\theta > 0$,$e_\theta > 0$,则产生 $u_\theta(t) = U_\mathrm{m} \sin\theta \sin\omega t$,经过放大,执行电动机带动负载正向转动,同时也带动自整角接收机的转子向 $\theta = 0$ 的方向协调;反之,$\theta < 0$,$e_\theta < 0$,则产生 $u_\theta(t) = U_\mathrm{m} \sin\theta \sin\omega t$,经过放大,执行电动机带动负载反向转动,同时也带动自整角接收机的转子反向向 $\theta = 0$ 的方向协调。从图 3 - 47 可知:$\theta = \pm\pi$,$e_\theta = 0$,这也是零点;但只要系统开环增益较大,自整角接收机总存在一定的剩余电压或系统存在一定的干扰,经过放大,将促使执行电动机转动,使系统偏离 $\theta = \pm\pi$,而最终趋向稳定零点 $\theta = 0$,故称 $\theta = \pm\pi$ 为系统的不稳定零点。因此,用自整角机作测角装置构成的随动系统,可以使输出角 φ_c 连续不断地跟踪输入角 φ_r。

如图 3 - 48 给出用自整角机测角的位置随动系统电路原理图,图中 F 表示控制式自

整角发送机,J 表示控制式自整角接收机,它们之间只有三根导线相连,可以相距一定距离如在发射架随动系统中相距达几十米。在自整角机测角线路输出特性一个周期中有两个零点(一个稳定零点和一个不稳定零点),但是在一定条件下,这两个零点是可以互相转化的,如图 3−48 中将控制式发送机的励磁绕组接电源的两端交换,即使励磁反向,就会使 $\theta = 0$ 变成不稳定零点,而 $\theta = \pm\pi$ 变成稳定零点,且在 $\theta \neq 0$ 时,随动系统执行电动机的转向也变反了,当 $\theta > 0$ 时,执行电动机带动负载反向转动,当 $\theta < 0$ 时,执行电动机带动负载正向转动。从原理电路分析不难看出:最直接的方法是将控制式发送机的励磁绕组接电源的两端再对调回原来的接线状态,或将控制式自整角机输出绕组加到放大器输入的两根线对调,或将放大器输出加到两相异步电动机控制绕组的两根线对调,或将两相异步电动机励磁绕组接电源的两根线对调等,都可以达到同样的效果。

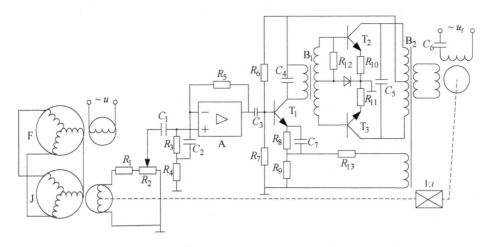

图 3−48　控制式自整角机组成的测角电路在位置随动系统上应用

2. 旋转变压器测角电路

旋转变压器类似于旋转式的小型交流电机,也可像自整角机那样用于测量系统的误差角,其工作原理和自整角机相同,只是它的定子绕组和转子绕组均为空间上正交的两相绕组,在使用时,也是成对使用,分别称为发送机 F 和接收机 J。如图 3−49 所示,与发送机激磁绕组正交的绕组要短接,以减小正交磁场的影响,提高测量精度。

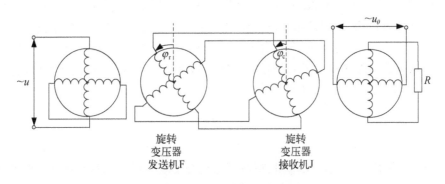

图 3−49　旋转变压器测角原理电路

旋转变压器接收机输出电压仍可用式(3-107)表示,旋转变压器输出特性与自整角机输出特性一样亦可用式(3-108)表示,输出特性曲线也如图3-47所示,同样输出特性在一个周期内也具有两个零点,失调角($\theta = \varphi_r - \varphi_c$)$\theta = 0$为稳定零点,$\theta = \pm\pi$为不稳定零点。在应用上,旋转变压器的测量精度要比自整角机测量精度高,价格也比较贵。

3. 粗-精双通道角位置误差测量电路

如前所述,自整角机和旋转变压器有许多显著的优点,适于在武器装备上作为角位置误差测量元件,但有些系统对测量精度要求较高,超出了自整角机和旋转变压器能够达到的精度,为此,可以使用两对自整角机或旋转变压器组合,构成粗-精双通道角误差测量装置,如图3-50所示。

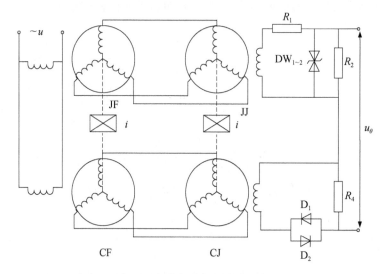

图3-50　粗-精双通道角位置误差测量电路

在图3-50中双通道角位置误差测量电路分为粗测通道和精测通道,粗测通道由一对自整角机CF和CJ构成,精测通道由一对自整角机JF和JJ构成,粗测和精测通道由一对传动比为i的升速齿轮传动装置联接。当粗测发送机转子转一周时,精测发送机转子就转i周。同样,当执行电动机带动被控制对象转一周时,也带动粗测接收机转子转一周,因而精测接收机转子就转i周。因此,当粗测通道误差角为$\theta = \varphi_r - \varphi_c$时,反映到精测通道的误差角就为$\theta' = i\theta = i(\varphi_r - \varphi_c)$。在误差角$\theta$较大时(一般取$\theta > 2.5°$),粗测通道输出较大,起主导作用,控制输出使误差角向减小的方向协调,当误差角小到一定程度时(一般取$\theta < 2.5°$),粗测通道断开,使精测通道起主导作用,控制输出使误差角趋于零。假设粗、精测通道自整角机误差等级相同且精测通道误差为Δ,当精测通道协调到Δ时,即$\theta' = \Delta$时,粗测通道的误差角为

$$\theta = \frac{\Delta}{i} \tag{3-109}$$

即测量精度提高了i倍,因此采用粗、精双通道组合实现角误差测量是提高自整角机电路测量精度的有效方法。当然,利用旋转变压器进行粗、精双通道组合也可以构成旋转变压

器粗、精双通道角位置误差测量电路,原理与自整机完全相同。实际上利用多极旋转变压器可以取消粗、精测通道路之间的联接齿轮箱,这给应用带来了不少的方便。

采用粗、精结合实现角误差测量还需要解决一个"假零点"问题,图3-51是升速齿轮装置传动比分别为奇数和偶数时粗、精测自整角机测量电路的输出特性。由图3-51(a)可见,当 i 为奇数时,在粗测自整角机测量电路输出特性的一个周期内,包含奇数 i 个精测自整角机测量电路输出特性的输出周期,粗测自整角机测量电路输出特性的稳定零点与精测自整角机测量电路输出特性的稳定零点重合,粗测自整角机测量电路输出特性的不稳定零点与精测自整角机测量电路输出特性的不稳定零点重合,即 $\theta = \pm 180°$ 属于"不稳定零点"。因此它们将最终协调至粗、精双通道自整角机电路输出特性重合的稳定零点,系统进入正常跟踪状态,无"假零点"现象出现。当 i 为偶数时,如图3-51(b)所示,在粗测自整角机测量电路输出特性的一个周期内,包含偶数 i 个精测自整角机测量电路的输出周期,粗、精通道自整角机电路输出特性的稳定零点重合,粗测自整角机电路输出特性的不稳定零点和精测自整角机电路输出特性的一个稳定零点重合,这时就会出现"假零点"问题。因为在粗测自整角机测量电路输出特性的不稳定零点附近,粗测通道输出电压也很低,精测通道处于主导地位,而精测通道这时在输出特性上对应一个稳定零点,因此系统将协调在误差角为180°附近,无法实现零误差跟踪。为此应采用移零电路,使粗测通道的不稳定零点与精测通道的不稳定零点重合,同时,仍然保持粗、精测通道的稳定零点重合,则可以解决上述问题,具体原理在后续内容中介绍。

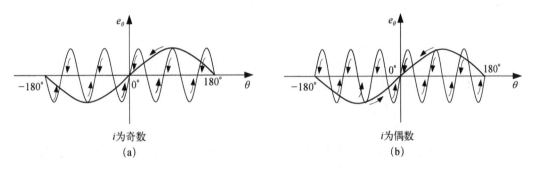

图3-51　粗-精双通道角位置测量电路输出特性

(三) 数字轴角编码装置

近年来,随着计算机和现代控制理论的发展,促进数字随动系统的发展,并已在生产和军事装备中广泛应用。数字随动系统的精度主要由测量元件的精度决定,高精度的数字随动系统必须采用高精度的数字测量元件。主要的数字测角元件有光电编码器、自整角机(或旋转变压器)加数字转换器等,下面就数字随动系统中轴角的表示和常用的几种数字测角元件进行介绍。

1. 数字随动系统中角的表示方法

在数字随动系统中,将转角这一模拟量转换为数字量,完成轴角检测的器件,称为轴角编码器。如何用数字表示角,这是数字随动系统首先遇到的一个问题。为了讨论方便,假定数字随动系统的输入角 θ_r 及轴角编码装置均为16位。

角是一个几何量,它与所有物理量一样,不仅存在度量单位问题而且存在方向问题。若用 δ 作为其度量单位(如 $1\delta = 360° \times 2^{-16}$),以 δ 为度量单位去测量一个角,测量的结果就是一个数,该数存储在计算机中或参与运算,总是以二进制的形式出现。为了计算方便,系统输出角 θ_c(连续模拟信号)的正方向规定如下:当输出轴正方向旋转时,轴角编码装置输出的编码(连续数字信号 θ_c)增加。在这样的正方向规定下,有的数字随动系统输出轴逆时针旋转为正转,有的系统则相反。数字随动系统和模拟随动系统不同,它没有输入轴,系统输入角 θ_r 仅是一个抽象的数码,因此系统输入角 θ_r 不存在正方向规定的问题。

由于用 δ 作为角的度量单位,在数字计算机中,这些数值总是以二进制形式出现,不同的数字随动系统,根据轴角编码器的二进制位数和存储这些编码的存储单元的字长,就决定了分辨率 δ。若存储单元的位数足够长,检测输出轴角位置的轴角编码器是 16 位的绝对式编码器,它将输出轴的 360° 等分成 2^{16} 份,这时该轴角编码器的分辨率为 δ_{16},即

$$\delta_{16} = \frac{360 \times 60 \times 60}{2^{16}} \approx 19.8''$$

或
$$\delta_{16} = \frac{6\,000}{2^{16}} \approx 0.092 \text{ mil}①$$

若轴角编码器是 8 位的绝对式编码器,它将输出轴的 360° 等分成 2^8 份,即有

$$\delta_8 = \frac{360°}{2^8} \approx 1.406\,3°$$

显然 δ_{16} 的分辨率远远高于 δ_8。

若数字随动系统输入角 θ_r 是 16 位,对于 16 位轴角编码器,以 δ_{16} 为度量单位,若 θ_r 增加(或减少)1,则输出轴沿正(或反)向转动 δ_{16}。下面分析轴角编码装置分辨率引起的数字随动系统的静态误差角(简称静差)。

若 θ_r 为常量(不随时间变化),则该数字随动系统已结束了过渡过程静止下来。若在 $1\delta_{16}$ 范围内转动输出轴,由于轴角编码装置的输出(即连续数字信号 θ_c,系统的主反馈信号)维持不变,因此系统仍然维持原来的静止状态。由此可知,在这种情况下,轴角编码装置的分辨率引起的数字随动系统的(最大)静差为 $1\delta_{16}$。应该指出,引起数字随动系统静差的因素有多种,这仅是其中之一。

若数字随动系统输入角 θ_r 是 16 位,轴角编码装置是 18 位,以 δ_{16} 为度量单位。在这种情况下,轴角编码装置的分辨率引起的数字随动系统的(最大)静差为 $0.25\delta_{16}$。由于引起数字随动系统静差的因素有多个,因此当将轴角编码装置的位数由 16 位提高到 18 位时,数字随动系统的静差下降不多。所以,在设计数字随动系统时,一般来说,没有必要使轴角编码装置的位数大于输入角 θ_r 的位数。若轴角编码装置是 12 位的,则轴角编码装置的分辨率引起的数字随动系统的(最大)静差为 $16\delta_{16}$。所以在设计数字随动系统时,不宜选择位数太低的轴角编码装置,以免系统的静差太大,不满足设计指标的要求。

---

① mil 即密位,360° = 6 000 mil。

一般来说,应将轴角编码装置的位数定义为数字随动系统的位数。需要说明的是,若轴角编码装置为 17 位,计算机只用其高 16 位,舍去最低位,则该数字随动系统是 16 位的。准确地说,应将轴角编码装置的位数(不计被计算机舍去的位数)定义为数字随动系统的位数。

通常数字随动系统的输入角 θ_r 的位数等于数字随动系统的位数。若数字随动系统的位数大于 θ_r 的位数,则一般来说该系统的轴角编码装置有些大材小用,若数字随动系统的位数小于 θ_r 的位数,如系统的静差符合设计指标要求,则也未尝不可。一般 θ_c 的位数小于等于 θ_r 的位数。

数字随动系统计算机的位数不一定要等于数字随动系统的位数,如有 16 位数字随动系统,其计算机是 8 位,采样 θ_r(或 θ_c)时分两次采,先采高字节后采低字节。常选计算机的位数等于随动系统的位数,其目的是考虑运算速度和采样 θ_r(或 θ_c)的速度。计算机的位数可以小于等于 θ_c 的位数。

D/A 转换器的位数不一定要等于数字随动系统的位数。例如,16 位的数字随动系统选择 8 位的 D/A 转换器就可以。D/A 转换器的位数决定它输出的连续模拟信号的档数(若 D/A 转换器 8 位,则它输出的连续模拟信号为 256 档),不影响数字随动系统的静差。一般 D/A 转换器的位数小于等于 θ_c 的位数。

数字随动系统中,由于用 δ 作为角的度量单位,一旦检测输出轴角位置的绝对式轴角编码器的位数确定,δ 的值便确定。所以在数字随动系统的设计中,要根据设计指标的要求,先确定 δ 值,这样数字随动系统的输出轴的有限个输出位置就被确定,而且各个输出位置的编码值也就完全确定了。

例如,某数字随动系统选用 16 位的绝对式轴角编码器。它检测出的输出轴的角位置:输出轴转一周,角度为 0°~360°,编码值为 0000H~0FFFFH,再回到 0000H。这时,轴的转角只能取 0(对应 0000H)~65 535(对应 0FFFFH),总共 65 536 个数值,δ = 360°/65 536。输出轴在 0 位置,用 δ 度量该角度的数值为 0(0000H),输出轴沿规定的正方向转过一个 δ 角,用 δ 度量该角,度量值为 1(0001H),输出轴转至 90° 的位置,用 δ 度量值为 16 384(4000H),输出轴转到至 180° 的位置,用 δ 度量值为 32 768(8000H),输出轴转至差一个 δ 为 360° 时,用 δ 度量值为 65 535(0FFFFH),再转一个 δ,输出轴恰好转一周,即 360°,也正好回到 0 位置,编码值也回到了 0000H。上述编码过程如图 3 - 52 所示。图中,轴的零位定在时针 12 点的位置,这完全是为了看起来更方便,实际上零位可以选在任何位置。

从上述例子可以看到,δ 值由轴角编码器的位数确定。δ 越小,轴角编码器的分辨率越高,轴角编码值的位数越多,要求存储轴角编

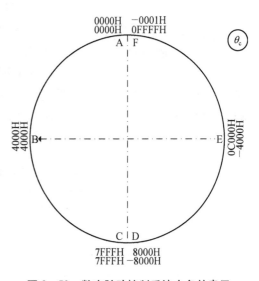

图 3 - 52　数字随动控制系统中角的表示

码的存储器或寄存器的字长越长,轴角在一周范围内的取值(编码值)越多。上述分析可以归纳如下。

1) 数字随动系统输出轴的位置唯一确定了存储该位置的寄存器的内容

在数字随动系统中,尽管随动系统输出的位置对应了无穷多个输出角,相应也对应了无穷多个角度值,例如,输出角−270°、90°、450°等都确定了输出轴的同一个位置,因此该位置对应−270°、90°、450°等角度值,共无穷多个。但当检测输出轴角位置的轴角编码器的位数确定时,输出轴角位置的度量分辨率 δ 也就唯一确定。进而,输出轴角位置能取的值的个数也确定,每个角位值对应的编码数值也唯一确定。该角位置读入计算机,存储于存储器或寄存器中的值便唯一确定。

上述唯一确定的原因在于一个相似性:当数字随动系统输出角 θ_c(连续模拟信号)连续增加时,输出轴的位置循环转圈,其循环周期为 10000Hδ;当该字寄存器的内容不断+1,其内容循环变化,循环周期为 10000H。因此,数字随动系统输出轴的位置唯一确定了存储该位置的寄存器的内容。

2) 角的表示方法及其关系

轴角编码器的位数越多,在圆周 360° 上取得的编码的个数越多。但是,不论轴角编码有多少位,最高有效位总是将 360° 分成两个 180°:最高有效位为 0,编码器的编码范围为 $0° \leq \theta < 180°$;最高有效位为 1,编码器的编码范围为 $180° \leq \theta < 360°$。同理,次高位为 0,$0° \leq \theta < 90°$;次高位为 1,$90° \leq \theta < 180°$;……。不论编码有多少位,最高两位总是将 360° 分成四个象限,如图 3−53 所示。这一编码首先确定了正方向,轴沿着正方向,即向角度增加的方向旋转,得到了对应的角度的编码值。这样得到的角度的编码值是用原码表示的,也是数字随动系统中表示轴角编码的常用方法。

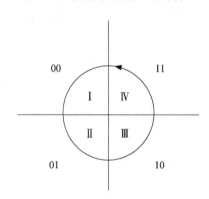

图 3−53 最高有效位与四个象限的关系

当从假定的零位开始,沿着与给定的正方向相反的方向转动轴时,显然得到的是 −1δ,记为 −1(−0001H);−2δ,记为 −2(−0002H);……;−16 384δ,记为 −16 384(−4000H);……。表 3−3 列出了输出轴沿与指定正方向相反方向旋转,用 δ 量测得到的转角的负值及对应负值的编码值,并列出了这些负的编码值对应的补码值。从表中可以看出,沿反方向转动轴角可以用补码表示。这样,在图 3−52 所示的圆上,可以用原码表示角度的正值,用补码表示角度的负值。

表 3−3 负角度的编码与补码表示

轴位置	量测值	原码值	补码值
−1δ	−1	−0001H	FFFFH
−2δ	−2	−0010H	FFFEH
…	…	…	…

轴位置	量测值	原码值	补码值
-16 383δ	-16 383	-3FFFH	C001H
-16 384δ	-16 384	-4000H	C000H
…	…	…	…
-32 767δ	-32 767	-7FFFH	8001H
-32 768δ	-32 768	-8000H	8000H

在图3-52中,若圆表示数字随动系统输出轴的刻度盘。有内圈和外圈两种刻度。若输出轴转到位置B,内圈和外圈刻度均为4000H;若输出轴转到位置D,内圈刻度为8000H,外圈刻度为-8000H。若输出轴转到位置F,内圈刻度为0FFFFH,外圈刻度为-0001H。容易看出:内圈的读数正好是外圈读数的补码(模为2^{16})。计算机中放的是内圈的读数,外圈的读数为负数时无法直接存入计算机。这样在内圈看来,计算机放的是输出角;在外圈看来,计算机里面放的是输出角的补码。所以,在计算机中存放的输出角的值是内圈的读数。为了方便,在考虑数字随动系统输入角和输出角时,采用内圈的观点。

由于数字随动系统无输入轴,输入角θ_r仅是一个抽象的数码。但若将该数码(如其值为4000H)与要求输出轴所转的位置(B点)对应起来,该数码就有明显的几何意义了。

数字随动系统的误差角θ_e($=\theta_r-\theta_c$)是一个数码,也可以人为地赋予图3-52所表示的几何意义:误差角θ_e用图3-52表示时,圆不再表示系统输出轴的刻度盘,此时,圆周上的2^{16}个点表示系统的误差角θ_e。同样,分别按内、外圈读刻度,内圈读数是外圈读数的补码(模为2^{16})。与输出角类似,为了方便,在考虑数字随动系统的误差角时,通常用外圈读数的观点。若表示系统误差角θ_e的字寄存器内容为0FFFFH,则通常说误差角θ_e为-1δ,0FFFFH为-0001H的补码。图3-52右上角有个圆圈,若该图表示的是系统的输出角(或输入角、误差角),则在圆圈中写上θ_c(或θ_r、θ_e),使人一目了然。为方便起见,可将图3-52称为系统的输出角(输入角、误差角)的圆图。在圆图上不一定内外圈均标有刻度,可以根据需要只标一种刻度,因为外圈读数和内圈读数之间的关系与数值和它的补码之间的关系一致。

3) 数字随动系统误差角θ_e的计算

若字寄存器20H存放系统输入角θ_r,字寄存器22H存放系统输出角θ_c,得出结论:执行减法指令SUB 24H,20H,22H后,字寄存器24H中存放的就是误差角θ_e(从外圈来看为误差角的补码)。若字寄存器20H的内容大于或等于字寄存器22H的内容,上述结论显然成立。若字寄存器20H的内容小于字寄存器22H的内容,计算机在进行减法运算时,自动借位。执行上述指令后,字寄存器24H的内容等于字寄存器20H的内容加10000H,再减字寄存器22H的内容。而字寄存器20H的内容加10000H也可看作系统的输入角,因为它与字寄存器20H的内容正好相差2^{16},它们要求输出轴所转的是同一个位置。因此,可以不管实际情况如何,总看成系统输入角大于或等于系统输出角,因此上述结论成立。例如,字寄存器20H的内容为5FFFH,字寄存器22H的内容为6000H,由于计算机自动借位,执行上述指令后,字寄存器 24H 的内容为 0FFFFH,即系统误差角 θ_e 为 -1δ。

若数字随动系统的位数大于 8 位而小于 16 位,不失一般性,若假定轴角编码装置为 12 位的,系统的输入角 θ_r 为 14 位。在此情况下,角的度量单位 δ 应如何选定?

由于存放 θ_r (或 θ_c、θ_e)仍需一个字寄存器(一个字节寄存器只有 8 位),一般建议:仍用 $360° \times 2^{-16}$ 作为角的度量单位,记作 δ,θ_r 占字寄存器的高 14 位,低 2 位清零;θ_c 占字寄存器的高 12 位,低 4 位清零。如果用这种方法在计算机中存放 θ_r (或 θ_c、θ_e),在计算机中进行处理会带来不少方便。

若数字随动系统是 8 位的,则角的度量单位 δ 应如何选定? 这个问题留给读者,但是应注意:能用一个字节寄存器存放一个角时,不用一个字寄存器存放,这样不仅节省存储空间,还可以提高运算速度。

2. 数字随动系统中其他数字信号的圆图

数字随动系统中的除了输出角 θ_c、输入角 θ_r 和误差角 θ_e,其他数字信号(如 $\Delta\theta_r$、$\Delta\theta_e$、C)也可用圆图表示,宜用外圈读数的观点。

在绘制圆图时,数字信号是沿着圆周顺时针方向数码增加(图 3-54),还是沿着圆周逆时针方向数码增加(图 3-52)? 由于系统输出角的圆图本来就具有鲜明的几何意义,如果系统输出轴逆时针方向转动时,输出角增加(此时轴角编码装置输出数码增加),那么绘制输出角圆图时,一般按照沿着圆周逆时针方向数码增加绘制圆图,反之,则相反。这样,输出角圆图与系统输出轴刻度盘是一致的,便于处理。至于系统中其他数字信号的圆圈,仿照输出角圆图的绘制方法,在画其他数字信号圆图时也可将 0000H 标在圆图顶上,以方便处理为原则确定数码增加方向,一般绘制数字信号圆图时采取沿着圆周顺时针方向为数码增加。

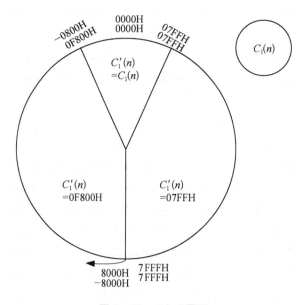

图 3-54 $C_1(n)$ 圆图

图 3－54 是某数字随动系统中的数字信号 $C_1(n)$ 的圆图，圆内的 $C_1'(n)$ 是该系统中的另一数字信号（为了表示清楚，该图未按比例画）。在图中 8000H 处的小箭头表示该点的隶属关系。

根据图 3－54 分析 $C_1'(n)$ 与 $C_1(n)$ 之间的关系。在圆周上 7FFFH 和 8000H 两点之间，假想从中剪开，并拉直圆周，变成图 3－55 的横轴（严格来说，不能算数轴），以图 3－54 的外圈标横轴刻度，再根据图 3－54 圆内所述 $C_1'(n)$ 和 $C_1(n)$ 的关系，绘制图 3－55（为了表示清楚，该图未按比例画）。图 3－55 形象地显示了限幅特性。

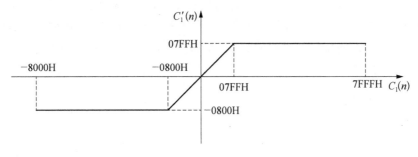

图 3－55　限幅特性

在实际工作中，只需给出图 3－54 圆的外圈刻度即可。分析时，先根据程序给出圆图，再根据圆图分析其设计思路，设计时，先按设计思路画出圆图，再根据圆图设计程序。

由以上所述可知：数字随动系统中数字信号的圆图，可以作为设计思路和程序之间的桥梁。根据图 3－54 和图 3－55，可给出计算 $C_1'(n)$ 的程序流程图如图 3－56 所示，执行该程序之前，$C_1(n)$ 在字寄存器 20H 中，执行该程序之后，$C_1'(n)$ 在字寄存器 22H 中。

3. 光电编码器

光电编码器是机、光、电三种技术结合的产物。随着光电子学和数字技术的发展，光电编码器广泛应用于随动系统的速度和位置检测中，并在数字随动系统中占有重要的地位。按脉冲与对应位置（角度）的关系，光电编码器通常分为增量式光电编码器、绝对式光电编码器以及上述两者结合为一体的混合式光电编码器三类。按运动部件的运动方式来分，编码器又可分为旋转式和直线式两种，但直线式光电编码器用得较少。

1）增量式光电编码器

增量式光电编码器是由一个中心有轴的光电码盘制成的，码盘上有环形明/暗间隔相同的刻线，对应每一个分辨率区

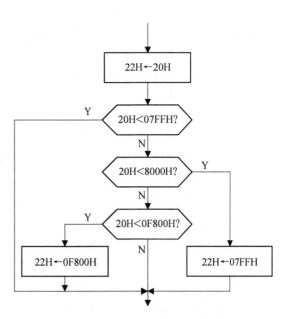

图 3－56　计算的程序流程图

间可输出一个增量脉冲,则可输出与量化后的轴角成比例的输出脉冲信号,然后用计数器对脉冲信号进行计数,就可使轴角数字化。

增量式编码器原理电路与光电测速器相同,如图 3-39 所示。一般只有两个码道。以轴角式编码器为例,随着码盘旋转,输出一系列计数脉冲。增量式编码器需要预先指定一个基数:零位。输出脉冲相对于基数进行加减,从而测量或读出码盘的位置或位移量。轴角式编码器的码盘附在传感轴或其他形式的转子上,增量式编码器产生代表移动位置的脉冲。为了适应可逆控制以及转向判别,编码器输出包括两个通道的信号,通常称为 A 相和 B 相。每一转(round)产生 N 个脉冲(pulse),A 相和 B 相通过 1/4 圈被移动,产生两路脉冲输出,相位差 $\pi/2$,如图 3-57 所示,若 A 相超前(或滞后)B 相表示其轴顺时针(或逆时针)转,所以两相信号之间的移动,能够使控制器按照 A 相是否超前(或滞后)B 相来确定旋转的方向。

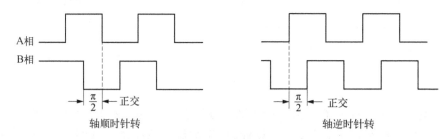

图 3-57 增量编码器的位置输出信号

增量式光电编码器的特点是,码盘的刻线间距均一,每产生一个输出脉冲信号就对应一个增量位移角,计数量相对于基准位置(零位)对输出脉冲进行累加计数。顺时针转则加计数,逆时针转则减计数,但不能通过输出脉冲区别出是哪一个增量位移角,即无法区别是在哪个位置上的增量,编码器能产生与轴角位移增量等值的电脉冲。增量式编码器的优点是易于实现小型化,响应迅速,结构简单;其缺点是掉电后容易造成数据损失,且有误差累积现象。这种编码器的作用是提供一种对连续轴角位移量离散化或增量化以及角位移变化(角速度)的传感方法,它不能直接检测出轴的绝对角度,主要用于数控机床这类数字随动系统中。

2) 绝对式光电编码器

绝对式光电编码器是以基准位置作为零位置,其零位置固定,测量出各位置的绝对值,然后以二进制编码来表示。它的特点是不需要基数,输出是轴位置的单值函数,即输出的二进制数与轴角位置具有一一对应的关系。

绝对式光电编码器可以在任意位置处给出一个确定的与该位置唯一对应的读数值,因此在不同的位置,即输出不同的数字编码,并且其误差只与码盘的刻制精度有关。因此,对绝对式光电编码器来说,要提高编码器的精度,关键在于提高码盘的划分精细度和准确度。

绝对式光电编码器与增量式光电编码器的不同之处在于圆盘上透光、不透光的线条图形。绝对式光电编码器特点是具有固定零点,输出编码是轴角的单值函数,可有若干编码,根据读出码盘上的编码,检测绝对位置。绝对式光电编码器的优点是编码由光电码盘的机械位置决定,且每个位置是唯一的,无须记忆,无须找参考点,而且不用一直计数,不受停电、干扰的影响,抗干扰性、数据的可靠性大大提高,若需知道位置,就去读取它的位置编码。但其缺点是制造工艺复杂,不易实现小型化。编码的设计可采用二进制码、循环码、二进制补码等。因此,绝对式光电编码器在国防、航天及科研部门得到了广泛应用。

绝对式光电编码器分单圈和多圈,单圈测的角度是 360°内,若超过 360°选择多圈。工作方式分旋转循环工作和来回方向循环工作。

旋转单圈绝对式编码器在转动中测量光电码盘各道刻线,来获取唯一的编码,当转动超过 360°时,编码又回到原点,这样的编码只能用于旋转范围 360°以内的测量。如果要测量旋转超过 360°范围,就要用到多圈绝对式编码器。在火炮和导弹随动系统中常用旋转单圈绝对式编码器测量角位置。

4. 自整角机的数字轴角编码装置

自整角机轴角编码装置有多种,下面介绍由自整角机和专用模块构成的轴角—交流—数字轴角编码装置,这类专用模块称为自整角机-数字转换器(SDC),自整角机与数字转换器的连线如图 3-58 所示。在图中,自整角机的 $D_1 \sim D_3$ 分别接 SDC 的 $D_1 \sim D_3$。自整角机的激磁绕组 Z_1、Z_2 接交流电源,该电源还接 SDC 的 Z_1、Z_2,供给参考电压。国产 SDC 的参考电压为 50 Hz 和 400 Hz,进口的为 60 Hz、400 Hz 以及 2.6 kHz。若自整角机所需激磁电压和 SDC 所需参考电压大小不同,则可加一只电源变压器,交流电源向变压器的原边供电,变压器的一个副边接自整角机的 Z_1、Z_2,另一副边接 SDC 的 Z_1、Z_2,如图 3-58 所示。

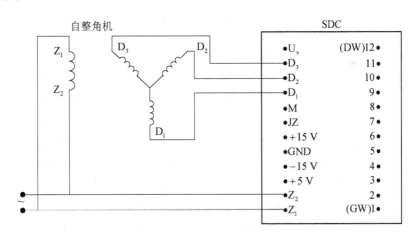

图 3-58　自整角机与 SDC 的连线图

自整角机的数字转换器(SDC)由微型变压器、高速数字乘法器、放大器、鉴相器、积分器、压控振荡器、加减计数器组成,其功能框图如图 3-59 所示。图中 SDC 并无引脚 D_4(后详),用虚线表示,所示微型变压器为 Scott 变压器,它将来自自整角机的信号转换成解算形式,即

$$\begin{cases} V_1 = KE_0 \sin \omega t \sin \theta \\ V_2 = KE_0 \sin \omega t \cos \theta \end{cases}$$

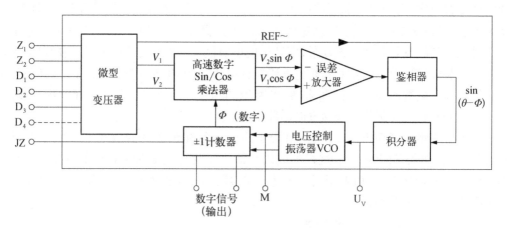

图 3-59　SDC 的功能框图

式中，θ 为自整角机的轴角。

在图 3-59 中，假设：± 1 计数器现在的状态字为 Φ。V_1 乘以 $\cos\Phi$，V_2 乘以 $\sin\Phi$（由高速数字 Sin/Cos 乘法器完成），有

$$\begin{cases} V_1\cos\Phi = KE_0\sin\omega t\sin\theta\cos\Phi \\ V_2\sin\Phi = KE_0\sin\omega t\cos\theta\sin\Phi \end{cases}$$

误差放大器将它们相减，得

$$KE_0\sin\omega t(\sin\theta\cos\Phi - \cos\theta\sin\Phi)$$

即

$$KE_0\sin\omega t\sin(\theta - \Phi)$$

图 3-59 中鉴相器、积分器和电压控制振荡器（VCO）等构成闭环系统，寻找 $\sin(\theta-\Phi)$ 之零点。找到后，± 1 计数器的状态字 Φ 等于自整角机的轴角 θ，此时，SDC 输出的数字信号就是 Φ，它等于 θ。这样就实现了轴角编码的功能。其原理是鉴相器产生与 $\sin(\theta-\Phi)$ 成正比的直流信号，并送入积分器，经积分，产生一个随时间增长的输出电压，它作为一个宽动态范围的压控振荡器（VCO）输入电压，VCO 输出的脉冲的频率正比于输入的幅值。可逆计数器累积这一脉冲序列。当鉴相器输出大于零时，表明 $\theta > \Phi$，计数器作加法计数；当鉴相器输出小于零时，表明 $\theta < \Phi$，计数器作减法计数。计数同时，随着正余弦信号的变化，使 Φ 趋近于 θ，系统平衡以后，可逆计数器保持的 Φ 值即为转角 θ 的等效值。

在图 3-59 中，忙信号 M 也是 SDC 输出的信号。当 M=1 时，表示 VCO 正在对 ± 1 计数器进行操作，SDC 输出的数字信号不可信，即不是 θ 的数字信号；当 M=0 时，SDC 输出的数字信号是 θ 的编码值。所以，应在 M=0 时采样 SDC 输出的数字信号。该数字信号与忙信号的时序如图 3-60 所示。对于 400 Hz SDC，忙信号 M 脉冲宽度通常为 1~2 μs，最大 3 μs。若自整角机的角速度 $d\theta/dt = 720(°)/s$，那么两个相邻的忙脉冲上升沿之间的时间为多少？

设 SDC 为 12 位，$2^{12}=4096$，自整角机每转一圈有 4096 个忙脉冲。由题意可知，自整

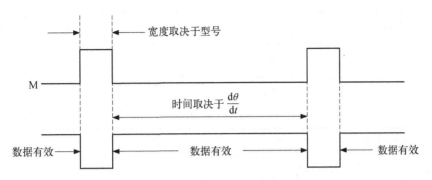

图3-60　数字信号与忙信号的时序

角机每秒转两圈。因此,每秒有4096×2 = 8192个忙脉冲。所以,两个相邻的忙脉冲上升沿之间的时间为:$10^6/8192 = 122\ \mu s$。

在图3-59中,禁止信号JZ是SDC的输入信号,低电平有效。当JZ = 0时,它禁止VCO对±1计数器进行操作。但若在M = 1时JZ = 0,直到M = 0时,信号JZ = 0才起作用。因此,JZ = 0负脉冲的宽度应大于忙脉冲的宽度。此外还需注意:使用信号JZ = 0时,断开了SDC内部的控制环,当JZ = 1时,需过一定时间,SDC才恢复精度。

从上面的分析可看出,要获取SDC输出的数字信号,有两种方法:① 利用SDC输出的M信号;② 向SDC输入JZ = 0信号。M与JZ均为汉语拼音。

在图3-59中,U_V是SDC输出的模拟信号,它正比于自整角机的旋转角速度$d\theta/dt$。当SDC输出的数字信号数码增加时,U_V为负;当数码减小时,U_V为正。SDC对自整角机的最高转速是有限的。SDC1700(进口型号):当自整角机的转速为(SDC允许自整角机的)最高转速的1/5时,U_V约为2 V(或-2 V)。

容易想到:以自整角机加SDC等组成的数字随动系统中,若U_V的大小及负载能力均合适,则可省去一台测速发电机。此外,测速发电机低速旋转时,其电枢电压纹波很大,而U_V无此缺点。

表3-4和表3-5分别给出了部分国产12位和14位SDC的型号及技术规格。

表3-4　12位自整角机的数字转换器(ZSZ)[2]

技 术 规 格	12ZSZ749	12ZSZ741	12ZSZ759	12ZSZ755
精度	±10′	※[1]	±12′	※※[1]
输出	12位并行自然二进制码	※	※	※
信号及参考频率/Hz	400	※	50	※※
信号电压(线电压)/V	90	11.8	90	53
信号阻抗/kΩ	200	27	200	120
参考电压/V	115	26	115	115
参考阻抗/kΩ	270	56	270	270

续　表

技 术 规 格	12ZSZ749	12ZSZ741	12ZSZ759	12ZSZ755
跟踪速度/(r/s)	30	※	5	※※
工作温度/℃	0~+70	※	※	※
尺寸/mm	80×67×12	※	※	※
重量/g	90	※	※	※

注：① ※与12ZSZ749相同，※※与12ZSZ759相同；
　　② 军品级除工作温度为-55~+105℃外，其他技术参数与相应的民品级相同，相应的型号为12ZSZ1049、12ZSZ1041、12ZSZ1059、12ZSZ1055。

表3-5　14位自整角机的数字转换器(ZSZ)[②]

技 术 规 格	14ZSZ749	14ZSZ741	14ZSZ759	14ZSZ755
精度	±5′	※[①]	±6′	※※[①]
输出	14位并行自然二进制码	※	※	※
信号及参考频率/Hz	400	※	50	※※
信号电压(线电压)/V	90	11.8	90	53
信号阻抗/kΩ	200	27	200	120
参考电压/V	115	26	115	115
参考阻抗/kΩ	270	56	270	270
跟踪速度	12 r/s	※	500°/s	※※
工作温度/℃	0~+70	※	※	※
尺寸/mm	80×67×12	※	※	※
重量/g	90	※	※	※

注：① ※与14ZSZ749相同，※※与14ZSZ759相同；
　　② 军品级除工作温度为-55~+105℃外，其他技术参数与相应的民品级相同，相应的型号为14ZSZ1049、14ZSZ1041、14ZSZ1059、14ZSZ1055。

5. 旋转变压器的数字转换器(RDC)

旋转变压器与RDC之间的连线如图3-61所示。旋转变压器的 D_1、D_2、D_3、D_4 分别接RDC的 D_1、D_2、D_3、D_4。旋转变压器的激磁绕组 Z_1、Z_2 接交流电源，该电源还接RDC的 Z_1、Z_2，供给参考电压。国产RDC的参考电压为400 Hz，进口的为60 Hz、400 Hz以及2.6 kHz。如图3-61所示，若旋转变压器所需激磁电压和RDC所需参考电压大小不同，则可加一台电源变压器，交流电源向变压器的原边供电，变压器的一个副边接旋转变压器的 Z_1、Z_2，另一副边接RDC的 Z_1、Z_2。

与自整角机的数字转换器原理类似，旋转变压器的数字转换器RDC也由微型变压器、高速数字乘法器、放大器、鉴相器、积分器、压控振荡器、加减计数器组成，图3-59也是RDC的功能框图。在图3-61中，RDC有引脚 D_4，这与SDC不同。此外，来自旋转变压器的信号已经是解算形式的信号，所以图3-59所示微型变压器不是Scott变压器，而是隔离变压器。除这些以外，RDC与SDC是一样的。

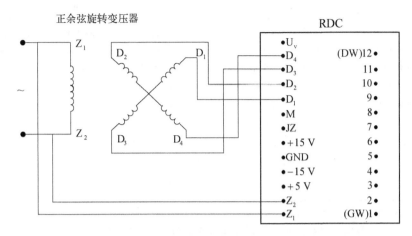

图3-61 正余弦旋转变压器与RDC的连线图

表3-6和表3-7分别给出了部分国产12位和14位RDC的型号及其技术规格。

表3-6 12位正余弦旋转变压器的数字转换器(XSZ)[2]

技 术 规 格	12XSZ741	12XSZ742	12XSZ746	12XSZ7411
精度	±10′	※[1]	※	※
输出	12位并行自然二进制码	※	※	※
信号及参考频率/Hz	400	※	※	※
信号输入电压/V	11.8	26	60	115
信号输入阻抗/kΩ	27	56	130	270
参考输入电压/V	11.8或26	26	115	115
参考输入阻抗/kΩ	26或56	56	270	270
跟踪速度/(r/s)	30	※	※	※
工作温度/℃	0~70	※	※	※
尺寸/mm	80×67×12	※	※	※
重量/g	90	※	※	※

注:① ※与12XSZ741相同,※※与12ZSZ759相同;
　② 军品级除工作温度为-55~+105℃外,其他技术参数与相应的民品级相同,相应的型号为12XSZ1041、12XSZ1042、12XSZ1046、12XSZ10411。

表3-7 14位正余弦旋转变压器的数字转换器(XSZ)[2]

技 术 规 格	14XSZ741	14XSZ742	14XSZ746	14XSZ7411
精度	±5′	※[1]	※	※[1]
输出	14位并行自然二进制码	※	※	※
信号及参考频率/Hz	400	※	※	※
信号输入电压/V	11.8	26	60	115

技 术 规 格	14XSZ741	14XSZ742	14XSZ746	14XSZ7411
信号输入阻抗/kΩ	27	56	130	270
参考输入电压/V	11.8 或 26	26	115	115
参考输入阻抗/kΩ	26 或 56	56	270	270
跟踪速度/(r/s)	12	※	※	※
工作温度/℃	0～+70	※	※	※
尺寸/mm	80×67×12	※	※	※
重量/g	90	※	※	※

注：① ※与 12XSZ741 相同，※※与 12ZSZ759 相同；
　　② 军品级除工作温度为 −55～+105℃ 外，其他技术参数与相应的民品级相同，相应的型号为 12XSZ1041、12XSZ1042、12XSZ1046、12XSZ10411。

表 3-8 为国内外互换型号对照表。

表 3-8　自整角机的数字转换器和正余弦旋转变压器的数字转换器国内外互换型号对照表

国内产品型号	国外互换型号	国内产品型号	国外互换型号	国内产品型号	国外互换型号
10ZSZ749	SDC1702512	14ZSZ1055	SDC1704621	12XSZ746	
10ZSZ755	SDC1702521	14ZSZ1059	SDC1704622	12XSZ7411	
10ZSZ759	SDC1702522	14ZSZ1041	SDC1704611	12XSZ71041	RDC1700613
10ZSZ741	SDC1702511	16ZSZ749	SDC1721512	12XSZ71042	RDC1700614
10ZSZ1049	SDC1702612	16ZSZ755	SDC1721521	12XSZ71046	
10ZSZ1055	SDC1702621	16ZSZ759	SDC1721522	12XSZ710411	
10ZSZ1059	SDC1702622	16ZSZ741	SDC1721511	14XSZ741	RDC1704513
10ZSZ1041	SDC1702611	16ZSZ1049	SDC1721612	14XSZ742	RDC1704514
12ZSZ749	SDC1700512	16ZSZ1055	SDC1721621	14XSZ746	
12ZSZ755	SDC1700521	16ZSZ1059	SDC1721622	14XSZ7411	
12ZSZ759	SDC1700522	16ZSZ1041	SDC1721611	14XSZ1041	RDC1704613
12ZSZ741	SDC1700511	10XSZ741	RDC1702513	14XSZ1042	RDC1704614
12ZSZ1049	SDC1700612	10XSZ742	RDC1702514	14XSZ1046	
12ZSZ1055	SDC1700621	10XSZ746		14XSZ10411	
12ZSZ1059	SDC1700622	10XSZ7411		16XSZ741	RDC1721513
12ZSZ1041	SDC1700611	10XSZ1041	RDC1702613	16XSZ742	RDC1721514
14ZSZ749	SDC1704512	10XSZ1042	RDC1702614	16XSZ746	
14ZSZ755	SDC1704521	10XSZ1046		16XSZ1041	
14ZSZ759	SDC1704522	10XSZ10411		16XSZ1042	RDC1721613
14ZSZ741	SDC1704511	12XSZ741	RDC1700513	16XSZ1046	RDC1721614
14ZSZ1049	SDC1704612	12XSZ742	RDC1700514		

表 3-9 为进口 SDC(RDC)1700 系列、1702 系列、1704 系列部分技术规格。

表 3-9 SDC(RDC)1700、1702、1704 系列部分技术规格

技　术　规　格		SDC1702 RDC1702	SDC1700 RDC1700	SDC1704 RDC1704
精度		±22′	±8.5′	±2.9
分辨率		10 位 (1LSB = 21′)	12 位 (1LSB = 5.3′)	14 位 (1LSB = 1.3′)
输出(并行自然二进制码)		10 位	12 位	14 位
信号与参考频率/Hz		60,400,2 600	*①	*
变压器绝缘		500 V(DC)	*	*
跟踪速度(最大)/(r/s)	60 Hz	5	*	500(°/s)
	400 Hz	36	*	12
	2.6 kHz	75	*	25
步响应(179 至 1LSB 误差)	60 Hz	1.5 s	*	*
	400 Hz	125 ms	*	*
	2.6 kHz	50 ms	*	*
电源		±15 V 25 mA±5%	*	±15 V 30 mA±5%
		+5 V 75 mA±5%	*	+5 V 85 mA±5%
电源功率/W		1.1	*	1.3
数据输出(TTL 相容)		2TTL(军品)	*	2TLL
		4TTL(民品)		
"忙"输出正脉冲 (TTL)/μs	60 Hz	9±30%	*	*
	400 Hz	2±30%	*	*
	2.6 kHz	2±30%	*	1.3 μs±30%
最大数据传输时间/μs	60 Hz	40	*	35
	400 Hz	5	*	3
	2.6 kHz	1.8	*	0.8
"禁止"输入		"0"1TTL	*	"0"2TTL
加热时间		1 s 至额定精度	*	*

续 表

技 术 规 格		SDC1702 RDC1702	SDC1700 RDC1700	SDC1704 RDC1704
温度范围/℃	工作	0~70(民品)	*	*
		−55~105(军品)	*	*
	贮存	−55~125	*	*
尺寸/mm		79.4×66.7×10.2	*	*
重量/g		85	*	*

注：＊表示与1702相同。

6. 用单片微处理机实现轴角/数字转换

前面介绍的轴角/数字转换的原理和方法也可用微处理机来实现。目前单片微处理机在数字随动系统中应用广泛,这里仅介绍一种使用单片微处理机实现轴角/数字转换的基本结构组成和程序设计方法。

1) 硬件结构

图 3-62 给出了由单片微处理机构成的自整机/数字转换装置的硬件结构。它主要由自整角机、衰减电路、模拟多路开关、过零检测电路、采样保持器、A/D 转换器、单片微处理机及其输出接口电路组成。

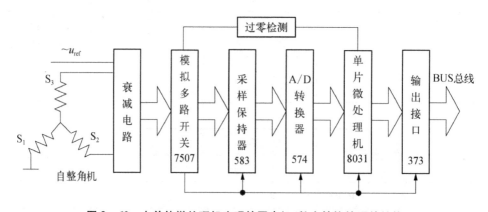

图 3-62 由单片微处理机实现的同步机/数字转换的硬件结构

由自整角机输出交流电压 u_{S1}、u_{S2}、u_{S3}, S_1 相接地,其余两相和参考电压 u_{ref} 经过衰减送到模拟多路开关。衰减电路是纯电阻电路,其作用是将自整角机输出电压衰减到适合于集成电路芯片所要求的允许输入电压。以 S_1 相为基准的线电压分别 u_{S2-1} 和 u_{S3-1},用单片微处理机控制选通自整机输出电压 u_{S2-1}、u_{S3-1} 和参考电压 u_{ref}。过零检测电路检测出 u_{ref} 过零点信号,送给单片微处理机,以便实现采样保持、A/D 转换、数据录取控制。采样得到的数字量,经过单片微处理机计算、变换、迭代,得到平稳精确的角度值,提供给随动系统闭环控制与角度显示。

2）转换原理和程序设计

自整机输出经衰减后加到转换器的信号形式为

$$\begin{cases} u_{S1} = U_m \sin \omega t \sin \theta \\ u_{S2} = U_m \sin \omega t \sin (\theta + 120°) \\ u_{S3} = U_m \sin \omega t \sin (\theta - 120°) \end{cases} \qquad (3-110)$$

式中，U_m 为参考电压幅值(衰减之后)；ω 为参考电压频率；θ 为机械转角。

以 u_{S1} 相为基准采样线电压，其幅值分别为

$$\begin{aligned} u_{S2-1} &= u_y \\ &= U_m \sin (\theta + 120°) - U_m \sin \theta \\ &= -\sqrt{3} U_m \sin (\theta - 30°) \end{aligned}$$
$$(3-111)$$

$$\begin{aligned} u_{S3-1} &= u_x \\ &= U_m \sin (\theta - 120°) - U_m \sin \theta \\ &= -\sqrt{3} U_m \sin (\theta + 30°) \end{aligned}$$
$$(3-112)$$

则
$$\begin{aligned} u_y + u_x &= -\sqrt{3} U_m \sin \theta \\ u_x - u_y &= -\sqrt{3} U_m \cos \theta \end{aligned}$$
$$(3-113)$$

取
$$\frac{u_y + u_x}{u_x - u_y} = \frac{-\sqrt{3} U_m \sin \theta}{-\sqrt{3} U_m \cos \theta} = \tan \theta$$
$$(3-114)$$

根据式(3-110)~(3-114)以及象限码即可编制程序框图，如图 3-63 所示。

根据以上所述转换原理和程序设计思想，即可构成功能完善的 S/D 转换装置，象限码与轴角对应的关系如表 3-10 所示。

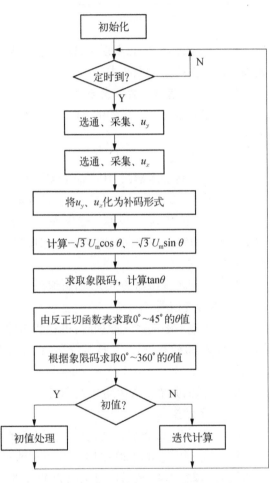

图3-63　单片微处理机实现 S/D 转换程序框图

表3-10　象限码与轴角对应的关系

象 限 码	角度(0°~360°)计算公式
000	$90° - \Delta\theta$
001	$270° + \Delta\theta$

象　限　码	角度(0°~360°)计算公式
010	$90° + \Delta\theta$
011	$270° - \Delta\theta$
100	$\Delta\theta$
101	$360° - \Delta\theta$
110	$180° - \Delta\theta$
111	$180° + \Delta\theta$

注：$\Delta\theta$ 为 0°~45° 范围的角度值。

根据以上原理,不难实现粗、精双通道转换。这种转换装置可方便地用于机床、工业机器人以及军用随动系统中。

（四）单通道角位置测量电路

下面主要以旋转变压器的 RDC 轴角编码装置构成测角电路为例介绍单通道角位置测量电路。

1. 电路组成

单通道旋转变压器的 RDC 轴角编码装置的电路可分成角度-交流信号的转换电路、交流信号-数字编码信号的转换电路、锁存电路三部分。其中,角度-交流信号的转换电路由正余弦旋转变压器完成;交流信号-数字编码信号的转换电路由数字转换器 12XSZ742 芯片完成;锁存电路由 1/2 74LS123、74LS374 8 位 D 型触发器、74LS173 4 位 D 型寄存器组成。

单通道旋转变压器的 RDC 轴角编码装置的电路原理如图 3-64 所示。

1）旋转变压器

在分析数字随动系统原理时,可认为该系统输出轴就是旋转变压器转子轴。旋转变压器型号为 20XZ10-10,其技术数据如下：电压 26 V、频率 400 Hz、空载阻抗 1 000 Ω、电压比是 1。

由此可知,其输出最大电压约 26 V。

2）数字转换器

RDC 型号为 12XSZ742,由表 3-6 可查到其技术数据。

400 Hz、26V 电源向 20XZ10-10 提供激磁电压和向 12XSZ742 提供参考电压。由表 3-6 可知,12XSZ742 要求信号电压 26V,20XZ10-10 正好满足其要求。

图 3-64 中,12XSZ742 中的 DW 和 GW 为汉语拼音字母,也就是说,1 为最高位,12 为最低位。

轴角编码装置利用 RDC 发出的忙信号 M,获取 RDC 输出的数字信号,不向 RDC 发禁止信号 JZ。因此,JZ 引脚经 30K 电阻接+5 V,使其始终无效。

3）1/2 74LS123、74LS173、74LS374 组成锁存电路,锁存 RDC 输出的数字信号

（1）74LS374 为 8 位上升沿 D 型触发器(三态),其引脚功能如下。

1D~8D：输入端。

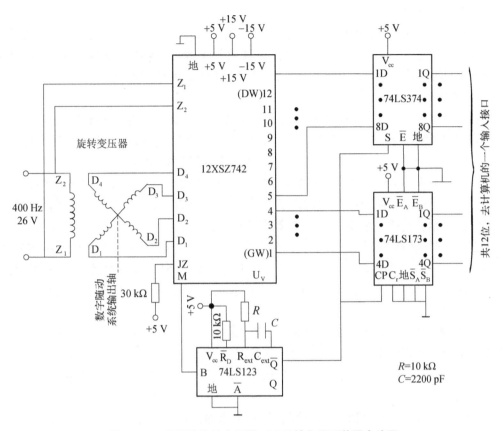

图 3-64　单通道旋转变压器-RDC 轴角编码装置电路图

1Q~8Q：输出端。

$\overline{E}$：使能控制端,低电平有效。

S：时钟脉冲端,当时钟上升沿来到时,将输入的数据锁存。

（2）74LS173 为 4 位 D 型寄存器（三态）,其引脚功能如下。

1D~4D：输入端。

1Q~4Q：输出端。

$\overline{E}_A$、$\overline{E}_B$：控制端,低电平有效。

$\overline{S}_A$、$\overline{S}_B$：允许控制端,低电平有效。

C_r：清零端,高电平有效。

CP：时钟输入端,当时钟上升沿来到时,将输入的数据锁存。

（3）74LS123 为双可重触发单稳态触发器,其引脚功能如下。

C_{ext}：外接电容端。

R_{ext}/C_{ext}：外接电阻电容端。

$\overline{R}_D$：清零端,低电平有效。

$\overline{A}$：触发端,低电平有效。

B：触发端,高电平有效。

Q、$\overline{Q}$：输出端。

74LS374 的 $\overline{E}$、74LS173 的 $\overline{E}_A$、$\overline{E}_B$、$\overline{S}_A$、$\overline{S}_B$ 均接地（图 3-64），因此它们处于能输出状态（非高阻状态）。74LS173 的 C_r 接地，使其始终无效。74LS173 的时钟输入端 CP 和 74LS374 的时钟输入端 S 连在一起后，接到 1/2 74LS123 的反相输出端 $\overline{Q}$。

2. 工作原理

由轴角转换成数字编码信号的原理在前面已述。这里仅对锁存电路进行叙述。

当 M 忙信号为高电平时，74LS123 的 B 端为高电平有效，就触发 74LS123，其输出端 $\overline{Q}$ 变为低电平，并通过 RC 延时，使其低电平的宽度大于忙脉冲 M 的宽度。

74LS173 和 74LS374 为上升触发，当 $\overline{Q}$ 上升沿到来时，忙信号 M 处于低电平，74LS173 和 74LS374 将 RDC 输出的数字信号（12 位）锁存，又由于它们处于能输出状态，该数字信号给计算机一个输入口，作为数字随动系统的主反馈信号。

在锁存时刻（即 74LS123 的 $\overline{Q}$ 上升沿到来时刻）RDC 输出的数字信号应是有效的，即此时刻忙信号 M 应为低电平（图 3-60）。这正是 1/2 74LS123 组成的延时电路的设计要求。如何验证延时电路的有效性（即 $\overline{Q}$ 上升沿应在忙信号 M 处在低电平期间）？可通过下面例子说明。

例 3-6 数字随动系统的轴角编码装置如图 3-64 所示，该系统输出轴的最高转速为 2 r/s。求：其延时电路的输出 $\overline{Q}$ 之上升沿较忙信号 M 上升沿的延时 T_d 的允许范围。

解： 由图 3-60 可知，T_d 应大于 M 脉冲宽度，T_d 应小于两个相邻的忙脉冲上升沿之间的时间。

由图 3-60 的例子可知：这种情况下，两个相邻的忙脉冲上升沿之间的时间最小为 122 μs。

由表 3-8 可知，12XSZ742 相当于国外型号 RDC1700514。由表 3-9 可知，M 脉冲宽度为 2 μs±30%，即最大为 2.6 μs。

因此，T_d 的允许范围为 2.6 μs $< T_d <$ 122 μs。如图 3-65 所示，横坐标未按比例画。该图还画出了延时电路的输出 $\overline{Q}$ 的波形。

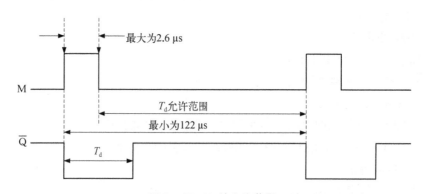

图 3-65 T_d 的允许范围

图 3-64 的 74LS123，$\overline{R}_D$ 通过电阻接+5 V，使其始终无效；$\overline{A}$ 接地，使其始终有效；上述忙信号 M 加到触发端 B；引脚 R_{ext}/C_{ext} 和引脚 C_{ext} 之间接一电容 C，引脚 C_{ext} 还通过一

电阻 R 接 +5 V。此时延时电路的输入信号 M 和输出信号 $\overline{Q}$ 之间的时序关系如图 3-65 所示,延时 T_d 与 R 值、C 值有关,有经验公式如下:

$$T_d = KRC(1 + 0.7/R) \tag{3-115}$$

式中,T_d 单位为 ns;R 单位为 kΩ;C 单位为 pF;K 为常数,取决于芯片型号。

现设 $R = 10$ kΩ,$C = 2\,200$ pF,$K = 0.28$(74LS123),代入式(3-115),得

$$T_d = 0.28 \times 10 \times 2\,200 \times (1 + 0.7/10) \text{ ns} = 6\,600 \text{ ns} = 6.6 \text{ μs}$$

$T_d = 6.6$ μs,在其允许范围内。

3. 轴角编码装置的测量误差

输出角的测量误差是数字随动系统静差的重要组成部分。以图 3-64 为例,说明如何计算轴角编码装置测量数字随动系统输出角的测量误差(指最大测量误差,下同)。

若图 3-64 中,旋转变压器 20XZ10-10 为 Ⅰ 级精度,计算该轴角编码装置测量数字随动系统输出角的测量误差。

20XZ 系列正-余弦旋转变压器 Ⅰ 级精度,误差为 10′。

查表 3-6 知:12XSZ742 的误差为 10′。因此,该轴角编码装置测量数字随动系统输出角的测量误差为 10′ + 10′ = 20′。

因此,该轴角编码装置将引起数字随动系统 20′ 静差。

自整角机的 SDC 轴角编码装置的测量误差也可用与旋转变压器的 RDC 轴角编码装置同样的方法得到。

(五)双通道角位置测量电路

如果要求数字随动系统静差很小,很显然要求随动系统的轴角编码装置(测量该系统输出角)的测量误差更小。因此,应选择更高精度等级的旋转变压器和位数更多的 RDC。但有时还不能满足设计要求。例如,即使选用零级精度旋转变压器,其误差达 3′~5′(型号不同,规定的最大误差略有不同);再加上 RDC 的误差,轴角编码装置的测量误差就更大了。为了使轴角编码装置的测量误差满足数字随动系统静差的设计要求,可采用双通道轴角编码装置。

1. 组成

双通道角位置测量电路是由两个单通道轴角编码装置电路组成的,如双通道旋转变压器的 RDC 轴角编码装置电路(图 3-66)。

1)多极双通道旋转变压器

型号为 110XFS 1/32,其技术数据如下。

类别:发送器。

极对数:1/32。

激磁方:转子。

额定电压:36 V。

频率:400 Hz。

开路输入阻抗:1 500 Ω/140 Ω。

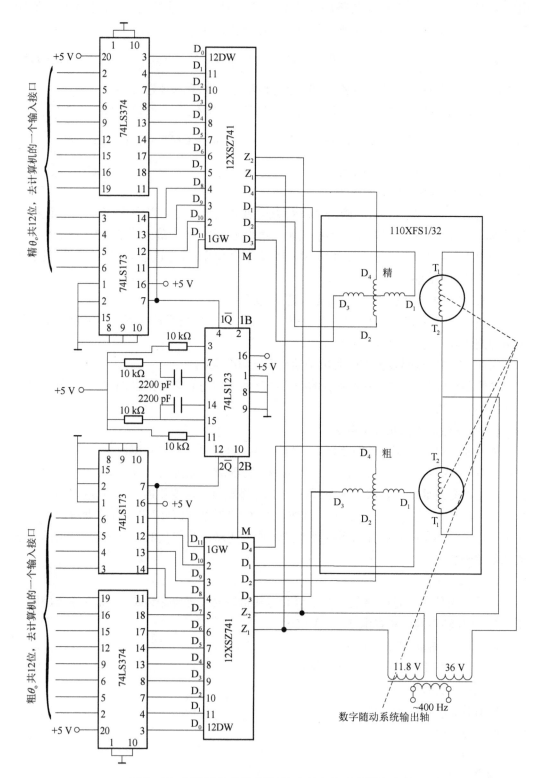

图 3-66 双通道旋转变压器 RDC 轴角编码装置电路图

开路输入功率：1 W/6 W。

最大输出电压：12 V/12 V。

电气误差：$30'/10''$、$30'/20''$、$30'/40''$。

粗精机零位偏差：$\pm 30'$。

以上数据中，分子表示粗机的数据，分母表示精机的数据。精度有三个等级，它们的电气误差不同，假定图 3-66 中的 110XFS 1/32 之电气误差为 $30'/20''$。

2）两片数字转换模块

RDC 型号均为 12XSZ741，由表 3-6 可查到其技术数据。

3）粗、精测数字锁存电路

在图 3-66 中，下方的 1/2 74LS123、74LS173、74LS374 组成粗 $\theta_\circ$（$\theta_\circ$ 为数字随动系统输出角，粗 $\theta_\circ$ 为粗测 $\theta_\circ$ 的结果）锁存电路；上方的 1/2 74LS123、74LS173、74LS374 组成精 $\theta_\circ$（精 $\theta_\circ$ 为精测 $\theta_\circ$ 的结果）锁存电路。

400 Hz 的电源变压器用于获得 110XFS 1/32 所需激磁电压 36 V 和 12XSZ741 所需参考电压 11.8 V。110XFS 1/32 最大输出电压粗、精机均为 12 V。

2. 工作原理

粗、精测通道轴角编码装置的工作原理分别与单通道轴角编码装置相同。由于粗、精测通道旋转变压器极对数不同，如图 3-66 所示，系统输出轴每转一转，粗测旋转变压器输出的信号变化一周，精测通道的旋转变压器输出信号变化 32 周。

在粗 $\theta_\circ$（或精 $\theta_\circ$）锁存电路的延时电路的输出 $2\bar{Q}$（或 $1\bar{Q}$）上升沿来到时，其输入 2B（或 1B）即忙信号 M 应为低电平。如何验算粗 $\theta_\circ$（或精 $\theta_\circ$）锁存电路的延时电路的有效性（即 $2\bar{Q}$ 和 $1\bar{Q}$ 上升沿应在忙信号 M 处在低电平期间），下面以精测通道的延时电路为例进行说明。

例 3-7 数字随动系统的轴角编码装置如图 3-66 所示，该系统输出轴的最高转速为 180(°)/s。验算：精 $\theta_\circ$ 锁存电路的延时电路的输出 $1\bar{Q}$ 上升沿来到时，其输入 1B 为低电平。

解： 如图 3-66 所示，1B 即用于转换精 $\theta_\circ$ 的 12XSZ741 的忙信号 M。先来画一下该忙信号 M 的波形图。系统输出轴的最高转速为 180(°)/s，即 0.5 r/s；由于 110XFS 1/32 精机有 32 对极，所以系统输出轴每转一转，精机发出的信号变化 32 个周期；由于 12XSZ741 是 12 位的，精机发出的信号每变化一个周期，其输出的数码变化 2^{12} 次，即它发出 2^{12} 个忙脉冲。所以，当系统输出轴以最高转速旋转时，每秒发出的忙脉冲个数为 $2^{12} \times 32 \times 1/2 = 65\,536$，即两个相邻的忙脉冲上升沿之间的时间间隔为 $10^6/65\,536 = 15.2\ \mu s$。由表 3-7 可知，12XSZ741 相当于国外型号 RDC1700513。由表 3-8 可知，M 脉冲宽度为 $2\ \mu s \pm 30\%$，即最大为 2.6 μs。用于转换精 $\theta_\circ$ 的 12XSZ741 之忙信号 M 的波形图如图 3-67 所示。该图还画出了延时电路的输出 $1\bar{Q}$ 之波形，对比图 3-66 和图 3-64 的延时电路参数后可知，图 3-67 的理论延为 6.6 μs，满足 $2.6\ \mu s < T_d < 15.2\ \mu s$ 要求。由图 3-67 可知：$1\bar{Q}$ 上升沿来到时，其输入 1B 为低电平。

在图 3-67 中，该系统输出轴的最高转速为 180(°)/s。还应验算：粗 $\theta_\circ$ 锁存延时电路的输出 $2\bar{Q}$ 上升沿来到时，其输入 2B 为低电平。该验算留给读者。

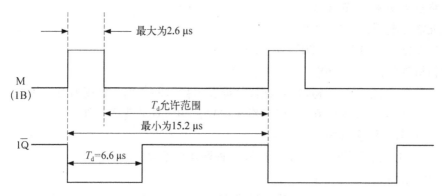

图 3-67 验算 T_d 的示意图

3. 双通道轴角编码装置输出角的合成

如图 3-68 所示,粗 θ_o 共 12 位,通过计算机的一个输入接口进入计算机;精 θ_o 共 12 位,通过计算机的另一输入接口进入计算机;计算机通过程序将 12 位的粗 θ_o 和 12 位的精 θ_o 组成 16 位的 θ_o,为了叙述方便,称为合 θ_o。作为数字随动系统的一个信号输出角 θ_o,在多极双通道旋转变压器处分成粗精两路,每路经过各自的 RDC、锁存电路、输入接口进入计算机,又由计算机将这两路信号组合成一路信号合 θ_o。下面讨论:计算机如何将粗 θ_o 和精 θ_o 组合成合 θ_o?

仍以图 3-66 为例。由多极双通道旋转变压器 110XFS 1/32 粗机、精机极对数分别为 1 对、32 对,所以粗 θ_o 和精 θ_o 的对应关系如图 3-68 所示。

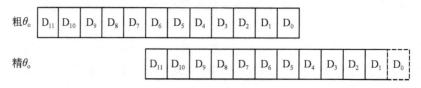

图 3-68 粗 θ_o 和精 θ_o 的对应关系

1) 理想情况下输出角的合成

在理想情况下,粗 θ_o 之 D_6 等于精 θ_o 之 D_{11},粗 θ_o 之 D_5 等于精 θ_o 之 D_{10},以此类推,粗 θ_o 之 D_0 等于精 θ_o 之 D_5。如图 3-69 所示,开始时,数字随动系统在零位,粗 θ_o 的 12 位和精 θ_o 的 12 位均为 0。数字随动系统输出轴从零位沿正向旋转 $1/2\delta$($2^{16}\delta = 360°$),精机从零位沿正向旋转的电角度为 $1/2\delta \times 32 = 2^4\delta = 2^{-12}$ 转,因此精 θ_o 的 D_0 变为 1,精 θ_o 的 D_{11}~D_1 和粗 θ_o 的 12 位均保持为 0。继续慢慢旋转,精 θ_o 码逐一增加,粗 θ_o 编码保持为 0,直至精 θ_o 编码为 000000011111。再转 $1/2\delta$,精 θ_o 编码变为 000000100000,此时粗 θ_o 编码变为 000000000001,即粗 θ_o 之 D_0 和精 θ_o 之 D_5 为 1,其余均为 0。再继续旋转,直到精 θ_o 的 12 位均为 1,此时粗 θ_o 之 D_6~D_0 均为 1,D_{11}~D_7 仍保持为 0。再转 $1/2\delta$,精 θ_o 进位自动丢失,其 12 位均为 0;粗 θ_o 之 D_6 向 D_7 进位,粗 θ_o 之 D_7 为 1,其余 11 位均为 0。到此时,数字随动系统输出轴共转了 1/32 转。

由图 3-69 可知,在理想情况下,只要将粗 θ_o 的 D_{11}~D_7 和精 θ_o 的 D_{11}~D_0 拼起来,就

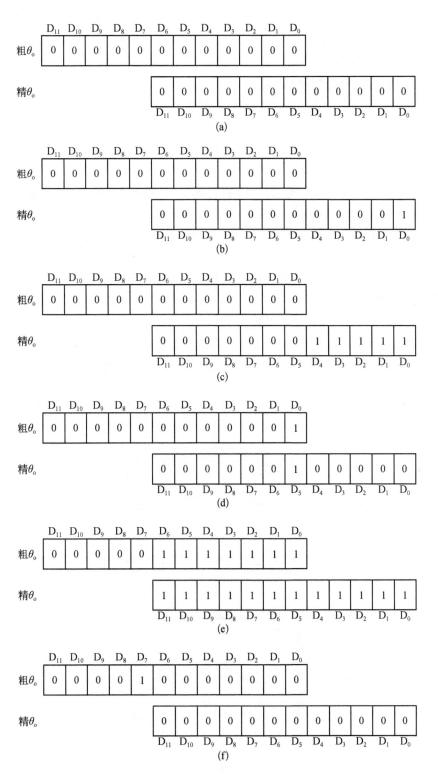

图 3 − 69　理想情况下的粗 θ_{o} 和精 θ_{o}

得合 θ_o（17 位）；若只要 16 位，舍去精 θ_o 之 D_0 即可。若粗 θ_o 之 $D_{11} \sim D_7$ 为 00110，精 θ_o 之 $D_{11} \sim D_0$ 为 111000101101，合 θ_o（17 位）为 00110111000101101；若只要 16 位，合 θ_o（16 位）为 0011011100010110。

2）非理想情况下输出角的合成

多极双通道旋转变压器和 RDC（两片）都是有误差的；严格来说，计算机采样粗 θ_o 和采样精 θ_o 并不同时。基于这三个原因，此情况称为非理想情况。在非理想情况下，粗 θ_o 的 $D_6 \sim D_0$ 和精 θ_o 的 $D_{11} \sim D_5$（图 3-68）通常不等。下面讨论在非理想情况（即实际情况）下，如何将粗 θ_o 和精 θ_o 组合成合 θ_o（16 位）？

假定多极双通道旋转变压器轴正转（数码增加）。如图 3-68 所示，可能出现这样两种情况：精 θ_o 的 D_{11} 已向上进位（自动丢失），而粗 θ_o 的 D_6 尚未向 D_7 进位；精 θ_o 的 D_{11} 尚未向上进位，而粗 θ_o 的 D_6 已向 D_7 进位。这两种情况将产生"粗大误差" 0000100000000000Bδ = 0800Hδ。

在粗测误差不大（其含义后详）条件下，精 θ_o 之 D_{11} 已向上进位，而粗 θ_o 的 D_6 尚未向 D_7 进位的充要条件为：精 θ_o 之 D_{11}、D_{10} 均为 0，且粗 θ_o 之 D_6、D_5 均为 1。此时，合 θ_o 等于按理想情况组合成的合 θ_o 加上 0800Hδ。

在粗测误差不大的条件下，精 θ_o 的 D_{11} 尚未向上进位，而粗 θ_o 的 D_6 已向 D_7 进位的充要条件为：精 θ_o 之 D_{11}、D_{10} 均为 1，且粗 θ_o 之 D_6、D_5 均为 0。此时，合 θ_o 等于按理想情况组合成的合 θ_o 减去 0800Hδ。

以 16 位计算机为例，将粗 θ_o 和精 θ_o 组合成合 θ_o 的程序流程如图 3-70 所示。

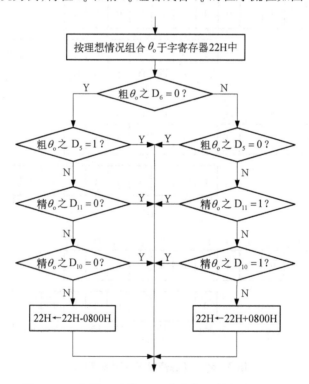

图 3-70 将粗 θ_o 和精 θ_o 组合成合 θ_o 的程序流程图

"粗测误差不大"含义：如图 3-66 所示,110XFS 1/32 粗机误差 $\Delta_1 = 30'$,精机误差 $\Delta_3 = 20''$。用于转换粗 θ_o 的 12XSZ741 的误差 $\Delta_2 = 10'$。用于转换精 θ_o 的 12XSZ741 的误差为 $10'$,折算到 110XFS 1/32 轴上为 $\Delta_4 = 10' \times 2^{-5} = 0.31'$。设采样粗 θ_o 和采样精 θ_o 的时间差为 $3.6\ \mu s$,设系统输出轴的最高转速为 $180(°)/s$,则引起的误差为 $\Delta_5 = 180° \times 60 \times 3.6 \times 10^{-6} = 0.039'$。粗 θ_o 和精 θ_o 之差为

$$\Delta_\Sigma = \Delta_1 + \Delta_2 + \Delta_3 + \Delta_4 + \Delta_5 = 30' + 10' + 20'' + 0.31' + 0.039'$$
$$= 41' = 41 \times 2^{16}/(60 \times 360) = 124\delta$$

为了叙述方便,仍假定多极双通道旋转变压器轴正转(数码增加),并以精 θ_o 的 D_{11} 已向上进位(自动丢失),而粗 θ_o 的 D_6 尚未向 D_7 进位这一情况为例加以讨论。设精 θ_o 的 D_{11} 才向上进位,此时精 θ_o 的 $D_{11} \sim D_0$ 均为 0,为了使粗 θ_o 的 D_6、D_5 均为 1,粗 θ_o 的 $D_6 \sim D_0$ 必须也只需至少等于 1100000,如图 3-71 所示。精 θ_o - 粗 θ_o = $100000000000B\delta$ - $11000000000B\delta$ = $01000000000B\delta$ = 512δ。即精 θ_o 与粗 θ_o 之差最大允许值为 512δ。不难证明：精 θ_o 的 D_{11} 尚未向上进位而粗 θ_o 的 D_6 已向 D_7 进位,粗 θ_o 与精 θ_o 之差最大允许值也为 512δ。总之,粗 θ_o 与精 θ_o 之差(绝对值)最大允许值为 512δ。

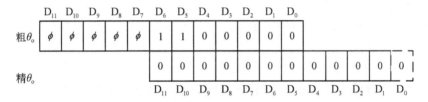

图 3-71　"粗测误差不大"的临界情况(ϕ 表示为 0 或为 1)

把实际的粗 θ_o 和精 θ_o 之差(指其绝对值得最大值,下同)Δ_Σ 小于粗 θ_o 与精 θ_o 之差(指绝对值,下同)最大允许值这一情况,称为粗测误差不大。现在 $124\delta < 512\delta$,正属此情况。称这一情况为粗测误差不大的原因如下。

由于多极双通道旋转变压器粗机误差比精机误差大得多,即 $\Delta_1 \gg \Delta_3$；粗机精机极对数之比常为 1/16 或 1/32,若粗精通道 RDC 选用同样型号,则 $\Delta_2 = 16\Delta_4$(或 $32\Delta_4$)；设计计算机程序时,有意识地减小采样粗 θ_o 和采样精 θ_o 之间的时间差,使 Δ_5 很小。因此,$\Delta_\Sigma = \Delta_1 + \Delta_2$,而 $\Delta_1 + \Delta_2$ 正好是粗测通道测量 θ_o 的误差。

设计双通道旋转变压器的 RDC 轴角编码装置时,为了确保其工作正确性,不仅要验算粗 θ_o(和精 θ_o)锁存时刻其忙信号 M 是否无效,还要验算是否为粗测误差不大这一情况。

4. 双通道轴角编码装置的测量误差

根据图 3-66,如何求该轴角编码装置(测量该系统输出角)的测量误差(指最大值,下同)？下面对测量误差问题进行分析。

由求合 θ_o 的过程可知,双通道轴角编码装置的测量误差主要由精测通道的轴角编码装置决定,且应将精 θ_o 的 12XSZ741 的误差折算到输出轴,则其测量误差为 $\Delta_3 + \Delta_4 =$ $20'' + 0.31' \approx 39''$。若合 θ_o 为 16 位的(舍去最低位),考虑舍去的最低位,则测量误差为

$39'' + 1/2\delta = 49''$。 由此可知：该轴角编码装置将引起数字随动系统 $49''$ 静差（这里 110XFS 1/32 的精机误差已是折算到输出轴上的误差）。

双通道轴角编码装置与模拟随动系统的双通道粗—精双通道测量装置相比主要有以下两点不同：

（1）前者测量的是随动系统的输出角，而后者测量的是随动系统的误差角；

（2）要求前者准确地测出随动系统输出轴的每一个位置。而对后者，只要求准确地测出零位（使随动系统误差角为零的输出轴位置）；在随动系统误差角的绝对值不大时能较准确地测量；当其误差角的绝对值较大时，不需要准确地测量其值，只要能输出足够大的电压，使放大器饱和，从而使其误差角迅速减小到零即可。

3.4.4 测量装置的选择

控制精度是随动系统的重要指标之一,影响随动系统的控制精度的因素有多方面,但测量装置是影响随动系统精度的主要元件之一。因此可根据随动系统的控制精度要求和系统误差分配原则,选择和设计检测装置。下面介绍测量装置的选择技术要求,并分别以测速发电机的选择和自整角机的选择介绍测量装置的选择方法。

1. 对测量装置的技术要求

随动系统的测量装置,同其他测量装置一样,应满足整个系统的性能要求。一般对测量装置有以下要求：

（1）精度高,不灵敏区小,即分辨率要高,误差应比整个随动系统允许误差要小得多；

（2）测量装置输入量与输出量间在给定的工作范围内应具有固定的单值对应关系,一般要求具有线性比例关系；

（3）测量装置输出信号应不受温度、老化、大气变化、电网电压波动及电磁干扰等因素短时或长时间扰动影响,即要求输出信号所含扰动成分少；

（4）测量装置输出信号应能在所要求的频带内准确地、快速及时地反映被测量,尽量避免储能元件造成动态滞后；

（5）测量装置自身的转动惯量要小,摩擦力或力矩要小；

（6）测量装置输出的功率应足够大,以便不失真地传递信号和作进一步的信号处理；

（7）测量装置性能应稳定,并具备可靠性、经济性、使用寿命、环保条件、体积、质量等方面的要求。

选择测量装置主要从以下两方面进行：

（1）选择测量装置类型。选择测量装置要根据具体系统进行,一般数字随动系统多采用数字测量元件,模拟随动系统多采用模拟测量元件。检测装置在前面已经介绍了常用的典型速度测量元件和位置测量元件。

（2）选择测量装置的型号和规格。检测装置的型号和规格应参考相关测量元件的手册或有关传感器检测技术方面的资料,根据具体的系统需求进行型号和规格的选择。这里不再介绍。

2. 测速元件的选择

以调速系统为例,讨论测速元件选择的原则。

图 3-72 表示一个直流调速系统,执行电机 ZD 由可控整流 KZ 控制,单结晶体管 BT 发出触发脉冲,触发脉冲的相位取决于 W_1 给出的输入信号电压 u_r 与测速发电机 ZCF 反馈电压 u_f 之差,为使该系统能实现正向与反向运动,可通过正向启动按钮 ZQA 或反向启动按钮 FQA,分别控制接触器 1J 或 2J 线圈通电,通过它们的触点 $1J_1$、$1J_2$ 或 $2J_1$、$2J_2$,完成执行电机 ZD 电枢的正接或反接,使电机正转或反转,$1J_3$ 和 $2J_3$ 常闭触头构成能耗制动回路。

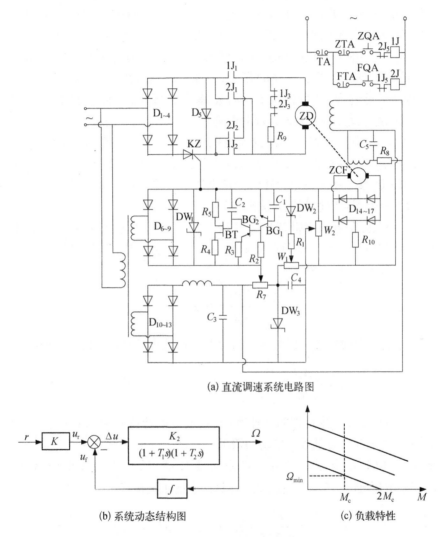

(a) 直流调速系统电路图

(b) 系统动态结构图

(c) 负载特性

图 3-72 调速系统原理图及特性

由 W_1 送出的 u_r 大小可变而极性不变,ZD 可正、反转,故 ZCF 的电压极性会有改变,为保持测速反馈始终是负反馈,在 ZCF 输出端串接一个整流电桥,使由 W_2 输出的反馈电压 u_f 的极性不变,保证加到晶体管 BG_1 基极的信号为

$$\Delta u = u_r - u_f$$

该系统的动态结构如图 3-72(b)所示,其中 K_2 为整个系统前向通道的增益,T_1 与

T_2 分别代表系统的机电时间常数和电磁时间常数,反馈系数 $f = u_f/\Omega$,即测速发电机 ZCF 的比电势以及整流桥、电位计的衰减系数所组成。

调速系统的一项重要技术指标,就是系统的调速范围 $D = \Omega_{max}/\Omega_{min}$。当 KZ 完全导通时,整流电压全加到电动机电枢两端,电动机转速达到最大 Ω_{max},它受所选执行电动机最大容许转速的限制。而最低角速度 Ω_{min} 则与系统的构成状况有关。Ω_{min} 的数值可通过系统的机械特性和承受的全部稳态负载力矩 M_c 来估计。常用方法如图 3-72(c)所示,由 $2M_c$ 处作系统机械特性,并画出 M_c 负载特性,两线的交点所对应的转速即为 Ω_{min}。显然,Ω_{min} 的值与系统机械特性的斜率有关,以他励直流电动机为例,系统开环时的机械特性的斜率 $R_a/(K_eK_m)$(其中 R_a 为电动机电枢回路的总电阻,K_e 为电动机的电势系数,K_m 为电动机的力矩系数),而对应图 3-72(b)所示,闭环系统机械特性的斜率为 $R_a/[K_eK_m(1+K_2f)]$。只要 K_2f 足够大,就可使机械特性斜率大大减小,其特性变硬,则按图 3-72(c)所得最小角速度 Ω_{min} 将比系统开环时低许多。

但是闭环系统(图 3-72)是用测速发电机作为反馈测量装置,而测速发电机的分辨率是有限的,当系统输出速度 Ω 很低,测速发电机无法分辨时,系统就如开环一样,故系统实际的最低角速度 Ω_{min} 将由测速元件的分辨率决定。根据系统要求的调速范围 D,选择合适的测速元件,否则难以用其他方法来弥补。

例如,直流测速发电机 ZCF221 技术参数如下:励磁电流 $I_j = 0.3$ A,转速 $n = 2400$ r/min,电枢电压 $U = 51$ V,负载电阻 $R_z \geqslant 2$ kΩ,输出电压线性误差 $\delta \leqslant 1\%$。根据技术要求,可求出比电势 K_e 为

$$K_e = \frac{30U}{\pi n} = 0.2 \text{ V·s}$$

ZCF221 电刷与换向器之间接触压降约为 1 V,由此可估计出它的不灵敏区为

$$\Delta\Omega = \frac{\Delta U}{K_e} = \frac{1}{0.2} = 5 \text{ rad/s}, \ \Delta n \approx 48 \text{ r/min}$$

因此,采用 ZCF221 作主反馈的调速系统,系统最低转速是 48 r/min 左右(考虑执行电动机、测速发电机与负载是单轴传动的情况)。

若选用 28CK01 异步测速发电机作系统主反馈,已知它的比电势 $K_e = 4.775 \times 10^{-3}$ V·s,剩余电压 $\Delta U = 15$ mV,因此也可计算出它的不灵敏区为

$$\Delta\Omega = \frac{\Delta U}{K_e} = \frac{15}{4.775} = 3.14 \text{ rad/s}, \ \Delta n \approx 30 \text{ r/min}$$

如果 28CK01 与系统输出轴同轴,则系统最低转速可达 30 r/min,如果系统输出转速低于它,则测速反馈不起作用,整个系统如同开环,在干摩擦负载的影响下,系统低速会出现不均匀的步进现象。

图 3-73(a)、(b)所示为采用光电脉冲测速器的调速系统功能框图和动态结构图。参考频率为 ω_{ref} 送到频率/电压(F/V)变换器,光电脉冲测速器的输出频率 ω_{tach} 送到另一个频率/电压(F/V)变换器。由此产生的输出比例于 $(\omega_{ref} - \omega_{tach})$ 的误差电压,此误差电

压送至误差放大器,经过 PWM 功率放大器进行功率放大控制执行电动机进行转速调节。光电脉冲测速器产生反馈信号的角频率为 ω_{tach},反馈信号是离散信号其频率为 $f_{tach} = 2\pi/\omega_{tach}$,而每次信息须经过 $1/f_{tach}$ 后才能到达。因此考虑到速度反馈信号的离散性,应引入一个等效的时间延迟 $1/f_{tach}$,而光电测速器波形的各上升沿包含有用的变化信息,因此两边沿间的时间 $1/f_{tach}$ 是"死滞时间",它等效于一延时。为了使这种延时最小,f_{tach} 应较系统的频带高 10 倍。这时,采样数据处理引起的延时可以忽略。

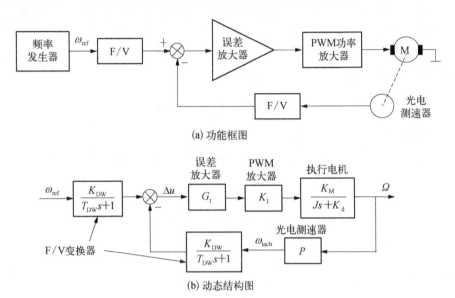

(a) 功能框图

(b) 动态结构图

图 3 - 73　光电脉冲测速器的调速系统

在选择光电测速器作为负反馈测量装置时,应从采样延迟的角度考虑,允许忽略由采样引起的相位移的条件是

$$\omega_{tach\cdot min} \geqslant 10 \times 系统带宽$$

式中,$\omega_{tach\cdot min}$ 为采样数据相位移所允许的测速器频率。

已知系统阶跃输入信号作用下的响应时间 t_s,系统的开环截止频率 ω_c 可近似求得,即 $\omega_c = (6 \sim 10)/t_s$,若把 ω_c 作为系统的带宽,则有

$$\omega_{tach\cdot min} \geqslant 10 \times \omega_c \tag{3-116}$$

光电测速器输出信号的频率 f_{tach} 为

$$f_{tach} = \frac{Pn}{60} = \frac{P \cdot \Omega}{2\pi} \tag{3-117}$$

式中,P 为光电测速器圆盘密度;n、Ω 分别是执行电机转速(r/min)和角速度(rad/s)。

若忽略采样延迟,允许执行电机的最小转速为 n_{min},根据式(3-117)有

$$\omega_{tach\cdot min} = \frac{\pi P n_{min}}{30} \tag{3-118}$$

由式(3-116)和式(3-117)可得

$$P \geqslant \frac{300\omega_{c}}{\pi n_{min}} \qquad (3-119)$$

式(3-119)表示开环截止频率 ω_c、执行元件最低转速 n_{min} 和光电测速圆盘密度 P 三者的关系,这也是选择光电测速器的基本依据。

在实际应用中,也应对 P 进行限制,即 P 必须小于某个最大值 P_{max}。一般来说,随着圆盘刻线密度 P 的增大,不仅其成本增高,而且对于给定圆盘直径,由于两条刻线间的距离不能小于光线波长,也对 P 有限制。在应用中 P 值限制在 5 000 或更小的数值内(对于约 6.5 cm 直径的圆盘而言)。一般 P 应满足

$$P \leqslant P_{max} \qquad (3-120)$$

根据式(3-119)和式(3-120)可以确定 P。

当 P 确定后,可根据系统设计要求的调速范围 $D = \Omega_{max}/\Omega_{min}$ 确定参考频率 f_{ref} 的范围为

$$\frac{P\Omega_{min}}{2\pi} \leqslant f_{ref} \leqslant \frac{P\Omega_{max}}{2\pi} \qquad (3-121)$$

或

$$\frac{Pn_{min}}{60} \leqslant f_{ref} \leqslant \frac{Pn_{max}}{60} \qquad (3-122)$$

3. 测角元件的选择

前面介绍了许多不同类型的测角装置,它们都直接影响系统的精度。针对位置随动系统测角装置的选择与设计问题,确定测角装置的精度是选择测量装置应考虑的首要问题。现以粗、精示双通道自整角机测角线路为例,介绍测角装置的选择方法。如果随动系统的静误差 $e_c \not\gg 1$ mrad,只有 3.44′,比一台 0 级精度的自整角机还小,故必须采用粗、精双通道测角路线。

若选粗、精双通道自整角发送机为 28ZKF0l 型,接收机为 28ZKB01,都选 2 级精度,即误差 $\Delta_F = \Delta_J = \pm 20'$,可计算出发送机与接收机组成测角线路的误差为

$$\Delta = \sqrt{\Delta_F^2 + \Delta_J^2} \approx 28.28'$$

取粗、精通道之间传动比 $i = 20$,精通道测量装置的误差折算到粗通道的等效误差 Δ' 应满足

$$\Delta' = \frac{\Delta}{i} = \frac{28.28'}{20} = 1.414' < e_c \qquad (3-123)$$

随动系统的静误差 e_c,主要由测角装置造成的误差 Δ' 和系统输出轴上承受的静阻力矩造成的误差构成。故要求 Δ' 满足式(3-123),根据误差分配原则,通常分配给测量装置的误差为系统误差的一半,则设计测量装置的误差应为

$$\Delta' \leqslant \frac{e_c}{2} \tag{3-124}$$

利用式(3-124)选择自整角机,这也能为静阻力矩 M_c、放大器的死区等造成的静误差留有余地。若要求的 e_c 小,则需改选精度等级高一些的元件,或适当增加 i,但 i 不宜过大,若 i 选取较大,因转子与定子相对运动产生旋转电势 E 而形成速度误差反而增大了自整角机测角装置的误差。还有一个原因是在大信号下总是粗测通道工作,精测通道只能工作在一个有限的范围,即

$$-\frac{180°}{i} < \theta_j < \frac{180°}{i} \tag{3-125}$$

超出这个范围,就会导致正反馈。通常粗精转换点设计在以下范围内

$$\theta_z = \frac{90°}{i} \sim \frac{150°}{i} \tag{3-126}$$

而且要求 $\theta_z > 3°$,并要求转换误差电压大于粗测通道的静误差。基于上述考虑,故粗、精双通道之间的速比 i 不宜选得过大,一般取 $i<30\sim50$,通常 i 的最高取值为30,常见的速比有 10、15、20、25、30。

下面将所选出的 28ZKF01 和 28ZKB01 的技术参数列入表 3-11,其中最大输出电压 U_{max} 是有效值。

表 3-11　28ZKF01 和 28ZKB01 的技术参数

型　号	频率 /Hz	励磁电压 /V	最大输出 /V	空载电流 /A	开路输入 /Ω	短路输出 /Ω	空载功率 /W
28ZKF01	400	115	90	42	2 740	500	1
28ZKB01	400	90	58	11	3 090	1 700	0.3

3.5　信号选择电路

上节介绍了随动系统的误差测量装置,知道误差测量装置的输出信号用于控制随动系统工作。为了保证随动系统的精度,提高位置测量装置的测量精度,测量装置通常采用双通道测量电路。双通道测量电路可以产生精测和粗测两种控制信号,二者相互配合实现高精度随动系统控制。为了实现这两种控制信号对随动系统的适时控制,必须采用信号选择电路实现精示和粗示控制信号对随动系统的控制时机,只有经过对信号的选择才能输出到下一级的信号转换和放大电路,实现对随动系统的控制,如图 3-74 所示为一种典型信号选择、转换与放大电路原理框图。

选择电路功能就是对于双通道测量电路的随动系统,在误差角较小时,用于阻断粗示误差电压信号 u_c,仅使精测误差电压信号 u_j 通过;在误差角较大时,且粗测误差电压信号

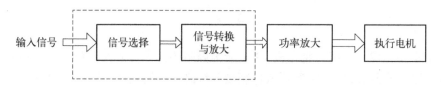

图 3-74 典型信号选择、转换与放大原理框图

u_c 大到一定值时,用于阻断或减小精测误差电压信号 u_j,而使粗测误差电压信号 u_c 通过。

在随动系统中,目前常用的信号选择电路有稳压管型、晶体管型,早期的选择电路还有电子管型。这里仅介绍前两者。

3.5.1 稳压管型选择电路

1. 电路组成

稳压管型选择电路如图 3-75 所示。主要由精测误差信号分压电阻 R_1 和 R_2、截止电压形成电路双向稳压管、变压器 T_1、移相电容 C_1 和 C_2。

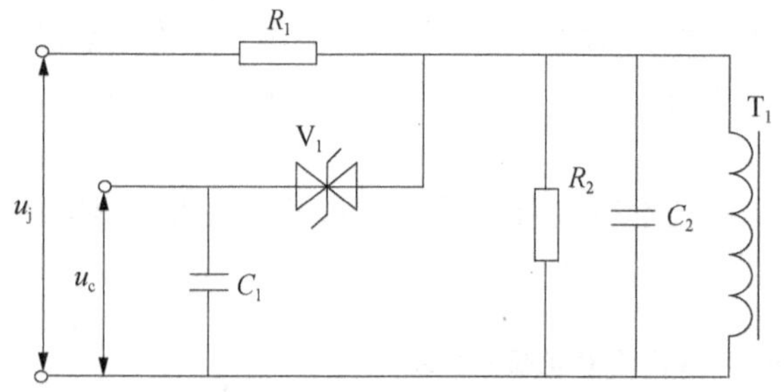

2. 稳压管型选择电路原理

双向稳压管的稳压值决定了粗测误差电压信号的截止电压,双向稳压管 V_1 就构成了截止电压电路。当系统误差角小时,粗测误差电压信号的幅值 U_c 小于截止电压,双向稳压管 V_1 处于截止状态,切断了粗测误差电压信号。而精测误差电压信号经电阻 R_1 和 R_2 分压后输出到变压器 T_1 原边绕组。随着系统误差角的增大,当粗测误差电压信号的幅值 U_c 大于截止电压与 R_2 上的分压的幅值之和时,双向稳压管 V_1 转为导通状态,使粗测误差电压信号输出到变压器 T_1 原边绕组,此时输出既有粗测误差电压信号又有经分压后的精测误差信号,但由于经 R_1 和 R_2 分压后精测误差信号与粗测误差电压相比已降低很多,使得粗测误差电压信号起主要作用。

图 3-75　稳压管型选择电路

移相电容 C_1 和 C_2 用来保证选择级的输出信号的相位与双通道测量电路发送机的激磁电源同相或反相,同时也有滤波作用。

选择级的输入、输出信号波形如图 3-76 所示。

3.5.2 晶体管型选择电路

1. 电路组成

晶体管型选择电路如图 3-77 所示。主要由双向二极管 V_1 和 V_5、晶体管 V_3 和 V_4、单结晶体管 V_7、稳压管 V_2 和 V_6、电阻 $R_1 \sim R_{20}$,电位计 RP_1 和 RP_2 组成,其中晶体管 V_3 和 V_4 构成粗测信号选择开关(即粗测信号截止电路),由 V_1、R_1、R_2 和 R_4 构成分压限幅;单结晶体管 V_7 构成精测信号的选择控制开关,由 R_{17}、R_{18} 和 R_{19} 给单结晶体管 V_7 提供 −5 V

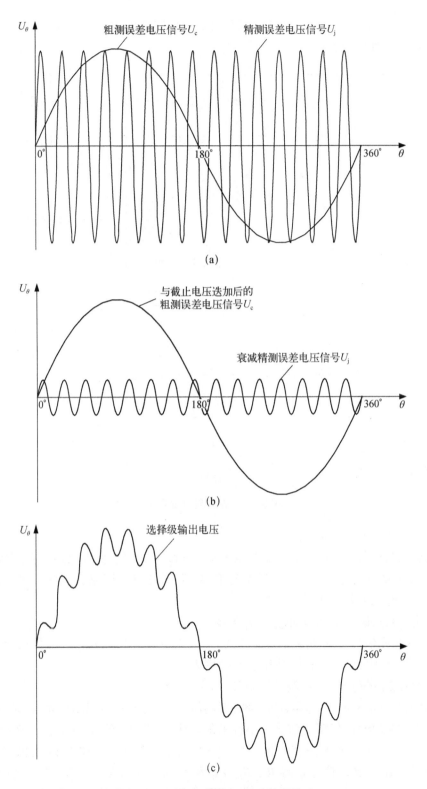

图 3-76 选择级的输入、输出信号波形

的夹断偏压，R_{13}、R_{14}、R_{15} 和 V_5 构成精测信号的分压限幅电路。电位计 RP_1 和 RP_2 分别输出粗、精测选择信号。

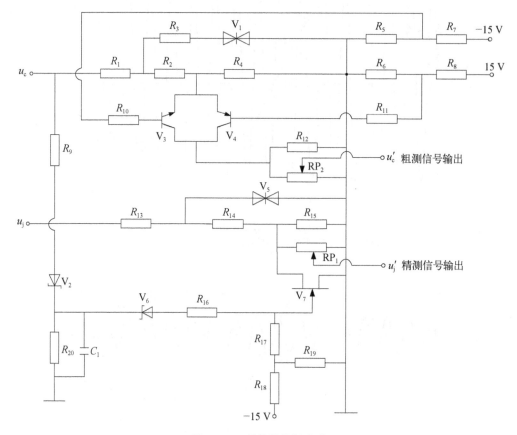

图 3-77　晶体管选择电路

2. 晶体管型选择电路原理

在通常状态下，V_3 的基极偏置电压 U_{b3} 由 -15 V 经 R_7 和 R_5 分压、R_{10} 限流后为 -0.7 V，V_4 的基极偏置电压 U_{b4} 由 15 V 经 R_8 和 R_6 分压、R_{11} 限流后为 $+0.7$ V，均为反向偏置，即 V_3、V_4 通常均处于截止状态。

1）输入粗测信号 u_c 和精测信号 u_j 为零

当输入粗测信号 u_c 和精测信号 u_j 为零时，在电位计 RP_1 和 RP_2 上的分压为零，信号选择电路输出粗测信号 u_c' 和精测信号 u_j' 分别为零。

2）输入粗测信号 u_c 和精测信号 u_j 不为零

当输入粗测信号 u_c 不为零且较小时，粗测信号 u_c 先经 V_1 限幅，R_1、R_2 和 R_4 分压后，送到 V_3、V_4 的发射极，但粗测信号较小且不足以使 V_3 或 V_4 导通，粗测信号选择开关截止。这时精测信号 u_j 较大，-15 V 由 R_{17}、R_{18} 和 R_{19} 分压给单结晶体管 V_7 提供 -5 V 的夹断偏压使 V_7 截止，精测信号 u_j 经 R_{13}、R_{14}、R_{15} 和 V_5 限幅分压后，在 RP_1 上得到选择的输出精测信号电压 u_j'，这时只有精测信号电压 u_j' 输出，随动系统主要由精测信号起控制作用。

随着粗测信号电压 u_c 幅值的增大,当粗测信号电压幅值大到某一值时,一方面在粗测信号的正半周期,使 V_4 的基极偏置电压 U_{b4} 由反向偏置变为正向偏置时,V_4 导通,粗测信号的正半周通过 V_4;在粗测信号的负半周期,随着粗测信号电压 u_c 幅值的反向增大,使 V_3 的基极偏置电压 U_{b3} 由反向偏置变为正向偏置时,V_3 导通,粗测信号的负半周通过 V_3。这样,随着粗测信号电压 u_c 幅值的变化,使 V_3、V_4 交替导通,就实现了粗测信号的选择,粗测信号通过 V_3 或 V_4 经 RP_2 分压后得到输出粗测信号 u'_c。理论上,当粗测信号幅值增大到 1.4 V 时,V_3、V_4 才能实现偏置状态的改变,但由于电路中其他元件的分压作用,使 V_3、V_4 偏置状态发生改变,而导致 u_c 的幅值要大于 1.4 V。另一方面粗测信号电压 u_c 由 V_2、R_9、R_{20} 和 C_1 整流滤波成直流电压后,经 V_6、R_{16} 使 V_7 发射极电位升高,但粗测信号电压 u_c 不足以克服 V_7 发射极的夹断控制电压,V_7 仍处于截止状态,精测信号 u_j 仍通过 R_{13}、R_{14}、R_{15} 和 V_5 限幅分压后,在 RP_1 上得到选择的输出精测信号电压 u'_j。因此,在这种情况下,精测信号 u_j 和粗测信号电压 u_c 同时输出到下一级。对于如图 3-77 所示电路,粗测信号电压 u_c 在 3.5~5 V,经选择的精测信号电压 u'_j 和粗测信号 u'_c 同时输出到下一级,但参数的选配和 RP_1 的调节,使粗测信号电压 u'_c 所占比例较大,故主要由粗测信号电压 u'_c 起控制作用控制随动系统工作。

随着粗测信号电压幅值的继续增大,V_3 或 V_4 仍处于交替导通状态,一方面粗测信号通过 V_3 或 V_4 经 RP_1 分压后得到输出粗测信号 u'_c;另一方面由于粗测信号电压幅值的增大,由 V_2、R_9、R_{20} 和 C_1 整流滤波成直流电压后,经 V_6、R_{16} 使 V_7 发射极电位升高,足以克服 V_7 发射极的夹断控制电压,使 V_7 导通,精测信号电压 u_j 由 V_7 旁路到地,即阻断了精测信号电压 u_j 的输出,达到控制精测信号 u_j 输出的目的。因此,随着粗测信号电压幅值的继续增大,选择级的输出只有粗测信号输出,随动系统只由粗测信号电压 u'_c 控制工作。

晶体管选择级的输出电压波形如图 3-78 所示。

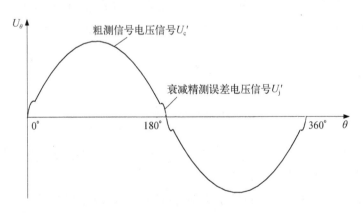

图 3-78　晶体管选择电路输出波形

3.5.3　选择电路的设计

对于双通道测量电路,在精、粗自整角机和速比 i 确定后,就需要设计信号选择电路。

信号选择电路可设计成各式各样的形式,但必须满足前面所阐述的粗测通道的工作范围和粗精双通道测量电路工作的转换角设计原则。由前面介绍可知:当 i 为奇数时,粗、精测通道的稳定零点重合,且粗、精测通道的不稳定零点亦重合;当 i 为偶数时,粗、精测通道的稳定零点重合,但粗、精测通道的不稳定零点不重合,出现假零点现象。下面对两种选择级电路设计进行介绍。

1. i 为奇数时选择电路的设计

当 i 为奇数时,系统误差角在 $\theta = 180°$ 时,系统不会静止,而将向 $\theta = 0°$ 稳定零点协调,这样仅需选择级具有信号选择的功能就够了。

如图 3-75 所示,双向稳压管使测角装置在小误差角时,以精测通道输出起控制作用;大误差角时,粗、精双通道输出相叠加,但以粗测通道输出占主导地位起控制作用。

设粗、精双通道工作转换点为误差角 θ_z,当 $-30° < \theta < 30°$,可认为粗、精双通道输入-输出特性是线性区,由于误差角 θ_z 很小,则转换电压 U_z 为

$$U_z = U_m \sin \theta_z \approx U_m \theta_z \qquad (3-127)$$

式中,U_m 为粗测通道输出的最大误差电压。

当误差角 $\theta > \theta_z$ 时,粗测通道输出 $U_\theta > U_z$,粗测通道输出电压经稳压管输出加在输出电阻两端,由于精测通道的输出经分压后仍加在输出电阻上,所以当粗测通道通过选择级时,精测通道也通过选择级,但精测通道输出电压已被降低许多,只有粗测通道起控制作用,控制被控对象向协调方向运动。当误差角 $\theta < \theta_z$ 时,粗测通道输出 $U_\theta < U_z$,粗测通道的输出电压被双向稳压管截止,精测通道的输出经分压后加在输出电阻上,所以只有精测通道输出电压通过选择级。因此,选择级的设计主要是对双向稳压管的稳压值、R_1 和 R_2 的选择,对双向稳压管的稳压值的选择即对 U_z 的选择。

通过上述分析,合理选择 i 和转换角 θ_z,并保证转换电压大于粗测通道的静误差,并选择相应的稳压管和精测通道的分压电阻。在选择电阻 R_1、R_2 时还应考虑与自整角机的输出阻抗匹配,同时也要考虑下一级放大器的输入阻抗的匹配符合要求,最终通过试验调试确定。

精测通道控制时,选择电路的传递函数为

$$G(s) = \frac{R_2}{R_1 + R_2} \qquad (3-128)$$

例 3-8 如图 3-75 所示,若选 $i = 15$,$U_m = 115$ V,取稳压管的稳压值为 15 V,求粗测、精测转换角 θ_z,并设计选择电路。

解:根据式(3-126)可知,转换角 θ_z 应在 $6° < \theta_z < 10°$,则根据式(3-127),转换电压 U_z 应在 12.037 V $< U_z <$ 20.06 V。若取稳压管的稳压值为 15 V,满足转换电压要求。

由于转换角 θ_z 较小,由转换电压可近似计算,得转换角为

$$\theta_z \approx \frac{U_z}{U_m} \frac{180}{3.14} = 7.477°$$

此时的精测误差经分压后的电压应为 $U_j' = 15\text{ V}$，精测误差角为

$$\theta_j = i \times 7.477° = 15 \times 7.477° = 112.155°$$

那么实际的精测误差电压应为

$$U_j = U_m \sin\theta_j = 115\sin 112.155° \approx 106.509\text{ V}$$

则

$$\frac{R_2}{R_1 + R_2} = \frac{15}{106.509} \approx 0.141$$

所以,通过合理选择 R_1 和 R_2,就可完成选择电路设计。

2. i 为偶数时选择电路设计

当 i 为数偶时,系统误差角在 $\theta = 180°$ 附近时,系统在精测通道的输出电压控制下,使系统停在精测的稳定零点,即稳定地停在 $\theta = 180°$（即假零点处）,而使系统不能向 $\theta = 0°$ 稳定零点协调,这样不仅需要选择级具有信号选择的功能,还需要选择级具有消除假零点的作用。要消除假零点,就必须使精测的不稳定零点与粗测的不稳定零点在 $\theta = 180°$ 处重合。这样选择电路就应有移零作用。下面以图 3 - 79 所示电路为例,说明 i 为偶数时信号选择电路设计的方法。

图 3 - 79(a)是 i 为偶数时的一种选择电路,电路采用一对反并联二极管串在粗测通道的输出端,在利用二极管特性的零点几伏小死区,以阻断粗测通道的输出电压;利用双向稳压管给精测通道输出电压限幅,使测角装置在小误差角时,以精测通道输出为主起控制作用;大误差角时,精、粗双同道输出相叠加,但以粗测通道输出占主导地位起控制作用。消除假零点的方法是在粗测通道输出端串加移零电压 $u_0 = U_0 \sin\omega t$,使粗测通道输出特性的假零点向右平移 $90°/i$,如图 3 - 79(b)所示;再将粗测接收机 CJ 定子转 $90°/i$;仍使粗、精输出特性的稳定零点重合,同时使粗、精输出特性的不稳定零点亦重合。精测信号分压后,粗精测通道的输出特性如图 3 - 79(c)所示。经信号选择的合成输出特性如图 3 - 79(d)所示,系统不再稳定在 $\theta = 180°$ 处。

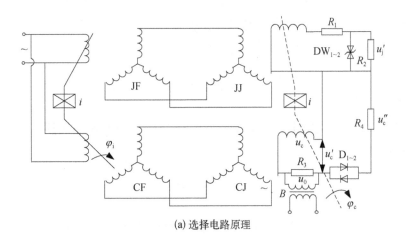

(a) 选择电路原理

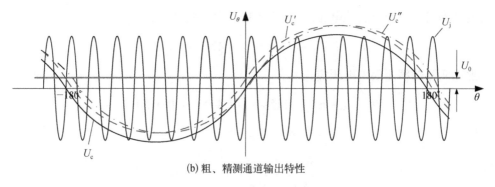

(b) 粗、精测通道输出特性

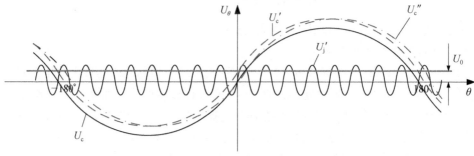

(c) 粗、精测通道输出特性(精测分压情况)

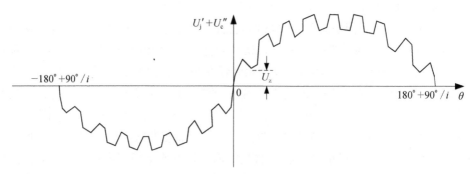

(d) 选择级的输出

图 3 - 79 i 为偶数时粗、精示双通道信号选择电路及输出

现在若已知自整角机输入-输出特性是正弦函数,当 $\theta = 90°$ 时,输出达到最大有效值 U_m。通常取 $-30° < \theta < 30°$,特性线性化的斜率为

$$K = \frac{U_m \sin 30°}{30} \approx 0.016\,67 U_m = 0.955 U_m \qquad (3-129)$$

若取图 3 - 79(a) 移零电压 u_0,且移零电压亦应取与发送机励磁同频率 400 Hz 和同相位,u_0 的有效值应为

$$U_0 = \frac{90°}{i} K \qquad (3-130)$$

设粗测通道中所用二极管 D_1、D_2 均为 ZCP 型硅管,死区电压 $\Delta U \approx 0.7\,V$。精测通道

中稳压管 DW 的限幅电压为 U_{DW}，它必须大于系统应有的线性范围。在跟踪系统中常有最大跟踪误差 e_m 的要求，系统线性范围应大于或等于 e_m，而不能比 e_m 小。为简化计算，将自整角机的短路输出阻抗看成纯电阻 R_B，在最大跟踪误差角 e_m 时，精测通道的输出电压有效值为

$$U_j = Kie_m \tag{3-131}$$

若按图 3-79(a) 精测通道输出电压分压后的输出电压有效值为 U_j'，应满足以下不等式：

$$\sqrt{2} U_j' = \frac{\sqrt{2} R_2}{R_B + R_1 + R_2} U_j \leqslant U_{DW} \tag{3-132}$$

但是 U_{DW} 值又不能太大，因为精、粗通道输出信号分别分压后，以 R_2、R_4 上的压降叠加（即 $U_j' + U_c''$）作为输出控制信号，参看图 3-79(a) 输出合成特性如图 3-79(d) 所示，其中第一个下凹点对应的电压为粗、精双通道测量电路的转换电压 U_z，转换电压 U_z 与 U_{DW} 的取值关系密切，如果 U_{DW} 值过大，则 U_z 可能为负，即合成特性又多出几个稳定零点和几个不稳定零点。系统正常工作需要 U_z 不仅大于零，而且要大于系统线性范围所对应的电压值，在这里与转换电压 U_z 对应的误差角为粗精测转换角 θ_z。

一般 U_{DW} 只取几伏，故 U_{DW} 与 U_z 对应的失调角 θ_z 有以下关系：

$$U_{DW} = \frac{\sqrt{2} R_2}{R_B + R_1 + R_2} U_{max} \sin(i\theta_z - 180°)$$

则

$$\theta_z = \frac{1}{i} \left[180° - \arcsin \frac{U_{DW}(R_B + R_1 + R_2)}{\sqrt{2} U_{max} R_2} \right] \tag{3-133}$$

由于 i 为偶数，且 $i < 30 \sim 50$，一般取 10、15、20、25、30。故 θ_z 只有十几度。U_z 是粗通道输出 $\sqrt{2} U_c''$ 减去精通道输出 $\sqrt{2} U_j'$，因此时两者相位相反，而且 U_j' 刚好等于 U_{DW}，故 U_z 可用下式表示：

$$\sqrt{2} U_z = \sqrt{2} U_c'' - \sqrt{2} U_j' = \sqrt{2} U_c'' - U_{DW} = (\sqrt{2} U_c' - 0.7) \frac{R_4}{R_B + R_4} - U_{DW}$$

$$\approx (\sqrt{2} K\theta_z - 0.7) \frac{R_4}{R_B + R_4} - U_{DW} \tag{3-134}$$

并要求

$$U_z \geqslant \frac{R_2}{R_B + R_1 + R_2} Kie_m \tag{3-135}$$

由式(3-134)和式(3-135)可得出

$$U_{DW} \leqslant \frac{R_4(\sqrt{2}K\theta_z - 0.7)}{R_B + R_4} - \frac{\sqrt{2}R_2 Kie_m}{R_B + R_1 + R_2} \qquad (3-136)$$

由式(3-132)和式(3-136)得出

$$\frac{\sqrt{2}R_2 Kie_m}{R_B + R_1 + R_2} \leqslant U_{DW} \leqslant \frac{R_4(\sqrt{2}K\theta_z - 0.7)}{R_B + R_4} - \frac{\sqrt{2}R_2 Kie_m}{R_B + R_1 + R_2} \qquad (3-137)$$

根据式(3-137)来设计信号选择电路,主要是确定 R_1、R_2、R_4 的阻值和稳压管的限幅值 U_{DW},选电阻要考虑与自整角机的输出阻抗匹配,同时也要考虑放大器的输入阻抗符合要求,最终结果要使式(3-137)成立。对于这种非线性电路只能按试凑法选择参数,再通过试验调试确定。

例 3-9 粗、精测通道之间传动比为 $i = 20$,最大跟踪误差为 0.006 rad/s,选择 28ZKB01 自整角机,其最大电压 $U_m = 58$ V,试对图 3-79(a)选择电路进行设计。

解:根据式(3-129)得自整角机输入-输出特性线性化斜率为

$$K = 0.955U_m(V/rad) = 55.4(V/rad) = 0.97 \ V/(°)$$

由式(3-130)得移零电压 u_0 的幅值为

$$U_0 = \frac{90°}{i}K = \frac{90°}{20} \times 0.97 = 4.365 \ V$$

由式(3-131)得最大跟踪误差时精测通道误差电压的有效值为

$$U_j = Kie_m = \frac{0.97 \times 20 \times 0.006 \times 180}{3.14} = 6.673 \ V$$

由式(3-132)经过 R_1 和 R_2 分压后得

$$U_j' = \frac{6.673 \times R_2}{R_B + R_1 + R_2}$$

合理选择 U_{DW}、R_1、R_2、R_4,由式(3-133)得粗、精测双通道转换角为

$$\theta_z = \frac{1}{20}\left[180° - \arcsin\frac{U_{DW}(R_B + R_1 + R_2)}{\sqrt{2}U_m R_2}\right]$$

$$= 9° - \frac{1}{20}\arcsin\frac{U_{DW}(R_B + R_1 + R_2)}{\sqrt{2} \times 58 \times R_2}$$

并使 U_{DW} 满足式(3-137),即满足

$$\frac{\sqrt{2} \times 6.673 \times R_2}{R_B + R_1 + R_2} \leqslant U_{DW} \leqslant \frac{R_4(\sqrt{2} \times 0.97\theta_z - 0.7)}{R_B + R_4} - \frac{\sqrt{2} \times 6.673 \times R_2}{R_B + R_1 + R_2}$$

若给定转换电压或转换角 θ_z,通过选择 R_1、R_2、R_4,即可完成选择电路设计。

3.6 相敏整流电路

为了实现对随动系统的控制,需要对控制信号进行转换和处理,如常见的交流信号到直流信号的转换或直流信号到交流信号的转换等,以便实现随动系统对输入信号的自动跟踪。随动系统采用的信号转换电路的类型较多,比较常见的有以下几种类型。

1)振幅调制电路

输入信号为直流电压信号,经振幅调制后,输出为固定频率的交流电压信号,其幅值与输入直流信号大小成正比,相位与输入直流信号的极性有关。当输入直流信号极性为正时,输出交流信号与参考电源同相位,否则反相位。

2)相位调制电路

输入信号为直流电压信号,经相位调制后,输出为固定频率的交流电压或脉冲信号,但输出交流电压信号的幅值一定,而相位与输入信号的大小一一对应。

3)相敏整流电路(亦称相敏解调器)

当输入为固定频率的交流电压信号,经相敏整流后,输出为直流电压信号。输出直流信号的大小与输入交流信号的幅值对应,极性与输入交流信号的相位有关。当输入交流信号与参考电源同相位时,输出直流信号的极性为正,否则输出直流信号的极性为负。

4)频率调制电路(V/F)

输入为直流电压,经频率调制后,输出为脉冲信号,其频率与输入信号的大小成正比,通常称为电压—频率转换电路。

5)频压转换电路(F/V)

输入信号是交流信号或脉冲信号的频率,经频压转换后,输出为直流电压信号,其大小与输入信号的频率呈线性关系。

本节主要介绍相敏整流电路(亦称相敏解调器),广泛地应用位置随动系统。对于测角元件采用自整角机和旋转变压器等感性元件的随动系统,其测量元件将转角(或位移)转换成具有一定频率的交流电压信号,当系统的执行元件采用直流电动机时,需要利用相敏整流电路,将交流信号转换为直流信号,才能对直流电动机实施有效的控制。

相敏整流电路按照构成的元件和电路的工作原理,可分为开关式、模拟乘法器式和集成芯片等几种,下面分别介绍几种常用的电路。

3.6.1 开关式相敏整流电路

开关式相敏整流电路如图3-80所示,由晶体三极管 V_1、V_2、V_3 和 V_4、电源变压器 T_1、输入变压器 T、输出电阻 R_1、R_2 和滤波电容 C_1、C_2、限流电阻 R_3 和电位计 R_w 组成。其中晶体三极管 V_1、V_2 组成一个模拟开关,晶体三极管 V_3、V_4 组成另一个模拟开关,V_1、V_2、V_3、V_4 参数完全相同。模拟开关的通、断由电源变压器 T_1 提供的固定频率的交流参

考电压 u_t 控制。R_1、R_2 构成输出负载,C_1、C_2 用于滤波,且 R_1 与 R_2 完全相同,C_1 与 C_2 完全相同。

由图 3-80 可知,开关式相敏整流电路的主要特点是晶体管集电极电源由变压器 T_1 的绕组供给与输入信号电压同频率的交流电压,其相位则与输入信号电压准确的同相位或反相位。

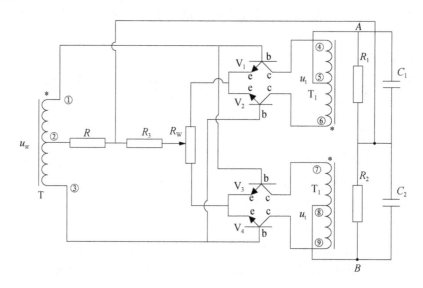

图 3-80 开关式相敏整流电路

为了保证相敏整流电路的正常工作,除了满足上述条件,还应保证电源变压器 T_1 和输入变压器 T 同晶体管 V_1、V_2、V_3、V_4 的正确连接,即满足若加在 V_1 或 V_2 的输入交流信号电压与其交流集电极电压同相位,则加在 V_3 或 V_4 的输入交流信号电压与其交流集电极电压反相位,反之满足若加在 V_1 或 V_2 的输入交流信号电压与其交流集电极电压反相位,则加在 V_3 或 V_4 的输入交流信号电压与其交流集电极电压同相位。

1. 当输入交流电压信号 $u_{sr}=0$ 时

在参考电源电压 u_t 正半周,电源变压器 T_1 的④端为负,⑥端为正,⑦端为正,⑨端为负。三极管 V_1 集电极电源为负,V_1 截止不导通,集电极电流 $I_{c1}=0$,而三极管 V_2 集电极电源为正,V_2 饱和导通,集电极电流 I_{c2} 由 V_2 集电极 V_{2-c} 到发射极 V_{2-e},经过电位计 R_W 和 R_3,流过输出电阻 R_1 产生压降 V_{R1}。同样,在参考电源电压 u_t 正半周,三极管 V_3 集电极电源为正,V_3 饱和导通,集电极电流 I_{c3} 由 V_3 集电极 V_{3-c} 到发射极 V_{3-e},经过电位计 R_W 和 R_3,流过输出电阻 R_2 产生压降 V_{R2},而三极管 V_4 集电极电源为负,V_4 截止不导通,集电极电流 $I_{c4}=0$。由于 V_2、V_3、R_1、R_2、C_1、C_2 参数完全相同,电路结构对称,所以 $|V_{R1}|=|V_{R2}|$,方向相反,输出电压 $U_{AB}=0$。

在参考电源电压 u_t 负半周,电源变压器 T_1 的④端为正,⑥端为负,⑦端为负,⑨端为正。三极管 V_1 集电极电源为正,V_1 饱和导通,集电极电流 I_{c1} 由 V_1 集电极 V_{1-c} 到发射极 V_{1-e},经过电位计 R_W 和 R_3,流过输出电阻 R_1 产生压降 V_{R1}。而三极管 V_2 集电极电源为负,V_2 截止不导通,集电极电流 $I_{c2}=0$。同样,在参考电源电压 u_t 负半周,三极管 V_3 集电

极电源为负，V_3 截止不导通，集电极电流 $I_{c3}=0$。而三极管 V_4 集电极电源为正，V_4 饱和导通，集电极电流 I_{c4} 由 V_4 集电极 V_{4-c} 到发射极 V_{4-e}，经过电位计 R_W 和 R_3，流过输出电阻 R_2 产生压降 V_{R2}。由于 V_1、V_4、R_1、R_2、C_1、C_2 参数完全相同，电路结构对称，所以 $|V_{R1}|=|V_{R2}|$，方向相反，输出电压 $U_{AB}=0$。

所以，当输入交流电压信号 $u_{sr}=0$ 时，无论在参考电源的正半周还是负半周，相敏整流电路输出都为零。输入输出波形如图 3-81(a) 所示，其中 u_{AB} 为 U_{AB} 经 C_1、C_2 滤波前的信号。

2. 当输入交流电压信号 $u_{sr}\neq0$，且与参考电源电压 u_t 同相位时

在参考电源电压 u_t 正半周，输入变压器 T 的①端为正、③端为负，三极管 V_1 集电极电源为负，V_1 截止不导通，集电极电流 $I_{c1}=0$，而三极管 V_2 集电极电源为正，V_2 饱和导通，输入交流电压信号 u_{sr} 使 V_2 基极电位降低，集电极电流 I_{c2} 减小，流过输出电阻 R_1 产生压降 V_{R1} 降低。同样，在参考电源电压 u_t 正半周，三极管 V_3 集电极电源为正，V_3 饱和导通，输入交流电压信号 u_{sr} 使 V_3 基极电位升高，集电极电流 I_{c3} 亦增大，流过输出电阻 R_2 产生压降 V_{R2} 升高，而三极管 V_4 集电极电源为负，V_4 截止不导通，集电极电流 $I_{c4}=0$。由于 V_2、V_3、R_1、R_2、C_1、C_2 参数完全相同，电路结构对称，所以 $|V_{R1}|<|V_{R2}|$，输出电压 $U_{AB}>0$。

在参考电源电压 u_t 负半周，输入变压器 T 的①端为负、③端为正，三极管 V_1 集电极电源为正，V_1 饱和导通，输入交流电压信号 u_{sr} 使 V_1 基极电位降低，集电极电流 I_{c1} 减小，流过输出电阻 R_1 产生压降 V_{R1} 亦降低。而三极管 V_2 集电极电源为负，V_2 截止不导通，集电极电流 $I_{c2}=0$。同样，在参考电源电压 u_t 负半周，三极管 V_3 集电极电源为负，V_3 截止不导通，集电极电流 $I_{c3}=0$。而三极管 V_4 集电极电源为正，V_4 饱和导通，输入交流电压信号 u_{sr} 使 V_4 基极电位升高，集电极电流 I_{c4} 增大，流过输出电阻 R_2 产生压降 V_{R2} 亦升高。由于 V_1、V_4、R_1、R_2、C_1、C_2 参数完全相同，电路结构对称，所以 $|V_{R1}|<|V_{R2}|$，输出电压 $U_{AB}>0$。

所以，当输入交流电压信号 $u_{sr}\neq0$，且与参考电源电压同相位时，无论在参考电源的正半周还是负半周，相敏整流电路输出都大于零，相敏整流电路波形如图 3-81(b) 所示。

3. 当输入交流电压信号 $u_{sr}\neq0$，且与参考电源电压 u_t 反相位时

在参考电源电压 u_t 正半周，输入变压器 T 的①端为负、③端为正，三极管 V_1 集电极电源为负，V_1 截止不导通，集电极电流 $I_{c1}=0$，而三极管 V_2 集电极电源为正，V_2 饱和导通，输入交流电压信号 u_{sr} 使 V_2 基极电位升高，集电极电流 I_{c2} 增大，流过输出电阻 R_1 产生压降 V_{R1} 升高。同样，在参考电源电压 u_t 正半周，三极管 V_3 集电极电源为正，V_3 饱和导通，输入交流电压信号 u_{sr} 使 V_3 基极电位降低，集电极电流 I_{c3} 减小，流过输出电阻 R_2 产生压降 V_{R2} 亦降低，而三极管 V_4 集电极电源为负，V_4 截止不导通，集电极电流 $I_{c4}=0$。由于 V_2、V_3、R_1、R_2、C_1、C_2 参数完全相同，电路结构对称，所以 $|V_{R1}|>|V_{R2}|$，输出电压 $U_{AB}<0$。

在参考电源电压 u_t 负半周，输入变压器 T 的①端为正、③端为负，三极管 V_1 集电极电源为正，V_1 饱和导通，输入交流电压信号 u_{sr} 使 V_1 基极电位升高，集电极电流 I_{c1} 增大，流过输出电阻 R_1 产生压降 V_{R1} 亦升高。而三极管 V_2 集电极电源为负，V_2 截止不导通，集

电极电流 $I_{c2}=0$。同样,在参考电源电压 u_t 负半周,三极管 V_3 集电极电源为负,V_3 截止不导通,集电极电流 $I_{c3}=0$。而三极管 V_4 集电极电源为正,V_4 饱和导通,输入交流电压信号 u_{sr} 使 V_4 基极电位降低,集电极电流 I_{c4} 减小,流过输出电阻 R_2 产生压降 V_{R2} 亦降低。由于 V_1、V_4、R_1、R_2、C_1、C_2 参数完全相同,电路结构对称,所以 $|V_{R1}| > |V_{R2}|$,输出电压 $U_{AB} < 0$。

所以,当输入交流电压信号 $u_{sr} \neq 0$,且与参考电源电压 u_t 反相位时,无论在参考电源的正半周还是负半周,相敏整流电路输出都小于零,相敏整流电路波形如图 3-81(c) 所示。

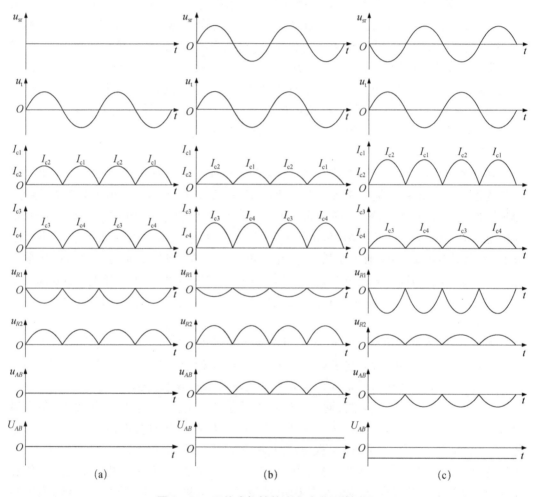

图 3-81 开关式相敏整流电路主要波形图

总之,开关式相敏整流电路实现了全波整流电路的功能,其输出电压反映了输入交流信号的幅值,输出电压的极性反映了输入交流信号的相位。

同理,若 u_{sr} 与 u_t 正交,则 u_{AB} 的直流成分为零,因此该电路亦能抑制与 u_t 正交的信号,其输入、输出波形如图 3-82 所示。当输入交流信号与交流参考电源电压有相位差时,它亦能完成鉴相任务,使输出直流成分与输入的相位一一对应。

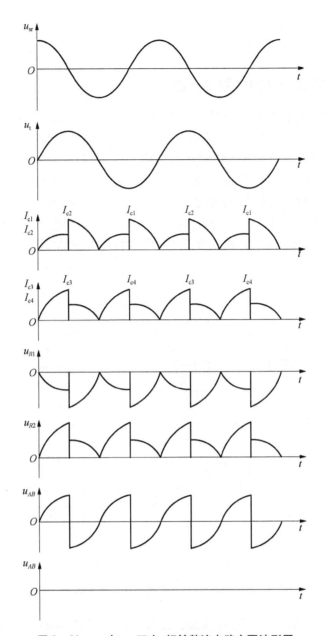

图 3-82 u_{sr} 与 u_t 正交,相敏整流电路主要波形图

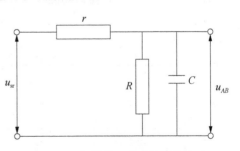

图 3-83 相敏整流电路的等效电路

将开关晶体管可以等效成一个电阻 r,故图 3-80 电路可以等效为如图 3-83 所示电路。则相敏整流电路的传递函数形式是一个惯性环节。其传递函数为

$$\frac{U_{AB}(s)}{U_{sr}(s)} = \frac{K}{\tau s + 1} \qquad (3-138)$$

式中，$\tau = \dfrac{rRC}{R+r}$，$K = \dfrac{R}{R+r}$，$R_1 = R_2 = R$，$C_1 = C_2 = C$。

3.6.2 采样保持式相敏整流电路

采样保持式相敏整流电路是基于峰值采样的原理实现的，如图 3-84 所示。它主要由移相器 N_1、限幅比较器 N_2、单稳态触发器 DW 和采样保持器 S/H 组成。N_1 的作用是将参考信号 u_{ref} 的过零点移相到输入信号 u_{sr} 峰值时刻上，考虑到轴角传感器的相位延迟，这一相位将不会是严格的 90° 或 270°，需要在实际电路调试时调整，N_2 的作用是对 N_1 的输出信号 u_1 整形为方波 u_2 送入单稳态电路 DW，在 u_2 信号的下降沿触发单稳压电路产生一个窄脉 u_3，在脉冲的低电平期间通过采样保持器 S/H 对输入信号 u_{sr} 进行峰值采样，并检出相位信息，采样保持式相敏整流电路的主要波形图 3-85 所示。

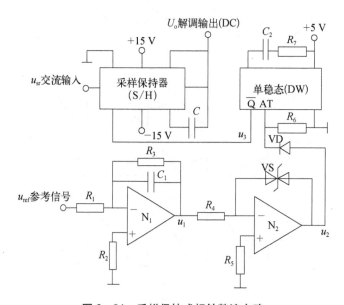

图 3-84 采样保持式相敏整流电路

由图 3-85 可以看出，采样保持式相敏整流电路同样具有抑制与参考电源信号 u_{ref} 正交的输入信号，也具有鉴相功能。

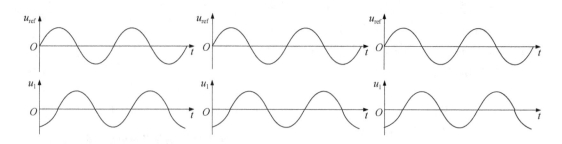

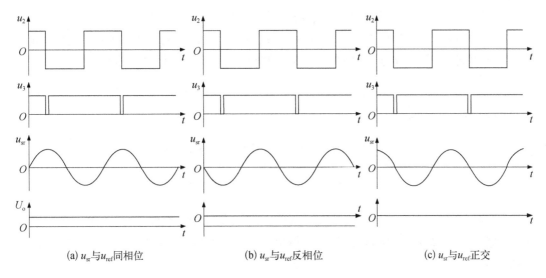

(a) u_{sr} 与 u_{ref} 同相位　　　　(b) u_{sr} 与 u_{ref} 反相位　　　　(c) u_{sr} 与 u_{ref} 正交

图 3－85　采样保持式相敏整流电路的主要波形图

3.6.3　用模拟乘法器作相敏整流电路

模拟乘法器也能实现相敏整流电路的功能。现有的集成器件,国产的型号有 FZ4、BG314、F1595,国外的型号有 LM1496N、MC1494L、MC1495/1595 等。模拟乘法器如图 3－86 所示。

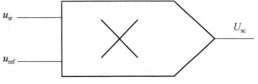

图 3－86　模拟乘法器

模拟乘法器的一个输入端为交流输入信号 u_{sr},另一个输入端为参考交流电压信号 u_{ref}。

$$u_{sr} = U_{sr}\sin(\omega t + \varphi_1)$$
$$u_{ref} = U_{ref}\sin(\omega t + \varphi_2)$$

$$(3-139)$$

u_{sr} 与 u_{ref} 同相,$\varphi_1 = \varphi_2 = \varphi$,则模拟乘法器的输出信号 u_{sc} 为

$$\begin{aligned} u_{sc} &= ku_{sr} \times u_{ref} \\ &= kU_{sr}U_{ref}\sin^2(\omega t + \varphi) \\ &= kU_{sc}\sin^2(\omega t + \varphi) \end{aligned}$$

$$(3-140)$$

式中,k 为乘法器的系数;$U_{sc} = U_{sr}U_{ref}$ 为常数。

由于 $\sin^2(\omega t + \varphi) \geqslant 0$,所以式(3-140)中的 u_{sc} 为正的脉动直流信号,若再经滤波电路即可得到平稳直流信号。

若 u_{sr} 和 u_{ref} 反相,$\varphi_1 - \varphi_2 = 180°$,则模拟乘法器的输出信号为

$$\begin{aligned} u_{sc} &= ku_{sr} \times u_{ref} \\ &= kU_{sr}U_{ref}\sin(\omega t + \varphi_1)\sin(\omega t + \varphi_2) \\ &= -kU_{sc}\sin^2(\omega t + \varphi_1) \end{aligned}$$

$$(3-141)$$

因为 $u_{sc}<0$，所以 u_{sc} 为负的脉动直流信号。由此可以看出模拟乘法器具有相敏特性。

若 u_{sr} 和 u_{ref} 不同相也不反相时，若 $u_{sr}=U_{sr}\sin(\omega t+\varphi)$，$u_{ref}=U_{ref}\sin\omega t$，且 $0<\varphi<180°$，则可将 u_{sr} 分解成与 u_{ref} 同相的分量以及与 u_{ref} 正交的分量之和，则

$$u_{sr}=U_{sr}(\cos\varphi\sin\omega t+\sin\varphi\cos\omega t) \tag{3-142}$$

此时，乘法器的输出电压

$$u_{sc}=kU_{sr}U_{ref}(\cos\varphi\sin\omega t+\sin\varphi\cos\omega t)\sin\omega t$$

$$=U_{sc}\cos\varphi\sin^2\omega t+\frac{1}{2}U_{sc}\sin\varphi\sin 2\omega t \tag{3-143}$$

式(3-143)等式右边第一项幅值与 $\sin^2\omega t$ 成正比，是脉动的直流成分，而第二项是交流成分，经滤波后仅取其直流成分，说明模拟乘法器也具有鉴相的功能，亦能抑制与 u_t 正交的信号。

3.6.4 相敏整流集成电路

随着科学技术的进步，现代随动系统中的相敏整流电路也采用专用集成电路来实现。LZX1 单片集成电路是一种全波相敏整流放大器。它是以晶体管作为开关元件的全波相敏整流器，能同时产生方波电压，把输入交流信号经全波整流后变为直流信号，以及鉴别输入信号相位等功能。该器件可以代替变压器、斩波器和放大器，使相敏整流实现全集成电路化。目前，国内外已有单片集成的调制-解调芯片。国产的有 LZX1、LZX1C、HJ001~HJ003、MXT001/MXT002 等芯片，国外的有美国 AD 公司生产的 AD630 芯片和 MOTOROLA 公司生产的 MG1496、MG1596 等芯片。这些芯片既可以做解调器，也可以做调制器。下面将以国产 LZX1 芯片为例来介绍相敏整流集成电路的工作原理及应用。

LZX1 芯片由一个包括方波发生器和三极管在内的相敏解调器及一个运算放大器组成，如图 3-87 所示。当方波发生器的 C 端输出为正电平，三极管 V_1 饱和导通，A 点电位为零，方波发生器 D 端的输出为负电平，三极管 V_2 截止断开，B 点电位与输入端 5 的电位

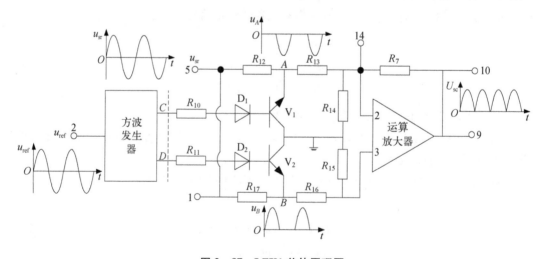

图 3-87　LZX1 芯片原理图

相同。反之,当方波发生器的 C 端输出为负电平,三极管 V_1 截止断开,A 点电位与输入端 5 的电位相同,方波发生器 D 端的输出为正电平,三极管 V_2 饱和导通,B 点电位为零。所以,三极管 V_1 和 V_2 分别构成半波整流,经差分放大器输出得到全波整流电压信号。LZX1 芯片电路各点的信号波形如图 3-88 所示。

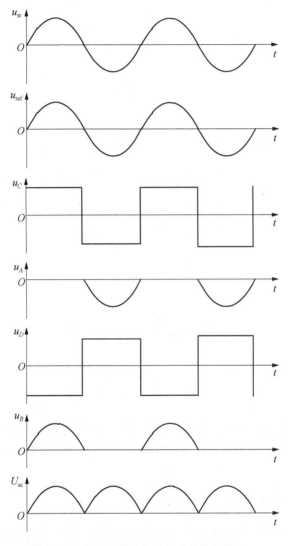

图 3-88 LZX1 芯片电路各点的信号波形

LZX1 单片集成电路是一种全波相敏整流电路,它输出的直流电压不仅与输入交流信号电压的幅值成正比,而且与输入交流信号的相位有关。它们之间的关系可以表示为

$$U_{sc} = kU_{sr}\cos\theta \tag{3-144}$$

式中,k 为整流系数;U_{sr} 为输入交流信号电压的振幅;θ 为输入信号电压与参考电压之间的相位差。

当输入电压与参考电压同相位,即 $\theta = 0$ 时,$U_{sc} > 0$;当输入电压与参考电压反相位,即

$\theta = 180°$ 时，$U_{sc} < 0$。

图 3−89 所示是采用 LZX1 的相敏整流电路的典型接法。图中，R 为调零电位计；C_1 为消振电容，通常其容值为 51pF，耐压值为 63 V；C_2 为滤波电容，通常选用电容值为 0.1 μF，耐压 160 V；第 2、3 引脚为参考电压输入端；第 1、5 引脚为交流信号输入端；第 9、10 引脚为直流信号输出端。

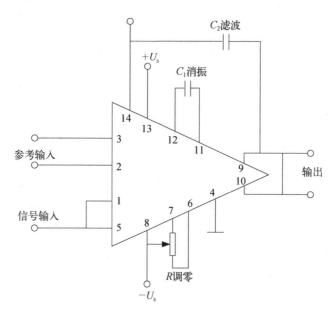

图 3−89　LZX1 典型接线图

3.7　放　大　装　置

一般情况下，经选择、转换后的信号比较弱，不能直接用来控制执行元件，必须经过信号放大和功率放大后才能送给执行元件控制随动系统工作。放大装置分为信号放大装置和功率放大装置。

3.7.1　信号放大装置

信号放大装置的作用是将由测量元件输出的微弱信号进行放大，满足功率放大装置的输入要求。例如，随动系统的执行元件是由功率模块提供电源来驱动的，而功率模块的输出则与系统控制信号紧密相关，其控制信号必须具有足够的电压才能使功率模块工作，并为执行元件提供足够的电压和电流，使执行元件带着随动系统工作。因此，需要对系统控制信号进行放大。信号放大装置有多种形式，下面给出几种形式的信号放大装置。

1. 运算放大器构成的信号综合放大装置

信号综合放大装置的作用是将前一级的输出信号与送入该级的反馈信号或补偿信号，按一定的比例叠加，放大后形成控制信号。显然，信号综合放大装置是一个比例加法器，如图 3−90 所示的信号综合放大装置，由电阻 $R_1 \sim R_3$ 和集成运算放大器 N_1 等元件组成，R_1、R_2 分别为前一级输出信号电压 U_i 和反馈信号电压 U_f 的输入电阻，R_3 为运算放大器的反馈电阻，U_o 为信号综合放大装置的输出。

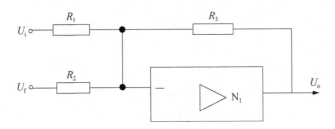

图 3－90　运算放大器构成综合放大装置

信号的传输关系可表示为

$$U_o = k_i U_i + k_f U_f \qquad (3-145)$$

式中，$k_i = -\dfrac{R_3}{R_1}$，$k_f = -\dfrac{R_3}{R_2}$。

2. 集成运算放大器与晶体管构成的两级放大装置

如图 3－91 所示两级放大装置由电阻 $R_1 \sim R_{14}$、运算放大器 N_1、二极管 $D_1 \sim D_4$、稳压二极管 $DW_1 \sim DW_2$、晶体三极管 $V_1 \sim V_4$ 和压敏电阻 R_v 等元件组成，电路的负载是电机放大机的控制绕组 K_I、K_{II}。

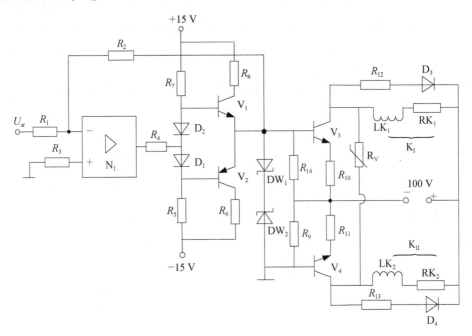

图 3－91　放大电路原理图

两级放大器以 N_1 运算放大器和 V_1、V_2 等元件组成比例放大器，构成前置放大级，其余部分组成功率放大器，构成末级放大级。

V$_1$、V$_2$ 用来对运算放大器 N$_1$ 进行电流扩展。R_5、R_7、D$_1$ 和 D$_2$ 用来对 V$_1$、V$_2$ 的基极进行电压分配,形成基极偏置电压,R_6 和 R_8 是 V$_1$、V$_2$ 的限流电阻,R_1 为 N$_1$ 的输入电阻,R_2 为反馈电阻,R_3 为 N$_1$ 正向输入接地电阻,用来为信号提供参考点。

输入信号 U_{sr} 经由 N$_1$ 组成的比例放大器放大后,由 V$_1$、V$_2$ 进行电流放大,送入放大电路末级功率三极管 V$_3$、V$_4$ 进行电压和电流放大,然后驱动放大电机控制绕组。DW$_1$、DW$_2$ 用来对放大信号进行限幅,目的是防止电机放大机控制绕组和功放级反窜电压对前置级的影响。V$_3$、V$_4$ 的集电极回路分别串入电机放大机的控制绕组 K$_I$ 和 K$_{II}$。V$_3$、V$_4$ 集电极电源为 +100 V 电源。R_{10} 和 R_{11} 为功放级电流负反馈电阻。R_{12}、D$_3$ 和 R_{13}、D$_4$ 及控制绕组 K$_I$ 和 K$_{II}$ 分别构成续流电路,用于在大信号换向时给 K$_I$ 或 K$_{II}$ 绕组续流。压敏电阻 R_v 用来吸收电机放大机控制绕组回路中的浪涌电流。R_v 是负压阻系数电阻,即加在 R_v 上的电压增加时,R_v 阻值减小;反之,R_v 阻值增大。故随着放大电路输出信号的增大,浪涌吸收系数也增大。

3. 晶体管构成的综合放大电路

当需要对前一级送来的输入信号和从后面级反馈来的信号同时进行综合放大,并将不对称的输入信号变成对称的输出信号和减少零漂时,可采用差动放大电路构成综合放大电路,其原理电路如图 3-92(a) 所示。

在图 3-92 中,晶体管 V$_1$ 和 V$_2$ 参数相同且为高放大系数,集电极电阻 R_1 和 R_2 阻值相同,R_3 为耦合电阻,R_4 为外加正偏压电阻,R_5 为负反馈电压供给电阻。

当输入信号 U_{sr} 为零时,因为晶体管 V$_1$ 和 V$_2$ 组成的两臂完全对称,两管的静态集电极电流相等,流过电阻 R_1 和 R_2 产生的电压也相等,故输出信号 U_{sc} 为零。此时,R_3 上的自取基极电压和 R_4 上的外加正偏压共同构成了晶体管 V$_1$ 和 V$_2$ 正常工作的基极电压。放大电路简化电路如图 3-92(b) 所示。

当输入信号 U_{sr} 不为零时,若 $U_{sr} > 0$,则晶体管 V$_1$ 基极输入信号为 ΔU_g,V$_1$ 的基极

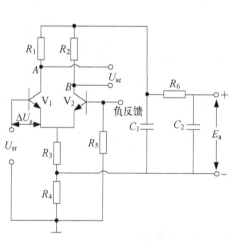
(a) 综合放大电路原理电路

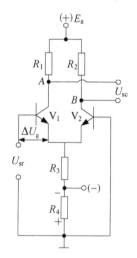
(b) 放大电路简化电路

图 3-92 综合放大电路

电位提高,使 V_1 的集电极电流增加,电阻 R_1 上产生的电压降也增加,使 A 点电位降低。同时,耦合电阻 R_3 上的电压降也增加使发射极电位提高,这样一方面使 V_1 基极电压由原来的 ΔU_g 变为 $\Delta U_g - \Delta U_k$,另一方面使晶体管 V_2 的基极与发射极间电位差由零变为 $-\Delta U_k$,从而使 V_2 的集电极电流减少,电阻 R_2 上产生的电压降也减少,使 B 点电位升高,故 A 点和 B 点间有电位差,输出信号 U_{sc} 不为零,且 $U_{sc} < 0$。由于在电路中晶体管 V_1 和 V_2 为高放大系数晶体管,同时满足 $R_3(1 + \beta)$ 远大于 R_1 或 R_2 就能保证 $\Delta U_k = \Delta U_g/2$,显然晶体管 V_1 集电极电流增加的量正好等于晶体管 V_2 的集电极电流减少的量,因此 U_{sc} 就变为对称的输出信号,且 $U_{sc} < 0$。同理,若 $U_{sr} < 0$,亦可得到对称的输出信号 U_{sc},且 $U_{sc} > 0$。

耦合电阻 R_3 有两个作用:一是产生晶体管 V_1 基极自给偏压,二是把输入信号耦合到晶体管 V_2 的基极上,将不对称输入信号变为对称的输出信号。这里要注意为了将不对称输入信号变为对称的输出信号需要增大耦合电阻 R_3 值,但为了满足静态工作点要求,R_3 值又不能太大,因此在电路中还接有一个外加电阻 R_4 以形成外加电压来抵消 R_3 上过大的压降,较好地解决了静态工作点问题。

R_5 是负反馈电压供给电阻。当随动系统匀速转动时,随动系统执行电动机电枢电流保持不变,使负反馈电阻 R_5 上的电压为零,从而使负反馈不起作用。当随动系统振荡时,随动系统的角加速度急剧变化。若系统的角加速度急剧增大,随动系统执行电动机的电枢电流也急剧增大,则负反馈电阻 R_5 上的电压降也增大,使晶体管 V_2 的基极电压增加,V_2 管的集电极电流增加,导致电阻 R_2 上产生的电压降增大,则 B 点电位降低,放大电路的输出电压 U_{sc} 减小,从而使随动系统执行电动机电枢电流也急剧减小,使执行电动机电枢电流维持不变,因此随动系统的振荡减小。反之,若随动系统的角加速度急剧减小,随动系统执行电动机的电枢电流也急剧减小,则负反馈电阻 R_5 上的电压降反向增大,使晶体管 V_2 的基极电压减小,V_2 管的集电极电流减小,导致电阻 R_2 上产生的电压降减小,则 B 点电位升高,放大电路的输出电压 U_{sc} 增加,从而使随动系统执行电动机电枢电流也急剧增加,使执行电动机电枢电流维持不变,因此随动系统的振荡减小。由此可见,负反馈通过综合放大电路对于执行电动机电枢电流的变化起着阻尼作用,达到提高随动系统的稳定性和改善系统动态品质的目的。

由电路原理可知,综合放大电路的放大倍数为

$$K = \frac{\beta R_a}{R_i + R_a} \tag{3-146}$$

式中,β 为晶体管 V_1 和 V_2 的放大系数;R_a 为集电极电阻,$R_a = R_1 = R_2$;R_i 为晶体管 V_1 和 V_2 的内阻。

3.7.2 功率放大装置

在随动系统中,测量元件输出的控制信号一般比较微弱,经过信号放大元件对其进行电压(或电流)放大后,还需要经过功率放大才能控制执行元件。随动系统中,功率放大装置的种类比较多,有电子管放大器、晶体管放大器、可控硅放大元件、交磁电机放大机和

PWM 功率放大器等。前面介绍的放大电路一般用作信号的电压（或电流）放大和小功率放大。下面所涉及的可控硅放大元件和 PWM 功率放大器主要用来作为中、大功率放大装置。

（一）可控硅功率放大装置

可控硅在工业领域获得了广泛的应用，主要用于整流、逆变、调压、开关四个方面。目前应用最多的还是可控硅整流。可控硅整流已广泛用于直流电动机调速和同步电机励磁等方面。

可控硅整流元件通常称为 SCR（Silicon controlled rectifier），是半导体家族中的一个成员。它不同于二极管和晶体管，但兼具两者的某些特性，可以大大改进许多目前使用晶体管和整流二极管的电路性能。同时，可以将许多传统的大功率电路转换成半导体可控硅电路。

1. 基本结构

可控硅具有三个 PN 结的四层结构，由最外的 P 层和 N 层引出两个电极，分别为阳极 A 和阴极 K，由中间的 P 层引出控制极 G。可控硅的内部结构及其电路符号如图 3－93 所示。

2. 工作原理

为了说明可控硅的工作原理，把可控硅看成由 PNP 型和 NPN 型两个晶体管连接而成，每个晶体管的基极与另一个晶体管的集电极相连，如图 3－94 所示。阳极 A 相当于 PNP 型晶体管 T_1 的发射极，阴极 K 相当于 NPN 型晶体管 T_2 的发射极，T_2 的基极与 T_1 的集电极相连成为控制极 G，而 T_1 的基极与 T_2 的集电极连接在一起。

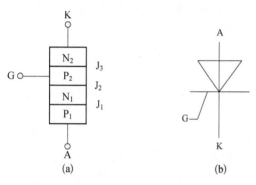

图 3－93　可控硅的内部结构及其符号

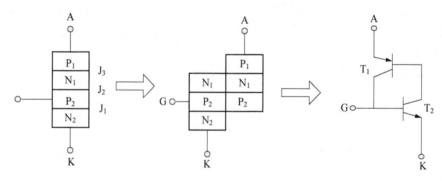

图 3－94　可控硅的等效结构

如图 3－95 所示，如果可控硅阳极加正向电压，控制极也加正向电压，那么晶体管 T_2 处于正向偏置。U_{GK} 产生的控制极电流 I_G 就是 T_2 的基极电流 I_{B2}，T_2 的集电极电流 $I_{c2} = \beta_2 I_G$，而 I_{c2} 又是晶体管 T_1 的基极电流，T_1 的集电极电流 $I_{c1} = \beta_1 I_{c2} = \beta_1 \beta_2 I_G$（$\beta_1$ 和 β_2 分别为 T_1 和 T_2 的电流放大系数）。此电流又流入 T_2 的基极，再一次放大。这样循环则形成强烈的正反馈,使两个晶体管很快达到饱和导通。这就是可控硅的导通过程。可控硅导通后,其压降很小,电源电压 U_{AK} 几乎全部加在负载 R_A 上,此时可控硅相当于串联在此回路中的一个开关。

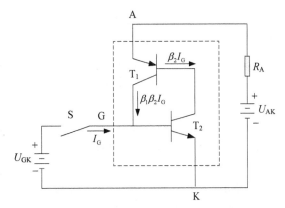

图 3-95　用两个晶体管的相互作用说明
可控硅的工作原理

此外,在可控硅导通之后,它的导通状态完全依靠可控硅本身的正反馈作用来维持,即使控制极电流 I_G 消失,可控硅仍然处于导通状态。所以,控制极的作用仅仅是触发可控硅使其导通,导通之后,控制极就失去控制作用了。要想关断可控硅,必须将阳极电流减小到使之不能维持正反馈过程。当然也可以将阳极电源断开或者在可控硅的阳极与阴极之间加一个反向电压。

由此可见,可控硅相当于一个可控的单向导通开关。它与具有一个 PN 结的二极管相比,差别在于可控硅正向导通受控制极电流 I_G 的控制。与具有两个 PN 结的晶体管相比,差别在于可控硅对控制极电流没有放大作用。

综上所述,可控硅的导通必须同时具备下面两个条件:

(1) 阳极 A 和阴极 K 之间加适当的正向电压 U_{AK}。

(2) 在控制极 G 和阴极 K 之间加适当的正向触发电压 U_{GK},在实际工作中,U_{GK} 常采用正向触发脉冲信号。

3. 伏安特性

可控硅的导通和截止工作状态是由阳极电压 U_{AK}、阳极电流 I_A 以及控制极电流 I_G 等决定的,而这几个量是相互联系的。在实际应用上常用实验曲线来表示它们之间的关系,这就是可控硅的伏安特性曲线。图 3-96 所示为 $I_G = 0$ 条件下的伏安特性曲线。

1) 正向特性

当 $U_{AK} > 0$、$I_G = 0$ 时,可控硅正向阻断,对应特性曲线的 OA 段。此时可控硅阳极和阴极之间呈现很大的正向电阻,只有很小的正向漏电流。当 U_{AK} 增加到正向转折电压 U_{BO} 时,PN 结 J_2 被击穿,漏电流突然增大,从 A 点迅速经 B 点跳到 C 点,可控硅转入导通状态。可控硅正向导通以后工作在 BC 段,电流很大而管压降只有 1 V 左右,此时的伏安特性和普通二极管的正向特性相似。

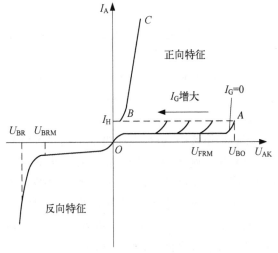

图 3-96　可控硅的伏安特性曲线

可控硅导通以后,如果减小阳极电

流 I_A，则当 I_A 小于维持电流 I_H 时，可控硅将突然由导通状态变为阻断，其特性曲线由 B 点跳到 A 点。

可控硅的这种导通是正向击穿现象，很容易造成其永久性损坏，实际工作中应避免这种现象。另外，外加电压超过正向转折电压时，不论控制极是否加正向电压，可控硅均会导通，控制极失去控制作用，这种现象也是不希望出现的。从图中可以发现，可控硅的触发电流 I_G 越大，就越容易导通，正向转折电压就越低。不同规格的可控硅所需的触发电流是不同的。一般情况下，可控硅的正向平均电流越大，所需的触发电流也越大。

2）反向特性

当可控硅承受反向电压时，可控硅只有很小的反向漏电流，此段特性与三极管反向特性很相似，可控硅处于反向阻断状态。当反向电压超过反向击穿电压 U_{BR} 时，反向电流剧增，可控硅反向击穿。

4. 主要参数

为了正确地选择和使用可控硅，还必须了解可控硅的主要技术参数的意义。可控硅的主要技术参数有正、反向重复峰值电压，正向平均电流和维持电流。

1）正向重复峰值电压 U_{FRM}

在控制极断路和可控硅正向阻断的条件下，可以重复加在可控硅两端的正向峰值电压，称为正向重复峰值电压，用符号 U_{FRM} 表示。按规定此电压为正向转折电压的 80%。

2）反向重复峰值电压 U_{BRM}

反向重复峰值电压即为在控制极断路时，可以重复加在可控硅上的反向峰值电压，用符号 U_{BRM} 表示。按规定，此电压为反向转折电压的 80%。

3）正向平均电流 I_F

在环境温度不大于40℃和标准散热及全导通的条件下，在电阻性负载的电路中，可控硅可以连续通过的工频正弦半波电流在一个周期内的平均值，称为正向平均电流 I_F，简称正向电流。在选择可控硅时，其正向平均电流 I_F 应为安装处实际通过的最大平均电流的 1.5~2 倍。

4）维持电流 I_H

在规定环境温度下，控制极断开后，维持可控硅继续导通的最小电流，称为维持电流 I_H，当正向电流小于 I_H 时，可控硅将自动关断。

通常把 U_{FRM} 和 U_{BRM} 中较小者作为可控硅的额定电压。选用可控硅时，额定电压应为正常工作时峰值电压的 2~3 倍。

5. 应用

在随动系统中，执行电动机要根据误差信号的大小来调节速度，就可用误差信号大小的变化改变可控硅触发脉冲的相位，从而改变可控硅整流元件的导通角，以实现执行电动机转速的调节。当要根据误差信号的极性控制执行电动机的旋转方向时可通过可逆整流电路来实现。

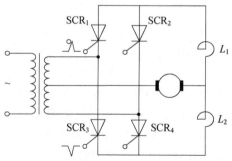

图 3-97　可控硅单相全波可逆整流原理电路

如图 3-97 为可控硅单相全波可逆整流的

原理电路。图中,可控硅 SCR_1 和 SCR_2 组成电动机正转单相全波整流电路;可控硅 SCR_3 和 SCR_4 组成电动机反转单相全波整流电路;L_1 和 L_2 分别为电动机正、反转回路总电感。

当误差信号大于零时,逻辑电路送触发脉冲给 SCR_1 和 SCR_2,并使 SCR_3 和 SCR_4 触发脉冲阻断。在电源正半周,加在 SCR_2 两端电压为正,可控硅 SCR_2 触发导通,电流从变压器次级经执行电动机、SCR_2,回到变压器次级下半绕组;在电源负半周,加在 SCR_1 两端电压为正,可控硅 SCR_1 触发导通,电流从变压器次级经执行电动机、SCR_1,回到变压器次级上半绕组,控制执行电动机正转。

当误差信号小于零时,逻辑电路送触发脉冲给 SCR_3 和 SCR_4,并使 SCR_1 和 SCR_2 触发脉冲阻断,在电源正半周,加在 SCR_3 两端电压为正,可控硅 SCR_3 触发导通,电流从变压器次级经 SCR_3、执行电动机回到变压器次级上半绕组;在电源负半周,加在 SCR_4 两端电压为正,可控硅 SCR_4 触发导通,电流从变压器次级经 SCR_4、执行电动机回到变压器次级下半绕组,控制执行电动机反转。

可控硅整流装置是一个可调的直流电源,用它向直流电动机供电,就组成了可控硅直流调速系统,如图 3−98 所示。图中,电位计 R_g 输出一个控制电压 U_g 使触发器产生触发脉冲去触发可控硅放大器,可控硅放大器输出直流电压 U_a 加到执行电动机电枢两端,执行电动机就以一定的转速转动。若调节 R_g,使控制电压 U_g 减小,触发脉冲后移,控制角 α 增大,使可控硅放大器输出直流电压 U_a 减小,执行电动机转速下降。反之,若调节 R_g,使控制电压 U_g 增大,触发脉冲前移,控制角 α 减小,使可控硅放大器输出直流电压 U_a 增大,执行电动机转速上升。因此,只要均匀改变控制电压的大小,就可均匀地调节执行电动机的转速。

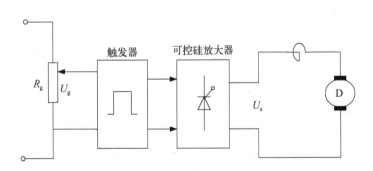

图 3−98　可控硅直流调速系统原理框图

（二）脉冲宽度调制（PWM）功率放大器

脉宽调制功率放大器包括脉冲宽度调制器和开关放大器两部分,如图 3−99 所示。

脉冲宽度调制器是将控制信号变成对应的频率固定的方波信号,其输入是连续变化的直流电压控制信号 U_i,输出信号为频率固定的方波信号 u_b,即开关放大器的输入信号。常采用如图 3−100(a)所示的电压比较器产生脉冲宽度调制信号,其脉冲宽度调制信号的形成原理如图 3−100(b)所示。由于脉冲宽度调制器的输出信号 u_b 功率很小,不能直接驱动执行元件,一定要通过开关放大器进行功率放大和电压放大。

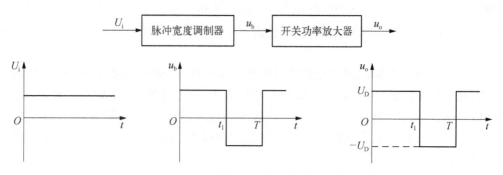

图 3-99　PWM 放大器结构

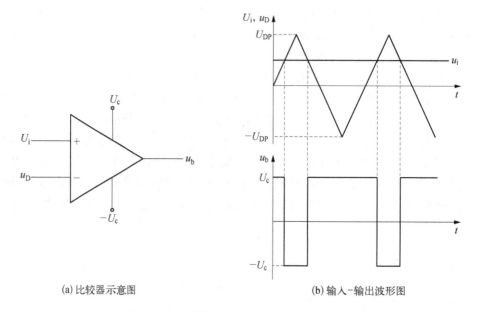

(a) 比较器示意图　　　　　　　　(b) 输入-输出波形图

图 3-100　脉冲宽度调制信号的形成原理图

下面介绍一种典型的开关放大器——脉冲宽度调制(PWM)功率放大器。随着大功率晶体管的发展,随动系统中的功率放大器逐渐发展成为晶体管放大器,尤其是 PWM 式晶体管功率放大器(以下简称 PWM 功率放大器),近年来在直流随动系统中已占有主导地位。

同其他类型的功率放大器相比,PWM 功率放大器具有许多优点。

首先,PWM 功率放大器中晶体管功率损耗比线性功率放大器低。晶体管工作时的功率损耗等于流过晶体管的电流同晶体管两端电压的乘积。对线性功率放大器来说,这种损耗是很可观的,有时接近它的输出功率。而 PWM 功率放大器的晶体管工作在开关状态,不是饱和就是截止,因此其损耗低。

其次,PWM 功率放大器的输出是一串宽度可调的矩形脉冲,除包含有用的直流分量控制信号外,还包含交流分量,可以通过设置一个合适频率的交流分量,使电动机时刻处于微振状态下,以克服电动机轴上的静摩擦,改善随动系统的低速运行特性。

此外,体积小、维护方便、工作可靠、造价低廉也是其优点。

随动系统一般要求执行机构既能正转(或正向移动),又能反转(或反向移动),即要求可逆运行,如火炮的瞄准射击、雷达天线随动系统、导弹发射架随动系统、精密机床的进刀和退刀等。可逆 PWM 功率放大器有 T 型和 H 型两种结构形式。

根据在一个开关周期内,电枢两端电压极性变化和主电路中大功率晶体管通、断控制组合的不同,可逆 PWM 功率放大器有三种工作模式:双极模式、单极模式和受限单极模式。本节将详细介绍双极模式 T 型和 H 型两种结构 PWM 功率放大电路的原理及其工作特性。

1. T 型双极模式 PWM 功率放大器工作原理

T 型双极模式 PWM 功率放大器的电路如图 3-101 所示,由两只大功率晶体管 V_1、V_2,两只二极管 VD_1、VD_2 及两个电源$+U_s$、$-U_s$ 组成。

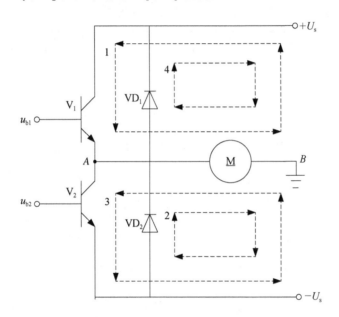

图 3-101　T 型双极模式 PWM 功率放大器

当 $0 \leq t < t_1$ 时,V_1 饱和导通,V_2 截止,电动机的电枢 A、B 两端加上$+U_s$。当 $t_1 \leq t < T$ 时,V_2 饱和导通,V_1 截止,电动机电枢 A、B 两端加上$-U_s$。当控制信号 $U_i = 0$ 时,$t_1 = T/2$,V_1 和 V_2 导通时间相等,电枢电压的平均值 $U_a = U_{AB} = 0$,电动机宏观上不转动,此时平均电流为零;当控制信号 $U_i > 0$ 时,有 $t_1 > T/2$,$U_a > 0$,电动机正转;当控制信号 $U_i < 0$ 时,$t_1 < T/2$,$U_a < 0$,电动机反转,其波形如图 3-102 所示。U_a 与控制脉冲宽度成正比,而脉冲宽度受控于脉宽调制器的控制信号电压。

假设电动机处于正转状况,如图 3-102(b)所示,电动机反电势为 E_g。当 $U_a > E_g$ 时,在 $0 \leq t < t_1$ 时,大功率晶体管 V_1 导通,那么电流 i_a 沿回路 1(经 V_1)从 A 流向 B,电动机工作在电动状态。在 $t_1 \leq t < T$ 时,u_{b1} 为负,V_1 截止;虽然 u_{b2} 为正,但由于电枢电感 L_a 感应电动势的作用,V_2 不一定能导通。电枢电感 L_a 维持电流 i_a 沿回路 2(经 VD_2)从 A 流向 B,电动机仍工作在电动状态,等效电路如图 3-103(a)、(b)所示。

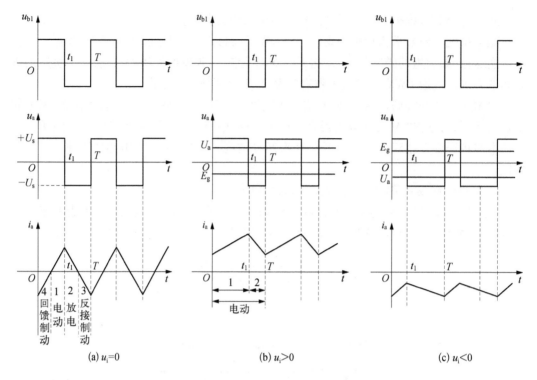

(a) $u_i=0$ (b) $u_i>0$ (c) $u_i<0$

图 3-102 T型双极模式 PWM 电路信号波形

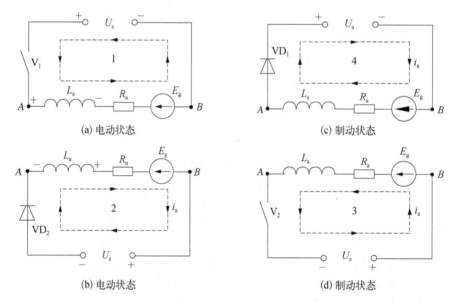

图 3-103 T型双极模式 PWM 等效电路

在电动机正转时,如控制信号电压突然降低,U_a 立即减小,但由于电动机的惯性,反电动势 E_g 不会立即改变,此时 $E_g > U_a$。在 $0 \leqslant t < t_1$ 时,V_2 截止,电流 i_a 沿回路 4(经 VD_1)从 B 流向 A 电动机工作在回馈制动状态。在 $t_1 \leqslant t < T$ 时,晶体管 V_1 截止,V_2 导通,电流 i_a 沿回路 3(经 V_2)从 B 流向 A,电动机工作在反接制动状态,其等效电路如图 3-

103(c)、(d)所示。

由以上分析不难得出电动机在反转情况下的工作过程。总之,电动机不论处于什么状态,在 $0 \leqslant t < t_1$ 时,电枢上所加的端电压 u_a 总是等于 $+U_s$;而在 $t_1 \leqslant t < T$ 时,电枢端电压 u_a 总是等于 $-U_s$。在一个开关周期之内,电枢回路方程可表示为

$$U_s = L_a \frac{\mathrm{d}i_a}{\mathrm{d}t} + R_a i_a + E_g,\ 0 \leqslant t < t_1 \tag{3-147}$$

$$-U_s = L_a \frac{\mathrm{d}i_a}{\mathrm{d}t} + R_a i_a + E_g,\ t_1 \leqslant t < T \tag{3-148}$$

可见,在 $0 \leqslant t < T$ 时,电枢两端的电压是在 $+U_s$ 到 $-U_s$ 之间变化的脉冲电压,电枢电流始终是连续的。

T 型电路结构简单,便于实现电能的反馈,但要求双电源供电,且晶体管承受的反向电压较高,为电源电压的两倍。因此,T 型电路只适用于小功率低压随动系统。

2. H 型双极模式 PWM 功率放大器

H 型双极模式 PWM 功率放大器如图 3-104 所示。它由四个大功率晶体管和四个续流二极管组成。四个大功率管分为两组,V_1 和 V_4 为一组,V_2 和 V_3 为另一组。同一组中的两个晶体管同时导通、同时关断,两组晶体管之间是交替地轮流导通和截止的。亦即基极驱动信号 $u_{b1} = u_{b4}$,$u_{b2} = u_{b3}$。

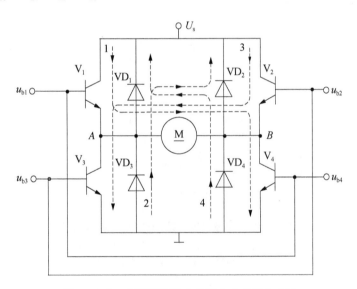

图 3-104 H 型双极模式 PWM 功率放大电路

双极模式工作时的输出电压和电流波形如图 3-105 所示。由于允许电流反向,所以双极模式工作时电枢电流始终是连续的。图 3-105 表示在轻载情况下(信号电压为正时)的波形。

在 $0 \leqslant t < t_1$ 时,u_{b1}、u_{b4} 为正,晶体管 V_1 和 V_4 导通;u_{b2}、u_{b3} 为负,V_2、V_3 截止。当 $U_a > E_g$ 时,电枢电流沿回路 1(经 V_1 和 V_4),从 A 流向 B,电动机工作在电动状态。

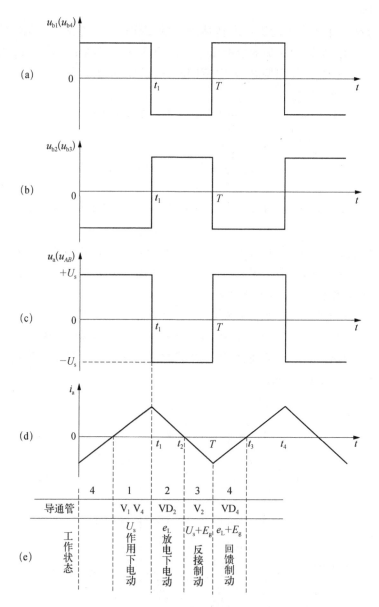

图 3-105 H 型双极模式 PWM 电路信号波形

（a）V_1、V_4 基极激励电压；（b）V_2、V_3 基极激励电压；（c）电枢电压波形；

（d）电枢电流波形；（e）工作状态表示

在 $t_1 \leqslant t < T$ 时，u_{b1}、u_{b4} 为负，V_1、V_4 截止；虽然 u_{b2}、u_{b3} 为正，但在电枢电感 L_a 的作用下，使 V_2、V_3 不能立即导通，电枢电感仍维持电枢电流 i_a 沿回路 2（经 VD_3、VD_2）继续在原方向从 A 流向 B，电动机仍然工作在电动状态。受二极管 VD_3、VD_2 正向导通电压降的限制，A 点电位被钳位到地电位，B 点电位被钳位到电源 $+U_s$，晶体管 V_2、V_3 仍不能导通。若在 $t = t_2$ 时刻正向电流 i_a 衰减到零，则在 $t_2 \leqslant t < T$ 时，晶体管 V_2 和 V_3 在电源 $+U_s$ 和反电势 E_g 的作用下导通，电枢电流 i_a 反向流通，亦即 i_a 沿回路 3（经晶体管 V_2 和 V_3）从 B 流向

A，电动机工作在反接制动状态。在 $T \leqslant t < t_3$ 时，晶体管基极电压改变极性，V_2、V_3 截止，电枢电感 L_a 维持电流 i_a 沿回路 4（经二极管 VD_4、VD_1）继续从 B 流向 A，电动机仍工作在制动状态，受二极管 VD_4、VD_1 正向导通电压降的限制，A 点电位被钳位到 $+U_s$，B 点电位被钳位到地电位，晶体管 V_1、V_4 不能导通。若在 $t = t_3$ 时刻，反向电流（$-i_a$）衰减到零，那么 $t_3 \leqslant t < t_4$ 时在电源电压 U_s 作用下，晶体管 V_1、V_4 导通，电枢电流 i_a 又沿回路 1（经 V_1、V_4）从 A 流向 B，电动机又工作在电动状态。由此可见，在轻载情况下，电枢电流仍然是连续的，不会出现电流断续，但其工作状态呈现电动和制动交替出现。若电动机的负载较重，即 A、B 两端电压的平均值 U_a 大于反电势 E_g，或者最小负载电流大于电流脉动量 Δi_a，则在工作过程中 i_a 不会改变方向，电动机始终都工作在电动状态，电流波形如图 3－102(b) 所示。

H 型双极模式 PWM 功率放大器在一个开关周期之内，电枢回路方程仍可表示为式 (3－147) 和式 (3－148) 形式。

假定电动机原来处于高速正转状态，当控制指令突然减小，电枢电压 $u_a (u_{AB})$ 立即降低，使 $E_g > U_a$。若 $0 \leqslant t < t_1$，由于电流不能突变，$L_a \dfrac{\mathrm{d}i_a}{\mathrm{d}t} + E_g > U_s$，电枢电流 i_a 沿回路 4（经由二极管 VD_4、VD_1）从 B 流向 A，把能量回馈给电源，电动机工作在回馈制动状态。若 $t_1 \leqslant t < T$，晶体管 V_2、V_3 导通，电流 i_a 沿回路 3（经 V_2、V_3）从 B 流向 A，电动机工作在反接制动状态。

从上面的分析可知，电动机不论处于何种工作状态，在 $0 \leqslant t < t_1$ 期间电枢电压 u_{AB} 总是等于 $+U_s$，而在 $t_1 \leqslant t < T$ 期间总是等于 $-U_s$，等效电路与图 3－103 类似，只不过导通器件不同。由轻载情况下的工作过程分析可以说明，双极模式 PWM 控制的电枢电流无断续现象。即使电动机不转，电枢电压瞬时值 u_a 不等于零，而是正、负脉冲电压的宽度相等，电枢回路中流过一个交变的电流 i_a。这个电流可使电动机发生高频颤动，有利于减小静摩擦，但同时也增大了电动机的空载损耗。

H 型双极模式 PWM 功率放大电路只需要单一电源供电，晶体管的耐压相对要求较低，高压伺服电动机普遍采用 H 型电路。H 型双极模式缺点是电枢两端电压悬浮，不便于引出反馈，且基极驱动电路数比 T 型电路多。

3. 双极模式 PWM 功率放大器工作特性分析

直流伺服电动机在双极模式 PWM 功率放大器驱动下，在一个开关周期，电枢电压是正、负交替的。因而，在控制信号为零时，电枢回路仍有脉动电流。可见，电流的性质与所使用的 PWM 工作模式有关，它对电机工作特性有显著影响。为了评价双极模式 PWM 功率放大器的综合性能，便于在实际中正确选择 PWM 的工作模式，分析直流电动机与 PWM 功率放大器之间的一些工作特性是非常必要的。

1）双极模式工作时信号系数 ρ 与导通时间 t_1 及占空比 α 的关系

信号系数 ρ 定义为输入信号电压 U_i 与控制电压最大值 u_{DP} 之比，即

$$\rho = \frac{U_i}{u_{DP}} \tag{3－149}$$

信号系数 ρ 与导通时间 t_1 有一定关系。由脉宽调制信号生成原理可知, $\rho = 0$, 则 $U_i = 0$, $t_1 = T/2$; $\rho = 1$, 则 $U_i = u_{DP}$, $t_1 = T$。 即

$$t_1 = \frac{T}{2}\left(1 + \frac{U_i}{u_{DP}}\right) = \frac{T}{2}(1 + \rho) \tag{3-150}$$

可见,信号系数 ρ 与正向导通时间 t_1 成线性关系。

双极模式 PWM 功率放大器输出电压平均值 U_a 又与 t_1 有一定关系,电动机无论工作在什么状态,在 $0 \leqslant t < t_1$, 电枢电压 u_a 总是等于 $+U_s$, 而在 $t_1 \leqslant t < T$, u_a 总是等于 $-U_s$, 如图 3-105(c) 所示。电枢电压 u_a 的平均值 U_a 可以用正向脉冲电压平均值 U_{a1} 和负向脉冲电压平均值 U_{a2} 之差来表示,即

$$U_a = U_{a1} - U_{a2} = \frac{t_1}{T}U_s - \frac{(T - t_1)}{T}U_s$$

$$= \left(2\frac{t_1}{T} - 1\right)U_s = (2\alpha - 1)U_s \tag{3-151}$$

由式(3-150)可得

$$\alpha = \frac{1}{2}(1 + \rho) \tag{3-152}$$

$$\rho = 2\alpha - 1$$

对比式(3-151)和式(3-152),可得

$$\rho = \frac{U_a}{U_s} = \frac{U_i}{u_{DP}} \tag{3-153}$$

由式(3-150)可知,当 $U_i = 0$ 时, $t_1 = T/2$, 电枢两端获得等间隔的正负脉冲, $U_a = 0$。 由于可逆运行, U_i 可正,亦可负,因而输出的平均电压 U_a 亦可正可负,信号系数 ρ 在 $+1$ 和 -1 之间变化。

2) 数学模型

根据双极模式 PWM 功率放大器工作原理,在一个开关周期之内的电枢电压表达式可写为

$$u_a = \begin{cases} +U_s, & 0 \leqslant t < t_1 \\ -U_s, & t_1 \leqslant t < T \end{cases} \tag{3-154}$$

将式(3-154)用傅里叶级数展开,得

$$u_a = U_a + \sum_{n=1}^{\infty} U_n \cos(2\pi n f t + \phi_n) \tag{3-155}$$

式中,直流分量为

$$U_a = \left(\frac{2t_1 - T}{T} \right) U_s = \rho U_s = \frac{U_i}{u_{DP}} U_s \tag{3-156}$$

交流分量为

$$N(\rho, t) = \sum_{n=1}^{\infty} U_n \cos(2\pi n f t + \varphi_n) \tag{3-157}$$

式中，

$$U_n = \frac{4U_s}{n\pi} \sin \frac{n\pi(1+\rho)}{2}。$$

根据式(3-155)和式(3-156)，可将双极模式 PWM 功率放大器的数学模型用图 3-106 表示。

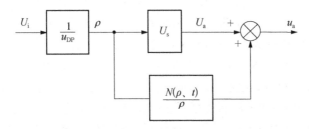

图 3-106　双极性模式 PWM 功率放大器的数学模型结构图

由图 3-106 不难看出，双极模式 PWM 功率放大器是一种典型的非线性控制系统，但当开关频率 f 远大于电动机的频带时，电压 u_a 中交流分量对输出的影响甚微，可以不考虑。实际上起作用的只是直流分量，即可以认为

$$u_a = U_a = \frac{U_s}{u_{DP}} U_i \tag{3-158}$$

但是，当 $U_i = u_{DP}$ 时，PWM 功率放大器的输出将饱和，因此，U_a 与 U_i 之间的关系可表示为

$$U_a = \begin{cases} + U_s, & U_i \geqslant u_{DP} \\ \dfrac{U_s}{u_{DP}} U_i, & -u_{DP} < U_i < u_{DP} \\ - U_s, & U_i \leqslant - u_{DP} \end{cases} \tag{3-159}$$

式(3-159)表明，PWM 功率放大器是具有饱和特性的拟线性放大器，如图 3-107 所示。拟线性放大系数(等效增益)为

$$K_{PWM} = \frac{U_a}{U_i} = \frac{U_s}{u_{DP}} \tag{3-160}$$

显而易见，PWM 功率放大器的增益与电源电压 U_s 成正比，与控制电压最大值(亦即

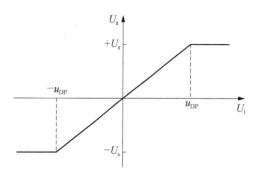

图 3-107 双极模式 PWM 功率放大器的拟线性化特性

调制三角波的峰值 u_{DP}）成反比,提高电源电压 U_s 或减小控制电压最大值 u_{DP},均可提高 PWM 功率放大器的增益。

4. H 型 PWM 功率放大器驱动的他励直流电动机电路

由 H 型 PWM 功率放大器驱动的他励直流电动机电路如图 3-108 所示。图中采用了四个线性集成放大器,其中,A_1、A_2 组成三角波信号发生器,A_1 具有正反馈,它的输出是矩形波,用双向稳压管 DW_1 限幅;A_2 为积分器,它的输出是三角波,调节电位计 RP_1 可调节三角波的振幅,RP_2 用于调节三角波的频率;A_3、A_4 是电压比较器,其输入分别为 A_1、A_2 输出的三角波信号和输入信号 U_{sr},其输出为同频率的矩形波,经过稳压管 DW_2,DW_3 的削波,三极管 V_1、V_2 均只输出单极性的方波脉冲,从而使工作于开关状态的功率放大器,给电动机电枢加上方波脉冲电压。

由于三角波信号 u_t 是经过 R_8、R_9 分别加到 A_3 同相输入端和 A_4 的反相输入端,故 A_3、A_4 输出的矩形波彼此反相,这使得正半周 V_4、V_8 导通,负半周 V_6、V_{10} 导通。当输入信号 $U_{sr}=0$,由于正、负半周导通的时间相等,流过电动机电枢的电流,其直流分量等于零,故电机不转。因为三角波的频率通常是几百赫兹到 2 000 Hz,只有当 $U_{sr}\neq0$ 时,将使其中一组导通时间长,另一组则导通时间缩短(均指一个周期内),电动机转动,转动的方向取决于导通时间长的那一组。输入信号 U_{sr} 越大,加到电动机电枢的正脉冲与负脉冲的宽度之差越大,故电枢获得的直流电压越大,电动机的转速越高。

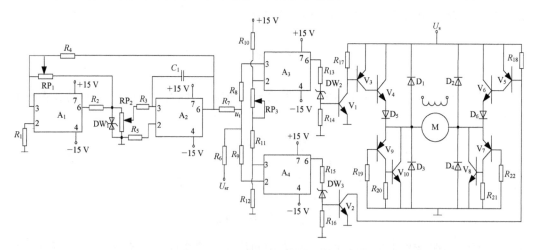

图 3-108 H 型 PWM 功率放大器驱动的他励直流电动机电路

为防止同一侧功率放大管直通而损坏,在图 3-108 电路中采用了一些防范措施,在电枢回路中串有功率二极管 D_5、D_6,将它的两端分别接到 V_4、V_6 的发射极,只要 D_5 或 D_6 上有电流存在,其压降分别给 V_9 或 V_7 造成一反向偏置。另外,还设有固定的直流偏置分别给电压比较器 A_3、A_4,适当调节电位计 RP_3,可以使两组出现正脉冲的时间有一小的时间间隔,这有利于大功率管有时间恢复阻断能力。

上述脉宽调制 PWM 功率放大电路就是双极性工作方式,在一个周期内,正相和反相的脉冲均存在,流过电动机电枢的电流含有交变成分。因此,它具有良好的低速性能。

3.7.3 放大装置的选择

在测量装置和执行元件选择基础上,还需要合理选择在测量装置和执行元件之间的放大装置,其中包括信号的前置放大装置和功率放大装置。随动系统放大装置的种类繁多,目前已有很多系列化的产品,促进了随动系统的发展与应用,下面就对随动系统放大装置应具备的性能要求和选择进行介绍。

(一) 放大装置性能要求

一般系统放大装置应具备以下性能要求:

(1) 放大装置的功率输出级必须与所用执行元件相匹配,它输出的电压、电流应能满足执行元件输入的容量要求,不仅要满足执行元件额定值的需要,还应能保证执行元件短时过载的要求,总之应能使执行元件的能力充分发挥出来。通常要求输出级的输出阻抗要小,效率高,时间常数要小。

(2) 随动系统很多要求可逆转,放大装置应能为执行电动机各种运行状态提供适宜的条件。例如,为大功率执行电动机提供发电制动的条件,如对力矩电动机或永磁式直流电动机的电枢电流有保护限制措施等。

(3) 放大装置的输入级应能与检测装置相匹配,放大装置输入阻抗要大,以减轻检测装置的负荷;放大装置的不灵敏区要小。

(4) 放大装置应有足够的线性范围,以保证执行元件的容量得以正常发挥,多种信号的叠加要保证信号不被堵塞,在可逆运行系统中,通常要求放大器的特性要对称。

(5) 放大装置本身的通频带应是系统通频带的五倍以上,特别是交流载频放大器,其特性有上、下截止频率。ω_s、ω_x、ω_0,如图 3 - 109 所示。其中,ω_0 表示载波频率(即电源角频率),如系统带宽用系统开环幅频特性的截止频率以 ω_c 表示,则应满足以下条件

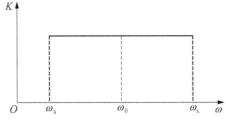

图 3 - 109 交流放大器的幅频特性

$$\begin{cases} \omega_s < \omega_0 - 5\omega_c \\ \omega_x > \omega_0 + 5\omega_c \end{cases} \tag{3-161}$$

(6) 放大装置应保证足够的放大倍数,放大特性要稳定可靠,放大器的特性参数要便于调整。根据不同对象、不同工作条件,对放大装置还会有其他要求,如适应环境的能力、结构尺寸、质量、价格、寿命、互换性、标准化等多方面的要求。

(二) 放大装置的选择

对于放大装置的选择有类型的选择和放大系数的确定两方面内容。

1. 放大装置类型的选择

放大装置的作用是将由比较元件输出的偏差信号放大,达到足够的功率来驱动执行元件。放大装置的形式很多,如电气放大装置、液压放大装置、气动放大装置、电液放大装置等。一般来说,放大装置的形式应与执行元件的形式相同。例如,测量装置给出电信号,而执行元件是电动机,那么放大装置应为电气放大装置,若测量装置给出电信号是交流信号,而执行元件是直流电动机,这时系统中应引入交-直流转换放大装置。放大装置是液压或气动的,这时系统中应引入电-液或电-气转换元件。

对于电气放大装置,一般分为前置放大器和功率放大器两部分。对于小功率控制系统,有时二者合并。表 3-12 给出了一些电气放大器的类型和特性,可供参考。

表 3-12 电气放大器的类型和特性

特性	电子管放大器	晶体管放大器	磁放大器	晶闸管放大器	电机放大器
输入信号	直流或交流	直流或交流	直流 同时可输入多个相互隔离信号	直流或交流	直流
输出信号	直流或交流(由电路定)	直流或交流	交流	直流或交流	直流
供电电源	高压直流	低压直流	交流(内阻要小)	交流	恒速拖动
门限值到饱和范围	甲类放大器为 $10^3 \sim 10^5$	稍低于电子管放大器	$1 \sim 50$	低于电子管放大器	最大 $1 \sim 500$
输入阻抗/Ω	$10^8 \sim 10^9$	$10^3 \sim 10^5$	最大可达 10^3	$10^3 \sim 10^5$	$10 \sim 1\,000$
输出阻抗/Ω	电源和管内阻	约为 10^4	最大可达 10^3	电源内阻	$10 \sim 500$
放大系数	电压放大系数为 $10^3 \sim 10^5$	电压放大系数为 $10^3 \sim 10^5$	功率放大系数为 $10^3 \sim 10^4$	功率放大系数约为 10^{-6}	功率放大系数最大可达 500
平均时间常数	μs 级	μs 级	快速磁放大器不小于供电电压周期	μs 级	$10 \sim 50$ ms
功率范围/W	$10^{-3} \sim 200$	$1 \sim 200$	$10^{-2} \sim 10^4$	$10 \sim 5 \times 10^6$	$10 \sim 25\,000$
效率	$20\% \sim 80\%$	高	高	高	高
寿命/h	约为 $1\,000$	约为 $50\,000$	使用晶体管寿命同左	使用晶体管寿命同左	决定于换向器

2. 放大系数的确定

放大装置的规格由其放大系数确定。放大装置的放大系数应根据系统总的静态系数要求来定,而系统总的静态放大系数是根据系统的精度要求确定的。下面举例来说明放大系数的确定方法。

例 3-10 如图 3-110 所示的系统,在控制对象、执行元件和测量装置选定后,其各自的静态放大系数便已确定。这时,系统的总静态放大系数主要由放大器的放大系数来确定。

解：由于执行元件中只含一个积分环节，此系统为Ⅰ型系统，在恒速信号输入作用时的稳态速度误差为常数，且等于

$$e_v = \frac{v}{K_v} \qquad (3-162)$$

式中，v 为恒速信号的系数；K_v 为整个系统的静态放大系数。

当已知系统的速度误差 e_v 时，可按下式确定系统的总静态放大系数

$$K_v = \frac{v}{e_v} \qquad (3-163)$$

而 $K_v = K_1 K_2 K_3 K_4$，所以放大装置的放大系数为

$$K_1 = \frac{v}{K_2 K_3 K_4 e_v} \qquad (3-164)$$

如果系统引入校正装置，将会降低系统的增益。因此，通常要将计算的放大装置的数值适当增大，即取

$$K_1' = \lambda K_1 \qquad (3-165)$$

式中，λ 为补偿系数，可取 $\lambda = 2 \sim 3$。

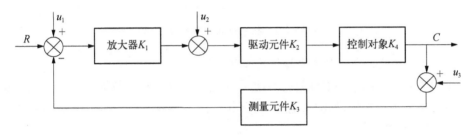

图 3-110　随动系统组成图

（三）PWM 功率放大器的设计

前面介绍了作为随动系统驱动装置的 PWM 功率放大器的原理，随动系统的发展是以驱动装置的发展为标志的，这充分说明了驱动装置的性能对随动系统的影响。PWM 功率放大器作为一种现代随动系统驱动装置，必须依据随动系统对其的要求进行设计。否则，难以发挥 PWM 功率放大器的控制优势。

随动系统对 PWM 功率放大器的要求与一般放大器的要求一样，下面仅就确定 PWM 功率放大器电路型式的原则以及功率放大器电路关键元件的选择等问题进行介绍。

1. PWM 功率放大器电路型式的选择

功率放大器电路结构型式的选取，直接与执行电机的功率等级、电压等级、负载性质（连续、间歇）、工作制等有关。前面已介绍了 T 型和 H 型 PWM 放大器的基本工作原理与特性，而如何根据所选定的执行电动机来选择功率放大器结构型式是工程设计中很重要的问题。

功率放大器可逆与否,通常由设计任务书来确定。对不可逆 PWM 功率放大器的选择是比较容易的,在此不再介绍。对于要求可逆运行的 PWM 系统,应该从功率等级的大小来考虑。T 型电路一般适用于功率小于 50 W 的场合,但 T 型电路需双电源供电,对 GTR 耐压要求高,故应用不广泛。H 型电路适用于各种使用场合,并得到广泛应用。

在工业控制领域,如数控机床的轮廓(连续轨迹)和定位随动系统、工业机器人随动系统、机床主轴拖动系统等,一般采用高压永磁式直流伺服电动机(电枢额定电压 >100 V),其功率范围均为数十千瓦以上。大多数情况下,使用单相交流 220 V 或三相交流 380 V 整流供电。一般应采取桥臂各管独立驱动,如图 3 - 111 所示的电路型式。

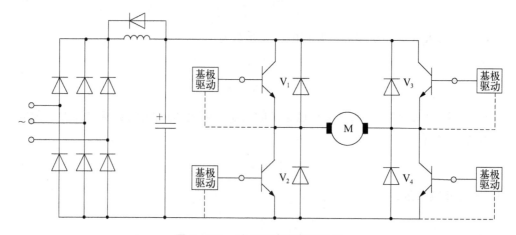

图 3 - 111　独立驱动的 H 型电路

2. PWM 功率放大器电路主要器件的选取原则

功率放大器电路的主要器件就是 GTR 和续流二极管。在选取器件时,必须首先限定它们在电路中的工作条件,如输入电压、输出电流、工作频率、驱动电路、工作环境等。

1) GTR 的选择

(1) 电压额定值。在 PWM 电路中,GTR 的维持电压 $U_{\text{ceo(sus)}}$ 是允许电压范围的极限值。所以,要求所选 GTR 必须在执行电动机运行负载所决定的集电极最大电流条件下,其 $U_{\text{ceo(sus)}}$ 应高于最大的直流电源电压。如果此条件不满足,可采用电压箝位或其他技术措施解决。

(2) 电流额定值。通常要求负载最大连续电流额定值必须小于或等于 GTR 的峰值电流额定值,所以选 GTR 的峰值电流额定值应大于负载峰值电流额定值的 20%。

(3) 饱和电压。为了减小存储时间,GTR 应工作在准饱和状态,并提供最佳关断驱动。

(4) 开关时间。由于执行电动机电感的作用,GTR 的延迟时间 t_d 和上升时间 t_r 并不重要,但 GTR 存储时间 t_s 和下降时间 t_f 是极其重要的。在故障条件下,为了避免产生结过热点,GTR 应在几微秒之内由导通变为关断。而 t_s 和 t_f 则是影响快速关断的主要因素。

(5) 散热考虑。H 型电路的功耗与 GTR 的工作状态有关。在功率放大器的工作模式和 GTR 的开关方法确定后,应计算 GTR 的总功率损耗 P_V,同时,也需要考虑 GTR 内续

流二极管的功耗 P_{VD}，整个 GTR 模块总的功率损耗 P_Σ 为

$$P_\Sigma = P_V + P_{VD}$$

由 P_Σ 即可确定散热器的容量。

总之，为了充分发挥功率器件的效能，一定要使用适当的散热器。从可靠性观点来看，散热器尺寸的选择应使结温尽可能地降低（因为随着管壳温度增加，集电极电流可用率成比例下降），必要时可采用风机冷却以及半导体制冷，以最大限度地发挥 GTR 的潜力。另外，安装 GTR 与散热器时，接触面之间应涂一层均匀分布的硅脂，以改进接触热阻。需要注意的是，太厚或太薄的硅脂可能引起相反的效果。

2）续流二极管的选择

目前，大部分 GTR 模块内集成有续流二极管，当选定 GTR 时，续流二极管也就确定了。当需要选择续流管时，对续流二极管有以下几点要求：

（1）正向电压和电流。在 PWM 系统中，续流二极管的占空比大约是 GTR 占空比的 30%（当二极管时间均分时为 30%，否则为 60%）。然而，流过二极管的峰值电流与晶体管的峰值电流是相等的。选择二极管的基本原则应当基于：在峰值电流条件下，使其正向压降小于 2 V，以防止桥路同侧晶体管转换时发生短路现象。

（2）反向阻断电压。反向阻断电压的额定值应该大于二极管两端可能承受最高电压的 25%。

（3）正向和反向恢复时间。正向恢复时间必须很小，一般要求在峰值电流和在 1.5 V 测试条件下的 $dI_F/dt = 100$ A/μs 时，其正向恢复时间小于 500 ns。反向恢复时间也应尽可能小，其原因在于：要把二极管的开关损耗减到极小，避免桥路同侧对管直通短路。通常，在峰值电流和 200 A/μs 条件下，二极管最大反向恢复时间必须小于 1 μs。为了把感应电压（Ldi/dt）减到极小，反向恢复特性应呈软特性。

3. 开关频率的选择

PWM 开关频率对随动系统性能具有重要的影响，合理选择开关频率不仅能改善随动系统低速平稳性，也能提高系统效率。但是，开关频率受多种因素的影响，因此开关频率的选择至关重要。选择开关频率时应主要考虑以下因素：

（1）开关频率 f 应足够高，以使系统响应不受影响，通常选取

$$f > 10 f_c \qquad\qquad (3-166)$$

式中，f_c 为系统截止频率。

（2）开关频率 f 必须大于系统所有回路的谐振频率；

（3）开关频率 f 必须大于系统回路的所有信号的响应频率；

（4）开关频率 f 的提高受大功率晶体管 GTR 开关损耗和开关时间的影响；

（5）开关频率 f 的上限还受工作周期内负载最大值和 GTR 峰值结温的限制，结温越高，GTR 的寿命越短，反之亦然。

以上因素是选择开关频率的重要依据，应综合考虑。一般 H 型电路 PWM 开关频率的典型值范围在 1~5 000 kHz。

第四章
随动系统动态设计

上一章介绍了随动系统的原理和构成主回路测量装置、放大装置和执行元件等的选择和设计方法,除了放大装置的增益可调,能初步确定主回路的元件和装置。因此,这些元件(包括被控对象)通常统称为随动系统的不可变部分,也称为原始系统。通过建立原始系统的数学模型,可以对原始系统进行分析。但是经过对随动系统主回路元件和装置的选择及设计得到的系统往往不能满足随动系统的指标要求,有时甚至是不稳定的,需要在已确定的原始系统(即系统的不可变部分)的基础上,再增加必要的元件或装置,使重新构成的随动系统能够满足系统的性能指标要求,这就是随动系统动态设计问题。那些能使随动系统的控制性能满足设计要求,而有目的地增加的元件或装置,称为随动系统的校正装置。

随动系统的动态设计包括:选择系统的校正形式、设计校正装置、将校正装置有效地连接到原始系统中,使校正后的系统满足各项设计指标要求。常用的连续线性定常系统动态设计方法有基于相角裕量的方法、基于希望特性的设计方法、基于极点配置的状态反馈方法、基于积分指标的最优控制器设计等。本章重点介绍工程上常用的基于希望特性的设计方法,其主要适用于连续线性定常最小相位系统,且系统以单位反馈构成闭环,若主反馈系数是不等于 1 的常数,则需等效成单位反馈的形式来处理。

4.1 随动系统性能指标与系统特性的关系

随动系统的类型很多,被控对象多种多样,如何衡量一个系统品质的优劣,应该从系统的性能指标来分析和检验系统的品质。衡量系统品质的指标大体上可以分为两类:一类是稳态品质指标;另一类为动态品质指标。工程上对实际随动系统的技术指标有很具体的要求,这些要求规定了所要设计的系统的各种性能指标,同时也是随动系统设计的基本依据。由于实际的随动系统有着各种不同的用途和工作环境,因而其技术要求也不尽相同。总的来说,技术指标可归纳为以下几方面:

(1)系统的基本性能要求,即对系统的稳态性能和动态性能要求;

(2)系统工作体制、可靠性、使用寿命等方面的要求;

(3)系统的工作环境要求,如温度、湿度、防潮、防化、防辐射、抗振动、抗冲击等方面的要求;

(4)系统体积、容量、结构外形、安装特点等方面的要求;

（5）系统的制造成本、运行的经济性、标准化程度、能源条件等方面的要求。

在实际随动系统工程设计中,这些问题涉及的范围很广。本节仅对系统的基本性能要求,围绕着机械运动的规律和运动参数的要求,讨论随动系统的性能的一般要求和性能指标与系统特性的关系。

4.1.1　随动系统性能指标

随动系统的性能指标包括动态性能指标和稳态性能指标。

（一）随动系统的动态性能指标

动态性能指标反映了随动系统处于过渡过程状态中的性能,是衡量随动系统的重要指标。动态性能指标通常分为三类：时域指标、闭环频域指标和开环频域指标。三类指标从不同角度对随动系统提出了要求。时域指标最直观,易于检验;闭环频域指标能较好地反映系统的快速性和稳定程度;开环频域指标便于设计计算。

1. 时域动态指标

对于一般的控制系统,通常是以单位阶跃信号作用下系统的输出响应来衡量系统的品质,衰减振荡过程如图 4-1 所示。工程上常用下面几个特征量作为衡量这一过程的品质。

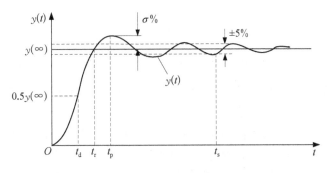

图 4-1　动态响应曲线

（1）延迟时间 t_d,是指响应曲线第一次达到稳态值的 1/2 所需要的时间。

（2）上升时间 t_r,是指响应曲线第一次到达稳态值所需的时间。

（3）峰值时间 t_p,是指响应曲线到达第一个峰值所需时间。

（4）超调量 $\sigma\%$ 定义为

$$\sigma\% = \frac{y(t_p) - y(\infty)}{y(\infty)} \times 100\% \tag{4-1}$$

式中,$y(t_p)$ 为 t_p 时刻 $y(t)$ 的值;$y(\infty)$ 为 $t=\infty$ 时 $y(t)$ 的值,即稳态值。

（5）过渡过程时间 t_s,是指响应曲线进入并保持在稳态值的 ±5%（或±2%）的允许误差范围内所需的时间,亦称为调节时间。

（6）振荡次数 N,是指响应曲线在过渡过程中在稳态值上下振荡的次数。

给出以上这些指标,系统的过渡过程也就基本确定了。实际上最常用的是过渡过程

时间 t_s 和超调量 $\sigma\%$，它们更具有典型性和代表性。过渡过程时间 t_s 反映了系统的快速性，超调量 $\sigma\%$ 反映了系统的相对稳定性或阻尼程度。在以上指标中，过渡过程时间 t_s 越小，表明系统快速跟随性能越好；超调量 $\sigma\%$ 小，表明系统在跟随过程中比较平稳。在实际应用中，快速性和稳定性往往是互相矛盾的，降低了超调量就会延长过渡过程，缩短过渡过程又会增大超调量。因此在随动系统设计中应综合考虑对系统的性能指标的要求，不应过分地追求某一项指标达到最佳。

2. 闭环频域动态性能指标

闭环频域动态性能指标是对闭环幅频特性的几个主要特征提出要求。典型闭环幅频特性如图 4-2 所示。

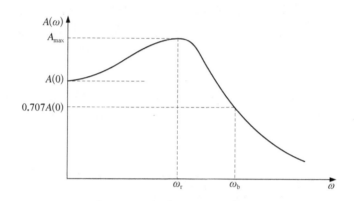

图 4-2　典型闭环幅频特性曲线

典型闭环幅频特性曲线随频率 ω 变化的特征可用以下指标进行描述。

（1）闭环幅频特性的零频值 $A(0)$。

（2）闭环幅频特性的最大值为闭环峰值 $M_r = A_{\max}$，也称为闭环振荡指标。振荡指标 M_r 小，则系统不容易振荡；M_r 大，则系统振荡剧烈。因此，M_r 反映了系统的稳定性。工程上实用的随动系统其闭环峰值 M_r 一般为 1.2~1.6，最大不超过 2。

（3）谐振频率 ω_r 是指闭环峰值 M_r 对应的频率。

（4）系统的带宽 ω_b 是指系统闭环幅频特性下降到 $0.707A(0)$ 时所对应的频率。ω_b 越大，则系统对输入的反应越快，即过渡过程时间越短。因此，ω_b 反映了系统的快速性。

3. 开环频域动态性能指标

设系统的开环伯德图如图 4-3 所示。系统开环频域指标通常是系统的截止频率 ω_c、相角裕度 γ 或幅值裕度 K_g。

ω_c 反映了系统的快速性，与闭环频带宽度 ω_b 有密切的关系。在截止频率 ω_c 处，使系统达到临界稳定所需要附加的相位滞后量称为相角裕度 γ，它在一定程度上反映了系统的相对稳定性，它和闭环的谐振峰值 M_r 关系密切。当相角为 180° 时，对应幅值曲线的负分倍数称为增益裕量 K_g，它在一定程度上也反映了系统的相对稳定性。

4. 对扰动输入的抗扰性能指标

抗扰动性能是指当系统的给定输入不变时，即给定量为定值时，在受到阶跃扰动后输出克服扰动对系统输出稳定能力的影响。系统抗扰性能指标是最大动态变化（降落或上

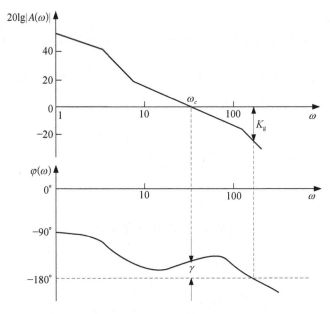

图 4-3　开环系统伯德图

升)和恢复时间。以调速系统为例,调速系统突加负载时,力矩 $M(t)$ 与转速 $n(t)$ 的动态响应曲线,如图 4-4 所示。

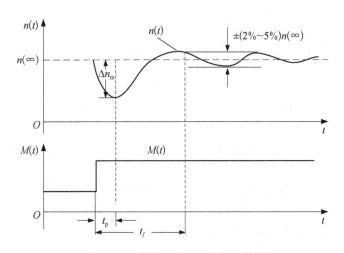

图 4-4　突加负载后转速的抗扰响应曲线

(1) 最大动态速降 $\Delta n_m\%$ 表明系统在突加负载后及时作出反应的能力,即

$$\Delta n_m\% = \frac{\Delta n_m}{n(\infty)} \times 100\% \tag{4-2}$$

(2) 恢复时间 t_f 是扰动作用进入系统的时刻到输出量恢复到误差带内(一般取稳态值的 $\pm 2\%$ 或 $\pm 5\%$)所经历的时间。

通常阶跃扰动下输出的动态变化越小,恢复得越快,说明系统的抗扰性能越好。

5. 随动系统动态过程分析

在如图 4-5 所示位置随动系统中,控制器的传递函数为 $G_1(s)$,控制对象的传递函数为 $G_2(s) = \dfrac{K_2}{s(Ts+1)}$。设系统的开环传递函数为 $G(s)$,则可通过设计随动系统的结构与参数来获得整个系统的良好动态性能。

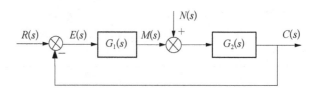

图 4-5 典型随动系统结构图

设 $G_1(s) = K_1$,则系统开环传递函数为

$$G(s) = G_1(s)G_2(s) = \frac{K_1 K_2}{s(Ts+1)} = \frac{K}{s(Ts+1)} \tag{4-3}$$

式中,K 为开环放大倍数(开环增益),$K = K_1 K_2$;T 为时间常数。

对系统进行跟随性能分析,令 $N(s) = 0$,则系统的闭环传递函数为

$$G_b(s) = \frac{K}{Ts^2 + s + K} = \frac{\dfrac{K}{T}}{s^2 + \dfrac{1}{T}s + \dfrac{K}{T}} \tag{4-4}$$

对照二阶系统的标准形式 $G(s) = \dfrac{\omega_n^2}{s^2 + 2\zeta\omega_n s + \omega_n^2}$,可得自然频率 $\omega_n = \sqrt{\dfrac{K}{T}}$,阻尼系数 $\zeta = \dfrac{1}{2\sqrt{KT}}$。由此可见,表征系统动态性能的参数 ζ、ω_n 与系统的结构参数 K 和 T 有关。由于时间常数 T 反映系统惯性的大小,决定于构成系统元部件的特性,系统一旦确定,往往时间常数 T 就确定不会随意变动,而开环放大倍数 K 值就有一个正确选择和确定的问题,因此有必要讨论开环放大倍数的选取与系统性能的关系。

工程上一般将系统设计在 $0 < \zeta < 1$ 的欠阻尼状态,表 4-1 给出了二阶典型系统阶跃响应指标与系统参数的关系。

由表 4-1 可见,随着开环放大倍数 K 的增大,ζ 值单调变小,超调量 $\sigma\%$ 逐渐增大,而调节时间 t_s 先是从大到小,后又开始增大,这主要是由于系统在快速调节中产生了较大的超调,甚至出现振荡的倾向,导致进入误差带的时间延长。

在表 4-1 中,当 $K = 1/2T$ 时,系统的动态性能指标为:$\sigma\% = 4.3\%$,$t_s(5\%) = 4.2T$。考虑综合性能指标,系统在该参数情况下,既有较快的响应速度,又没有出现过大的超调,被认为是一种二阶系统的工程最佳参数,在工程上也常把 $\zeta = 0.707$ 时的阶跃响应过程称为典型二阶系统的最佳动态过程。

表 4-1　二阶系统阶跃响应指标与系统参数的关系

开环放大倍数 K	$\dfrac{1}{4T}$	$\dfrac{1}{3.24T}$	$\dfrac{1}{2.56T}$	$\dfrac{1}{2T}$	$\dfrac{1}{1.44T}$	$\dfrac{1}{T}$	$\dfrac{6.25}{T}$
阻尼系数 ζ	1.0	0.9	0.8	0.707	0.6	0.5	0.1
超调量 $\sigma\%$	0	0.15	1.5	4.3	9.5	16.3	73
$t_s(5\%)/T$	9.5	7.2	5.4	4.2	6.3	5.3	6.0

（二）随动系统的稳态性能指标

随动系统要求被控对象（角度、位移、速度）按输入信号的规律变化,这就要求把随动系统设计成无差系统,即当随动系统静止协调时,没有位置误差,即随动系统的准确性。准确性反映的就是系统的稳态性能,即系统的精度。

对于任何一个实际的随动系统,在满足系统稳定的前提下,随动系统总是存在一定的误差(也称控制精度),其误差是随动系统稳态性能的主要指标。随动系统的精度越高,其误差越小,所以系统的控制精度是随动系统最重要的技术指标之一。随动系统的控制精度受多方面因素的影响,且实际系统存在非线性因素,如测角元件的分辨率有限,系统输出端机械运动部分存在干摩擦等,都将给系统造成一定的静误差。因此在随动系统中十分关键的是测量装置的精度和分辨率。如火炮和导弹发射架随动系统中的误差测量装置首先要能够对误差分辨,并能输出有效的信号,然后才能谈及对系统的控制。因此,测量装置的高精度,是实现高精度随动系统的前提。

随动系统在运行过程中的误差是多种多样的,但归纳起来,误差主要来源于以下几方面。

1）元件误差

元件误差是元件因本身制造等引起的误差。随动系统由各种控制元件组成,如测量元件、执行元件等,而每种元件都有自身的误差。且由于元件在系统结构中所处的位置不同,它们本身的误差对系统误差影响程度也不同。一般只知道误差的极限范围,往往无法知道这些元件的确切误差。

2）原理误差

原理误差即稳态误差是指在控制机理方面必然产生的误差,它与系统的结构及控制作用的性质有关。例如,随动系统为反馈系统,它能产生控制作用的原因只有偏差信号,而偏差信号本身就是系统误差。另外,系统在外部干扰作用下也会产生误差。

原理误差分为确定型和随机型两类。确定型的原理误差就是在确定型的输入信号和扰动作用下产生的误差;随机型的误差是指在随机输入和随机扰动下系统产生的误差。

3）环境变化引起的误差

环境的变化,例如温度、压力的变化、振动、冲击、腐蚀以及元件的自然老化等,都会引起元件性能参数发生变化,进而影响系统产生误差。

随动系统通常设计成无静差系统,即当系统静止协调时,没有位置误差。但实际系统存在非线性因素,如测角元件的分辨率有限,系统输出端机械运动部分存在干摩擦等,都将给系统造成一定的静误差。

在分析系统误差时,假定系统的结构是已知的。一个确定系统能传递和转化有效的控制信息,也能传递和转化干扰信息。如果把系统内各元件的误差看成干扰信息,那么,它对系统精度的影响也就不难分析了。

总之,随动系统的稳态性能指标主要是指稳态误差。稳态误差不仅与系统的结构、参数有关,还与外加信号的作用点、形式及大小有关。

对于系统的稳态误差已在自动控制原理中介绍,此处不再赘述。

下面讨论系统各环节对输入信号、干扰信号引起的误差传递和归化。

设有如图 4-6 所示结构的系统,输入为 $R(s)$,输入干扰噪声为 $N_0(s)$,输出为 $C(s)$,误差为 $E(s)$,各级的等效扰动分别为 $N_1(s)$、$N_2(s)$、$N_3(s)$。对于单位反馈系统而言,总的误差就是 $R(s)$、$N_0(s)$、$N_1(s)$、$N_2(s)$、$N_3(s)$ 所引起的误差归化到 $E(s)$ 点上的总和。

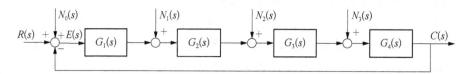

图 4-6　随动系统结构框图

如果各量均为确定函数,那么可得总误差的拉氏变换和各输入量的误差传递函数为

$$E(s) = \Phi_e(s)R(s) + \sum_{i=0}^{3} \Phi_{eN_i}(s)N_i(s) \qquad (4-5)$$

$$\Phi_e(s) = 1 - \Phi(s) = \frac{1}{1 + G_1(s)G_2(s)G_3(s)G_4(s)} \qquad (4-6)$$

$$\Phi_{eN_0}(s) = -\frac{G_1(s)G_2(s)G_3(s)G_4(s)}{1 + G_1(s)G_2(s)G_3(s)G_4(s)} \qquad (4-7)$$

$$\Phi_{eN_1}(s) = -\frac{G_2(s)G_3(s)G_4(s)}{1 + G_1(s)G_2(s)G_3(s)G_4(s)} \qquad (4-8)$$

$$\Phi_{eN_2}(s) = -\frac{G_3(s)G_4(s)}{1 + G_1(s)G_2(s)G_3(s)G_4(s)} \qquad (4-9)$$

$$\Phi_{eN_3}(s) = -\frac{G_4(s)}{1 + G_1(s)G_2(s)G_3(s)G_4(s)} \qquad (4-10)$$

如果系统中的各变量是随机变量,而各量间相互独立,可以用统计理论来处理。设它们的功率谱分别为 $S_R(\omega)$、$S_{N0}(\omega)$、$S_{N1}(\omega)$、$S_{N2}(\omega)$、$S_{N3}(\omega)$,则

$$S_e(\omega) = |\Phi_e(j\omega)|^2 S_R(\omega) + \sum_{i=0}^{3} |\Phi_{eN_i}(j\omega)|^2 S_{N_i}(\omega) \qquad (4-11)$$

$$\sigma_e^2 = \int_0^\infty S_e(\omega)\,\mathrm{d}\omega \qquad\qquad (4-12)$$

实际上,系统往往有确定性的输入信号和随机的干扰信号同时施加。那么,可以把它们分别进行计算和分析,误差则是某时刻的某个确定值与某个随机变量之和。在工程实际中,因为每个干扰信号甚至输入信号引起的误差很小(可以采取专门的措施来抑制某个比较严重的干扰),同时又可以假定它们各自独立,因此认为误差向量是满足高斯分布的随机过程,这样式(4-11)就更有用处了。计算时,先算出均值,再求出方差 σ_e^2,整个误差的概率分布函数就确定了,把误差带定为 $3\sigma_e^2$,系统就有 99.73% 的概率达到精度了。需要指出的是,以上的分析和处理方法有普遍的适用性。

对于非单位反馈系统,可以转化为单位反馈系统来处理;对于调节系统,实际上就是输入为常值或阶段性变化的系统,以上的分析也适用。

以上分析的各级干扰信号,没有规定什么样式。实际上,每个环节,包括测量、放大、执行元件的误差,都可以计算到它的输出端,作为系统的干扰进行处理。对于多回路系统,可以先从内环算起,等效变为图 4-6 所示的单回路系统。每个回路的误差折算到输入(或输出)端作为某一干扰 $N_i(t)$。

通过以上分析可以看到,图 4-6 所示的串级系统,本身就具有抑制干扰的能力,而其干扰部位越靠近输出 $C(s)$,抑制能力越强。系统抑制前级的干扰能力一般比后级差,这就是一般随动系统要求测量装置和前级信号放大器精度高的原因所在。

在随动系统中,对系统跟踪状态下的稳态误差也有要求,通常用速度误差 e_v、加速度误差 e_a 和正弦误差 e_m 描述。

速度误差 e_v 是指在匀速跟踪状态下,系统输出轴跟随输入轴等速运动时,两轴之间存在的稳态误差角,常简称为速度误差。

加速度误差 e_a 是指在匀加速跟踪状态下,系统输出轴跟随输入轴等加速运动时,两轴之间存在的稳态误差角,常简称为加速度误差。

正弦误差 e_m 是指系统以最大的角速度 Ω_{max} 和最大角加速度 ε_{max} 进行正弦跟踪时,即输出轴跟随输入轴作正弦运动时,两轴之间误差角的最大值。

此外,对系统稳态性能指标用位置品质系数 K_p、速度品质系数 K_v、加速度品质系数 K_a 等描述。速度品质系数 K_v 和加速度品质系数 K_a,与跟踪误差有一定的关系,其表达式为

$$K_v = \frac{\Omega}{e_v} \qquad\qquad (4-13)$$

$$K_a = \frac{\varepsilon}{e_a} \qquad\qquad (4-14)$$

式中,Ω 为系统等速跟踪运动的角速度;e_v 为与等速跟踪输入对应的速度误差角;ε 为系统等加速跟踪时的角加速度;e_a 为与等加速跟踪输入对应的加速度误差角。

(三)随动系统跟踪性能指标要求

对随动系统跟踪性能主要有以下要求:

（1）系统最低平稳跟踪角速度 $\Omega_{\min}$（或最小平稳线速度 $v_{\min}$ 或最小转速 $n_{\min}$）。这是系统输出轴平稳跟随输入轴作等速运动时，系统输出轴不出现明显的步进现象所能达到的最低速度。

（2）系统最大跟踪角速度 $\Omega_{\max}$（或最大平稳线速度 $v_{\max}$ 或最大转速 $n_{\max}$）。这是系统输出轴跟随输入轴，且不超过最大跟踪速度误差 e_{v} 的前提下，系统所能达到的最高速度。

（3）最大跟踪角加速度 $\varepsilon_{\max}$（或最大线加速度 $a_{\max}$）。这是系统输出轴跟随输入轴，在不超过最大跟踪加速度误差 e_{a} 的前提下，系统所能达到的最高加速度。

（4）极限角速度 Ω_{k}（或极限线速度 v_{k} 或极限转速 n_{k}）、极限角加速度 ε_{k}（或者极限线加速度 a_{k}）均指在不考虑跟踪精度的情况下，系统输出轴所能达到的极限速度和极限加速度。

4.1.2　系统性能指标与系统特性的关系

控制系统的特性通常用它的数学模型来描述和用频率特性来表示，那么，随动系统的性能指标与系统的特性就有必然的关系。由于性能指标是系统设计的基础，所以应分析系统性能指标与系统特性之间的关系。

（一）系统特性与稳态精度的关系

系统的稳态精度是用稳态误差的数值来衡量的。随动系统的稳态误差，不仅与系统的特性有关，还与输入信号的类型有关。常用来分析随动系统稳态误差的典型输入信号有四种，即阶跃信号、斜坡信号（或称等速信号）、抛物线信号（或称等加速信号）和正弦信号（或称谐波信号）。

设随动系统的开环传递函数为

$$G(s) = \frac{K(1 + b_1 s + b_2 s^2 + \cdots + b_m s^m)}{s^{\nu}(1 + b_1 s + b_2 s^2 + \cdots + b_{n-\nu} s^{n-\nu})},\ n > m \qquad (4-15)$$

设系统具有单位反馈（并不失一般性），则系统的误差传递函数为

$$\Phi_e(s) = \frac{E(s)}{R(s)} = \frac{1}{1 + G(s)}$$

$$= \frac{s^{\nu}(1 + a_1 s + a_2 s^2 + \cdots + a_{n-\nu} s^{n-\nu})}{K(1 + b_1 s + b_2 s^2 + \cdots + b_m s^m) + s^{\nu}(1 + a_1 s + a_2 s^2 + \cdots + a_{n-\nu} s^{n-\nu})} \qquad (4-16)$$

设系统输入函数的拉氏变换用 $R(s)$ 表示，则系统的稳态误差可用终值定理求得

$$\lim_{t\to\infty} e(t) = \lim_{s\to 0} sE(s) = \lim_{s\to 0} s\Phi_e(s)R(s) \qquad (4-17)$$

式中，$e(t)$ 和 $E(s)$ 分别代表系统误差及其拉氏变换。

从以上三式可以看出：系统稳态误差不仅与输入信号的形式及大小有关，还与系统开环增益 K 的大小和包含的积分环节数目 ν 有关。以系统开环对数幅频特性 $20\lg|G(j\omega)|$ 来看，系统稳态精度与 $20\lg|G(j\omega)|$ 特性低频段渐近线的斜率以及它（或它

的延伸线)在 $\omega = 1$ 处的分贝数有关。

对于正弦输入信号的拉氏相函数相当于一对共轭虚数极点,相应的系统稳态误差不可能趋于零。但从 $20\lg|G(j\omega)|$ 特性看,对应正弦信号角频率 ω 时, $20\lg|G(j\omega)|$ 的分贝数越高,系统的稳态误差(指误差振幅 e_m)将越小,通常稳态时系统 ω 是低频,故主要看 $20\lg|G(j\omega)|$ 低频段距 0 dB 线的高度。

以上简单的分析表明:影响系统稳态精度的主要是系统的低频段特性,具体来讲,就是系统的开环增益的大小和串联积分环节的多少。

(二) 系统特性与动态性能指标的关系

系统的动态性能指标主要是指系统的单位阶跃响应品质,它与系统开环频率特性 $G(j\omega)$ 和闭环频率特性 $\Phi(j\omega)$ 有关。

1. 二阶系统频域指标与时域指标的关系

对没有零点的二阶系统而言,其闭环传递函数为

$$\Phi(s) = \frac{\omega_n^2}{s^2 + 2\zeta\omega_n s + \omega_n^2} \tag{4-18}$$

阶跃响应指标与系统频率特性存在以下关系。

(1) 谐振峰值

$$M_r = \frac{1}{2\zeta\sqrt{1-\zeta^2}}, \quad \zeta \leqslant 0.707 \tag{4-19}$$

(2) 谐振频率

$$\omega_r = \omega_n\sqrt{1-2\zeta^2}, \quad \zeta \leqslant 0.707 \tag{4-20}$$

(3) 带宽频率

$$\omega_b = \omega_n\sqrt{1-2\zeta^2 + \sqrt{2-4\zeta^2+4\zeta^4}} \tag{4-21}$$

(4) 相角裕量

$$\gamma = \arctan\frac{2\zeta}{\sqrt{\sqrt{1+4\zeta^4}-2\zeta^2}} \tag{4-22}$$

(5) 截止频率

$$\omega_c = \omega_n\sqrt{\sqrt{4\zeta^4+1^4}-2\zeta^2} \tag{4-23}$$

(6) 超调量

$$\sigma\% = e^{-\pi(M_r-\sqrt{M_r^2-1})} \times 100\% \tag{4-24}$$

(7) 调节时间

$$t_s = \frac{3.5}{\zeta \omega_n} \tag{4-25}$$

2. 高阶系统频域指标与时域指标的关系

对高阶系统而言,阶跃响应与系统闭环幅频特性存在以下关系。

1) 超调量

$$\sigma\% = [0.16 + 0.4(M_r - 1)] \times 100\%, \quad 1 \leqslant M_r \leqslant 1.8 \tag{4-26}$$

由式(4-26)可以看出,$\sigma\%$ 与 M_r 之间仍有近似的对应关系,M_r 大则 $\sigma\%$ 大,M_r 小则 $\sigma\%$ 小。

2) 调节时间

$$t_s = \frac{6 \sim 10}{\omega_c} \text{ 或 } t_s = \frac{K\pi}{\omega_c}, \quad K = 2 + 1.5(M_r - 1) + 2.5(M_r - 1)^2 \tag{4-27}$$

3. 开环幅频特性与闭环幅频特性的关系

根据系统的频域指标与时域指标之间的关系,由时域指标可确定出闭环频域指标。由于绘制系统开环幅频特性 $20\lg|G(\omega)|$ 比绘制闭环幅频特性 $|\Phi(j\omega)|$ 容易,因此可利用控制理论介绍的 M 圆图,将开环幅频特性 $|G(\omega)|$ 与 M_r 联系起来,根据 M_r 可确定开环频域指标。

图4-7是在奈奎斯特(Nyquist)平面上表示 $G(j\omega)$ 特性和与其相切的 M 圆,该圆的 M 值就是系统的谐振峰值 M_r。凡 $M > 1$ 的圆均包围$(-1, j0)$点,且圆心均在负实轴上,M 值越大,其轨线距$(-1, j0)$点越近,$M = \infty$ 的圆即$(-1, j0)$点。

已知 M 圆圆心到坐标圆点的距离 $C = \dfrac{M^2}{M^2 - 1}$,M 圆的半径 $R = \dfrac{M}{M^2 - 1}$,M 圆族即称为尼柯尔斯(Nichols)M 圆族。由图4-7可知,谐振峰值 M_r 所对应等 M 圆的最大和最小对数幅值分别为

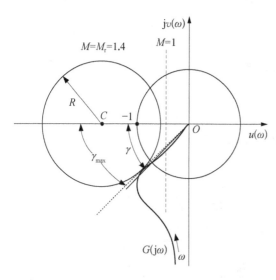

图4-7 奈奎斯特开环特性 $M(j\omega)$ 与 M 圆

$$L_M = 20\lg(C + R) = 20\lg\frac{M_r}{M_r - 1} \tag{4-28}$$

$$L_m = 20\lg(C - R) = 20\lg\frac{M_r}{M_r + 1} \tag{4-29}$$

它们正好对应系统开环对数幅频特性 $L(\omega) = 20\lg|G(\omega)|$ 与 0 dB 线相交的中频段,如图4-8所示。

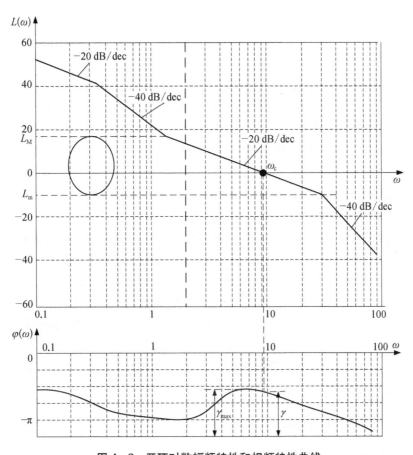

图 4-8　开环对数幅频特性和相频特性曲线

由图 4-7 和图 4-8 可以看出：要想系统阶跃响应的最大超调量 $\sigma\%$ 小，要求谐振峰值 M_r 小，实质上是要求系统的相角裕量 γ 大。每个 M 圆所对应的最大相角裕量 γ_{max}（图 4-8）为

$$\gamma_{max} = \arcsin\frac{R}{C} = \arcsin\frac{1}{M_r}$$

$$(4-30)$$

系统的相角裕量 $\gamma \approx \arcsin\dfrac{1}{M_r}$，图 4-9 给出了相角裕量 γ 与系统过渡过程的 $\sigma\%$ 之间的近似关系曲线，图中 ω_c 是系统开环对数幅频特性 $L(\omega)$ 穿越 0 dB 线的穿越频率，亦称开环截止频率（也称剪切频率），它与过渡过程时间 t_s 密切相关，两者近似成反比关系。

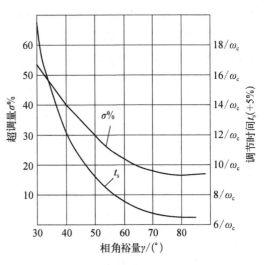

图 4-9　相角裕量 γ 与系统阶跃响应的超调量 $\sigma\%$，调节时间 t_s 之间的关系

4.2 希望特性的绘制

希望特性是希望对数幅频特性的简称,就是按性能指标要求绘制的系统开环对数幅频特性。绘制系统的开环对数数幅频特性的原因是:一个系统的闭环性能与开环特性密切相关,系统是否存在稳态误差取决于其开环传递函数描述的系统结构,系统的稳定性判定也是根据开环频率特性曲线判定闭环系统的稳定性。

按交接频率大小,可将系统的开环对数频率特性划分为低频段、中频段和高频段,这三部分对系统在典型输入信号作用下时间响应过程的影响是不同的。开环对数频率特性的低频段主要影响动态过程的最后阶段和时间趋于无穷时的稳态过程,表征了闭环系统的稳态性能,因此常用低频段估计系统的稳态性能。对动态过程影响最重要的是开环对数频率特性的中频段,表征了闭环系统的动态性能,因此常用中频段估计系统的动态性能。开环对数频率特性的高频段主要影响动态过程的起始阶段,表征了闭环系统的复杂性和噪声抑制性能。用希望特性的设计方法校正随动系统的实质就是在系统中加入频率特性形状合适的校正装置,使开环系统对数频率特性形状变为符合系统性能指标要求的形状,即低频段增益充分大,以保证稳态误差要求;中频段对数幅频特性斜率一般为 $-20\,\mathrm{dB/dec}$,并占据充分宽的频带,使系统具有适当的相角裕度,以保证随动系统达到动态性能要求;高频段增益尽快减小,以削弱噪声对随动系统的影响。

4.2.1 希望特性低频段的绘制

1. 低频段斜率和位置的确定

开环对数频率特性的低频段通常指第一个转折频率前的频段,即 $\omega < \omega_{\min}$ 的频率范围,$\omega_{\min}$ 为最小交接频率。这一频段的对数幅频特性取决于系统的型别 ν(即开环传递函数中积分环节的数量)和品质系数 K(即开环传递函数增益)。不同型别系统的开环对数幅频特性低频段渐近线如图 4-10 所示。从系统开环对数幅频渐进特性曲线来看,其低频段渐近线的斜率为 $-20\nu\,\mathrm{dB/dec}$,低频段渐近线(或它的延伸线)与零分贝线交点的横坐标:当 $\nu = 0$ 时,$\omega = K^{\frac{1}{0}} = \infty$;当 $\nu \neq 0$ 时,$\omega = K^{\frac{1}{\nu}}$。因此,根据系统的型别 ν,可以确定

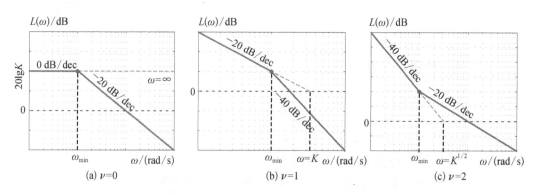

图 4-10　不同型别开环对数幅频特性低频段渐近线

开环对数频率特性低频段渐近线的斜率;根据型别 ν 和品质系数 K,可以确定开环对数频率特性低频段位置和斜率。

2. 系统精度点和精度界限的确定

有的随动系统输入信号是正弦信号,有的随动系统输入信号无规律。为了检验随动系统的跟踪性能,一般随动系统用正弦输入信号,但并不限定只有正弦函数的输入信号,也可用等效正弦的办法来计算。通常对系统有最大跟踪角速度 Ω_m、最大跟踪角加速度 ε_m 和最大跟踪误差 e_m 的要求。这些指标对应于系统跟踪幅值为 $A_\mathrm{i} = \dfrac{\Omega_\mathrm{m}^2}{\varepsilon_\mathrm{m}}$、频率为 $\omega_\mathrm{i} = \dfrac{\varepsilon_\mathrm{m}}{\Omega_\mathrm{m}}$ 的等效正弦信号 $\varphi_\mathrm{i} = A_\mathrm{i}\sin\omega_\mathrm{i}t$ 时,最大的跟踪误差为 e_m。 随动系统在 $\varphi_\mathrm{i} = A_\mathrm{i}\sin\omega_\mathrm{i}t$ 等效正弦信号作用下,正弦跟踪误差角可表示为 $e_\mathrm{m}\sin(\omega_\mathrm{i}t + \delta)$。

若系统的开环传递函数为 $G(s)$,根据位置随动系统误差传递函数的概念,则系统的最大跟踪正弦误差为

$$e_\mathrm{m} = \frac{1}{|1 + G(\mathrm{j}\omega)|}A_\mathrm{i}$$

由于 ω_i 处于低频段一般很小,且 $|G(\mathrm{j}\omega)| \gg 1$,所以上式可近似为

$$e_\mathrm{m} \approx \frac{A_\mathrm{i}}{|G(\mathrm{j}\omega)|}$$

式中,$|G(\mathrm{j}\omega)|$ 为开环幅频特性,它与系统的跟踪误差成反比。因此,只要系统的开环幅频特性满足

$$|G(\mathrm{j}\omega)| \geqslant \frac{A_\mathrm{i}}{e_\mathrm{m}}$$

则系统满足正弦跟踪的精度要求。因此,系统在 $\omega = \omega_\mathrm{i}$ 处的开环幅值 $L(\omega_\mathrm{i})$ 应满足

$$L(\omega_\mathrm{i}) \geqslant 20\lg\frac{A_\mathrm{i}}{e_\mathrm{m}} = 20\lg\frac{\Omega_\mathrm{m}^2}{\varepsilon_\mathrm{m}e_\mathrm{m}} \tag{4-31}$$

如果定义精度点 A 为 $\left(\omega_\mathrm{i}, 20\lg\dfrac{\Omega_\mathrm{m}^2}{\varepsilon_\mathrm{m}e_\mathrm{m}}\right)$,则系统在 $\omega = \omega_\mathrm{i}$ 处要达到精度要求,其开环对数幅频特性必须在精度点之上。

精度点仅反映了在最大角速度和最大角加速度的特定状态下的精度要求,在精度点左、右,即在 $\omega < \omega_\mathrm{i}$ 和 $\omega > \omega_\mathrm{i}$,如何保证随动系统特性满足跟踪精度要求呢?下面分两种情况分析。

(1)如果最大跟踪角速度 Ω_m 和正弦误差角 e_m 保持不变,跟踪角加速度 ε 可以变化,$0 \leqslant \varepsilon \leqslant \varepsilon_\mathrm{m}$。

令 $\varepsilon = \alpha\varepsilon_\mathrm{m}$,$0 \leqslant \alpha \leqslant 1$,此时,$\omega = \dfrac{\varepsilon}{\Omega_\mathrm{m}} = \alpha\omega_\mathrm{i}$。 在 $\omega \leqslant \omega_\mathrm{i}$ 的范围内,随动系统的开环

对数幅频特性为

$$L(\omega) \geqslant 20\lg\frac{\Omega_m^2}{\varepsilon e_m} = 20\lg\frac{\Omega_m^2}{\varepsilon_m e_m} - 20\lg\alpha \tag{4-32}$$

式(4-32)右边第一项即精度点 A 的纵坐标。也就是说,当跟踪角加速度 ε 从 ε_m 逐渐减小时, ω 将从 ω_i 逐渐减小。当 ε 减小到 ε_m 的 10 倍时, ω 也减小到 ω_i 的 10 倍,即 $\alpha = 0.1$。因此,在 $\omega \leqslant \omega_i$ 时,精度点 A 将向左沿-20 dB/dec 斜率移动,移动点的连线称为精度界限,也就是说从任意的频率 $\omega = \alpha\omega_i$ 向 ω_i 变化过程中,在对数幅频特性上精度界限是以-20 dB/dec 斜率下降。因此,系统开环对数幅频特性 $L(\omega)$ 在 $\omega \leqslant \omega_i$ 的范围内,应处在 $20\lg\dfrac{\Omega_m^2}{\varepsilon_m e_m} - 20\lg\alpha$ 的精度界限之上,才能满足跟踪精度要求。

(2)如果最大跟踪角加速度 ε_m 和正弦误差角 e_m 保持不变,跟踪角速度 Ω 可以变化, $0 \leqslant \Omega \leqslant \Omega_m$。

令 $\Omega = \beta\Omega_m$, $0 \leqslant \beta \leqslant 1$,此时, $\omega = \dfrac{\varepsilon_m}{\Omega} = \dfrac{\omega_i}{\beta}$,在 $\omega \geqslant \omega_i$ 的范围内,随动系统的开环对数幅频特性为

$$L(\omega) \geqslant 20\lg\frac{\Omega^2}{\varepsilon_m e_m} = 20\lg\frac{\Omega_m^2}{\varepsilon_m e_m} + 40\lg\beta \tag{4-33}$$

式(4-33)右边第一项即精度点 A 的纵坐标。也就是说,当跟踪角速度 Ω 从 Ω_m 逐渐减小时, ω 将从 ω_i 逐渐增大。当 Ω 减小到 Ω_m 的 10 倍时, ω 就增大到 ω_i 的 10 倍,即 $\beta = 0.1$。因此,在 $\omega \geqslant \omega_i$ 时,精度点 A 将向右沿-40 dB/dec 斜率的精度界限移动,也就是说从 ω_i 向任意的频率 $\omega = \dfrac{\omega_i}{\beta}$ 变化过程中,在对数幅频特性上精度界限是以-40 dB/dec 斜率下降。因此,系统开环对数幅频特性 $L(\omega)$ 在 $\omega > \omega_i$ 的范围内,应处在 $20\lg\dfrac{\Omega_m^2}{\varepsilon_m e_m} + 40\lg\beta$ 的精度界限之上,才能满足跟踪精度要求。

通过以上分析,等效正弦运动的精度界限是 A 点左边斜率为-20 dB/dec 直线段和 A 点右边斜率为-40 dB/dec 直线段。随动系统希望特性 $L_x(\omega)$ 的低频段需满足的精度界限如图 4-11 所示。随动系统希望特性 $L_x(\omega)$ 应处在精度界限之上,并且系统必须具有一阶或二阶无差度,才能满足跟踪精度要求。

从上面的分析可看出,可根据系统的稳态性能要求设计系统的低频段的形状。

3. 希望特性低频段的绘制方法

(1)根据随动系统正弦跟踪时最大跟踪角速度 Ω_m、最大跟踪角加速度 ε_m 和跟踪误差 e_m,计算系统的精度点 $\left(\omega_i, 20\lg\dfrac{\Omega_m^2}{\varepsilon_m e_m}\right)$,并在对数幅频特性上绘出精度点和精度界限。

(2)根据系统在确定输入信号下的误差要求,计算品质系数 K,按照系统型别 ν 和品

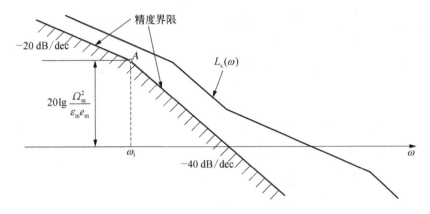

图4-11 随动系统稳态精度点与精度界限

质系数 K,确定希望特性低频段的斜率和低频段位置,并应使希望特性低频段在精度点和精度界限之上。低频段渐近线的斜率为 -20ν dB/dec,低频段渐近线在 $\omega = 1$ 时,幅值为 $20\lg K$ 或低频段渐近线或其延长线与 ω 轴的交点频率为 $\omega = K^{\frac{1}{\nu}}$。

4.2.2 希望特性中频段的绘制

1. 希望特性中频段的范围

开环对数频率特性的中频段是指截止频率附近的频段。设 $A(\omega)$ 和 $\varphi(\omega)$ 分别为系统的开环幅频特性和开环相频特性,当 $\omega = \omega_c$ 时,有 $A(\omega_c) = 1$,$L(\omega_c) = 20\lg A(\omega_c) = 0$,则称 ω_c 为截止频率,并称 $\gamma = 180° + \varphi(\omega_c)$ 为相角裕量。相角裕量 γ 和截止频率 ω_c 是系统的开环频域指标,γ 和 ω_c 的大小在很大程度上决定了系统的动态性能。根据中频段特性与动态品质指标之间的关系,可以用开环对数幅频特性的中频区宽度 H 或闭环谐振峰值 M_r 来描述系统阻尼程度,中频区宽度 H 即中频区相邻两交接频率的比值。

式(4-24)和式(4-26)分别给出了无零点的二阶系统阶跃响应的最大超调量 σ 与其频域的振荡指标 M_r 之间的关系和高阶系统 σ 与 M_r 之间的近似关系,将式(4-24)和式(4-26)用曲线表示如图4-12所示。

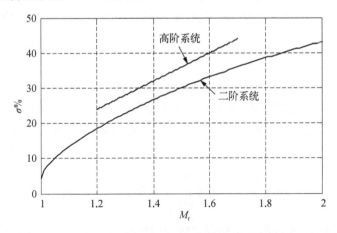

图4-12 二阶系统和高阶系统中 $\sigma\%$ 与 M_r 之间的关系

绘制超调量 $\sigma\%$ 与 M_r 之间的关系曲线的 Matlab 程序文本如下:

```
Mr1 = linspace(1.0,2.0,100);
sgm1 = exp(-pi*(Mr1-sqrt(Mr1.^2-1)));
plot(Mr1,sgm1*100,'b');
hold on
Mr2 = linspace(1.2,1.7,100);
sgm2 = (0.16+0.4*(Mr2-1));
plot(Mr2,sgm2*100,'r');
grid on;
hold off
xlabel('{\it{M_r}}');ylabel('{\it{\sigma}}/%')
% end
```

振荡指标 M_r 与中频段在 0 dB 线上下沿纵坐标和横坐标的跨度之间的关系,由上一

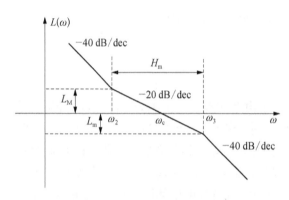

图 4 - 13　中频段希望特性的范围

节可知,振荡指标 M_r 对应于尼科尔斯图的等 M 圆,它对应于系统开环对数幅频特性的中频段。为使闭环系统稳定,且满足一定的振荡指标,对开环特性中频段渐近线的斜率为-20 dB/dec 的长度有要求,在 0 dB 线上下沿纵坐标的跨度不小于 L_M-L_m,如图 4 - 13 所示。而它沿横坐标的跨度 H 不小于 H_m,如图 4 - 13 所示。

$$H_m = \frac{M_r+1}{M_r-1} \qquad (4-34)$$

2. 系统的饱和限制

受精度界限的限制希望特性应在精度点及精度界限之上,但并不是希望特性越远离精度限制区越好。实际上希望特性还受以下因素限制。

(1)受执行电动机功率的限制。执行电动机的功率限制了电机的角加速度,在系统的最大跟踪误差 e_m 下,系统的极限角频率为 $\omega_k = \sqrt{\dfrac{\varepsilon_k}{e_m}} \geqslant 1.4\omega_c$,则要求 $\varepsilon_k \geqslant 1.96\omega_c^2 e_m$。当执行电动机确定时,相应的极限角加速度 ε_k 就确定了。因此,电动机功率不允许系统截止频率太大,将此限制称为饱和限制或功率限制。在 ε_k 一定的情况下,系统跟踪误差 e_m 与 ω_k^2 成反比,可以计算出电动机允许的极限角频率 ω_k,这个角频率对应的系统幅频特值为

$$20\lg\frac{\Omega_m^2}{\varepsilon_k e_m} = 20\lg\frac{\Omega_m^2}{e_m^2 \omega_k^2} = 20\lg\frac{\Omega_m^2}{e_m^2} - 40\lg\omega_k$$

由上式可以看出,饱和限制反映到对数幅频特性上是在 $\omega=\omega_k$ 处与 0 dB 线相交的斜

率为-40 dB/dec 的直线如图 4-14 所示。因此希望特性 $L_x(\omega)$ 应在饱和限制线之下或左边。

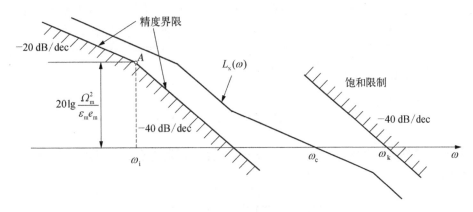

图 4-14　随动系统的饱和限制界限

（2）系统带宽的限制。为了抑制系统的高频噪声干扰,对系统的带宽也必须限制,这样也要求系统的希望特性不能进入该限制区。

3. 希望特性中频段的绘制方法

（1）由超调量 $\sigma\%$ 求出振荡指标 M_r。

（2）由振荡指标 M_r 求出中频段的最小幅值跨度 L_M-L_m 或最小频率跨度 H_m。

（3）由调节时间 t_s 求出截止频率 ω_c。

（4）过 ω_c 画一条斜率为-20 dB/dec 直线,中频段频率跨度应不小于 H_m 或幅值跨度不小于 L_M-L_m,并使希望特性在饱和界限之下或左边。

4.2.3　希望特性其他部分的绘制

除了前面给出的希望特性低频段和中频段的绘制方法,还有高频段、低频段到中频段和中频段到高频段的过渡段的绘制,对于这些频段的绘制一般采用下述方法:

（1）希望特性高频段一般与原系统高频段重合;

（2）低频段到中频段和中频段到高频段过渡部分频率特性的斜率一般为-40 dB/dec 或-60 dB/dec,若低频段到中频段和中频段到高频段过渡部分频率特性的斜率为-60 dB/dec,则中频段的跨度应适当加长。

4.2.4　系统性能指标的校核

根据系统的转折频率和型别,估算相角裕量 γ,再进一步根据关系式 $M_r \approx 1/\sin\gamma$,估算系统振荡指标 M_r。M_r 估算值若与由 $\sigma\%$ 选定的 M_r 值基本一致,则希望特性是适合的;否则应重新修改希望特性,通常是适当延长中频段-20 dB/dec 线段的长度。

例 4-1　某随动系统的原始开环传递函数为

$$G_0(s) = \frac{K}{s(0.01s+1)(0.02s+1)(0.2s+1)}$$

其中,放大系数 K 可根据需要调整。该随动系统的设计指标要求是:最大跟踪角速度 $\Omega_m = 1\,\text{rad/s}$,最大跟踪角加速度 $\varepsilon_m = 0.7\,\text{rad/s}^2$,系统的等速跟踪误差 $e_v \leqslant 0.002\,5\,\text{rad}$。按 Ω_m 和 ε_m 的等效正弦跟踪时,最大误差 $e_m \leqslant 0.006\,\text{rad}$。零初始条件下系统对单位阶跃信号响应的超调量 $\sigma\% \leqslant 32\%$,调节时间 $t_s \leqslant 0.5\,\text{s}$。要求:绘制随动系统的希望特性。

解:(1)确定希望特性的低频段。该随动系统有等速跟踪误差,所以该系统是 I 型系统 $\nu = 1$。根据速度品质系数的定义可知

$$K = K_v = \frac{\Omega_m}{e_v} = \frac{1}{0.002\,5} = 400\,\text{s}^{-1}$$

通过绘制单位阶跃响应曲线图 4 – 15 可以看出,原系统不稳定,其动态性能不能满足设计指标要求。

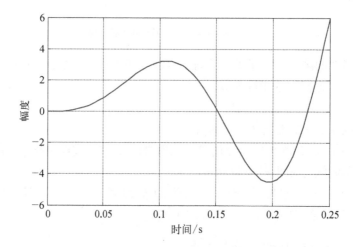

图 4 – 15 原系统阶跃响应曲线

由系统正弦最大跟踪角速度和最大跟踪角加速度可知,系统的精度点坐标为

$$\omega_i = \frac{\varepsilon_m}{\Omega_m} = \frac{0.7}{1} = 0.7\,\text{s}^{-1}$$

$$20\lg\frac{\Omega_m^2}{\varepsilon_m e_m} = 20\lg\frac{1}{0.7 \times 0.006} = 47.5\,\text{dB}$$

根据系统的速度误差要求,即按 $K = 400$ 绘制原系统的对数幅频特性如图 4 – 16 所示,在对数幅频特性曲线上给出精度点 $(0.7, 47.5)$,并画出精度界限。

原系统的幅频特性的低频段,在 $\omega = 1\,\text{rad/s}$,幅值为 $20\lg K = 52.04\,\text{dB}$ 处,斜率为 $-20\,\text{dB/dec}$。由于原系统幅频特性的幅值 $20\lg K = 52.04\,\text{dB} > 47.54\,\text{dB}$,所以低频特性在精度界线之上,且满足精度要求。因此,取希望特性的低频段与原系统幅频特性的低频段重合。

(2)绘制希望特性的中频段。原始系统为 4 阶系统,按照 $\sigma\% = 32\%$ 的要求,根据 $\sigma\% = [0.16 + 0.4(M_r - 1)] \times 100\%$ 或图 4 – 12 可确定 M_r,得 $M_r = 1.4$。

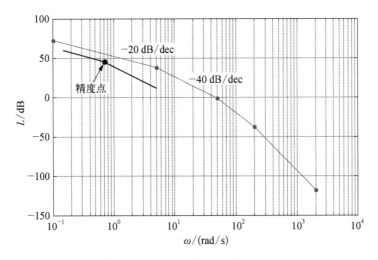

图 4-16 原始系统开环对数幅频渐近线

进一步根据谐振峰值 M_r 的取值,可得希望特性中频段的零分贝线上下界分别为

$$L_M = 20\lg \frac{1.4}{1.4 - 1} \approx 10.88 \text{ dB}$$

$$L_m = 20\lg \frac{1.4}{1.4 + 1} \approx -4.68 \text{ dB}$$

它们代表希望特性中频段-20 dB/dec 线段沿纵坐标的最小界限区间。

按照 $t_s \leqslant 0.5$ s 的要求,根据 $\omega_c \approx \frac{K\pi}{t_s}$,$K = 2 + 1.5(M_r - 1) + 2.5(M_r - 1)^2 = 3$,得 $\omega_c = 18.84$ rad/s。可取希望特性的截止频率 $\omega_c = 19$ rad/s。

过 $\omega_c = 19$ rad/s,绘制斜率为-20 dB/dec 的直线,与 L_M、L_m 相交频率 ω_M 和 ω_m 通过以下方程求解为

$$\begin{cases} \dfrac{L_M - 0}{\lg\omega_M - \lg\omega_c} = -20 \\[3mm] \dfrac{L_m - 0}{\lg\omega_m - \lg\omega_c} = -20 \end{cases}$$

解得 $\omega_M \approx 5.43$ rad/s,$\omega_m \approx 32.57$ rad/s。中频段上、下界转折频率 ω_2 和 ω_3 需满足 $\omega_2 \leqslant \omega_M$,$\omega_3 \geqslant \omega_m$,取 $\omega_2 = 2$ rad/s,此时根据中频段斜线横纵坐标之间的关系,可得 $L(\omega_2) = -20(\lg\omega_2 - \lg\omega_c) \approx 19.55$ dB。为了使设计的校正装置简单,中频段下界转折频率 ω_3 取为原系统的转折频率 50 rad/s,即 $\omega_3 = 50$ rad/s,此时 $L(\omega_3) = -20(\lg\omega_3 - \lg\omega_c) \approx -8.4$ dB。

(3)低频段与中频段连接。从中频段起始点 $(\omega_2, L(\omega_2))$ 处,绘制斜率为-40 dB/dec 的直线,与原系统低频段相交,即为希望特性渐近线的第一个转折点 $(\omega_1, L(\omega_1))$,通过

联立方程

$$\begin{cases} \dfrac{L(\omega_1) - 20\lg K_v}{\lg\omega_1 - 0} = -20 \\ \dfrac{L(\omega_2) - L(\omega_1)}{\lg\omega_2 - \lg\omega_1} = -40 \end{cases}$$

解得 $\omega_1 \approx 0.095 \text{ rad/s}$。

（4）中频段与高频段的连接。从中频段终止点（ω_3，$L(\omega_3)$）处，绘制斜率为 -40 dB/dec 直线，与原系统高频段相交，即为希望特性渐近线的第 4 个转折点（ω_4，$L(\omega_4)$），联立方程为

$$\begin{cases} \dfrac{L(\omega_4) - L(\omega_3)}{\lg\omega_4 - \lg\omega_3} = -40 \\ \dfrac{L(\omega_4) - L_0(\omega_3)}{\lg\omega_4 - \lg\omega_3} = -60 \end{cases}$$

式中，L_0 表示原系统对数幅值。可以计算得到在 ω_3 处，$L_0(\omega_3) = -1.94 \text{ dB}$，解上述方程组得 $\omega_4 \approx 104.71 \text{ rad/s}$。

（5）高频段。从点（ω_4，$L(\omega_4)$）处开始，与原系统高频段一致。

（6）仿真验证。经以上设计过程，可得希望特性曲线所对应的开环传递函数为

$$G_x = \frac{400(s/2 + 1)}{s(s/0.095 + 1)(s/50 + 1)(s/104.71 + 1)(s/200 + 1)}$$

设计后希望系统的对数幅频渐近线如图 4-17 所示，伯德图如图 4-18 所示，单位阶跃响应结果如图 4-19 所示。通过图 4-18 可知，设计后的系统性能指标为 $\sigma\% = 22.7\%$，调节时间为 0.449 s（5% 的误差带），全部满足指标要求。若要求在 2% 误差带内，

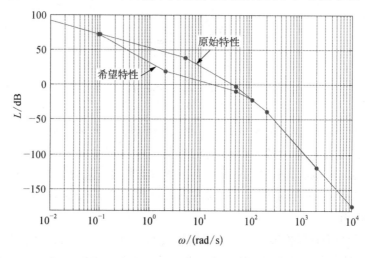

图 4-17　原始系统开环对数幅频渐近线和设计后系统的希望特性的幅频渐近线

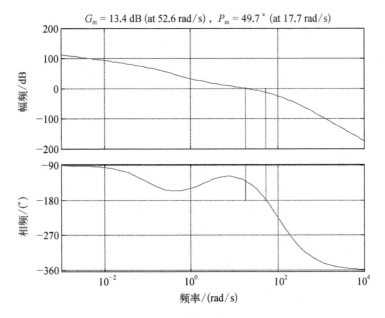

$G_m = 13.4$ dB (at 52.6 rad/s)，$P_m = 49.7°$ (at 17.7 rad/s)

图 4-18　设计后系统的幅频特性和相频特性

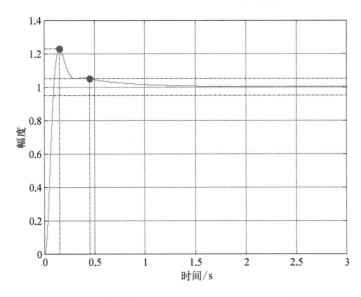

图 4-19　设计后系统单位阶跃响应曲线

仿真得到调节时间为 0.841 s，则不满足调节时间要求，可通过增大截止频率 ω_c 重新进行设计。

Matlab 程序文本如下:

```
clear all
clc
% 原始系统特性
s =tf('s');
```

```
G=400/s/(1+0.01*s)/(1+0.02*s)/(1+0.2*s);
step(feedback(G,1))
Mr=1.4;
LM=20*log10(Mr/(Mr-1));
Lm=20*log10(Mr/(Mr+1));
ts=0.5;wc=(2+1.5*(Mr-1)+2.5*(Mr-1)^2)*pi/ts;
wc=19;% 截止频率
% 中频段上下界
syms x y
x=solve('LM+20*(x-log10(wc))=0',x);
y=solve('Lm+20*(y-log10(wc))=0',y);
wM=10^eval(x);wm=10^eval(y);
% 中频段
w2=2;% 中频段起始交接频率
L2=-20*(log10(w2)-log10(wc));
w3=50;% 中频段终止交接频率
L3=-20*(log10(w3)-log10(wc));
% 低频与中频之间过渡段交接频率
syms xx yy
z=solve('yy-20*log10(400)+20*xx=0','yy-L2+40*(xx-log10
(w2))=0');
w1=10^eval(z.xx);
% 高频与中频之间过渡段交接频率
if w3<=50
    L0=20*log10(400)-20*log10(w3)-20*log10(w3/5);
elseif w3>50
    L0=20*log10(400)-20*log10(w3)-20*log10(w3/5)-20*
    log10(w3/50);
end
syms xxx yyy
zz=solve('yyy-L3+40*(xxx-log10(w3))=0','yyy-L0+60*(xxx-
log10(w3))=0');
w4=10^eval(zz.xxx);
if w4>100
    break
end
% 绘制特性曲线
s=tf('s');
```

```
G = 400 /s /(1+0.005 * s) /(1+0.02 * s) /(1+0.2 * s);
Gx = 400 * ( s /w2+1) /s /( s /w1+1) /( s /w3+1) /( s /w4+1) /( s /200+1);
bodeasym(G),hold on
bodeasym(Gx),grid on
margin(Gx)
step(feedback(Gx,1),3)
% end
```

4.3 串联校正装置设计

本节介绍基于希望特性的随动系统串联校正装置的设计方法。这种方法只适用于最小相位系统,因为最小相位系统的对数幅频特性与相频特性之间有确定的关系,所以按希望特性就能确定系统的瞬态响应性能。

4.3.1 串联校正装置设计原理

串联校正是在原系统的前向通道中串接入适当的校正环节,如图 4-20 所示,其中校正环节的传递函数为 $G_c(s)$。

原系统的开环传递函数

$$G_0(s) = G_1(s) G_2(s) \quad (4-35)$$

图 4-20 串联校正结构图

设系统的开环希望传递函数为 $G_x(s)$,如果串联校正后系统特性与希望特性一致,则校正后系统的开环传递函数

$$G_x(s) = G_c(s) G_0(s) \tag{4-36}$$

已知原系统开环对数幅频特性 $L_0(\omega) = 20\lg |G_0(j\omega)|$,希望对数幅频特性为 $L_x(\omega) = 20\lg |G_x(j\omega)|$,则

$$20\lg |G_c(j\omega)| = 20\lg |G_x(j\omega)| - 20\lg |G_0(j\omega)|$$

可得串联校正环节的对数幅频特性

$$L_c(\omega) = 20\lg |G_c(j\omega)| = L_x(\omega) - L_0(\omega) \tag{4-37}$$

由 $L_c(\omega)$ 可获得校正环节的传递函数 $G_c(s)$。

若串联校正装置传递函数具有如下形式:

$$G_c(s) = \frac{(1 + T_2 s)(1 + T_3 s)}{(1 + T_1 s)(1 + T_4 s)} \tag{4-38}$$

4.3.2 串联校正装置的实现

串联校正装置的电路实现形式如图 4-21 所示,其中,图 4-21(a)为无源电路网络;

图 4-21(b) 为有源电路网络。

图 4-21(a) 中

$$G_c(s) = \frac{(1 + T_a s)(1 + T_b s)}{T_a T_b s^2 + \left[T_a \left(1 + \frac{R_2}{R_1} \right) + T_b \right] s + 1} \qquad (4-39)$$

式中，$T_a = R_1 C_1 = T_2$，$T_b = R_2 C_2 = T_3$，$T_a T_b = T_1 T_4$，$T_1 + T_4 = T_a \left(1 + \frac{R_2}{R_1} \right) + T_b$。适当选取电路参数 R_1、R_2、C_1、C_2 便可使式(4-39)与式(4-38)完全一致。

图 4-21(b) 中

$$G_c(s) = \frac{r_1 + r_2 + \dfrac{r_1 r_2}{r_3}}{R_1 + R_2 + \dfrac{R_1 R_2}{R_3}} \times \frac{(1 + \tau_i s)(1 + \tau_j s)}{(1 + T_i s)(1 + T_j s)} \qquad (4-40)$$

式中 $\tau_i = R_1 C_1$，$T_i = C_1 r_1$，$T_j = \dfrac{R_1 R_2 R_3 C_1}{R_1 R_2 + R_2 R_3 + R_1 R_3}$，$\tau_j = \dfrac{r_1 r_2 r_3 C_2}{r_1 r_2 + r_2 r_3 + r_1 r_3}$，$T_i > \tau_i > \tau_j >$ T_j。适当选取电路参数，使 $T_i = T_1$，$\tau_i = T_2$，$\tau_j = T_3$，$T_j = T_4$。则可使式(4-40)与式(4-38)仅差一个系数就能达到完全一致。解决方法可通过将串联校正装置串入原系统，并适当调整增益达到相同结果。

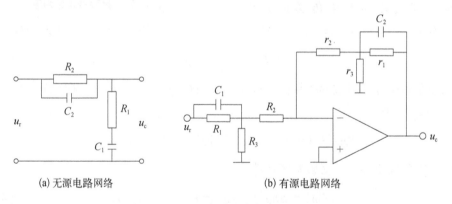

(a) 无源电路网络   (b) 有源电路网络

图 4-21　串联补偿电路设计

例 4-2　设随动系统原始传递函数为例 4-1，按例 4-1 的性能指标要求，设计串联校正装置。

解： 根据例 4-1 绘制的希望特性和原始系统的对数幅频渐近特性，利用式(4-37)可得到图 4-22 中的串联校正装置的对数幅频渐近线 $L_c(\omega)$，由 $L_c(\omega)$ 可得到串联校正装置的传递函数为

$$G_c(s) = \frac{(1 + s/2)(1 + s/5)}{(1 + s/0.095)(1 + s/104.71)}$$

由图 4-19 可知,经过串联校正装置的引入,校正后系统的性能指标完全满足系统的性能指标要求。串联校正装置可利用图 4-21 的串联校正电路通过适当地选取电阻、电容的值来实现。

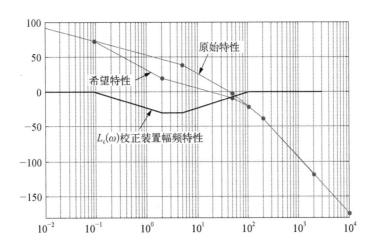

图 4-22　原始系统开环对数幅频渐近线、希望特性和串联校正装置的幅频渐近线

例 4-3　设某 II 型随动系统的开环传递函数为

$$G_0(s) = \frac{25}{s^2(1 + 0.025s)}$$

要求保持系统稳态加速度误差系数 $K_a = 25\ \mathrm{s^{-2}}$ 不变,对系统进行串联校正,使得校正后系统超调量 $\sigma\% \leqslant 28\%$,调节时间 $t_s \leqslant 1.2\ \mathrm{s}$。

解：　(1) 设原系统的开环对数幅频特性曲线为 $L_0(\omega)$,$L_0(\omega)$ 低频段延长线与零分贝线交点的横坐标 $\omega_0 = \sqrt{K_a} = 5\ \mathrm{rad/s}$,$L_0(\omega)$ 转折频率 $\omega_z = 1/0.025 = 40\ \mathrm{rad/s}$,该点的纵坐标 $20\lg|G_0(j\omega)| = -40(\lg\omega_z - \lg\omega_0) = -36.1\ \mathrm{dB}$。绘制原始系统的频率特性和单位阶跃响应如图 4-23 所示。

从图 4-23 可以看出原始系统不稳定,无法满足系统的性能指标要求。

(2) 根据系统性能指标要求,求取希望特性曲线 $L_x(\omega)$。

① 低频段与原曲线重合。要求系统保持稳态加速度误差系数 $K_a = 25\ \mathrm{s^{-2}}$ 不变,所以希望特性低频段应与原始系统重合。

② 中频段及与低频段直接连接,连接位置取决于第一个转折频率 ω_1,下面给出计算 ω_1 的步骤。

原系统为三阶系统,根据超调量 $\sigma\%$ 和谐振峰值 M_r 之间的关系如图 4-12 所示,取谐振峰值 $M_r = 1.3$,则希望特性中频段零分贝线以上的纵坐标跨度

$$L_M = 20\lg\frac{M_r}{M_r - 1} \approx 12.736\ \mathrm{dB}$$

令 $20\lg|G(j\omega_1)| = L_M$,则根据低频段的几何关系式：

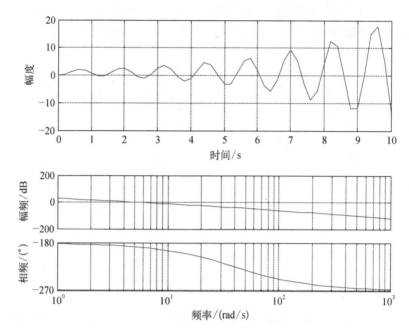

图 4 - 23　原始系统的频率特性和单位阶跃响应

$$\frac{20\lg|G_0(j\omega_1)|}{\lg\omega_1 - \lg\omega_{c0}} = -40 \text{ dB}$$

可得 $\omega_1 \approx 2.4 \text{ rad/s}$。

希望特性的中频段跨度

$$H \geq \frac{M_r + 1}{M_r - 1} = 7.667$$

设希望特性中频段的下限转折频率为 ω_2,则根据 $H = \omega_2/\omega_1$,可得 $\omega_2 \geq 18.4 \text{ rad/s}$。为了简化校正环节传递函数的形式,选取希望特性中频区下限转折频率 ω_2 等于原系统的转折频率 ω_z,即取 $\omega_2 = \omega_z = 40 \text{ rad/s}$。

在开环对数频率特性图上,通过 $(\omega_1, 20\lg|G_0(j\omega_1)|) = (2.4, 12.736)$,画一条斜率为 -20 dB/dec 的线段,止于 $\omega_2 = 40 \text{ rad/s}$ 处,该线为希望特性的中频段,该点的纵坐标为

$$20\lg|G_x(j\omega_2)| = 20(\lg\omega_1 - \lg\omega_2) + 20\lg|G_0(j\omega_1)| = -11.7 \text{ dB}$$

③ 高频段与原系统在 $\omega \geq 40 \text{ rad/s}$ 后的幅频特性斜率一致。

绘制的系统希望特性 $L_x(j\omega)$ 如图 4 - 24 所示。

由图 4 - 24 可知,校正后系统的希望传递函数为

$$G_x(s) = \frac{25(1 + 0.41s)}{s^2(1 + 0.025s)^2}$$

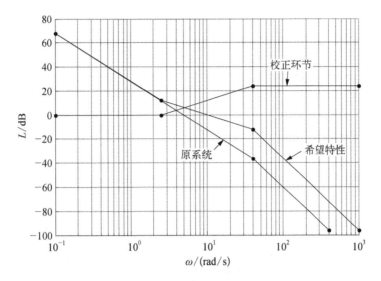

图 4-24 系统的希望特性

（3）计算 $L_x(j\omega) - L_0(j\omega)$，得到串联校正环节的传递函数

$$G_c(s) = \frac{1 + 0.41s}{1 + 0.025s}$$

系统校正前后的频率特性如图 4-25（a）所示，校正后系统的单位阶跃响应如图 4-25（b）所示。由图 4-25（a）可知，校正后系统的相角裕量 $\gamma = 48.3$，$\omega_c = 9.94$，相角裕量大大提高。由图 4-25（b）可知，超调量 $\sigma\% = 27.6\% \le 28\%$，调节时间 $t_s = 0.987$ s ≤ 1.2 s，系统性能指标完全满足性能要求。

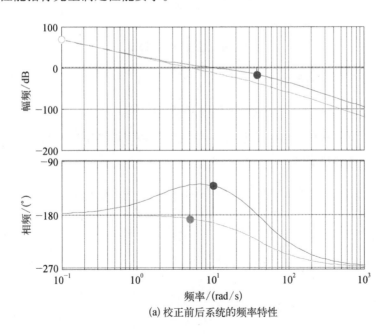

（a）校正前后系统的频率特性

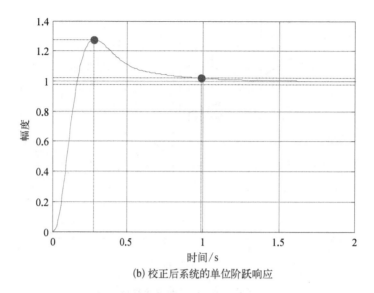

(b) 校正后系统的单位阶跃响应

图 4 - 25   校正前后系统的频率特性和校正后系统的单位阶跃响应

4.3.3   顺馈校正装置设计

顺馈校正是在原系统的局部通道中并行接入适当的校正环节,如图 4 - 26 所示,其中校正环节的传递函数为 $G_b(s)$。

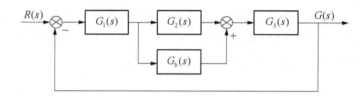

图 4 - 26   顺馈校正结构图

原系统的开环传递函数为

$$G_0(s) = G_1(s)G_2(s)G_3(s) \tag{4-41}$$

设校正后系统开环传递函数为 $G_x(s)$,如果顺馈校正后系统特性与希望特性一致,则校正后系统的开环传递函数

$$
\begin{aligned}
G_x(s) &= G_1(s)G_3(s)[G_2(s) + G_b(s)] \\
&= G_0(s) + \frac{G_0(s)G_b(s)}{G_2(s)}
\end{aligned}
\tag{4-42}
$$

因此,顺馈校正环节的传递函数

$$G_b(s) = \frac{G_x(s)G_2(s) - G_0(s)G_2(s)}{G_0(s)}$$

$$= \left[\frac{G_x(s)}{G_0(s)} - 1\right] G_2(s) \tag{4-43}$$

如果求出开环希望特性 $20\log|G_x(j\omega)|$ 的传递函数 $G_x(s)$，则可通过式(4-43)计算顺馈校正环节的传递函数 $G_b(s)$。

4.4 负反馈校正装置设计

4.4.1 负反馈校正装置设计原理

负反馈校正是在原系统的局部通道中接入负反馈校正环节，如图4-27所示，其中 $G_f(s)$ 为负反馈校正环节的传递函数。

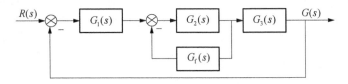

图 4-27 负反馈校正结构图

根据图4-27可知，原系统的开环传递函数

$$G_0(s) = G_1(s)G_2(s)G_3(s) \tag{4-44}$$

设系统的希望开环传递函数为 $G_x(s)$，如果负反馈校正后系统幅频特性与希望特性一致，则经负反馈校正后系统的开环传递函数

$$G_x(s) = \frac{G_0(s)}{1 + G_2(s)G_f(s)} \tag{4-45}$$

如果 $G_2(s)G_f(s) \ll 1$，则

$$G_x(s) \approx G_1(s)G_2(s)G_3(s) \tag{4-46}$$

此时，经负反馈校正后的系统与原系统特性一致。

如果在对系统动态性能起主要影响的频率范围内，有 $G_2(s)G_f(s) \gg 1$，则

$$G_x(s) \approx \frac{G_0(s)}{G_2(s)G_f(s)} = \frac{G_1(s)G_3(s)}{G_f(s)} \tag{4-47}$$

此时，经负反馈校正后的系统特性与被包围环节 $G_2(s)$ 无关。

因此，可通过负反馈校正环节包围对系统动态性能改善有削弱作用的环节 $G_2(s)$，并选择校正环节传递函数 $G_f(s)$ 的参数，使校正后系统性能满足给定指标要求。

在 $|G_2(j\omega)G_f(j\omega)| \gg 1$ 的频率范围内，有 $G_2(s)G_f(s) \approx G_0(s)/G_x(s)$ 可知，通过画出原系统的开环对数幅频特性 $20\lg|G_0(j\omega)|$，然后减去希望特性 $20\lg|G_x(j\omega)|$，可以获得

近似的 $G_2(s)G_f(s)$。由于 $G_2(s)$ 已知,因此可求得负反馈校正环节的传递函数 $G_f(s)$。需要指出的是,在 $|G_2(j\omega)G_f(j\omega)| \gg 1$ 的频率范围内,应有 $20\lg|G_2(j\omega)| > 20\lg|G_x(j\omega)|$,且局部反馈回路必须稳定。

在系统初步设计时,往往把条件 $|G_2(j\omega)G_f(j\omega)| \gg 1$ 简化为 $|G_2(j\omega)G_f(j\omega)| > 1$,即 $20\lg|1 + G_2(j\omega)G_f(j\omega)| > 20$ dB,这样假设往往产生一定的误差,特别是在 $|G_2(j\omega)G_f(j\omega)| = 1$ 的附近,误差不超过 3 dB。如果误差超过 3 dB,则需要根据表 4-2 所列对应关系,由 $20\lg|1 + G_2(j\omega)G_f(j\omega)|$ 求 $20\lg|G_2(j\omega)G_f(j\omega)|$。

表 4-2　$20\lg|1 + G_2(j\omega)G_f(j\omega)|$ 和 $20\lg|G_2(j\omega)G_f(j\omega)|$ 的对应关系

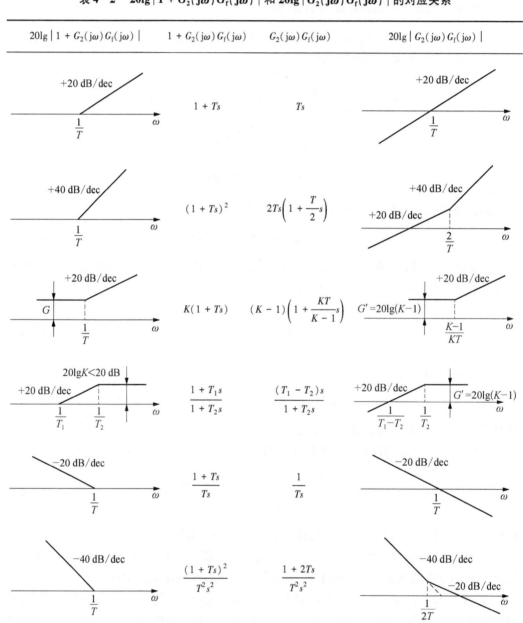

$20\lg\|1 + G_2(j\omega)G_f(j\omega)\|$	$1 + G_2(j\omega)G_f(j\omega)$	$G_2(j\omega)G_f(j\omega)$	$20\lg\|G_2(j\omega)G_f(j\omega)\|$
	$1 + Ts$	Ts	
	$(1 + Ts)^2$	$2Ts\left(1 + \dfrac{T}{2}s\right)$	
	$K(1 + Ts)$	$(K - 1)\left(1 + \dfrac{KT}{K - 1}s\right)$	
	$\dfrac{1 + T_1 s}{1 + T_2 s}$	$\dfrac{(T_1 - T_2)s}{1 + T_2 s}$	
	$\dfrac{1 + Ts}{Ts}$	$\dfrac{1}{Ts}$	
	$\dfrac{(1 + Ts)^2}{T^2 s^2}$	$\dfrac{1 + 2Ts}{T^2 s^2}$	

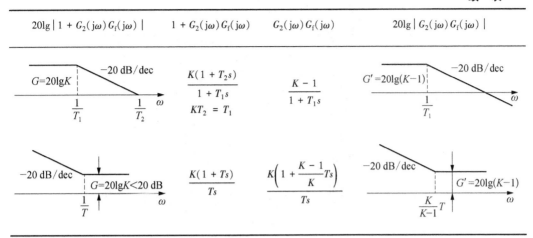

| $20\lg \mid 1 + G_2(\mathrm{j}\omega)G_\mathrm{f}(\mathrm{j}\omega) \mid$ | $1 + G_2(\mathrm{j}\omega)G_\mathrm{f}(\mathrm{j}\omega)$ | $G_2(\mathrm{j}\omega)G_\mathrm{f}(\mathrm{j}\omega)$ | $20\lg \mid G_2(\mathrm{j}\omega)G_\mathrm{f}(\mathrm{j}\omega) \mid$ |

负反馈校正设计的步骤如下。

（1）绘制原系统的开环对数幅频特性

$$L_0(\omega) = 20\lg \mid G_0(\mathrm{j}\omega) \mid$$

（2）根据性能指标要求，绘制希望特性

$$L_\mathrm{x}(\omega) = 20\lg \mid G_\mathrm{x}(\mathrm{j}\omega) \mid$$

（3）当 $\mid G_2(\mathrm{j}\omega)G_\mathrm{f}(\mathrm{j}\omega)\mid > 1$ 时，根据 $20\lg \mid G_2(\mathrm{j}\omega)G_\mathrm{f}(\mathrm{j}\omega)\mid = L_0(\omega) - L_\mathrm{x}(\omega)$，$L_0(\omega) - L_\mathrm{x}(\omega) > 0$ 求传递函数 $G_2(\mathrm{j}\omega)G_\mathrm{f}(\mathrm{j}\omega)$。

（4）检验局部反馈回路的稳定性，并检查希望特性截止频率 ω_c 附近 $20\lg \mid G_2(\mathrm{j}\omega)G_\mathrm{f}(\mathrm{j}\omega)\mid \mathrm{dB} > 0$ 的程度。

（5）由 $L_0(\omega) - L_\mathrm{x}(\omega)$ 得出 $20\lg \mid G_2(\mathrm{j}\omega)G_\mathrm{f}(\mathrm{j}\omega)\mid$，并求出 $G_\mathrm{f}(s)$。

（6）检验校正后系统的性能指标是否满足要求。

例 4-4 某随动系统结构如图 4-27 所示，其原系统的开环传递函数为

$$G_0(s) = \frac{400}{s(0.01s + 1)(0.02s + 1)(0.2s + 1)}$$

其中，

$$G_2(s) = \frac{300}{(0.02s + 1)(0.2s + 1)}$$

该随动系统的设计指标对应的希望特性如图 4-28 所示，求负反馈补偿环节的传递函数。

解：根据图 4-28 可知，此随动系统希望特性所对应的开环传递函数为

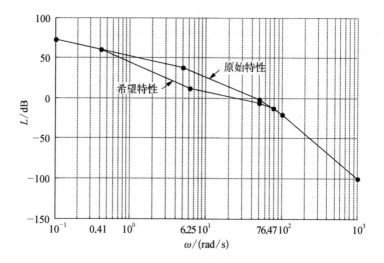

图 4-28 随动系统原始特性和希望特性

$$G_x(s) = \frac{400(s/6.25 + 1)}{s(s/0.41 + 1)(s/50 + 1)(s/76.47 + 1)(s/100 + 1)}$$

根据负反馈环节与原始特性和希望特性之间的关系,通过对原始特性和希望特性求差,获得 $1 + G_2(s)G_f(s)$ 环节的渐近线,如图 4-29(a)所示。再根据表 4-2 给出的 $1 + G_2(s)G_f(s)$ 与 $G_2(s)G_f(s)$ 之间的对应关系,由 $1 + G_2(s)G_f(s)$ 的渐近线可得 $G_2(s)G_f(s)$ 环节的渐近线,如图 4-29(b)所示,其中 0 dB 处一阶微分环节转换为了纯微分环节,0 dB 以上其他部分保持不变且在 $\omega = 1$ 处,$G_2(s)G_f(s)$ 环节的渐近线的纵坐标约为 8 dB,根据 $G_2(s)$ 环节传递函数,可绘制 $G_2(s)$ 环节的对数幅频特性曲线,并且对数幅频特性曲线在 $\omega = 1$ 处纵坐标约为 49.54 dB,如图 4-29(c)所示,经与 $G_2(s)G_f(s)$ 环节曲线求差,可得负反馈校正环节的对数幅频特性,其渐近线如图 4-29(d)所示,且在 $\omega =$

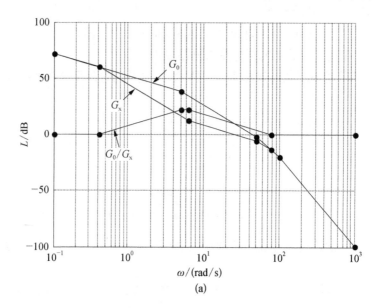

(a)

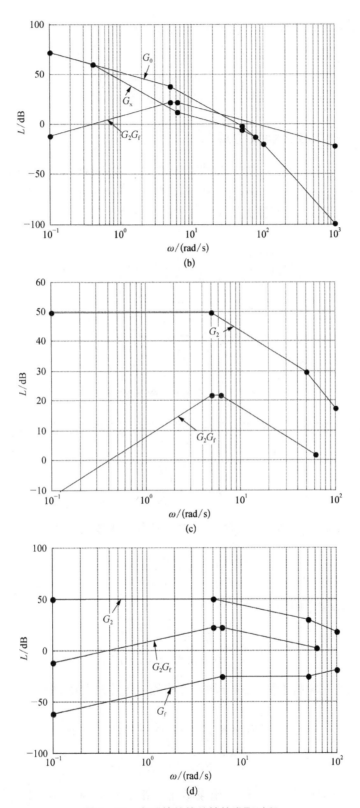

图 4 − 29　负反馈补偿特性的求取过程

1 处对数幅频特性的纵坐标约为-41.54 dB。按照负反馈校正环节的特性，不难写出其传递函数

$$G_f(s) = \frac{0.008\,4s(0.02s + 1)}{(0.16s + 1)}$$

4.4.2　负反馈校正装置的实现

下面讨论负反馈校正环节的实现问题。这里的输出是执行电动机轴输出角速度 Ω_d，$G_f(s)$ 中有微分环节，必包含测速元件，将 Ω_d 转换成电信号。若用 40CY-3 永磁式直流测速发电机，$G_2(s)$ 所包含的线路如图 4-30 主通道所示。

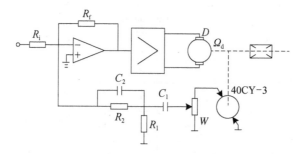

图 4-30　负反馈补偿回路实例

第一级放大系数是 $K_1 = R_f/R_i$，负反馈校正由测速发电机和 $Z(s)$ 阻抗组成，反馈通道的传递函数为

$$G_{f1}(s) = \frac{\eta K_e R_f}{Z(s)} \tag{4-48}$$

由于 $G_2(s)$ 已将 $K_1 = R_f/R_i$ 包含在内，故反馈通道等效函数为

$$G_{f2}(s) = \frac{\eta K_e R_i}{Z(s)} \tag{4-49}$$

令 $G_{f2}(s) = G_f(s)$，则

$$Z(s) = \frac{\eta K_e R_i(1 + 0.16s)}{0.008\,4s(1 + 0.02s)} \tag{4-50}$$

按星形—三角形阻抗换算，图 4-30 所示电路对运算放大器的输入阻抗为

$$Z(s) = \frac{(R_1 + R_2)\left[1 + \dfrac{R_1 R_2}{R_1 + R_2}(C_1 + C_2)s\right]}{R_1 C_1 s(1 + R_2 C_2 s)} \tag{4-51}$$

适当选取 R_1、R_2、C_1、C_2 和分压系数 η，则可使式（4-50）和式（4-51）完全一致。

在有的随动系统中也有采用输出角加速度作为负反馈信号的情况,如防空导弹发射架随动系统,如图 4-31 所示,既有速度负反馈又有加速度负反馈。

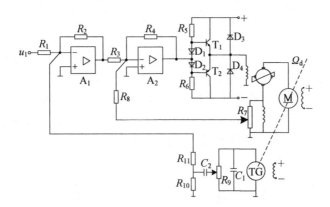

图 4-31　负反馈校正线路实例

4.5　前馈校正装置设计

串联校正、负反馈校正是工程中常用的校正方法,在一定程度上可以满足给定的指标要求。如果系统中存在强扰动,或者系统的稳态精度和响应速度要求很高,则反馈校正方法难以满足要求。在工程实践中,广泛采用前馈校正和负反馈校正结合的方法,这样的系统称为复合控制系统,相应的控制方式称为复合控制方式。

4.5.1　前馈校正装置设计原理

按输入进行前馈校正如图 4-32 所示,其中 $G_q(s)$ 为校正环节的传递函数。

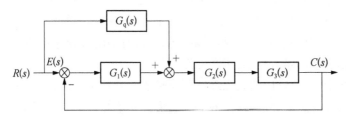

图 4-32　前馈补偿结构图

若系统误差传递函数为

$$\Phi_e(s) = \frac{E(s)}{R(s)} = \frac{1 - G_q(s)G_2(s)G_3(s)}{1 + G_1(s)G_2(s)G_3(s)} \tag{4-52}$$

则当 $1 - G_q(s)G_2(s)G_3(s) = 0$, 即

$$G_q(s) = \frac{1}{G_2(s)G_3(s)} \tag{4-53}$$

成立时,恒有 $E(s) = 0$。将此条件代入系统的传递函数

$$\Phi(s) = \frac{C(s)}{R(s)} = \frac{[G_1(s) + G_q(s)]G_2(s)G_3(s)}{1 + G_1(s)G_2(s)G_3(s)} \qquad (4-54)$$

可得 $\Phi(s) = 1$,此时,系统的输出完全复现输入,系统的误差始终为零。因此,式(4-53)也称为输入信号的误差全补偿条件,也称为不变性条件。

前馈校正环节的传递函数是低阶的,对系统的动态品质影响较小。可分两步设计,首先按动态品质要求设计系统闭环部分,再根据精度要求设计前馈校正通道。

例4-5 设某随动系统如图4-27所示,此为I型系统。其中,

$$G_1(s) = \frac{166.7}{1 + 0.01s}, \quad G_2(s) = \frac{300}{(1 + 0.02s)(1 + 0.2s)}$$

$$G_3(s) = \frac{0.008}{s}, \quad G_f(s) = \frac{0.007s(1 + 0.2s)}{(1 + 0.16s)}$$

试设计前馈校正环节:(1)使系统误差完全补偿;(2)使系统达到II型系统的精度;(3)使系统达到III型系统的精度。

解:(1)在进行前馈校正时,首先确定前馈校正装置加入系统主通道的位置。本题选择负反馈点作为叠加点,如图4-33所示,此时误差全补偿条件为

$$G_q(s) = \frac{1}{\dfrac{G_2(s)}{1 + G_2(s)G_f(s)} \cdot G_3(s)} = \frac{0.032s^3 + 2.36s^2 + s}{2.4(1 + 0.16s)}$$

可以看出 $G_q(s)$ 具有比较复杂的形式,全补偿条件物理实现起来非常困难。实际系统的功率和线性范围是有限的,系统的通频带也是有限的,另外,$G_2(s)$ 和 $G_3(s)$ 通常含有积分环节、惯性环节,此时 $G_q(s)$ 将对输入信号具有高阶微分作用,微分阶次越高,对输入信号中噪声越敏感,影响系统的正常工作。

在工程实践中,通常采用满足跟踪精度要求的部分补偿条件,或者对系统性能起主要影响的频段内实现近似全补偿,以使 $G_q(s)$ 的形式简单并易于物理实现。

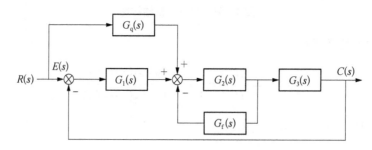

图4-33 前馈校正结构图

（2）在部分补偿情况下，如果引入具有 $G_q(s) = \lambda s$ 传递函数形式的前馈校正环节，则系统误差传递函数为

$$\Phi_e(s) = \frac{E(s)}{R(s)} = \frac{1 - G_q(s) \cdot \dfrac{G_2(s)}{1 + G_2(s) G_f(s)} \cdot G_3(s)}{1 + G_1(s) \cdot \dfrac{G_2(s)}{1 + G_2(s) G_f(s)} \cdot G_3(s)}$$

$$= \frac{(1 + 0.01s)(0.032s^3 + 2.36s^2 + s) - 2.4(1 + 0.16s)(1 + 0.01s) \cdot \lambda s}{(1 + 0.01s)(0.032s^3 + 2.36s^2 + s) + 400(1 + 0.16s)}$$

当 $\lambda = \dfrac{1}{2.4} = 0.417$ 时，可以使系统精度为 II 型系统精度，此时系统的速度误差为零，加速度误差为常值。前馈校正环节可由比电势为 $0.417\ \mathrm{V \cdot s}$ 的测速发电机实现。

（3）在部分补偿情况下，如果引入具有

$$G_q(s) = \frac{\lambda_2 s^2 + \lambda_1 s}{Ts + 1}$$

传递函数形式的前馈校正环节，则系统误差传递函数为

$$\Phi_e(s) = \frac{1 - G_q(s) \cdot \dfrac{G_2(s)}{1 + G_2(s) G_f(s)} \cdot G_3(s)}{1 + G_1(s) \cdot \dfrac{G_2(s)}{1 + G_2(s) G_f(s)} \cdot G_3(s)}$$

$$= \frac{s(0.01s + 1)\left[0.00064Ts^4 + (0.00064 + 0.4592T)s^3 + (0.4592 + 2.48T - 0.384\lambda_2)s^2 + (2.48 + T - 2.4\lambda_2 - 0.384\lambda_1)s + (1 - 2.4\lambda_1)\right]}{(Ts + 1)\left[6.4 \times 10^{-6}s^5 + 0.005232s^4 + 0.0484s^3 + 2.49s^2 + 65s + 400\right]}$$

当上式满足 $2.4\lambda_1 - 1 = 0$，$2.48 + T - 2.4\lambda_2 - 0.384\lambda_1 = 0$ 和 $0.4592 + 2.48T - 0.384\lambda_2 = 0$ 时，可以使系统精度具有 III 型系统的精度，此时系统的加速度误差为零。前馈校正环节可采用比电势为 $0.417\ \mathrm{V \cdot s}$ 的测速发电机串联一个微分网络实现。

4.5.2 前馈校正装置的实现

工程实践中，输入信号的一阶导数和二阶导数往往由测速发电机与无源网络的组合线路实现，前馈校正环节传递函数形式的选取就是基于这种考虑。

图 4-34 是复合控制随动系统的简化原理图，其输入是转角 $\varphi_r(s)$，用一对自整角机测角，前馈通道是在输入轴上连接一个直流测速发电机，再串接一个 RC 无源微分网络组成，前馈通道的传递函数可表示为

$$G_q(s) = \frac{K_e s \dfrac{R_2}{R_1 + R_2}(R_1 Cs + 1)}{\dfrac{R_1 R_2}{R_1 + R_2} Cs + 1} = \frac{\beta s(\tau_1 s + 1)}{\tau_2 s + 1} \tag{4-55}$$

式中，$\beta = K_e \dfrac{R_2}{R_1 + R_2}$，$\tau_1 = R_1 C$，$\tau_2 = \dfrac{R_2}{R_1 + R_2}\tau_1$。

前馈信号 u_r 加入主通道，后半部分的传递函数可近似表示成

$$G_2(s) = \frac{K_2}{s(1 + T_1 s)(1 + T_2 s)} \qquad (4-56)$$

利用不变性条件，选取 $\beta = 1/K_2$，$\tau_1 - \tau_2 = T_1 + T_2$，则可获得 $G_q(s)$ 仅在一阶、二阶低阶项近似为 $G_2(s)$ 的倒数。原始系统不加前馈时为 I 型，按上述方式引入前馈通道后可获得Ⅲ型系统的精度，提高了系统的精度，又不影响系统的稳定性。所以，系统对阶跃输入信号、速度输入信号和加速度输入信号均具有稳态不变性。

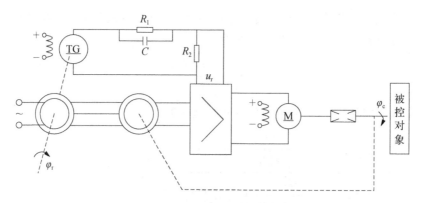

图 4-34　复合控制随动系统简化原理图

4.6　模拟发射架随动系统设计

某发射架随动系统是包括方位回转运动和高低俯仰运动两套独立的随动系统，两套系统的实现原理基本相同，发射架随动系统具有大转动惯量的特点，要求有较高的控制精度和响应速度。由于两套随动系统都是由粗、精双通道自整角机线路构成测量电路，在跟踪过程中发射架随动系统处于小角度跟踪，精通道测量线路起主导作用。因此本节主要根据发射架的性能要求，以精通道测量电路构成的随动系统为例设计高性能的发射架随动系统。

4.6.1　原始发射架随动系统

（一）各环节传递函数

发射架随动系统属于大功率电气随动系统，原始的发射架随动系统由精通道自整角机测量电路、选择级、相敏整流放大级、综合放大级、功率放大级、电机放大机、执行电动机、减速器组成，如图 4-35 所示。

1. 精测自整角机测量电路、选择级和输入变压器环节

由精测自整角机测量电路、选择级和输入耦合变压器合成为一个环节，输入信号为误

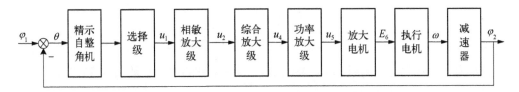

图 4-35 发射架原始电气随动系统组成方框图

差角 θ,输出信号为输入变压器的输出电压 u_1,传递函数为

$$G_1(s) = \frac{ic\theta an}{\theta} = ican$$

式中,i 为精、粗示自整角机的传速比,$i = 15$;c 为自整角机的比同步电压,$c = 0.195(\text{V/mil})$;a 为选择级分压系数,$a = 0.08$;n 为相敏整流环节输入耦合变压器的变压比,$n = 0.25$。

根据电路参数可得出合成环节的传递函数为

$$G_1(s) \approx 0.059\ \text{V/mil}$$

2. 相敏整流放大级环节

相敏整流放大级的输入信号是输入变压器的输出电压 u_1,输出信号是相敏整流放大级的输出电压 u_2。图 4-36 为相敏整流放大级的等效电路图。

经推导,相敏整流放大级的传递函数为

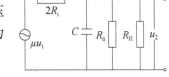

图 4-36 相敏整流放大级等效电路图

$$G_2(s) = \frac{u_2(s)}{u_1(s)} = \frac{K_2}{T_2 s + 1}$$

式中,$K_2 = \dfrac{R_a R_H \mu}{2R_i(R_a + R_H) + R_a R_H}$,$T_2 = \dfrac{2R_i R_a R_H C}{2R_i(R_a + R_H) + R_a R_H}$;$R_i$ 为电子管的交流内阻,$R_i = 11\ \text{k}\Omega$;μ 为电子管的放大系数,$\mu = 35$;R_a 为阳极负载电阻,$R_a = 40\ \text{k}\Omega$;C 为滤波电容,$C = 0.25\ \mu\text{F}$;R_H 为相敏整流放大级的输出负载电阻,$R_H = 315\ \text{k}\Omega$。

根据电路参数可得出相敏整流放大环节的传递函数为

$$G_2(s) = \frac{u_2(s)}{u_1(s)} = \frac{21.6}{0.0034 s + 1}$$

3. 综合放大级环节

综合放大级的输入信号是相敏整流放大级的输出电压 u_2,输出信号为电压 u_4,综合放大级的等效电路图如图 4-37 所示。

由综合放大级的工作原理可知,输入电压 u_2 应等于两电子管栅压之差 $\Delta ug_1 - \Delta ug_2$,经推导,综合放大级的传递函数为

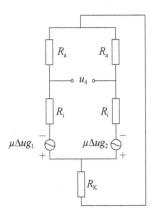

图 4-37 综合放大级等效电路图

$$G_4(s) = \frac{u_4(s)}{u_2(s)} = \frac{\mu R_a}{R_a + R_i}$$

式中，R_i 为电子管的交流内阻，$R_i = 480\ \text{k}\Omega$；$\mu$ 为电子管的放大系数，$\mu = 97.5$；R_a 为阳极负载电阻，$R_a = 1\ 500\ \text{k}\Omega$。

综合放大级没有惰性元件，是一个纯放大环节，根据电路参数可得出综合放大环节的传递函数为

$$G_4(s) \approx 74$$

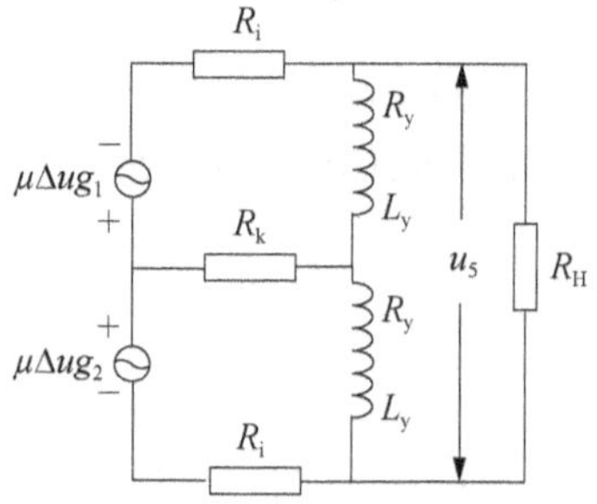

4. 功率放大级环节

功率放大级输入信号是综合放大级的输出电压 u_4，输出电压是送到电机放大机控制绕组两端电压 u_5。功率放大级的等效电路如图 4-38 所示。

由功率放大级的工作原理可知，输入电压 u_4 应等于两电子管栅压之差 $\Delta ug_1 - \Delta ug_2$，经推导，功率放大级的传递函数如下：

图 4-38 功率放大级的等效电路图

$$G_5(s) = \frac{u_5(s)}{u_4(s)} = \frac{K_5(\tau_5 s + 1)}{T_5 s + 1}$$

式中，$K_5 = \dfrac{\mu R_H R_y}{R_H R_i + 2 R_y R_i + R_H R_y}$，$\tau_5 = \dfrac{L_y}{R_y}$，$T_5 = \dfrac{(2R_i + R_H) L_y}{R_H R_i + 2 R_y R_i + R_H R_y}$；$\mu$ 为电子管的放大倍数，$\mu = 225$；R_i 为电子管的交流内阻，$R_i = 50\ \text{k}\Omega$；R_y 为半边控制绕阻电阻，$R_y = 3.3\ \text{k}\Omega$；$L_y$ 为半边控制绕阻电感，$L_y = 117\ \text{H}$；R_H 为保护电阻，$R_H = 43\ \text{k}\Omega$。

根据电路参数可得出功率放大级环节的传递函数为

$$G_5(s) = \frac{12.2(0.035\ 5s + 1)}{0.006\ 4s + 1}$$

5. 电机放大机环节

电机放大机环节输入信号是功率放大级的输出电压 u_5，输出信号是电机放大机的输出电势 E_6，为了简化计算，在推导电机放大机传递函数时，以全补偿为例进行推导。电机放大机的原理图如图 4-39 所示。

经推导，电机放大机的传递函数如下：

$$G_6(s) = \frac{E_6(s)}{u_5(s)} = \frac{K_6}{(T_6 s + 1)(T_6' s + 1)}$$

式中，K_6 为电机放大机的放大倍数，测得电压放大倍数 $K_6 = 7.2$；

T_6 为控制回路的时间常数，$T_6 = \dfrac{L_y}{R_y}$；T_6' 为交轴回路的时间常数，

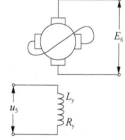

图 4-39 放大电机原理图

$T'_6 = \dfrac{L_2}{R_2}$；R_2 为电机放大机交轴回路电阻，$R_2 = 2.7\ \Omega$；L_2 为电机放大机交轴回路电感，$L_2 = 0.117\ \mathrm{H}$。

根据电机放大机参数可得出电机放大机环节的传递函数为

$$G_6(s) = \frac{7.2}{(0.035\ 5s + 1)(0.043s + 1)}$$

6. 执行电动机环节

执行电动机环节输入信号是电机放大机输出电势 E_6，输出信号是其角速度 Ω。执行电机的原理图如图 4 - 40 所示。

经推导，执行电动机的传递函数如下：

$$G_7(s) = \frac{\Omega(s)}{E_6(s)} = \frac{K_7}{T_7 s + 1}$$

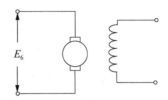

图 4 - 40　执行电机原理图

式中，$K_7 = \dfrac{1}{C_e}$；$T_7 = \dfrac{R_a J}{C_e C_M}$ 为执行电动机的机电时间常数；C_e 为执行电动机反电势系数，$C_e = 0.822\ 2(\mathrm{V \cdot s})$；$C_M$ 为执行电动机电磁转矩系数，$C_M = 0.083\ 8(\mathrm{N \cdot m/A})$；$R_a$ 为执行电动机回路电阻，$R_a = 5.415\ \Omega$；J 为执行电动机转动惯量，$J = 0.009\ 24(\mathrm{kg \cdot m^2})$。

根据执行电动机参数可得出执行电动机环节的传递函数为

$$G_7(s) = \frac{1.216}{0.726s + 1}$$

7. 减速器环节

减速器环节输入是执行电动机的角速度 Ω，输出是发射架的转角 φ_2，并将角度单位转化为密位。经推导，减速器的传递函数如下：

$$G_8(s) = \frac{\varphi_2(s)}{\Omega(s)} = \frac{1}{sN} \frac{3\ 000}{\pi}$$

式中，N 为减速器的减速比，$N = 2\ 042$。

根据减速器参数可得出减速器环节的传递函数为

$$G_8(s) = \frac{0.468}{s}$$

（二）系统分析

由精测自整角机测量电路、选择级、相敏放大级、综合放大级、功率放大级、电机放大机、执行电动机、减速器等部分组成的未校正的闭环随动系统结构图如图 4 - 41 所示。

前面已经给出了各环节的传递函数，若 $G_k(s) = G_4(s) G_5(s) G_6(s) G_7(s)$，则

$$G_k(s) = \frac{7\ 904}{(0.006\ 4s + 1)(0.043s + 1)(0.726s + 1)} \tag{4-57}$$

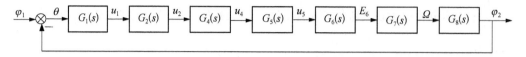

图 4-41　发射架随动系统校正前结构图

系统的开环传递函数为

$$G_o(s) = G_1(s)G_2(s)G_k(s)G_8(s)$$

$$= \frac{4\,714}{s(0.003\,4s + 1)(0.006\,4s + 1)(0.043s + 1)(0.726s + 1)}$$

利用 matlab 程序对原始系统进行分析,其分析程序文本如下:

```
% 原系统分析
s=tf('s');% 定义 s 算子
Go=4714/(s*(0.0034*s+1)*(0.0064*s+1)*(0.043*s+1)*(0.726*
s+1));% 原系统开环传递函数
Gbh=feedback(Go,1);% 原始闭环传递函数
figure(1)
pzmap(Gbh) % 原系统闭环零极点分布
eig(Gbh) % 闭环极点值
figure(2)
margin(Go)% 原系统 bode 图和稳定裕量
grid on
figure(3)
step(Gbh,1)% 原系统单位阶跃响应
grid on
% end
```

原系统分析如图 4-42 所示,其闭环极点为 $s_1 = -296.20$, $s_2 = -134.37$, $s_3 = -87.97$, $s_4 = 21.77 + 38.83i$, $s_6 = 21.77 - 38.83i$, 原系统的零极点分布如图 4-42(a)所示。由闭环极点可知,在复数平面有一对正半平面的极点,因此原始随动系统不稳定。

原系统的开环幅相频特性曲线如图 4-42(b)所示,利用频率域稳定判据也可判定随动系统是不稳定的,其相角裕度 $\gamma = -91.3°$, 表明随动系统极不稳定。

原系统对阶跃信号的响应曲线如图 4-42(c)所示,可以看出,该系统对阶跃信号跟踪过程发散,无法满足稳定性、准确性和快速性的品质要求。

为提高稳定性和过渡过程品质,需要对原随动系统进行校正。根据校正装置所处位置,可分为串联校正、并联校正(反馈校正);按其对信号的变换特性,可分为微分校正、积分校正、积分-微分校正。在各类串并联校正方法中,串联微分校正具有减小超调量,提高系统稳定性的作用;并联负反馈校正具有增加系统阻尼,改善系统的振荡性的作用;并联正反馈校正具有减小系统稳态误差,提高系统的同步跟踪精度的作用。

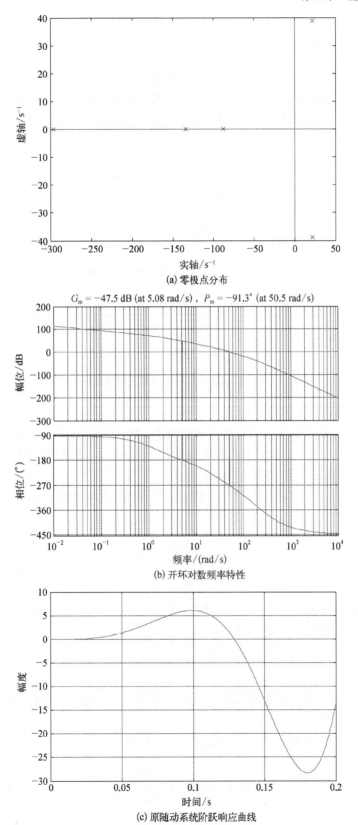

(a) 零极点分布

$G_m = -47.5$ dB (at 5.08 rad/s)，$P_m = -91.3°$ (at 50.5 rad/s)

(b) 开环对数频率特性

(c) 原随动系统阶跃响应曲线

图 4-42　未校正原随动系统的分析图

4.6.2 串联微分校正网络

为了提高系统的稳定性,增加系统的快速性,在系统主回路中的相敏整流放大级之后、综合放大级之前加串联微分校正网络,其组成方框图如图 4-43(a)所示,其结构图如图 4-43(b)所示。在图 4-43(b)中,$G_1(s)$ 由精示自整角机和选择级衰减网络构成,$G_3(s)$ 为串联校正网络传递函数。

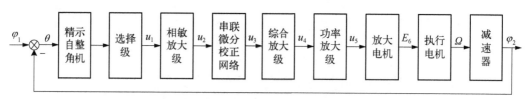

(a) 引入串联微分校正网络的随动系统组成方框图

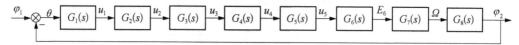

(b) 引入串联微分校正网络的随动系统结构图

图 4-43 串联校正后的随动系统组成及结构图

(一)串联校正网络传递函数

串联微分校正网络的输入信号是相敏整流放大级的输出直流信号电压 u_2,输出信号是送给综合放大级的信号电压 u_3,串联微分校正网络的原理电路如图 4-44 所示。

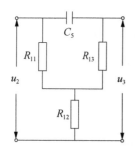

图 4-44 串联微分校正网络原理电路

经推导,串联微分校正网络的传递函数如下:

$$G_3(s) = \frac{u_3(s)}{u_2(s)} = \frac{K_3(\tau_3 s + 1)}{T_3 s + 1}$$

式中,$K_3 = \dfrac{R_{12}}{R_{11} + R_{12}}$,$\tau_3 = \dfrac{R_{13}R_{11} + R_{13}R_{12} + R_{11}R_{12}}{R_{12}}$,$T_3 = \dfrac{R_{13}R_{11} + R_{13}R_{12} + R_{11}R_{12}}{R_{11} + R_{12}} C_5$;$R_{11} = R_{13} = 300\ \text{k}\Omega$,$R_{12} = 15\ \text{k}\Omega$,$C_5 = 0.1\ \mu\text{F}$。

从推导出的串联微分校正网络的传递函数来看,RC 微分校正网络是典型的微分校正网络,具有串联微分校正作用。

由电路参数可得串联微分校正网络的传递函数为

$$G_3(s) = 0.047\,6 \frac{0.66s + 1}{0.031s + 1}$$

（二）串联校正后随动系统分析

经串联校正后发射架随动系统的开环传递函数为

$$G_{oc} = G_3(s)G_o(s)$$

$$= 0.047\ 6\ \frac{0.66s + 1}{0.031s + 1} \cdot \frac{4\ 714}{s(0.003\ 4s + 1)(0.006\ 4s + 1)(0.043s + 1)(0.726s + 1)}$$

$$= \frac{224.4(0.66s + 1)}{s(0.031s + 1)(0.003\ 4s + 1)(0.006\ 4s + 1)(0.043s + 1)(0.726s + 1)}$$

利用 matlab 程序对串联校正后系统的进行分析,其分析程序文本如下:

```
% 串联校正后随动系统分析
s=tf('s');%定义 s 算子
Gc=0.0476*(0.66*s+1)/(0.031*s+1);%串联校正环节传函
Go=4714/(s*(0.0034*s+1)*(0.0064*s+1)*(0.043*s+1)*
(0.726*s+1));%原系统开环传函
Goc=Gc*Go;% 串联校正后开环传函
Gbc=feedback(Goc,1);% 串联校正后闭环传函
Figure(1)
pzmap(Gbc);% 串联校正后闭环极点分布图
eig(Gbc) % 串联校正后闭环极点
grid on
figure(2)
margin(Goc)% 串联校正后系统 bode 图和稳定裕量
grid on
figure(3)
step(Gbc,1)% 串联校正后系统的单位阶跃响应
grid on
% end
```

串联校正后系统分析如图 4-45 所示。闭环极点 $s_1 = -296.46$, $s_2 = -117.61 + 13.04i$, $s_3 = -117.61 - 13.04i$, $s_4 = 12.97 + 39.05i$, $s_5 = 12.97 - 39.05i$, $s_6 = -1.52$, 零极点分布如图 4-45(a)所示,串联校正后系统在复数平面右半平面仍有两个极点,因此串联校正后发射架随动系统仍不稳定。串联校正后系统的开环对数频率特性曲线如图 4-45(b)所示,其相角裕度 $\gamma = -56°$, 因相角裕量 γ 为负,系统仍不能满足稳定性要求。串联校正后系统对阶跃信号的响应曲线如图 4-45(c)所示,说明系统对阶跃信号跟踪过程仍然发散。

比较图 4-42 和图 4-45 可知,经串联校正后随动系统的零极点分布和相角裕量虽得到一定改善,但系统仍不稳定,其超调量、调节时间和振荡次数都不能满足系统的动态性能要求。

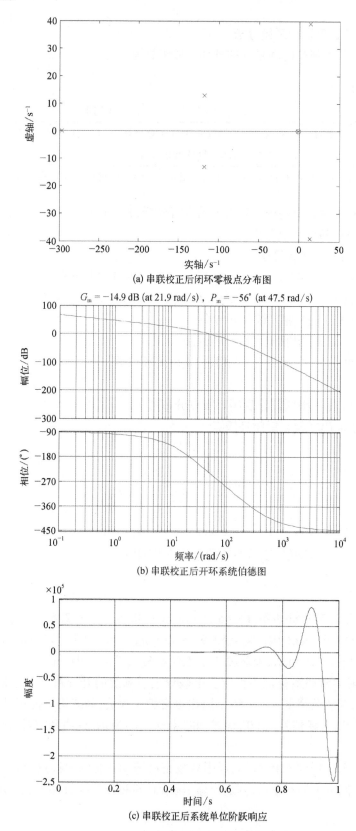

$G_m = -14.9\,\mathrm{dB}$ (at 21.9 rad/s)，$P_m = -56°$ (at 47.5 rad/s)

(a) 串联校正后闭环零极点分布图

(b) 串联校正后开环系统伯德图

(c) 串联校正后系统单位阶跃响应

图 4-45　串联校正后系统分析仿真图

4.6.3 负反馈校正网络

为了改善系统的振荡性能,减少发射架的摆动次数和调节时间,增加系统的阻尼,改善系统的稳定性和快速性,在引入串联校正网络基础上再引入负反馈校正网络,其组成方框图如图4-46(a)所示,其结构图如图4-46(b)所示。在图4-46(b)中,$G_9(s)$由负反馈校正网络和等效环节组成。

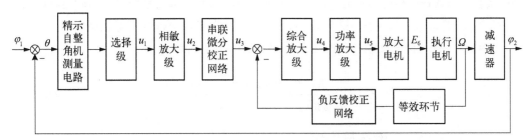

(a) 引入负反馈校正网络的随动系统组成方框图

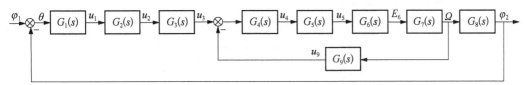

(b) 引入负反馈校正网络的随动系统结构图

图4-46 引入负反馈校正网络的随动系统组成及结构图

(一)负反馈校正网络及等效环节的传递函数

负反馈校正网络的输入端是电机放大机补偿绕组两端电压在可调电位计R_1上的电压降u_i,将u_i折算成执行电动机的输出角速度Ω,故在负反馈校正网络中引入了等效环节。负反馈校正网络的原理如图4-47所示。由图4-47可看出:当随动系统角加速度发生变化时,执行电动机的电枢电流也发生了变化,电枢电流的变化就会引起电机放大机补偿绕组上电压变化,导致由C_2、R_2、R_3、R_{19}、R_{20}构成的微分电路的作用加到系统中,负反馈网络作用阻止随动系统角加速度的变化,从而使系统的电磁转矩维持不变,系统稳定。而当随动系统角加速度不变时,即等加速运动时,动态转矩为零,电磁转矩恒定不变,因而电枢电流也保持不变,导致补偿绕组上电压亦恒定不变,则微分电路不起作用,故负反馈网络不起作用。

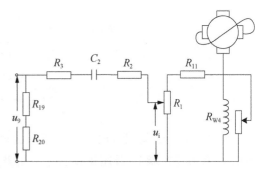

图4-47 负反馈校正网络原理图

经推导,负反馈校正网络及等效环节的传递函数如下:

$$G_9(s) = \frac{u_9(s)}{\Omega(s)} = \frac{\tau s}{Ts + 1} \cdot \frac{R_1 \beta R_{W4} f}{(R_{11} + R_1) C_M}(T_M s + 1)$$

式中，$\tau = (R_{19} + R_{20})C_2$，$T = (R_2 + R_3 + R_{19} + R_{20})C_2$，$T_M = \dfrac{J}{f}$；$R_{19} = 100\,\text{k}\Omega$，$R_{20} = 100\,\Omega$，$R_2 = 5.1\,\text{k}\Omega$，$R_3 = 100\,\text{k}\Omega$，$R_1 = 680\,\Omega$，$R_{11} = 3.9\,\text{k}\Omega$，$R_{W4} = 0.967\,\Omega$，$C_2 = 4\,\mu\text{f}$；$f$ 为黏滞摩擦系数，$f = 0.0015(\text{kg}\cdot\text{s}/\text{rad})$；$J$ 为折算到电动机轴上的转动惯量，$J = 0.00924(\text{kg}\cdot\text{m}/\text{s}^2)$；$C_M$ 为转矩系数，$C_M = 0.0838(\text{kg}\cdot\text{m}/\text{rad})$；$\beta$ 为负反馈电位计的可调系数。

由电路参数可得负反馈校正网络及等效环节的传递函数为

$$G_9(s) = \frac{u_9(s)}{\Omega(s)} = \frac{0.001\beta s(6.16s + 1)}{0.82s + 1} \tag{4-58}$$

（二）负反馈校正网络作用分析

负反馈校正网络所包含的环节是综合放大级、功率放大级、电机放大机和执行电动机，局部负反馈部分的传递函数为

$$G_{jf}(s) = \frac{G_k(s)}{1 + G_k(s)G_9(s)}$$

将式(4-57)和式(4-58)代入上式得

$$G_{jf}(s) = \frac{7904(0.82s + 1)}{1.6138 \times 10^{-4}s^4 + 0.02983s^3 + (0.672 + 48.69\beta)s^2 + (1.595 + 7.904\beta)s + 1} \tag{4-59}$$

若忽略局部负反馈的传递函数中的小时间常数，局部负反馈部分的传递函数可近似为二阶环节和惯性环节构成，即

$$\tilde{G}_{jf}(s) = \frac{K(T_1 s + 1)}{(T_2 s + 1)(T^2 s^2 + 2\zeta Ts + 1)}$$
$$= \frac{7904(0.82s + 1)}{0.02983s^3 + (0.672 + 48.69\beta)s^2 + (1.595 + 7.904\beta)s + 1} \tag{4-60}$$

由式(4-60)可以看出：在 T_1 不变的情况下，增加负反馈校正网络后，可以对原系统的阻尼系数进行调节，其阻尼系数 ζ 与可调系数 β 有关，通过调整负反馈环节的电位计 R_1，改变 β 的大小，使阻尼系数 ζ 接近最佳阻尼 0.707，以改善系统的振荡性能，减少发射架的摆动次数，起到稳定作用。同时可以看出，增加并联负反馈校正网络后，系统相应增加了一个微分环节（0.82s+1），相当于增加了微分校正网络，起到了串联微分校正的作用。

4.6.4 正反馈校正网络

为了减少系统的稳态误差,提高系统的同步跟踪精度,在系统中引入负反馈校正网络的同时,增加正反馈校正网络,如图 4-48 所示。在图 4-48(b)中,$G_{10}(s)$ 由正反馈校正网络和等效环节组成。

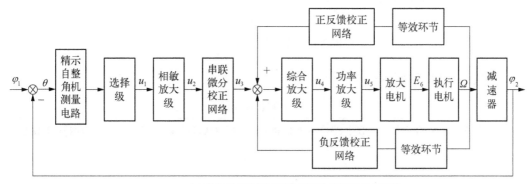

(a) 引入正反馈校正网络的随动系统组成方框图

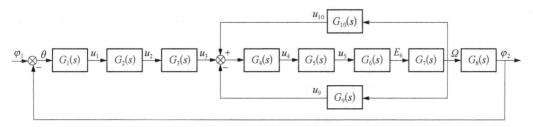

(b) 引入正反馈校正网络的随动系统结构图

图 4-48 引入正反馈校正网络的随动系统组成及结构图

（一）正反馈校正网络及等效环节传递函数

正反馈校正网络的原理图如图 4-49 所示。从系统原理图看出,正反馈校正网络的输入是执行电动机两端电压 u,将执行电动机两端电压 u 折算成角速度 Ω,引入等效环节。由图 4-48 可看出:当随动系统有误差角时,电动机就有电枢电压,正反馈网络就起作用。因此,有了正反馈网络,若使执行电动机达到同样大小的速度,则控制信号可相对地减小,因而可使系统的误差角也减小,即提高了系统的放大倍数,可减小系统速度误差,达到提高系统跟踪精度的目的。

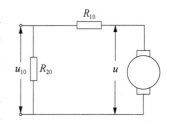

图 4-49 正反馈校正网络原理图

忽略电动机电枢电感,经推导,并联正反馈校正网络的传递函数为

$$G_{10}(s) = \frac{u_{10}(s)}{\omega(s)} = \frac{R_{20}}{R_{10} + R_{20}} \frac{R_a f}{C_M}(T_M s + 1)$$

式中,$R_{10} = 200 \text{ k}\Omega$,$R_{20} = 100 \text{ }\Omega$;$R_a$ 为执行电机回路电阻,$R_a = 0.52 \text{ }\Omega$;$f$ 为黏滞摩擦系数;C_M 为转矩系数。

由电路参数可得正反馈校正网络的传递函数为

$$G_{10}(s) = \frac{u_{10}(s)}{\omega(s)} = 4.65 \times 10^{-6}(6.16s + 1) \qquad (4-61)$$

（二）正反馈校正网络作用分析

负反馈和正反馈构成的局部反馈部分的传递函数为

$$G_{jfz}(s) = \frac{G_{jf}(s)}{1 - G_{jf}(s)G_{10}(s)}$$

将式（4-59）和式（4-61）代入上式得

$$G_{jfz}(s) = \frac{7\,904(0.82s + 1)}{1.613\,8 \times 10^{-4}s^4 + 0.029\,83s^3 + (0.486\,4 + 48.69\beta)s^2 + (1.339 + 7.904\beta)s + 0.963\,3}$$

经整理得

$$G_{jfz}(s) = \frac{8\,205(0.82s + 1)}{1.675\,3 \times 10^{-4}s^4 + 0.030\,9s^3 + (0.504\,9 + 50.55\beta)s^2 + (1.39 + 8.205\beta)s + 1}$$

$$(4-62)$$

比较式（4-59）和式（4-62）可以看出，加上正反馈校正网络后，局部反馈部分放大倍数提高。由于放大倍数的提高使系统的稳态误差下降，提高了发射架同步跟踪的精度。

4.6.5　校正后系统分析计算

（一）系统稳定性分析计算

增加串联校正、负反馈和正反馈三种校正网络后，系统结构图如图4-48所示。

发射架随动系统能否完成给定任务，首要的条件是判断系统是否稳定。根据以上推导的各环节传递函数，可得到校正后系统的开环传递函数为

$$G_{ocfz}(s) = G_n(s)G_{jfz}(s)G_8(s)$$

式中，$G_n(s) = G_1(s)G_2(s)G_3(s) = \dfrac{0.060\,7 \times (0.66s + 1)}{(0.003\,4s + 1)(0.031s + 1)}$，$G_8(s) = \dfrac{0.468}{s}$

将式（4-62）代入上式得

$$G_{ocfz}(s) = \frac{233.08(0.82s + 1)(0.66s + 1)}{s(0.003\,4s + 1)(0.031s + 1)[1.675\,3 \times 10^{-4}s^4 + 0.030\,9s^3 + (0.504\,9 + 50.55\beta)s^2 + (1.39 + 8.205\beta)s + 1]}$$

$$(4-63)$$

由式（4-63）可以看出，发射架随动系统是Ⅰ型系统。在$\beta = 0.7$和$\beta = 0.15$时，经过串联和正、负反馈校正后系统分析分别如图4-50和图4-51所示。

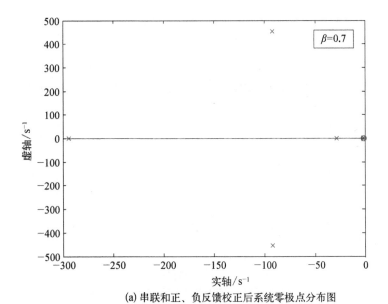

(a) 串联和正、负反馈校正后系统零极点分布图

$G_m = -16.6$ dB (at 1.2 rad/s)，$P_m = 46.6°$ (at 3.92 rad/s)

(b) 串联和正、负反馈校正后系统的伯德图

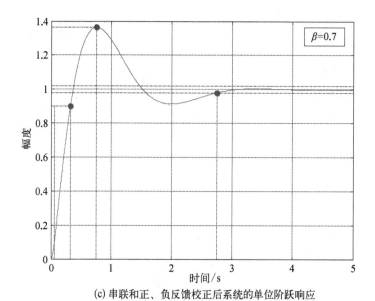

(c) 串联和正、负反馈校正后系统的单位阶跃响应

图 4 - 50　校正后的随动系统稳定性分析(β = 0.7)

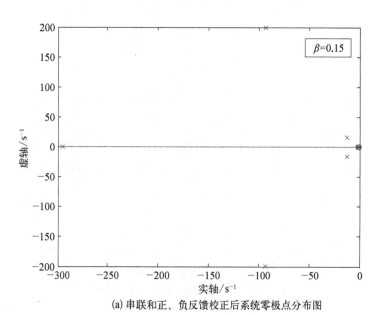

(a) 串联和正、负反馈校正后系统零极点分布图

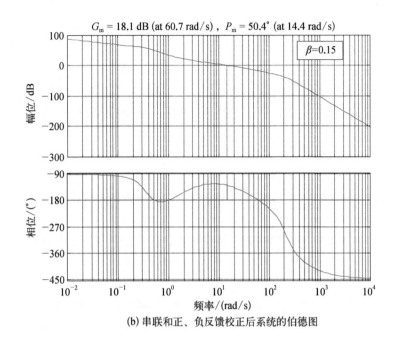

(b) 串联和正、负反馈校正后系统的伯德图

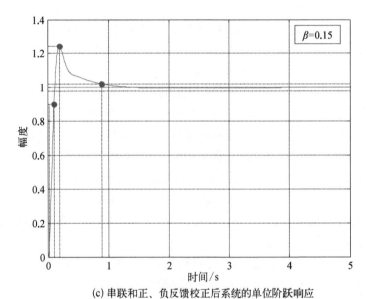

(c) 串联和正、负反馈校正后系统的单位阶跃响应

图 4－51　校正后的随动系统稳定性分析($\beta = 0.15$)

利用 matlab 程序对串联和正、负反馈校正后系统进行分析,在 $\beta = 0.7$ 时分析程序如下:

```
% 串联和正、负反馈校正后系统进行分析
s=tf('s');% 定义 s 算子
bate=0.7;% 给出 β=0.7
Gn=0.0607*(0.66*s+1)/((0.0034*s+1)*(0.031*s+1));
G8=0.468/s;
```

```
Gjfz=8205*(0.82*s+1)/(1.6753*10^(-4)*s^4+0.0309*s^3+…
(0.5049+50.55*bate)*s^2+(1.39+8.205*bate)*s+1);%局部正负反馈
环节传递函数
Gocjfz=Gn*Gjfz*G8;%串联和正、负反馈校正后系统的开环传递函数
Gbcjfz=feedback(Gocjfz,1);% 串联和正、负反馈校正后系统的闭环传递
函数
figure(1)
pzmap(Gbcjfz);%串联和正、负反馈校正后系统的闭环零极点分布
eig(Gbcjfz);%串联和正、负反馈校正后系统的闭环极点
figure(2)
margin(Gocjfz);% 串联和正、负反馈校正后系统的Bode图和稳定裕量
grid on
figure(3)
step(Gbcjfz,5);% 串联和正、负反馈校正后系统的单位阶跃响应
grid on
% end
```

在 $\beta=0.15$ 时，经过三种校正装置校正后系统闭环极点为 $s_1=-295.24,s_2=$ $-93.43+199.29i,s_3=-93.43-199.29i,s_4=-12.79+0.1594i,s_5=-12.79-0.1594i,$ $s_6=-2.05,s_7=-1.08$，如系统零极点分布图 4-51(a)所示。由闭环极点可知，通过三种校正装置校正后系统在复数平面右半平面无极点，因此增加三种校正装置后的发射架随动系统达到了稳定性要求。由开环系统的对数频率特性如图 4-51(b)可以看出：增加三种校正装置后的开环系统的相角裕度 $\gamma=50.4°$，截止频率 $\omega_c=14.4\ \text{rad/s}$；在幅频特性 $L(\omega)$ 大于零的频段，相频特性 $\theta(\omega)$ 穿越 $-180°$ 线的正负数相等。系统的单位阶跃响应曲线如图 4-51(c)所示，说明该系统对阶跃信号跟踪过程是收敛的。

通过对增加三种校正装置后的随动系统进行分析，由图 4-50 和 4-51 可看出：校正后系统达到了稳定性要求，通过改变 β 值可以改变系统的稳定性和动态性能。

（二）系统的品质分析计算

发射架随动系统以振荡次数、调节时间和超调量衡量系统的品质。

振荡次数就是给定发射架随动系统一个阶跃信号作用（失调角）后，发射架达到给定位置时左右（或上下）摆动的次数，显然振荡次数越少越好，如果振荡次数太多，不但影响调节时间，还会对发射架和导弹上的器件有影响。

调节时间就是系统在给定一个阶跃信号作用（输入方位角）后，从发射架起动到发射架方位角达到给定值95%（或98%）范围内所需的最短时间。这个指标表明系统的快速性，调节时间太长会造成战斗失利。

超调量就是系统给定一个失调角后，发射架超过给定值最大量的程度。超调量太大，不仅影响发射架各器件的寿命，还会影响系统的误差。

通过求系统的闭环传递函数得出系统的过渡过程，再通过系统的过渡过程可以分析振荡次数、调节时间和超调量。

由图 4 - 50 可看出,当 β = 0.7 时,系统的超调量约为 36%,系统上升时间约为 0.26 s,系统的调节时间约为 2.74 s,振荡次数 N = 2。由图 4 - 51 可看出,当 β = 0.15 时,系统的超调量约为 24%,系统上升时间约为 0.075 s,系统的调节时间约为 0.89 s,振荡次数 N = 1。可通过改变 β 值改变校正后系统的响应品质。

(三) 系统的误差分析与计算

发射架随动系统的精度,主要从静态误差和稳态误差两个方面考虑。

1. 静态误差

对于闭环状态的发射架随动系统,在理想情况下,只要有失调角存在,执行电动机就会产生转矩,带动发射架转动,直到失调角等于零,则此系统无静态误差。但实际与理论总是有一定的差距,所用元件本身的误差及其电气上的原因,会使系统产生静态误差。

发射架随动系统产生静态误差的主要因素有自整角机的失灵区、电子管放大器的零点漂移、电机放大机的剩磁以及执行电动机的静摩擦转矩等。

2. 稳态误差

稳态误差是随动系统的原理误差。由自动控制原理可知,在计算稳态误差时,可按终值定理求得。

稳态误差为

$$e(\infty) = \lim_{s \to 0} s R(s) \Phi_e(s) \tag{4-64}$$

式中,$R(s)$ 为输入信号的拉氏变换;$\Phi_e(s)$ 为误差信号的传递函数。

误差信号的传递函数 $\Phi_e(s)$ 为

$$\Phi_e(s) = \frac{1}{1 + G_{ocfz}} \tag{4-65}$$

将式(4-63)代入式(4-65),可看出稳态误差的大小只与输入信号 $R(s)$ 和误差信号传递函数 $\Phi_e(S)$ 有关,而系统的误差信号传递函数又与其结构有关,这里是在系统结构确定的情况下讨论稳态误差,所以稳态误差只与输入信号有关。

1) 当输入信号为单位阶跃信号时,即随动系统有误差角后突然起动时 ($r(t) = 1(t)$)

将输入信号的拉氏变换 $R(s) = \dfrac{1}{s}$、式(4-63)和式(4-65)代入式(4-64)得系统的稳态误差为

$$e(\infty) = \lim_{s \to 0} s \frac{1}{s} \Phi_e(s) = 0$$

$e(\infty) = 0$ 说明当输入为恒定的角度信号时,系统在角度跟踪上无误差,即被控对象能够完全复现控制信号。$e(\infty) = 0$ 是理论计算值,实际上并不能为零,最低限度还有静态误差无法彻底消除。

2）当输入信号为速度信号时，即匀速跟踪时（$r(t) = Vt$）

将输入信号的拉氏变换 $R(s) = \dfrac{V}{s^2}$、式（4-63）和式（4-65）代入式（4-64）得系统的稳态误差为

$$e(\infty) = \lim_{s \to 0} \frac{V}{s^2} \Phi_e(s) = \frac{V}{K} = \frac{V}{233.08}$$

说明系统在匀速跟踪时，有一定的稳态误差。因此，当发射架匀速跟踪时，发送机和接收机之间必然存在误差，即速度误差。速度误差大小与发射架跟踪速度大小成比例，这是因为跟踪的速度越高，执行电动机的反电势越大，要求电机放大机输出电压越大，则跟踪时的失调角就越大。

由发射架随动系统的分析可看出，此例发射架随动系统的设计充分利用了事物发展过程中的辩证关系，即主要矛盾和次要矛盾在发展过程中相互转化。当系统的主要矛盾是稳定性问题时，采用串联校正和负反馈校正提高系统的稳定性，且在系统角速度和角加速度发生变化时负反馈校正起作用，达到增大系统阻尼、阻止系统振荡的目的，提高随动系统稳定性和动态品质。当系统的主要矛盾是精度问题时，采用正反馈校正提高系统的精度，而在系统达到平衡位置时只要系统有误差正反馈就起作用。从阶跃响应来看，系统往往在开始时误差和角加速度较大，系统的稳定性和跟踪的快速性是系统的主要矛盾，负反馈校正作用要强，而精度是次要矛盾，经过一段时间的调节，在系统达到平衡位置附近时其控制精度就转化成了主要矛盾，而在接近平衡位置时系统角加速度变小，振荡问题就转化为次要矛盾，负反馈校正作用变弱，使正反馈校正作用增大，达到了增大系统放大倍数、减小系统误差和提高系统精度的目的。

第五章
数字控制器设计

数字控制系统设计,是指在结定系统性能指标的条件下,设计出控制器的控制规律和相应的数字控制算法。本章主要介绍数字控制系统的常规控制技术,即数字 PID 控制器、数字控制器的间接设计方法和直接设计方法。由于控制任务的需要,当所选择的采样周期比较大或对控制质量要求比较高时,就要从被控对象的特性出发,直接根据采样系统理论来设计数字控制器。因此,直接数字设计比模拟化设计具有更一般的意义。

5.1 数字 PID 控制器

在工业过程控制中,应用最广泛的控制器是 PID 控制器。它的结构简单,参数易于调整,随着计算机技术的发展,不仅能将模拟 PID 控制器改为数字实现,并且利用计算机的强大功能,不断改进数字 PID 控制规律,朝着更加灵活和智能化的方向发展。

5.1.1 模拟 PID 控制器基本形式

在实际系统控制中,大多数被控对象都有储能元件,这就造成系统对输入作用的响应有一定的惯性,常用 PID 控制改善系统性能。PID 控制器是按偏差的比例(P)、积分(I)和微分(D)组合而成的控制规律。比例控制简单易行,积分的加入能消除静差,微分项则能提高快速性,改善系统的动态性能。合理地调节 PID 控制器的参数就能获得满意的系统性能,图 5-1 为模拟 PID 控制系统。

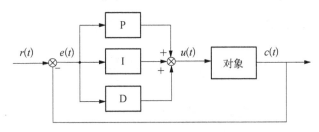

图 5-1 模拟 PID 控制系统

模拟 PID 算法为

$$u(t) = K_p \left[e(t) + \frac{1}{T_i} \int_0^t e(\tau) \, \mathrm{d}\tau + T_d \frac{\mathrm{d}e(t)}{\mathrm{d}t} \right] \tag{5-1}$$

式中,$u(t)$ 为控制器的输出信号;$e(t)$ 为控制器输入的偏差信号,它等于测量值与给定值之差;K_p 为控制器的比例系数;T_i 为控制器的积分时间常数;T_d 为控制器的微分时间常数。

对式(5-1)进行拉氏变换得到 PID 控制器的传递函数 $D(s)$ 为

$$D(s) = \frac{U(s)}{E(s)} = K_p \left(1 + \frac{1}{T_i s} + T_d s \right) \qquad (5-2)$$

5.1.2 数字 PID 控制器

在计算机控制系统中通常使用的是数字 PID 控制器。数字 PID 控制器可分为位置型数字 PID 控制器和增量型数字 PID 控制器。

1. 位置型数字 PID 控制器

对式(5-1)进行离散化,假设采样周期为 T,式中各项近似表示为

$$\begin{cases} t \approx KT \quad K = 0, 1, \cdots \\ e(t) \approx e(KT) \\ \int e(t)\,dt \approx \sum_{i=0}^{K} e(iT) T = T \sum_{i=0}^{K} e(iT) \\ \dfrac{de(t)}{dt} \approx \dfrac{e(KT) - e[(K-1)T]}{T} \end{cases} \qquad (5-3)$$

为了方便描述,将 KT 用 K 表示,式(5-1)离散化为

$$u(K) = K_p \left\{ e(K) + \frac{T}{T_i} \sum_{i=0}^{K} e(i) + \frac{T_d}{T} [e(K) - e(K-1)] \right\} \qquad (5-4)$$

上式得到的 $u(K)$ 直接对应执行机构的位置,因此该算法称为位置型 PID 控制算法。

由 Z 变换的滞后定理知

$$Z[e(K-1)] = z^{-1} E(z)$$

由 Z 变换的求和定理知

$$Z\left[\sum_{i=1}^{K} e(i) \right] = \frac{E(z)}{1 - z^{-1}}$$

则 $u(K)$ 的 Z 变换 $U(z)$ 的表达式为

$$U(z) = K_p E(z) + K_i \frac{E(z)}{1 - z^{-1}} + K_d [E(z) - z^{-1} E(z)] \qquad (5-5)$$

式中,$K_i = K_p T/T_i$ 为积分系数;$K_d = K_p T_d/T$ 为微分系数。

位置型数字 PID 控制器的传递函数 $D(z)$ 为

$$D(z) = \frac{U(z)}{E(z)} = K_p + K_i \frac{1}{1 - z^{-1}} + K_d(1 - z^{-1}) \qquad (5-6)$$

位置型数字 PID 控制器如图 5-2 所示。

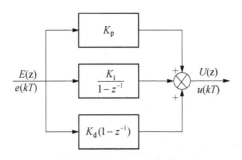

图 5-2　位置型数字 PID 控制器

例 5-1　计算机控制系统结构图如图 5-3 所示,采用数字 PID 控制器控制,采样周期 $T=0.1$ s,试分析数字 PID 参数对系统性能的影响及参数选择的方法。

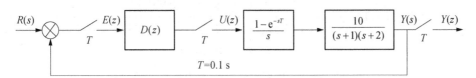

图 5-3　计算机控制系统结构图

解：系统广义对象的 Z 传递函数为

$$G(z) = Z\left[\frac{1 - e^{-Ts}}{s} \frac{10}{(s + 1)(s + 2)}\right] = Z\left\{(1 - e^{-Ts})\left[\frac{10}{s(s + 1)(s + 2)}\right]\right\}$$

$$= Z\left\{(1 - e^{-Ts})\left[\frac{5}{s} - \frac{10}{(s + 1)} + \frac{5}{(s + 2)}\right]\right\}$$

$$= (1 - z^{-1})\left[\frac{5z}{z - 1} - \frac{10z}{(z - e^{-0.1})} + \frac{5z}{(z - e^{-0.2})}\right]$$

$$= \frac{0.045\,5(z + 0.901\,1)}{(z - 0.904\,8)(z - 0.818\,7)} = \frac{0.045\,5z + 0.041}{(z^2 - 1.723\,5z + 0.740\,8)}$$

由图 5-3 可得到仿真模型如图 5-4 所示。

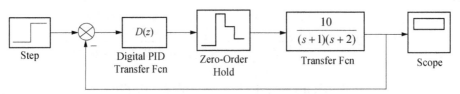

图 5-4　计算机控制系统仿真模型

注：图中从左向右分别为阶跃信号、数字 PID 控制器传函、零阶保持器、控制对象传函、示波器。

（1）若数字 PID 的传递函数 $D(z) = K_p$，则系统闭环 Z 传递函数为

$$\Phi(z) = \frac{Y(z)}{R(z)} = \frac{D(z)G(z)}{1 + D(z)G(z)} = \frac{0.045\,5K_p(z + 0.901\,1)}{z^2 + (0.045\,5K_p - 1.723\,5)z + (0.041K_p + 0.740\,8)}$$

当 $K_p = 1$ 时,则

$$\Phi(z) = \frac{0.045\,5(z + 0.901\,1)}{z^2 - 1.678z + 0.781\,8}$$

系统在单位阶跃输入信号下,输出 $Y(z)$ 为

$$Y(z) = \frac{0.045\,5(z + 0.901\,1)}{(z^2 - 1.678z + 0.781\,8)}\frac{z}{(z - 1)}$$

系统在单位阶跃输入时,输出稳态值 $y(\infty)$ 为

$$y(\infty) = \lim_{z \to 1}(z - 1)\Phi(z)R(z)$$

$$= \lim_{z \to 1}(z - 1)\frac{0.045\,5K_p(z + 0.901\,1)}{z^2 + (0.045\,5K_p - 1.723\,5)z + (0.041K_p + 0.740\,8)}\frac{z}{(z - 1)}$$

$$= \lim_{z \to 1}\frac{0.045\,5K_p z(z + 0.901\,1)}{z^2 + (0.045\,5K_p - 1.723\,5)z + (0.041K_p + 0.740\,8)}$$

$$= \frac{0.086\,5K_p}{0.017\,3 + 0.086\,5K_p}$$

当 $K_p = 1$ 时,由上式可得 $y(\infty) = 0.833\,3$,稳态误差 $e_{ss} = 0.166\,7$。
当 $K_p = 2$ 时,由上式可得 $y(\infty) = 0.909\,1$,稳态误差 $e_{ss} = 0.090\,9$。
当 $K_p = 5$ 时,由上式可得 $y(\infty) = 0.961\,5$,稳态误差 $e_{ss} = 0.038\,5$。

将图 5-4 中的 $D(z)$ 分别用 $K_p = 1$、$K_p = 2$、$K_p = 5$ 替换,并进行仿真,可分别求出单位阶跃响应输出 $y(t)$ 曲线如图 5-5 所示。

由此可见,当 K_p 增大时,系统的稳态误差将减小,但系统的动态品质变差,通常比例系数是根据系统的稳态误差要求来确定的。

（2）若数字 PID 的传递函数 $D(z) = K_p + K_i\frac{z}{z - 1}$,系统采用 PI 控制,则系统开环 Z 传递函数为

$$G_o(z) = D(z)G(z) = \left(K_p + K_i\frac{z}{z - 1}\right)\frac{0.045\,5z + 0.041}{(z^2 - 1.723\,5z + 0.740\,8)}$$

$$= \frac{0.045\,5(K_p + K_i)\left(z - \frac{K_p}{K_p + K_i}\right)(z + 0.901\,1)}{(z - 1)(z^2 - 1.723\,5z + 0.740\,8)}$$

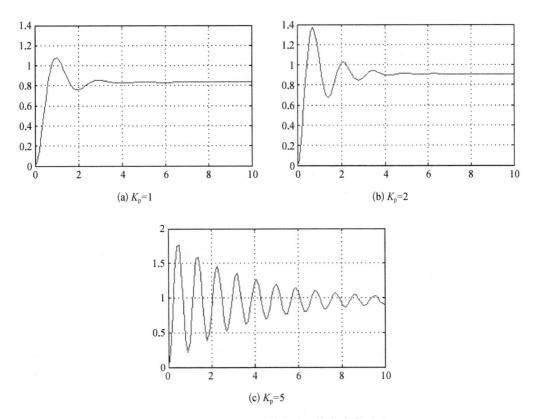

(a) $K_p = 1$　　　　　　　　　(b) $K_p = 2$

(c) $K_p = 5$

图 5-5　$D(z) = K_p$ 时单位阶跃输出响应 $y(t)$

则系统闭环 Z 传递函数为

$$\Phi(z) = \frac{Y(z)}{R(z)} = \frac{G_o(z)}{1 + G_o(z)}$$

$$= \frac{0.045\,5(K_p + K_i)\left(z - \dfrac{K_p}{K_p + K_i}\right)(z + 0.901\,1)}{(z - 1)(z^2 - 1.723\,5z + 0.740\,8) + 0.045\,5(K_p + K_i)\left(z - \dfrac{K_p}{K_p + K_i}\right)(z + 0.901\,1)}$$

系统在单位阶跃输入信号下,输出 $Y(z)$ 为

$$Y(z) = \Phi(z)R(z)$$

$$= \frac{0.045\,5(K_p + K_i)\left(z - \dfrac{K_p}{K_p + K_i}\right)(z + 0.901\,1)\dfrac{z}{(z - 1)}}{(z - 1)(z^2 - 1.723\,5z + 0.740\,8) + 0.045\,5(K_p + K_i)\left(z - \dfrac{K_p}{K_p + K_i}\right)(z + 0.901\,1)}$$

系统在单位阶跃输入时,输出稳态值 $y(\infty)$ 为

$$y(\infty) = \lim_{z \to 1}(z - 1)\Phi(z)R(z)$$

$$= \lim_{z \to 1}(z - 1)\frac{0.045\,5(K_p + K_i)\left(z - \dfrac{K_p}{K_p + K_i}\right)(z + 0.901\,1)\dfrac{z}{(z - 1)}}{\begin{array}{c}(z - 1)(z^2 - 1.723\,5z + 0.740\,8) + \\ 0.045\,5(K_p + K_i)\left(z - \dfrac{K_p}{K_p + K_i}\right)(z + 0.901\,1)\end{array}}$$

$$= \frac{0.086\,5(K_p + K_i)\left(1 - \dfrac{K_p}{K_p + K_i}\right)}{0.086\,5(K_p + K_i)\left(1 - \dfrac{K_p}{K_p + K_i}\right)} = 1$$

由上式可知系统在 PI 控制器控制下,无论 PI 控制器参数如何,输出 $y(\infty) = 1$,稳态误差 $e_{ss} = 0$。由此可见采用 PI 控制可以消除系统稳态误差,其原因是通过 PI 控制器校正,系统由原来的 0 型系统校正为 I 型系统,I 型系统在单位阶跃输入信号作用稳态误差为零。

为了确定积分系数,根据开环传递函数 $G_o(z)$,利用增加的零点 $\left(z - \dfrac{K_p}{K_p + K_i}\right)$ 抵消极点 $z = 0.904\,8$,可得

$$\frac{K_p}{K_p + K_i} = 0.904\,8$$

假设比例系数已由速度品质系数确定,若已确定 $K_p = 1$,则

$$K_i = 0.105\,2$$

将 $K_p = 1$ 和 $K_i = 0.105\,2$ 代入 $D(z)$ 得

$$D(z) = 1 + 0.105\,2\frac{z}{z - 1}$$

将图 5-4 中的 $D(z)$ 用 $D(z) = 1 + 0.105\,2\dfrac{z}{z - 1}$ 替换如图 5-6(a)所示,并进行仿真,可得到单位阶跃响应输出 $y(t)$ 曲线如图 5-6(b)所示。

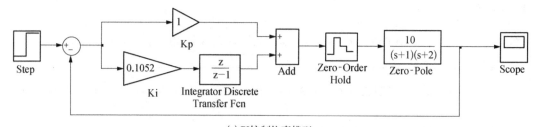

(a) PI 控制仿真模型

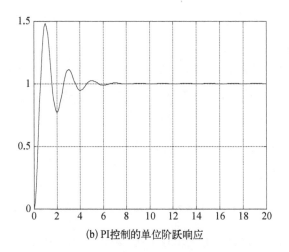

(b) PI控制的单位阶跃响应

图 5-6 $K_p = 1$, $K_I = 0.1052$ 时的系统仿真

由图 5-6 可知,系统输出的稳态值为 1,系统的稳态误差为 0,这与前面分析一致。系统采用数字 PI 控制可以消除系统的稳态误差,但与图 5-5(a)相比,超调量增加,调节时间有所增大,为了改善系统动态品质还必须引入微分校正,即采用 PID 控制。

(3) 若数字 PID 的传递函数 $D(z) = K_p + K_i \dfrac{z}{z-1} + K_d \dfrac{z-1}{z}$,系统采用 PID 控制,则

$$D(z) = K_p + K_i \frac{z}{z-1} + K_d \frac{z-1}{z}$$

$$= \frac{(K_p + K_i + K_d)\left[z^2 + \dfrac{K_p + 2K_d}{(K_p + K_i + K_d)}z + \dfrac{K_d}{(K_p + K_i + K_d)}\right]}{z(z-1)}$$

系统开环 Z 传递函数为

$$G_o(z) = D(z)G(z)$$

$$= \left(K_p + K_i \frac{z}{z-1} + K_d \frac{z-1}{z}\right) \frac{0.0455z + 0.041}{(z^2 - 1.7235z + 0.7408)}$$

$$= \frac{0.0455\left[K_p z(z-1) + K_i z^2 + K_d(z-1)^2\right](z + 0.9011)}{z(z-1)(z^2 - 1.7235z + 0.7408)}$$

$$= \frac{0.0455(K_p + K_i + K_d)\left[z^2 - \dfrac{K_p + 2K_d}{(K_p + K_i + K_d)}z + \dfrac{K_d}{(K_p + K_i + K_d)}\right](z + 0.9011)}{z(z-1)(z^2 - 1.7235z + 0.7408)}$$

则系统闭环 Z 传递函数为

$$\Phi(z) = \frac{Y(z)}{R(z)} = \frac{G_o(z)}{1 + G_o(z)}$$

$$= \frac{0.045\,5[K_p z(z-1) + K_i z^2 + K_d(z-1)^2](z + 0.901\,1)}{z(z-1)(z^2 - 1.723\,5z + 0.740\,8) + 0.045\,5[K_p z(z-1) + K_i z^2 + K_d(z-1)^2](z + 0.901\,1)}$$

系统在单位阶跃输入信号下, 输出 $Y(z)$ 为

$$Y(z) = \Phi(z)R(z)$$

$$= \frac{0.045\,5[K_p z(z-1) + K_i z^2 + K_d(z-1)^2](z + 0.901\,1)\dfrac{z}{(z-1)}}{z(z-1)(z^2 - 1.723\,5z + 0.740\,8) + 0.045\,5[K_p z(z-1) + K_i z^2 + K_d(z-1)^2](z + 0.901\,1)}$$

系统在单位阶跃输入时, 输出稳态值 $y(\infty)$ 为

$$y(\infty) = \lim_{z \to 1}(z-1)\Phi(z)R(z)$$

$$= \lim_{z \to 1} \frac{0.045\,5[K_p z(z-1) + K_i z^2 + K_d(z-1)^2](z + 0.901\,1)z}{z(z-1)(z^2 - 1.723\,5z + 0.740\,8) + 0.045\,5[K_p z(z-1) + K_i z^2 + K_d(z-1)^2](z + 0.901\,1)}$$

$$= \frac{0.045\,5K_i}{0.045\,5K_i} = 1$$

由上式可知系统在 PID 控制器控制下, 无论 PID 控制器参数如何, 输出 $y(\infty) = 1$, 稳态误差 $e_{ss} = 0$。由此可见采用 PID 控制可以消除系统稳态误差, 其原因与 PI 控制器校正相同。

为了确定积分系数和微分系数, 根据开环传递函数 $G_o(z)$, 利用增加的两个零点抵消两个极点 $z = 0.904\,8$ 和 $z = 0.818\,7$, 可得

$$z^2 - \frac{K_p + 2K_d}{(K_p + K_i + K_d)}z + \frac{K_d}{(K_p + K_i + K_d)} = (z^2 - 1.723\,5z + 0.740\,8)$$

假设比例系数已由速度品质系数确定, 则

$$\frac{K_p + 2K_d}{(K_p + K_i + K_d)} = 1.723\,5$$

$$\frac{K_d}{(K_p + K_i + K_d)} = 0.740\,8$$

若已确定 $K_p = 1$, 可得

$$K_i = 0.071\,5, \quad K_d = 3.062\,4$$

数字 PID 控制器的 Z 传递函数为

$$D(z) = K_p + K_i \frac{z}{z-1} + K_d \frac{z-1}{z}$$

$$= 1 + 0.0715 \frac{z}{z-1} + 3.0624 \frac{z-1}{z}$$

将图 5-4 中的 $D(z)$ 用 $D(z) = 1 + 0.0715\dfrac{z}{z-1} + 3.0624\dfrac{z-1}{z}$ 替换如图 5-7(a)所示,并进行仿真,可得到单位阶跃响应输出 $y(t)$ 曲线如图 5-7(b)所示。

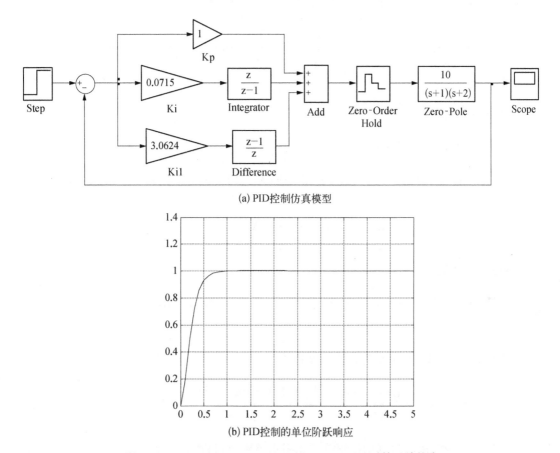

(a) PID控制仿真模型

(b) PID控制的单位阶跃响应

图 5-7　$K_p = 1$, $K_i = 0.0715$, $K_d = 3.0624$ 时的系统仿真

由图 5-7 可知,当时间 $t = 0.9\,\mathrm{s}$ 时,系统的输出稳态值为 1,系统的稳态误差为 0,这与前面分析一致。与图 5-5 和图 5-6 相比,系统无超调,调节时间大幅度减小,仅有 $t_s = 0.65\,\mathrm{s}$。 可以得出:系统采用数字 PID 控制时,由于积分控制作用,使系统的稳态误差为零;由于微分作用与偏差的变化率有关,微分控制能够预测偏差,产生超前校正作用,因此微分控制作用使系统动态性能得到很大改善,其系统超调量减小,快速性提高。

通过上例可以看出位置型数字 PID 控制器的比例、积分、微分控制的作用及控制效果。但是位置型数字 PID 算法有不安全因素,其输出 $u(K)$ 是全量输出,是执行机构所应达到的位置,且 $u(K)$ 与过去的状态有关,计算机的运算量大需要对 $e(K)$ 作累加,如果计算机出故障,$u(K)$ 的突变会造成执行机构位置的突变,容易造成安全隐患,可能导致严重事故。

2. 增量型数字 PID 控制器

以下介绍安全性较好的增量型 PID 控制器。由位置型数字 PID 控制器的控制算法式 (5-4)可写出前一时刻的输出量为

$$u(K-1) = K_p\left\{e(K-1) + \frac{T}{T_i}\sum_{i=0}^{K-1}e(i) + \frac{T_d}{T}[e(K-1) - e(K-2)]\right\} \quad (5-7)$$

$u(K)$ 减去 $u(K-1)$,得到第 K 个时刻的输出增量 $\Delta u(K)$ 为

$$\Delta u(K) = K_p\left\{e(K) - e(K-1) + \frac{T}{T_i}e(K) + \frac{T_d}{T}[e(K) - 2e(K-1) + e(K-2)]\right\}$$
$$(5-8)$$

输出量 $u(K)$ 为

$$u(K) = u(K-1) + \Delta u(K)$$
$$= u(K-1) + K_p\left\{e(K) - e(K-1) + \frac{T}{T_i}e(K) + \right.$$
$$\left. \frac{T_d}{T}[e(K) - 2e(K-1) + e(K-2)]\right\} \quad (5-9)$$

对式(5-9)进行 Z 变换,得

$$U(z) = z^{-1}U(z) + (K_p + K_i + K_d)E(z) - (K_p + 2K_d)z^{-1}E(z) + K_dz^{-2}E(z)$$
$$(5-10)$$

增量型数字 PID 控制器的 Z 传递函数 $D(z)$ 为

$$D(z) = \frac{U(z)}{E(z)} = \frac{(K_p + K_i + K_d) - (K_p + 2K_d)z^{-1} + K_dz^{-2}}{1 - z^{-1}} \quad (5-11)$$

增量型控制算法与位置型控制算法无根本差别,只是在增量型 PID 控制算法中,把由计算机承担的累加功能在系统中其他部件进行,即计算机输出不直接对应执行机构位置,而是将控制增量传输给某些具有积分作用的硬件,如步进电机等,再由硬件对应执行机构的位置。这样一旦计算机出现故障,只影响控制增量,不会产生执行机构位置的突变,如图 5-8 所示。增量型 PID 控制算法流程如图 5-9 所示。

图 5-8 增量型 PID 控制

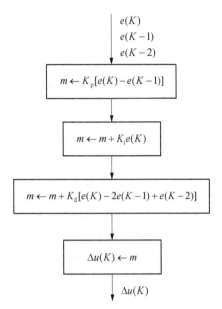

图 5 - 9　增量型 PID 控制算法流程

增量型 PID 控制算法虽然只是在算法上的一点改动,但却带来了不少的优点。

(1) 计算机只输出增量,计算机误动作时造成的影响比较小;

(2) 手动-自动切换的冲击小;

(3) 算法中不需要累加,增量只与 K、$K-1$、$K-2$ 次采样值有关,容易获得较好的控制效果,且算法无须累加,消除了偏差存在时累加引起的饱和现象,导致控制作用失效。

例 5 - 2　已知模拟控制器传递函数为 $G_c(s) = \dfrac{1 + 0.2s}{0.04s}$,试求出相应的位置型和增量型数字 PID 控制器,设采样周期为 $T = 0.1$ s。

解:根据题意,设 $G_c(s) = \dfrac{U(s)}{E(s)} = \dfrac{1 + 0.2s}{0.04s} = 5 + \dfrac{25}{s}$。

则

$$\frac{U(s)}{E(s)} = 5 + \frac{25}{s}$$

由上式可得模拟控制器为 PI 控制器,其数学表达式为

$$u(t) = 5e(t) + 25\int_0^t e(t)\,\mathrm{d}t$$

由上式可得数字 PI 控制器数学表达式为

$$u(K) = 5e(K) + 25T\sum_{i=0}^{K} e(i)$$

将 $T = 0.1$ s 代入上式,则位置型数字 PID 控制器为

$$u(K) = 5e(K) + 2.5\sum_{i=0}^{K} e(i)$$

令 $K = K-1$,则

$$u(K-1) = 5e(K-1) + 2.5\sum_{i=0}^{K-1} e(i)$$

增量型数字 PID 控制器为

$$\Delta u(K) = u(K) - u(K-1) = 7.5e(K) - 5e(K-1)$$

$$u(K) = u(K-1) + \Delta u(K) = u(K-1) + 7.5e(K) - 5e(K-1)$$

5.2　改进的数字 PID 控制器

前面给出的是数字 PID 控制器的基本形式,它们是由模拟 PID 控制器直接变换得到的。由于计算机具有很强的数据处理和逻辑判断能力,而且改进算法只需改变软件,不需要进行硬件更换,因此人们在实践中不断总结经验、不断改进,使得数字 PID 控制器日趋完善,得到了许多改进,下面仅介绍几种典型的改进型数字 PID 控制算法。

5.2.1　积分分离数字 PID 控制算法

PID 控制器中积分环节的作用是消除偏差。当系统输出接近参考输入值时,积分作用明显。当因各种原因系统出现很大的偏差时,会造成积分积累,使系统产生很大的超调,甚至引起系统的不稳定。采用积分分离算法,在被控量由于开启等引起较大偏差时,暂时关闭积分作用。当被控量接近参考输入时,再启动积分环节,保持系统的精度。这种改进方法称为积分分离 PID 控制算法。

积分分离 PID 算法可以描述为

$$\begin{cases} u(K) = K_\mathrm{p}\left\{e(K) + \dfrac{T}{T_\mathrm{i}}\sum_{i=0}^{K}e(i) + \dfrac{T_\mathrm{d}}{T}[e(K) - e(K-1)]\right\}, & |e(K)| \leqslant \varepsilon \\ u(K) = K_\mathrm{p}\left\{e(K) + \dfrac{T_\mathrm{d}}{T}[e(K) - e(K-1)]\right\}, & |e(K)| > \varepsilon \end{cases}$$

$$(5-12)$$

从式(5-12)可以看出,当 $|e(K)| > \varepsilon$ 时,仅有 PD 控制,可写为

$$u(K) = K_\mathrm{p}\left\{e(K) + \frac{T_\mathrm{d}}{T}[e(K) - e(K-1)]\right\} = K_\mathrm{p}\left(1 + \frac{T_\mathrm{d}}{T}\right)e(K) + \frac{K_\mathrm{p}T_\mathrm{d}}{T}e(K-1)$$

令 $A = K_\mathrm{p}\left(1 + \dfrac{T_\mathrm{d}}{T}\right)$, $B = \dfrac{K_\mathrm{p}T_\mathrm{d}}{T}$,则

$$u(K) = Ae(K) + Be(K-1) \qquad (5-13)$$

当 $|e(K)| \leqslant \varepsilon$ 时,是 PID 控制,考虑到式(5-12)中积分项是累加形式,采用增量型 PID 控制算法式(5-9),则可写为

$$\begin{aligned} u(K) &= u(K-1) + K_\mathrm{p}\left\{e(K) - e(K-1) + \frac{T}{T_\mathrm{i}}e(K) + \frac{T_\mathrm{d}}{T}[e(K) - 2e(K-1) + e(K-2)]\right\} \\ &= A'e(K) + u(K-1) - B'e(K-1) + C'e(K-2) \\ &= A'e(K) + g(K-1) \end{aligned}$$

$$(5-14)$$

式中, $A' = K_\mathrm{p}\left(1 + \dfrac{T}{T_\mathrm{i}} + \dfrac{T_\mathrm{d}}{T}\right)$, $B' = K_\mathrm{p}\left(1 + \dfrac{2T_\mathrm{d}}{T}\right)$, $C' = \dfrac{K_\mathrm{p}T_\mathrm{d}}{T}$, $g(K-1) = u(K-1) - B'e(K-1) + C'e(K-2)$。

式(5-13)和式(5-14)只反映了上次控制量和前面几次偏差对当前控制量的影响,已看不出比例、积分、微分各项。积分分离 PID 算法能明显减少系统超调量和振荡次数,改善系统的性能。积分分离 PID 算法流程如图 5-10 所示。

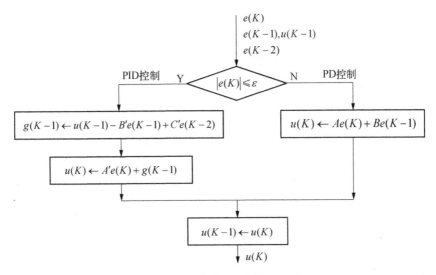

$e(K)$
$e(K-1),u(K-1)$
$e(K-2)$

PID控制　Y　$|e(K)|\leqslant\varepsilon$　N　PD控制

$g(K-1)\leftarrow u(K-1)-B'e(K-1)+C'e(K-2)$

$u(K)\leftarrow Ae(K)+Be(K-1)$

$u(K)\leftarrow A'e(K)+g(K-1)$

$u(K-1)\leftarrow u(K)$

$u(K)$

图 5-10　积分分离 PID 算法流程图

5.2.2　不完全微分数字 PID 控制算法

对于常规的 PID 控制,微分控制反映的是误差信号的变化率,它与比例或比例-积分组合一起控制能改善系统的动态性能。但在具有高频扰动的控制过程中,微分作用容易引进高频干扰,且对响应速度反映比较灵敏,容易引起控制过程振荡,降低系统动态品质。所以系统中,一般不用纯微分环节。为了使微分作用有效,可以在 PID 控制的输出端串联低通滤波器(一阶惯性环节),达到抑制高频干扰的目的,这就组成不完全微分 PID 调节器,如图 5-11 所示。

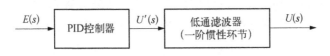

$E(s)$ → PID控制器 → $U'(s)$ → 低通滤波器(一阶惯性环节) → $U(s)$

图 5-11　不完全微分 PID 控制

一般 PID 控制器的传递函数为

$$D(s)=K_{\mathrm{p}}\left(1+\frac{1}{T_{\mathrm{i}}s}+T_{\mathrm{d}}s\right) \tag{5-15}$$

串联低通滤波器(一阶惯性环节)后,PID 控制器的传递函数可变为

$$D(s)=\frac{U'(s)}{E(s)}\frac{U(s)}{U'(s)} \tag{5-16}$$

低通滤波器的传递函数为

$$\frac{U(s)}{U'(s)} = \frac{1}{1 + T_f s} \tag{5-17}$$

式(5-17)写成微分方程的形式为

$$T_f \frac{du}{dt} + u = u' \tag{5-18}$$

式(5-18)写成差分方程为

$$T_f \frac{u(K) - u(K-1)}{T} + u(K) = u'(K) \tag{5-19}$$

$$u(K) = \frac{T_f}{T + T_f} u(K-1) + \left(1 - \frac{T_f}{T + T_f}\right) u'(K) \tag{5-20}$$

式中，$\dfrac{T_f}{T + T_f}$ 称为控制量调节系数。

设数字微分控制器的输入为单位阶跃序列即 $e(k) = 1$，分析说明在开始的几个采样周期内，不完全微分控制与常规微分控制的输出幅度的差异。

对于常规微分控制，微分环节的差分方程为

$$u_D(K) = \frac{T_d}{T}[e(K) - e(K-1)] \tag{5-21}$$

由式(5-21)可知，$K = 0$ 时，$u_D(0) = \dfrac{T_d}{T}$；当 $K = 1, 2, \cdots$ 时，$u_D(1) = u_D(2) = \cdots = 0$。

可见常规数字 PID 控制器中的微分作用，只在第一个采样周期起作用，通常 $T_d \gg T$，所以 $u(0) \gg 1$，如图 5-12(a)所示。

对于在 PID 控制器后串联低通滤波器的不完全微分控制时，由式(5-15)和式(5-17)可知，对于数字不完全微分控制，不完全微分环节的传递函数为

$$U_D(s) = T_d \frac{s}{1 + T_f s} E(s)$$

则不完全微分环节的微分方程为

$$u_D(t) + T_f \frac{du_D(t)}{dt} = T_d \frac{de(t)}{dt}$$

则不完全微分环节的离散方程为

$$u_D(K) = \frac{T_f}{T + T_f} u_D(K-1) + \frac{T_d}{T + T_f}[e(K) - e(K-1)] \tag{5-22}$$

由式 $(5-22)$ 可知, $K=0$ 时, $u_\mathrm{D}(0) = \dfrac{T_\mathrm{d}}{T+T_\mathrm{f}}$; $K=1$ 时, $u_\mathrm{D}(1) = \dfrac{T_\mathrm{d}T_\mathrm{f}}{(T+T_\mathrm{f})^2}$; $K=2$ 时,

$u_\mathrm{D}(2) = \dfrac{T_\mathrm{d}T_\mathrm{f}^2}{(T+T_\mathrm{f})^3}$; 以此类推,如图 $5-12(\mathrm{b})$ 所示。

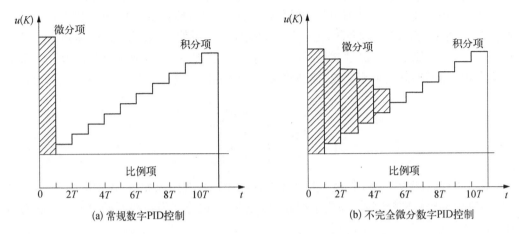

(a) 常规数字PID控制　　　　　　　　　(b) 不完全微分数字PID控制

图 5 - 12　常规与不完全微分数字 PID 控制器作用图

可见不完全微分数字 PID 控制器输出的微分作用能在各个采样周期中按照误差的变化趋势均匀地输出,以改善系统的性能。

由于在低通滤波器的 T_f 远大于采样周期 T,因此在第 1 个采样周期中,不完全微分控制比普通微分控制器的输出幅度要小得多,控制信号比较均匀、平缓,可以在较长时间内起作用,从而改善了控制性能。所以不完全微分数字 PID 具有良好的控制性能。

实际工程应用中,也可以将低通滤波器串联到 PID 控制器的微分环节上, $U(s)$ 可写为

$$U(s) = \left(K_\mathrm{p} + \frac{K_\mathrm{p}}{T_\mathrm{i}s} + K_\mathrm{p}T_\mathrm{d}\frac{s}{1+T_\mathrm{f}s} \right) E(s) \qquad (5-23)$$

式中,比例项和积分项与常规 PID 算法相同,微分项可以写为

$$u_\mathrm{D}(K) = \frac{K_\mathrm{p}T_\mathrm{d}}{T+T_\mathrm{f}}[e(K) - e(K-1)] + \frac{T_\mathrm{f}}{T+T_\mathrm{f}}u_\mathrm{D}(K-1)$$

5.3　数字 PID 控制器设计

数字 PID 参数的设计,除了比例系数 K_p、积分时间常数 T_i 和微分时间常数 T_d,还需要确定第四个参数——采样周期 T。由于实际控制系统一般有较大的时间常数,而在大多数情况下,采样周期比过程的时间常数小得多,所以数字 PID 控制器可以仿照模拟 PID 控制器参数整定的方法进行参数的设计。

5.3.1 扩充临界比例系数法

扩充临界比例系数法是模拟 PID 控制器使用的临界比例系数法的扩充,其设计步骤如下:

(1)选择足够小的采样周期 T_{min},一般应取对象的纯滞后时间的 1/10 以下。

(2)采用上述的 T_{min} 去掉积分和微分控制作用,只保留比例控制,然后逐渐增大比例系数 K_p,直至系统出现等幅振荡,记下此时的临界比例系数 K_C 和临界振荡周期 T_C。

(3)选择控制度。控制度就是以模拟调节器为基础,将直接数字控制(DDC)的效果与模拟控制器的控制效果相比较,控制效果的评价函数一般采用误差平方积分。

$$控制度 = \frac{\left(\int_0^\infty e^2 dt\right)_{DDC}}{\left(\int_0^\infty e^2 dt\right)_{模拟}}$$

通常当控制度为 1.05 时,就是指数字控制与模拟控制效果相当;控制度为 2.0 时,指数字控制效果比模拟控制差,即数字控制的误差平方积分是模拟控制的误差平方积分的两倍。

(4)按表 5-1 计算采样周期 T 和 K_p、T_i、T_d。

表 5-1　扩充临界比例系数法 PID 参数计算公式 T_i/T_C

控制度	控制规律	T/T_C	K_p/K_C	T_i/T_C	T_d/T_C
1.05	PI	0.03	0.53	0.88	—
	PID	0.014	0.63	0.49	0.14
1.20	PI	0.05	0.49	0.91	—
	PID	0.043	0.47	0.47	0.16
1.50	PI	0.14	0.42	0.99	—
	PID	0.09	0.34	0.43	0.20
2.00	PI	0.22	0.36	1.05	—
	PID	0.16	0.27	0.40	0.22

(5)按计算所得参数进行在线运行,观察效果,如果性能不满意,可根据经验和对 PID 各控制项作用的理解,进一步调整参数,直到满意。

例 5-3 已知被控对象纯延迟时间 $\tau = 10$ s,若纯比例控制时,使系统出现等幅振荡的比例系数系统 $K_C = 10$,振荡周期 $T_C = 10$ s,取控制度为 1.05,采用数字 PID 控制器控制,确定 PID 控制参数。

解: 首先选 $T_{min} \leqslant \dfrac{\tau}{10} = 1$ s,由表 5-1 可知,有

采样周期 $\qquad T = 0.014T_{\mathrm{C}} = 0.14 \mathrm{\ s}$

比例系数 $\qquad K_{\mathrm{p}} = 0.63K_{\mathrm{C}} = 6.3$

积分时间常数 $\qquad T_{\mathrm{i}} = 0.49T_{\mathrm{C}} = 4.9 \mathrm{\ s}$

微分时间常数 $\qquad T_{\mathrm{d}} = 0.14T_{\mathrm{C}} = 1.4 \mathrm{\ s}$

5.3.2　扩充响应曲线法

扩充响应曲线法是将模拟 PID 控制器响应曲线法推广用来设计数字 PID 控制器的参数。应用扩充响应曲线法时,要预先在被控对象动态响应曲线上求出等效纯滞后时间,等效的惯性时间常数 T_{m} 及它们的比值 $\dfrac{T_{\mathrm{m}}}{\tau}$。其步骤如下:

(1)测出对象的动态响应曲线。具体方法是将系统开环,给被控对象施加阶跃输入,测得被控量的过渡过程,如图 5 - 13 所示。

(2)在对象响应曲线拐点处作切线,求出等效纯滞后时间 τ 和等效时间常数 T_{m},并计算出它们的比值 T_{m}/τ。

(3)选择控制度。

(4)查表 5 - 2 求得采样周期 T 和 K_{p}、T_{i}、T_{d}。

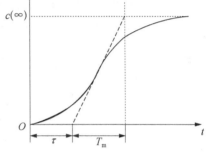

图 5 - 13　被控对象的响应曲线

表 5 - 2　扩充响应曲线法 PID 参数计算公式

控制度	控制规律	T/τ	$\dfrac{K_{\mathrm{p}}}{T/\tau}$	T_{i}/τ	T_{d}/τ
1.05	PI	0.10	0.84	3.40	—
	PID	0.05	1.15	2.00	0.45
1.20	PI	0.20	0.78	3.60	—
	PID	0.16	1.00	1.90	0.55
1.50	PI	0.50	0.68	3.90	—
	PID	0.34	0.85	1.62	0.65
2.00	PI	0.80	0.57	4.20	—
	PID	0.60	0.60	1.50	0.82

(5)按计算所得参数运行系统,观测控制效果,适当修正参数,直到满意。

需要注意的是,以上方法仅适用于被控对象是一阶滞后惯性环节。

5.3.3 基于 Simulink 工具箱中系统优化模块 NCD 的 PID 参数设计

在 Matlab 用于系统动态系统仿真的 Simulink 工具箱中有一个专用于非线性系统优化设计模块(nonlinear control design，NCD)。利用该模块，可自动实现系统参数的优化设计，亦可用于优化设计 PID 参数。

利用 NCD 模块优化设计 PID 参数需要知道 PID 参数初值，PID 初始参数可采用前面扩充临界比例系数法或扩充响应曲线法得到的 PID 参数，也可以直接给定 PID 初始参数。下面用例子来说明利用优化模块设计 PID 参数。

例 5 - 4 已知系统开环传递函数为 $G_o(s) = \dfrac{1}{s(s+1)(s+5)}$，求：(1) 扩充临界比例系数法设计数字 PID 控制器；(2) 以扩充临界比例系数法设计数字 PID 控制器参数作为初始值，采用 Simulink 工具箱中优化模块 NCD 设计数字 PID 控制器，要求系统最大超调量不大于 25%，上升时间不大于 1 s，调节时间不大于 3 s。系统结构如图 5 - 14 所示。

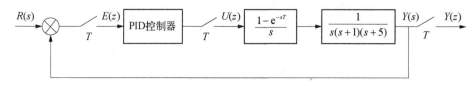

图 5 - 14 例 5 - 4 系统结构图

解：根据题意，建立系统的 Simulink 仿真模型如图 5 - 15 所示。

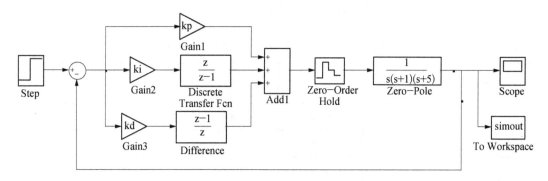

图 5 - 15 例 5 - 4 系统 Simulink 仿真模型

(1) 用扩充临界比例系数法设计数字 PID 控制器

第一步：获得纯比例控制系统的等幅振荡曲线。在 Simulink 中，将图 5 - 15 的仿真模型中积分器和微分器的输出连接线断开得到如图 5 - 16(a) 所示等幅振荡仿真模型。

调整 K_C 的值从大到小进行仿真，每次仿真结束，双击示波器 Scope，观察示波器 Scope 的输出曲线，直到 $K_C = 30$ 时输出曲线为等幅振荡，此时等幅振荡的周期为 $T_C = 2.8$ s，等幅振荡曲线如图 5 - 16(b) 所示。

第二步：设计 PID 控制器。根据表 5 - 1 可知比例放大系数 $K_p = 18.9$，积分时间常数为 $T_i = 1.372$，微分时间常数为 $T_d = 0.392$，采样周期为 $T = 0.039\,2$。

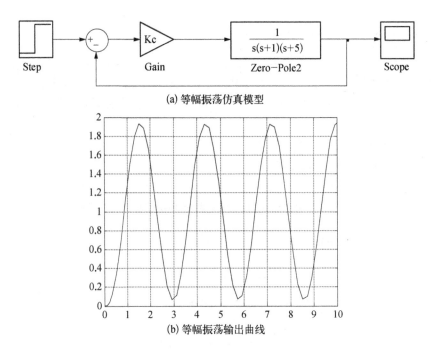

(a) 等幅振荡仿真模型

(b) 等幅振荡输出曲线

图 5-16　等幅振荡仿真模型

根据式(5-6)可得 $K_p = 18.9$、$K_i = K_p T / T_i = 0.54$、$K_d = K_p T_d / T = 189$，则数字 PID 控制器为

$$D(z) = 18.9 + 0.54 \frac{z}{z - 1} + 189 \frac{z - 1}{z}$$

第三步：根据图 5-15 仿真模型进行仿真。在 Simulink 中对图 5-15 中比例模块 Gain1、Gain2、Gain3 分别双击，输入 $K_p = 18.9$、$K_i = 0.54$、$K_d = 189$、$T = 0.039\,2$ 进行仿真，双击示波器 Scope，观察示波器 Scope 的输出曲线如图 5-17 所示。

从图 5-17 可知，系统阶跃响应超调量 $\sigma\% \approx 61.95\%$，调节时间 $t_s \approx 7.84\,\text{s}$，上升时间 $t_r \approx 0.713\,\text{s}$。所以用扩充临界比例系数法设计数字的 PID 控制器不满足系统性能指标要求。

（2）用 Simulink 优化模块 NCD 设计数字 PID 控制器

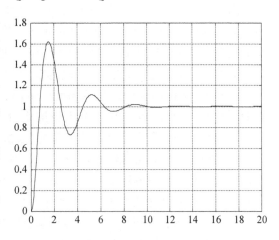

图 5-17　例 5-4 系统数字 PID 控制时的单位阶跃响应曲线

以扩充临界比例系数法设计数字 PID 控制器参数作为初始值，采用 Matlab7.1 Simulink 工具箱中优化模块 NCD 设计数字 PID 控制器仿真模型如图 5-18 所示。

第一步：参数初始化。参数初始化程序如下：

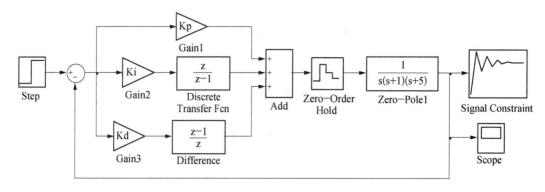

图 5 - 18 优化模块 NCD 设计数字 PID 控制器仿真模型

```
% 数字 PID 参数初始化
Kc = 30;Tc = 2.8;
Kp = 0.63 * Kc;
T = 0.014 * Tc;Ti = 0.49 * Tc;Td = 0.14 * Tc;
Ki = Kp * T/Ti;
Kd = Kp * Td/T;
% end
```

运行初始化程序,可以得到数字 PID 的初始参数 $K_p = 18.9$、$K_i = 0.54$、$K_d = 189$。

第二步:在 Simulink 下,设置仿真时间为 10 s,打开 Simulation 菜单栏中 Start 选项或单击工具栏中▶按钮,运行图 5 - 18 仿真模型,双击示波器 Scope,也可得到初始参数 K_p、K_i、K_d 下的数字 PID 控制的阶跃响应曲线,如图 5 - 17 所示。

第三步:在 Simulink 下,双击图 5 - 18 仿真模型中的 Signal Constraint 模块,打开了 NCD 环境 Block Parameters Signal Constraint,界面如图 5 - 19(a)所示。如果是第一次运行 NCD 优化,则需要进行数字 PID 参数的初始化,即运行上述参数初始化程序。

第四步:设置优化变量和相关参数。在 Block Parameters Signal Constraint 环境下,单击菜单 Optimization,选择打开 Tuned Parameters 选项,即打开设置优化变量和相关参数界面如图 5 - 19(b)所示。单击 Add … 按钮,打开添加优化变量界面 Add Parameters 如图 5 - 19(c)所示,选择 K_p 后单击 OK 按钮,参数 K_p 即添加到优化变量中如图 5 - 19(d)所示,仿照添加 K_p 的方法,依次添加 K_i 和 K_d 到优化变量中。依次设置 K_p、K_i 和 K_d 的范围,即在图 5 - 19(d)中 Optimization Settings 下分别设置 K_p、K_i 和 K_d 的范围,这里设置 K_p 的最大值为 100,最小值为 0;K_i 的最大值为 100,最小值为 0.01;K_d 的最大值为 300,最小值为 0,分别如图 5 - 19(d)、(e)和(f)所示,单击 OK 按钮,即完成参数设置。

第五步:设置阶跃响应性能指标。在 Block Parameters Signal Constraint 环境下,单击菜单 Goal,选择打开 Desered Responses … 选项,即打开设置阶跃响应性能指标界面如图 5 - 20(a)所示,进行希望的阶跃响应性能指标设置,单击 OK 按钮,即得希望的输出阶跃响应边界如图 5 - 20(b)所示。

Setting time:调节时间,取 3 s。

Rise time:上升时间,取 1 s。

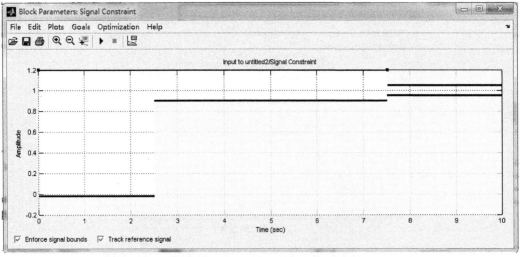

(a) Block Parameters Signal Constraint环境界面

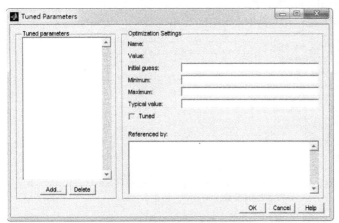

(b) Tuned Parameters选项

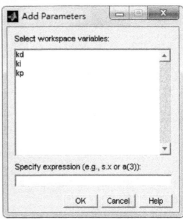

(c) Add Parameters

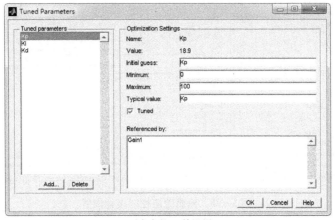

(d) 参数K_p的设置

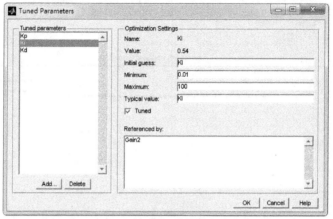

(e) 参数K_i的设置

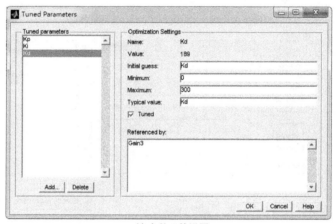

(f) 参数K_d的设置

图 5 - 19   NCD 环境设置优化变量和相关参数

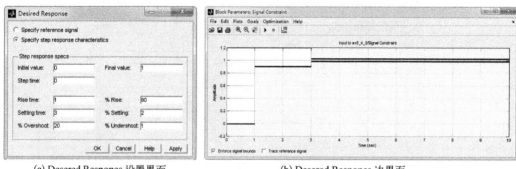

(a) Desered Respones 设置界面   (b) Desered Respones 边界面

图 5 - 20   阶跃响应性能指标设置

%Rise：响应上升到终值的百分数，取 90%。

% setting：稳态误差百分数，取 2%。

%Over shoot：超调量百分数，取 20%。

%Under shoot：振荡负幅值百分数，取 1%。

Step time：阶跃响应开始时间，取 0。

Initial value：阶跃响应初始值，取 0。

Final value：阶跃响应终值，取 1。

第六步：设置优化仿真时间。根据初始值仿真结果设置优化仿真时间，单击菜单 Optimization，选择 Optimization Options 项，得到 Optimization Options 界面如图 5-21(a) 所示。单击 Simulation Options 项，得到 Simulation Options 界面如图 5-21(b) 所示，在 Step time 项文本框中输入仿真时间，本次优化选择仿真时间为 10 s。

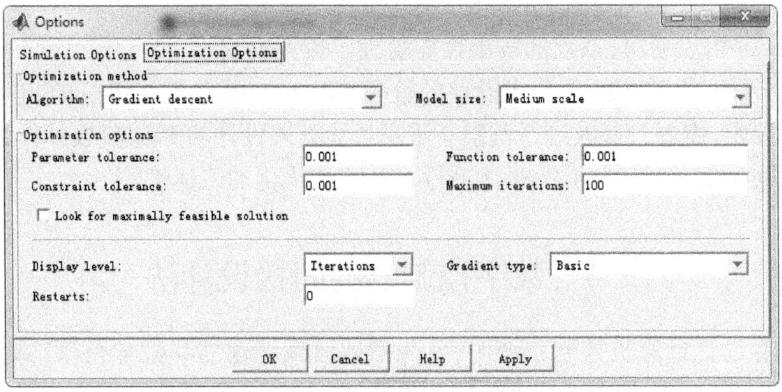

(a) Optimization Options设置界面

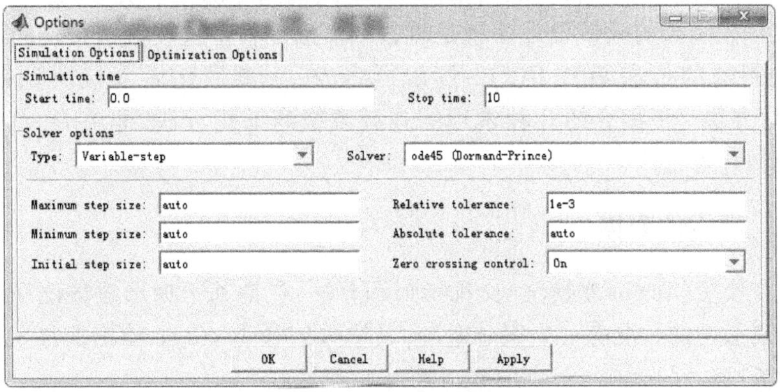

(b) Simulation Options边界面

图 5-21　优化仿真时间设置

第七步：PID 参数优化。单击菜单 Optimization，选择 Start 项或直接单击菜单界面工具栏中▶按钮，进行参数 K_p、K_i 和 K_d 的优化，直到阶跃响应指标达到要求。优化时，Block Parameters Signal Constraint 窗口不断显示优化过程中的阶跃响应，如图 5-22(a) 所示。优化的迭代过程和优化结果也在 Optimization Progress 中给出，如图 5-22(b) 所示。

由图 5-22 可看出经过三次迭代优化就可得到优化结果，其最优参数为 $K_p = 9.0781$，$K_i = 0.01$，$K_d = 211.883$，优化后阶跃响应超调量 $\sigma\% \approx 4.29\%$，调节时间 $t_s \approx 2.98$ s，上升

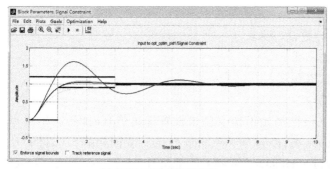 

(a) 优化过程中的阶跃响应　　　　　　　(b) 优化的迭代过程

图 5-22　数字 PID 控制器参数优化过程

时间 $t_r \approx 1\ \mathrm{s}$。可以看出,系统的输出性能得到了很大改善。

从例 5-4 可知,采用经验公式设计的数字 PID 控制器并不是最好的,有时往往达不到性能指标要求,需要对参数进行调整。采用经验公式设计的 PID 参数可作为 NCD 模块参数优化的初始值,提高了利用 NCD 进行 PID 参数优化的快速性。

5.4　数字控制器的间接设计法

在分析和设计计算机控制系统时,常先按连续系统建立其数学模型,选定数字控制器结构,连续系统分析方法对系统结构和性能进行研究,采用连续系统设计方法进行系统设计,然后再将连续系统转化成离散系统,以获得实际的控制算法,并设计相应的控制程序。数字控制器的间接设计法就是将数字模拟混合系统按模拟系统的设计方法设计出模拟控制器的传递函数 $D(s)$,然后再将 $D(s)$ 离散化后间接得到数字控制器 $D(z)$ 的一种方法。下面介绍几种常用的连续系统离散化方法,即由 $D(s)$ 求 $D(z)$ 的三种常用离散化方法。

5.4.1　双线性变换

双线性变换法(Tustin 变换法)又称梯形积分法,它是基于梯形法数值积分原理来实现连续系统离散化的。设有一个积分系统,其输入信号为 $x(t)$,输出信号 $y(t)$,系统拉氏传递函数为

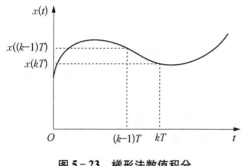

图 5-23　梯形法数值积分

$$\begin{cases} y(t) = \int_0^t x(\tau)\,\mathrm{d}\tau \\ G(s) = \dfrac{Y(s)}{X(s)} = \dfrac{1}{s} \end{cases} \quad (5-24)$$

若采用梯形法数值积分,如图 5-23 所示,取步长为 T,kT 时刻输入信号为 $x(kT)$,输出信号为 $y(kT)$,则可得差分方程为

$$y(kT) - y(kT - T) = \frac{T}{2}\big[x(kT) + x(kT - T)\big] \tag{5-25}$$

对该差分方程 Z 变换得

$$Y(z) - z^{-1}Y(z) = \frac{T}{2}\big[X(z) + z^{-1}X(z)\big] \tag{5-26}$$

由式(5-26)可得 Z 传递函数为

$$G(z) = \frac{Y(z)}{X(z)} = \frac{T}{2}\frac{1 + z^{-1}}{1 - z^{-1}} = \frac{1}{\dfrac{2}{T}\dfrac{1 - z^{-1}}{1 + z^{-1}}} \tag{5-27}$$

将 $G(s)$ 与 $G(z)$ 的表达式比较可知

$$s = \frac{2}{T}\frac{1 - z^{-1}}{1 + z^{-1}} \tag{5-28}$$

由式(5-28)可得

$$z = \frac{1 + \dfrac{T}{2}s}{1 - \dfrac{T}{2}s} \tag{5-29}$$

设 $s = \sigma + \mathrm{j}\omega$，代入式(5-29)，得

$$z = \frac{\left(1 + \dfrac{T}{2}\sigma\right) + \mathrm{j}\left(\dfrac{\omega T}{2}\right)}{\left(1 - \dfrac{T}{2}\sigma\right) - \mathrm{j}\left(\dfrac{\omega T}{2}\right)}$$

对上式两边取模的平方，得

$$|z|^2 = \frac{\left(1 + \dfrac{T}{2}\sigma\right)^2 + \left(\dfrac{\omega T}{2}\right)^2}{\left(1 - \dfrac{T}{2}\sigma\right)^2 + \left(\dfrac{\omega T}{2}\right)^2} \tag{5-30}$$

分析式(5-30)，可得如下映射关系，如图 5-24 所示。

（1）当 $\sigma = 0$（S 平面虚轴）时 → $|z| = 1$（Z 平面单位圆上）；

（2）当 $\sigma < 0$（S 平面左半平面）时 →

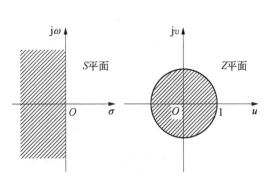

图 5-24　双线性转换 S 平面与 Z 平面的对应关系

$|z| < 1(Z$ 平面单位圆内$)$;

（3）当 $\sigma > 0(S$ 平面右半平面$)$时 $\rightarrow |z| > 1(Z$ 平面单位圆外$)$。

若令 $z = u + jv$，从图 5 - 24 可得到，S 平面的左半平面映射到 Z 平面为单位圆内，即 $u^2 + v^2 \leqslant 1$。因此，双线性变换把整个 S 左半平面映射到 Z 平面以圆点为圆心的单位圆内，可见 $D(s)$ 稳定，$D(z)$ 也一定稳定，反之 $D(z)$ 稳定，$D(s)$ 也一定稳定，这也是在实际中常用双线性变换作为离散化方法的原因。

例 5 - 5 已知模拟控制器 $D(s) = \dfrac{a}{s + a}$，求数字控制器 $D(z)$ 及控制算法 $u(K)$。

解：用 $s = \dfrac{2}{T}\dfrac{1 - z^{-1}}{1 + z^{-1}}$ 代入 $D(s)$ 得

$$D(z) = \frac{a}{\dfrac{2}{T}\dfrac{1 - z^{-1}}{1 + z^{-1}} + a} = \frac{a(1 + z^{-1})}{\left(a + \dfrac{2}{T}\right)\left(1 + \dfrac{a - \dfrac{2}{T}}{a + \dfrac{2}{T}}z^{-1}\right)}$$

控制算法为

$$u(K) + \frac{a - \dfrac{2}{T}}{a + \dfrac{2}{T}}u(K - 1) = \frac{a}{\dfrac{2}{T} + a}[e(K) + e(K - 1)]$$

整理得

$$u(K) = \frac{2 - aT}{2 + aT}u(K - 1) + \frac{aT}{2 + aT}[e(K) + e(K - 1)]$$

例 5 - 6 设有数字随动系统如图 5 - 25 所示，有校正装置 $D(z)$，采样周期 $T = 2$ s，按连续系统设计方法设计的校正装置为 $G_c(s) = \dfrac{1 + 17.86s}{1 + 111.1s}$，试用双线性变换求校正装置 $D(z)$，并分析校正前后系统性能。

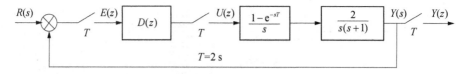

图 5 - 25　数字随动系统结构图

解：（1）系统广义开环 Z 传递函数为

$$G(z) = Z\left[\frac{1 - e^{-Ts}}{s}\frac{2}{s(s + 1)}\right] = \frac{8.7805(1.9113z + 1)}{(z - 1)(7.391z - 1)}$$

利用双线性变换 $s = \dfrac{2}{T}\dfrac{1-z^{-1}}{1+z^{-1}}$，$T=2$ s 得

$$z = \frac{1 + \dfrac{T}{2}s}{1 - \dfrac{T}{2}s} = \frac{1+s}{1-s}$$

则从 Z 到 S 域双线性变换后，系统的开环传递函数为

$$G(s) = \frac{8.7805\left(1.9113 \times \dfrac{1+s}{1-s} + 1\right)}{\left(\dfrac{1+s}{1-s} - 1\right)\left(7.391 \times \dfrac{1+s}{1-s} - 1\right)} = \frac{2(1-s)(1+0.313s)}{s(1+1.313s)}$$

对上述系统在 S 域进行分析，如图 5-26 所示。从仿真结果看原系统广义 Z 传递函数的双线性变换系统不稳定，必须进行校正。

Matlab 程序如下：

```
% 被控对象传递函数 Gs=2/[s(s+1)],广义 Z 传函 G(z)、广义 Z 传函的双线性变
换及分析
clc;
clear all;
T=2;
num=2; den=[1 1 0]; % 分子、分母
Gs=tf(num,den);
Gz=c2d(Gs,T,'zoh'); % 广义 Z 传函 G(z)
[numz,denz]=tfdata(Gz,'v'); % 广义 Z 传函 G(z)的分子分母
[zz,pz,kz]=tf2zp(numz,denz); % 广义 Z 传函 G(z)的零极点形式
% G(s)=2/[s(s+1)]广义 Z 传函 G(z)的双线性变换
Gs1=d2c(Gz,'tustin'); % 双线性变换
[nums,dens]=tfdata(Gs1,'v'); % 双线性变换后的分子和分母
[zs,ps,ks]=tf2zp(nums,dens); % 未校正系统广义 Z 传函 G(z)双线性变换
后的零极点形式
Gb1=feedback(Gs1,1); % 未校正系统闭环传递函数
% 广义 Z 传函双线性变换后,系统分析
figure(1); bode(Gs1); grid
figure(2); step(Gb1); Grid
% 双线性变换后校正系统在 S 域和 Z 域的传递函数 Gcz
numc=[17.86 1];
denc=[111.1 1];
```

```
Gc = tf(numc,denc);
Gcz = c2d(Gc,'tustin'); % 双线性变换
% end
```

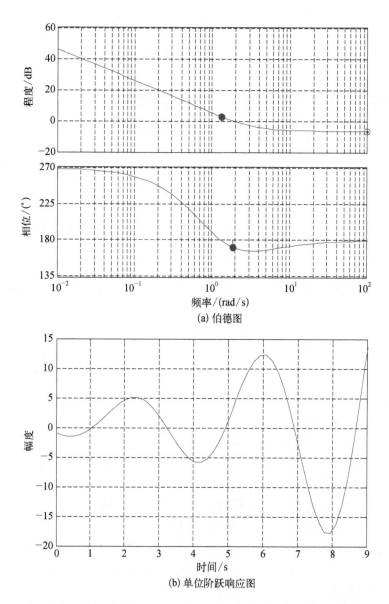

(a) 伯德图

(b) 单位阶跃响应图

图 5 - 26 未校正广义开环传递函数双线性变换后在 S 域系统分析

（2）校正后系统分析。由题意知,按连续系统设计方法设计校正装置 S 传递函数为

$$G_c(s) = \frac{1 + 17.86s}{1 + 111.1s}$$

利用双线性变换 $s = \dfrac{2}{T}\dfrac{1 - z^{-1}}{1 + z^{-1}}$, $T = 2$, 得数字校正装置 $D(z)$ 为

$$D(z) = \frac{0.168\,2(z - 0.894)}{z - 0.982\,2}$$

校正后随动系统仿真模型如图 5 - 27(a)所示,相应单位阶跃响应如图 5 - 27(b)所示。由图 5 - 27(b)可知,校正后系统稳定,并具有良好的动态性能。

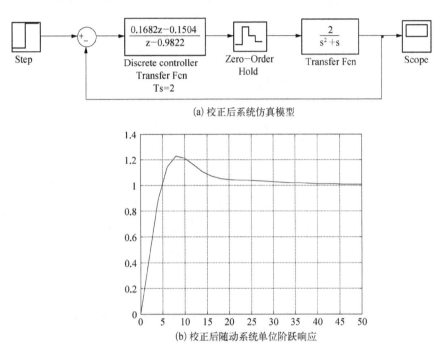

(a) 校正后系统仿真模型

(b) 校正后随动系统单位阶跃响应

图 5 - 27 校正后系统仿真

5.4.2 正反差分法

模拟控制器若用微分方程的形式表示,其导数可用差分近似,常用的差分方法有两种:反向差分法和正向差分法。

1. 反向差分法

反向差分法是一种简单的转换方法,以增量近似代替微分,则一阶导数为

$$\frac{\mathrm{d}y(t)}{\mathrm{d}t} \approx \frac{y(t) - y(t - T)}{T} \quad (5 - 31)$$

反向差分转换也可用数值积分逼近连续积分得到,如图 5 - 28 所示。积分 $y(t) = \int_0^t x(\tau)\mathrm{d}\tau$ 的拉氏变换为 $G(s) = \frac{Y(s)}{X(s)} = \frac{1}{s}$。

根据图 5 - 28 得到反向差分转换的近似面积积分为

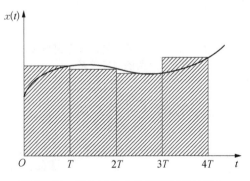

图 5 - 28 反向差分变化的近似面积积分

$$y(KT) = T\sum_{i=1}^{K} x(iT) \qquad (5-32)$$

$$y[(K-1)T] = T\sum_{i=1}^{K-1} x(iT) \qquad (5-33)$$

式(5-32)和式(5-33)两式相减得

$$y(KT) - y[(K-1)T] = Tx(KT) \qquad (5-34)$$

式(5-34)两端 Z 变换得

$$\frac{Y(z)}{X(z)} = \frac{T}{1-z^{-1}} = \frac{Tz}{z-1} \qquad (5-35)$$

$G(s)$ 与 $G(z)$ 的表达式比较可知

$$s = \frac{z-1}{Tz} \qquad (5-36)$$

设 $z = u + jv$，$s = \sigma + j\omega$，则上式可写为

$$\sigma + j\omega = \frac{(u+jv)-1}{T(u+jv)} = \frac{[(u+jv)-1](u-jv)}{T(u+jv)(u-jv)} = \frac{[(u^2-u+v^2)+jv]}{T(u^2+v^2)} \qquad (5-37)$$

S 域稳定的条件是 $\sigma < 0$，即 $\dfrac{u^2-u+v^2}{T(u^2+v^2)} < 0$，可以进一步变换为 $u^2-u+v^2 < 0$，即

$$\left(u-\frac{1}{2}\right)^2 + v^2 < \frac{1}{4} \qquad (5-38)$$

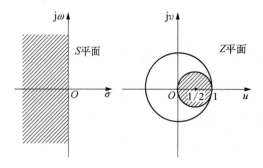

图 5-29 反向差分转换 S 平面与 Z 平面的对应关系

反向差分转换 S 平面与 Z 平面的对应关系如图 5-29 所示。S 平面的左半部经反向差分转换到 Z 平面，对应圆心在 $(1/2, 0)$，半径为 $1/2$ 的圆的内部，可见反向差分变换 $D(s)$ 稳定，$D(z)$ 也一定稳定，反之不一定成立。

例 5-7 已知模拟控制器 $D(s) = \dfrac{a}{s+a}$，用反向差分转换求数字控制器 $D(z)$ 及控制算法 $u(K)$。

解：用 $s = \dfrac{z-1}{Tz}$ 代入 $D(s)$ 得

$$D(z) = \frac{U(z)}{E(z)} = \frac{a}{\dfrac{z-1}{Tz}+a} = \frac{aT}{1+aT-z^{-1}}$$

控制算法为

$$u(K) = \frac{1}{1+aT}u(K-1) + \frac{aT}{1+aT}e(K)$$

2. 正向差分法

在正向差分中,用一阶正向差分近似代替微分,可用下式近似表示为

$$\frac{\mathrm{d}y(t)}{\mathrm{d}t} \approx \frac{y(t+T)-y(t)}{T} \tag{5-39}$$

按照近似面积积分关系,如图 5-30 所示,可以导出

$$y(KT) - y[(K-1)T] = Tx[(K-1)T] \tag{5-40}$$

式(5-40)两端 Z 变换得

$$\frac{Y(z)}{X(z)} = \frac{Tz^{-1}}{1-z^{-1}} = \frac{T}{z-1} = \frac{1}{\dfrac{z-1}{T}} \tag{5-41}$$

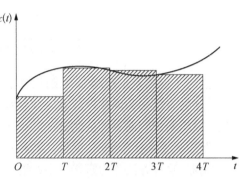

图 5-30　正向差分变化的近似面积积分

$G(s)$ 与 $G(z)$ 的表达式比较可得

$$s = \frac{z-1}{T} \tag{5-42}$$

设 $s = \sigma + j\omega$,由式(5-42)可得 $|z|^2 = (1+T\sigma)^2 + \omega^2 T^2$,对于稳定系统必有 $|z|^2 < 1$,故

$$(1+T\sigma)^2 + \omega^2 T^2 < 1$$

即

$$\left(\sigma + \frac{1}{T}\right)^2 + \omega^2 < \left(\frac{1}{T}\right)^2 \tag{5-43}$$

式(5-43)所表示的在 S 平面的图形如图 5-31 所示,正好是以 $(-1/T, 0)$ 为圆心,以 $1/T$ 为半径的圆。因此,S 平面与 Z 平面的映射关系如图 5-31 所示,即 S 平面左半面以 $(-1/T, 0)$ 为圆心,以 $1/T$ 为半径的圆内映射到 Z 平面以圆点为圆心的单位圆内。映射表明,S 左半平面的极点可能映射到 Z 平面单位圆以外。可见,正向差分法中稳定的 $D(s)$ 不能保证变换成稳定的 $D(z)$。因此,一般在实际中不采用正向差分法作为离散化方法。

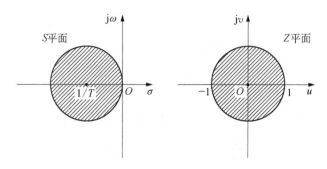

图 5 - 31　S 域到 Z 域的映射关系

5.5　数字控制器的直接设计法

　　立足于连续系统控制器的设计,然后离散化得到数字控制器,用计算机编程实现控制算法,这种方法称为间接设计方法或连续化设计方法。但是,连续化设计要求较小的采样周期,只能实现较简单的控制算法。由于控制任务的需要,当所选择的采样周期比较大或对控制质量要求比较高时,就要从被控对象的特性出发,直接根据离散系统理论来设计数字控制器,这种方法称为直接数字(或离散化)设计。

　　数字控制器直接设计法则是首先将系统中被控对象与保持器构成的广义对象离散化,得到相应的以 Z 传递函数、差分方程或离散系统状态方程表示的离散系统模型。然后利用离散控制系统理论,直接设计数字控制器。由于直接设计法完全是依据离散系统理论和采样系统的特点进行分析与综合的,并导出相应的控制规律,进行数字控制器设计,避免了由模拟控制器向数字控制器的转化过程,也绕过了采样周期对系统动态性能影响的问题。所以直接数字设计法比间接设计法具有更一般的意义,利用计算机软件的灵活性,就可以实现从简单到复杂的各种控制规律,是目前应用较为广泛的数字控制器设计方法。

5.5.1　最少拍控制系统的设计

　　在随动系统中,当偏差存在时,总是希望系统能尽快地消除偏差,使输出跟随输入变化,或者在有限的几个采样周期内达到平衡。最少拍控制系统设计是指系统在典型输入信号(如阶跃、速度信号、加速度信号等)作用下,经过最少拍(有限拍)使系统输出的稳态误差为零。所以,最少拍控制系统也称为最少拍无差系统或最少拍随动系统,其实际上是时间最优控制系统,系统的性能指标是系统调节时间最短。因此,最少拍控制系统的设计任务就是设计一个数字控制器,使系统达到稳定时所需要的采样周期最少,而且系统在采样点的输出值能准确地跟踪输入信号,不存在静差,而对任何两个采样周期中间的过程则不作要求。在数字控制过程中,一个采样周期称为一拍。

　　典型的最少拍控制系统如图 5 - 32 所示。

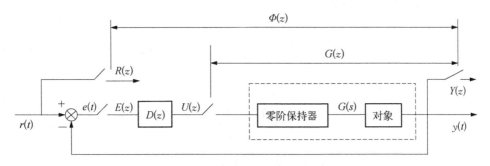

图 5 - 32　典型的最少拍控制系统图

(一) 数字控制器 _D_(_z_) 的设计

图 5 - 32 中, $D(z)$ 为数字控制器,零阶保持器为 $\dfrac{1 - e^{-sT}}{s}$, $G(z)$ 为包含保持器的广义被控对象 Z 传递函数, $\Phi(z)$ 为闭环 Z 传递函数, $Y(z)$ 为输出信号的 Z 传递函数, $R(z)$ 为输入信号的 Z 传递函数。闭环 Z 传递函数为

$$\Phi(z) = \frac{Y(z)}{R(z)} = \frac{D(z)G(z)}{1 + D(z)G(z)} \tag{5-44}$$

最少拍控制系统误差信号的 Z 传递函数为

$$G_e(z) = \frac{E(z)}{R(z)} = 1 - \Phi(z) = \frac{1}{1 + D(z)G(z)} \tag{5-45}$$

由此可得最少拍控制系统的数字控制器为

$$D(z) = \frac{\Phi(z)}{G(z)[1 - \Phi(z)]} = \frac{\Phi(z)}{G(z)G_e(z)} = \frac{1 - G_e(z)}{G(z)G_e(z)} \tag{5-46}$$

系统在典型输入作用下,经过最少采样周期,使得输出稳态误差为零,达到完全跟踪,系统误差 Z 变换为

$$E(z) = G_e(z)R(z) \tag{5-47}$$

将 $E(z)$ 用 Z 变换的定义表示为

$$E(z) = \sum_{k=0}^{\infty} e(kT)z^{-k} \tag{5-48}$$

最少拍控制器设计要求系统在有限拍内结束过渡过程,即 $k \geqslant N$ 时, $e(kT) = 0$, N 为尽可能小的正整数。

对于单位阶跃输入 Z 变换为

$$R(z) = \frac{1}{1 - z^{-1}} \tag{5-49}$$

对于单位斜坡输入 Z 变换为

$$R(z) = \frac{Tz^{-1}}{(1 - z^{-1})^2} \qquad (5-50)$$

对于单位加速度输入 Z 变换为

$$R(z) = \frac{T^2 z^{-1}(1 + z^{-1})}{2(1 - z^{-1})^3} \qquad (5-51)$$

归纳总结出典型输入 Z 变换的一般表达式为

$$R(z) = \frac{A(z)}{(1 - z^{-1})^m} \qquad (5-52)$$

式中, $A(z)$ 为不含 $(1 - z^{-1})$ 的关于 z^{-1} 的多项式。

对于单位阶跃输入信号 $(m = 1)$, $A(z) = 1$。

对于单位斜坡输入信号 $(m = 2)$, $A(z) = Tz^{-1}$。

对于单位加速度输入信号 $(m = 3)$, $A(z) = \dfrac{T^2 z^{-1}(1 + z^{-1})}{2}$。

误差可以表示为

$$E(z) = G_e(z)R(z) = \frac{G_e(z)A(z)}{(1 - z^{-1})^m} \qquad (5-53)$$

当要求系统的稳态误差为零时,利用 Z 变换的终值定理有

$$\lim_{K \to \infty} e(K) = \lim_{z \to 1}(1 - z^{-1})E(z) = \lim_{z \to 1}(1 - z^{-1})\frac{G_e(z)A(z)}{(1 - z^{-1})^m} = 0 \qquad (5-54)$$

式中, $A(z)$ 为不含 $(1 - z^{-1})$ 的 z^{-1} 的多项式,因此 $G_e(z)$ 必须含有 $(1 - z^{-1})^m$, 则

$$G_e(z) = (1 - z^{-1})^m f(z) \qquad (5-55)$$

式中, $f(z)$ 可以表示为

$$f(z) = 1 + \varphi_1 z^{-1} + \varphi_2 z^{-2} + \cdots + \varphi_n z^{-n} \qquad (5-56)$$

为使稳态误差最快衰减到零,就应使 $G_e(z)$ 最简单,即阶数小,若取 $f(z) = 1$, 则 $G_e(z)$ 最简单,则得到无稳态误差最少拍控制系统的误差 Z 传递函数应为

$$G_e(z) = (1 - z^{-1})^m \qquad (5-57)$$

根据已知对象 $G(z)$, 可由满足最少拍性能指标要求的开环传递函数直接求出对应典型输入信号的数字控制器 $D(z)$。

由式(5-46)可得

$$D(z)G(z) = \frac{1 - G_e(z)}{G_e(z)} = \frac{\Phi(z)}{1 - \Phi(z)} \qquad (5-58)$$

由式(5-57)和式(5-58)可得

1. 对于单位阶跃输入($m=1$)

$$D(z) = \frac{z^{-1}}{(1 - z^{-1})G(z)} \tag{5-59}$$

2. 对于单位速度输入($m=2$)

$$D(z) = \frac{2z^{-1}(1 - 0.5z^{-1})}{(1 - z^{-1})^2 G(z)} \tag{5-60}$$

3. 对于单位加速度输入($m=3$)

$$D(z) = \frac{z^{-1}(3 - 3z^{-1} + z^{-2})}{(1 - z^{-1})^3 G(z)} \tag{5-61}$$

（二）最少拍控制系统分析

前面介绍了当 $f(z) = 1$ 时,设计的数字控制器 $D(z)$ 形式最简单、阶次最低,才有 $E(z)$ 的项数最少,下面分析不同典型输入信号的情况。

1. 对于单位阶跃输入($m=1$)

系统输出 Z 传递函数为

$$Y(z) = \Phi(z)R(z) = \frac{z^{-1}}{1 - z^{-1}} \tag{5-62}$$

由式(5-62)可知

$$Y(z) = 0 + z^{-1} + z^{-2} + z^{-3} + \cdots \tag{5-63}$$

系统的时域输出为

$$y(0) = 0,\ y(1) = y(2) = y(3) = \cdots = 1$$

系统误差 Z 传递函数为

$$G_e(z) = 1 - z^{-1} \tag{5-64}$$

系统误差的 Z 变换为

$$E(z) = G_e(z)R(z) = (1 - z^{-1})\frac{1}{1 - z^{-1}} = 1 \tag{5-65}$$

则单位阶跃输入信号作用下动态误差序列为

$$e(0) = 1,\ e(1) = e(2) = \cdots = 0$$

式(5-63)和式(5-65)说明在单位阶跃输入条件下,经过调节时间 T（1 拍）后,系统偏差就可以消除,系统完全跟踪单位阶跃输入信号。单位阶跃输入信号最少拍系统误差及输出序列如图5-33所示。

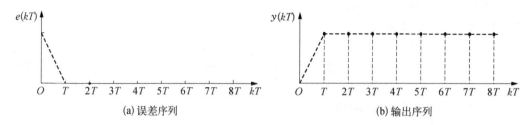

(a) 误差序列   (b) 输出序列

图 5-33　单位阶跃输入信号最少拍系统误差及输出序列

2. 单位速度输入信号($m=2$)

系统输出 Z 传递函数为

$$Y(z) = \Phi(z)R(z) = (2z^{-1} - z^{-2})\frac{Tz^{-1}}{(1-z^{-1})^2} \tag{5-66}$$

由式(5-66)可得

$$Y(z) = 2Tz^{-2} + 3Tz^{-3} + 4Tz^{-4} + \cdots \tag{5-67}$$

则系统的时域输出为

$$y(0) = 0,\ y(1) = 0,\ y(2) = 2T,\ y(3) = 3T,\ \cdots$$

系统误差 Z 传递函数为

$$G_e(z) = (1 - z^{-1})^2 \tag{5-68}$$

系统误差的 Z 变换为

$$E(z) = G_e(z)R(z) = (1-z^{-1})^2\frac{Tz^{-1}}{(1-z^{-1})^2} = Tz^{-1} \tag{5-69}$$

则单位速度输入信号作用下动态误差序列为

$$e(0) = 0,\ e(1) = T,\ e(2) = e(3) = \cdots = 0$$

式(5-67)和式(5-69)说明在单位速度输入条件下,经过调节时间 $2T$(2 拍)后,系统偏差就可以消除,系统完全跟踪单位速度输入信号。单位速度输入信号最少拍系统误差及输出序列如图 5-34 所示。

3. 单位加速度输入信号($m=3$)

系统输出 Z 传递函数为

$$Y(z) = \Phi(z)R(z) = (3z^{-1} - 3z^{-2} + z^{-3})\frac{T^2z^{-1}(1+z^{-1})}{(1-z^{-1})^3} = \frac{T^2z^{-2}(3 - 2z^{-2} + z^{-3})}{(1-z^{-1})^3}$$

$$\tag{5-70}$$

由式(5-70)可得

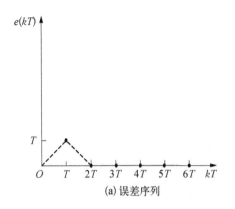

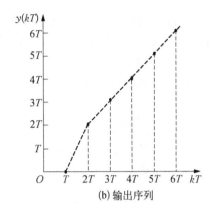

(a) 误差序列　　　　　　　　　　　　(b) 输出序列

图 5 - 34　单位速度输入信号最少拍系统误差及输出序列

$$Y(z) = 1.5Tz^{-2} + 4.5Tz^{-3} + 8Tz^{-4} + \cdots \qquad (5-71)$$

则系统的时域输出为

$$y(0) = 0,\ y(1) = 0,\ y(2) = 1.5T,\ y(3) = 4.5T,\ y(4) = 8T,\ \cdots$$

系统误差 Z 传递函数为

$$G_e(z) = (1 - z^{-1})^3 \qquad (5-72)$$

误差的 Z 变换为

$$E(z) = G_e(z)R(z) = (1 - z^{-1})^3 \frac{T^2 z^{-1}(1 + z^{-1})}{2(1 - z^{-1})^3} = \frac{T^2}{2}z^{-1} + \frac{T^2}{2}z^{-2} \qquad (5-73)$$

则单位加速度输入信号作用下动态误差序列为

$$e(0) = 0,\ e(1) = e(2) = T^2/2,\ e(3) = e(4) = \cdots = 0$$

式(5-71)和式(5-73)说明在单位加速度输入条件下,经过调节时间 $3T$(3 拍)后,系统偏差就可以消除,系统完全跟踪单位加速度输入信号。单位加速度输入信号最少拍系统误差及输出序列如图 5-35 所示。

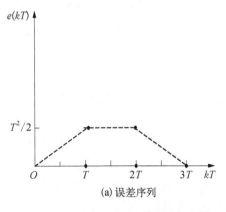

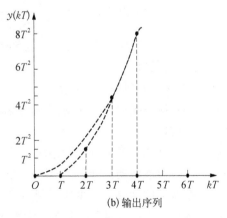

(a) 误差序列　　　　　　　　　　　　(b) 输出序列

图 5 - 35　单位加速度输入信号最少拍系统误差及输出序列

（三）最少拍系统设计应考虑因素

如果已知 $G(z)$，并根据 $\Phi(z)$，数字控制器 $D(z)$ 就可唯一确定，$\Phi(z)$ 与 $D(z)$ 的选取要考虑以下因素。

1. $D(z)$ 的物理可实现性

数字控制器 $D(z)$ 在物理上能实现的条件是，控制器的输出信号只能与现在时刻和过去时刻的输入信号及输出信号有关，而不能与将来的输入信号有关。因为任何实际的物理系统，不可能在尚未加入信号之前就有与输入信号有关的输出信号。按物理上可实现的要求，第 k 次采样时刻控制器的输出应为

$$u(k) = a_0 e(k) + a_1 e(k-1) + \cdots + b_1 u(k-1) + b_2 u(k-2) + \cdots$$

表示成脉冲传递函数为

$$D(z) = \frac{a_0 + a_1 z^{-1} + a_2 z^{-2} + \cdots}{1 - b_1 z^{-1} - b_2 z^{-2} - \cdots} = \frac{a_0 z^n + a_1 z^{n-1} + a_2 z^{n-2} + \cdots}{z^n - b_1 z^{n-1} - b_2 z^{n-2} - \cdots}$$

只要脉冲传递函数的分子 z 的次数低于或等于分母的次数，该控制器就是在物理上可实现的；否则，如果分子 z 的次数高于分母的次数，将会在 $u(k)$ 的表达式中出现 $k+1$、$k+2$ 等将来时刻的信号。$D(z)$ 的实现与被控对象的传递函数 $G(z)$ 和闭环系统的传递函数 $\Phi(z)$ 有关。

2. 稳定性

一个稳定系统的脉冲传递函数的特征方程的根必须全部都在单位圆中。如果 $G(z)$ 中包含单位圆上或单位圆外的零点或极点，则必须通过选择 $\Phi(z)$ 或 $D(z)$，使它们能抵消 $G(z)$ 的不稳定的零点或极点。但是这不能简单地用 $D(z)$ 的极点（或零点）来抵消 $G(z)$ 的不稳定的零点（或极点），因为若要抵消 $G(z)$ 的不稳定零点，则 $D(z)$ 的分母中就必须含有相应的不稳定极点，这将导致 $D(z)$ 的不稳定，这是不允许的。如要求 $D(z)$ 抵消 $G(z)$ 的不稳定极点，则 $D(z)$ 的分子中就必须包含相应的不稳定零点。由于漂移等原因，系统特性 $G(z)$ 会发生小的变化，这将使系统不再稳定。

如果 $1-\Phi(z)$ 中以零点的形式把 $G(z)$ 的单位圆上或单位圆外的极点包含在传递函数 $1-\Phi(z)$ 内，就可以使 $D(z) = \dfrac{\Phi(z)}{G(z)G_e(z)}$ 中不包含不稳定的零点。同样，在 $\Phi(z)$ 中以零点的形式把 $G(z)$ 的不稳定的零点包含在 $\Phi(z)$ 中，就可以使 $D(z)$ 中既无不稳定的零点，也无不稳定的极点。

（四）最少拍控制系统存在的不足

最少拍控制系统设计方法简便，控制器结构简单，便于计算机实现。但最少拍系统设计存在以下问题：

（1）存在波纹。最少拍控制系统设计只在采样点上保证稳态误差为零，而在采样点之间输出响应可能波动，有时可能振荡发散，导致系统实际上是不稳定的。

（2）系统适应性差。最少拍控制系统设计原则是根据典型输入信号设计的，对其他类型的输入信号不一定是最少拍的，可能会出现很大的超调和误差。

（3）对参数变化的灵敏度大。最少拍系统设计是在结构和参数不变的条件下得到的。当系统结构参数变化时，系统性能可能会有较大的变化。

（4）控制幅值受约束。按最少拍设计原则设计的系统是时间最少系统。理论上，采样时间越小，调整时间越短。但实际上这是不可能的，因为一般系统都存在着饱和特性，控制器所能提供的能量是受约束的。因此，采用最少拍设计方法，应合理选择采样周期。

例 5-8　如图 5-36 所示随动系统被控对象传递函数为 $G(s) = \dfrac{10}{s(0.1s+1)}$，$Z$ 变换的采样周期为 $T = 0.1\,\mathrm{s}$，设计单位速度输入信号下的最少拍控制器 $D(z)$，并分别分析对单位阶跃和加速度输入的响应情况。

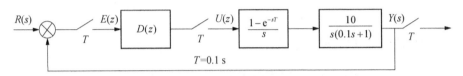

图 5-36　随动系统结构图

解：（1）单位速度输入进行最少拍系统设计。广义的被控对象 Z 传递函数为

$$G(z) = Z\left[\frac{1-\mathrm{e}^{-Ts}}{s}\frac{10}{s(0.1s+1)}\right] = (1-z^{-1})Z\left[\frac{100}{s^2(s+10)}\right] = \frac{0.368z^{-1}(1+0.717z^{-1})}{(1-z^{-1})(1-0.368z^{-1})}$$

广义的被控对象 Z 传递函数没有不稳定的零点和极点。

输入信号为单位速度输入信号，因此取 $G_e(z) = (1-z^{-1})^2$，有闭环 Z 传递函数

$$\varPhi(z) = 1 - G_e(z) = 2z^{-1} - z^{-2}$$

则

$$D(z) = \frac{\varPhi(z)}{G_e(z)G(z)} = \frac{5.435(1-0.5z^{-1})(1-0.368z^{-1})}{(1-z^{-1})(1+0.717z^{-1})}$$

单位速度输入时有限拍输出序列的 Z 变换为

$$Y(z) = \varPhi(z)R(z) = (2z^{-1} - z^{-2})\frac{Tz^{-1}}{(1-z^{-1})^2}$$

$$= 2Tz^{-2} + 3Tz^{-3} + 4Tz^{-4} + \cdots$$

由 Z 变换的定义可知，输出序列为

$$y(0) = y(T) = 0,\ y(2T) = 2T,\ y(3T) = 3T,\ y(4T) = 4T,\ \cdots$$

对校正后系统进行仿真，仿真模型如图 5-37 所示，其仿真结果如图 5-39（a）所示。由图 5-39（a）可知，单位速度输入信号作用，随动系统在 $t = T$ 时误差最大为 $e(T) = T$，经过两个采样周期就跟踪上速度输入信号，且在采样点上输出误差为零，即当 $K \geq 2$，$e(KT) = 0$，$y(KT) = KT$。

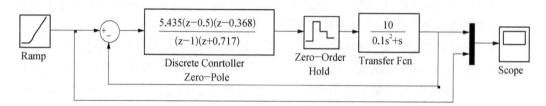

图 5 - 37 单位速度输入信号作用最少拍随动系统设计仿真结构图

（2）单位阶跃输入时输出序列的 Z 变换为

$$Y(z) = \Phi(z)R(z) = (2z^{-1} - z^{-2})\frac{1}{(1 - z^{-1})}$$

$$= 2z^{-1} + z^{-2} + z^{-3} + \cdots$$

由 Z 变换的定义可知，输出序列为

$$y(0) = 0,\ y(T) = 2,\ y(2T) = 1,\ y(3T) = 1,\ \cdots$$

对按单位速度输入信号设计的最少拍随动系统，在单位阶跃输入信号作用下输出响应进行仿真，仿真模型与图 5 - 37 类似，仅将输入斜坡信号 Ramp 模块换成阶跃输入 Step 模块即可，仿真结果如图 5 - 39(b) 所示。由图 5 - 39(b) 可知，经过两个采样周期随动系统输出能跟踪上单位阶跃输入信号，且在采样点上输出误差为零。但在 $t = T$ 时，系统超调达 100%，误差 $e(T) = 1$，当 $K \geqslant 2$，$e(KT) = 0$。

（3）单位加速度输入时输出序列的 Z 变换为

$$Y(z) = \Phi(z)R(z) = (2z^{-1} - z^{-2})\frac{T^2 z^{-1}(1 + z^{-1})}{2(1 - z^{-1})^3}$$

$$= T^2 z^{-2} + 3.5T^2 z^{-3} + 7T^2 z^{-4} + 11T^5 + \cdots$$

由 Z 变换的定义可知，输出序列为

$$y(0) = y(T) = 0,\ y(2T) = T^2,\ y(3T) = 3.5T^2,\ y(4T) = 7T^2,\ \cdots$$

对按单位速度输入信号设计的最少拍随动系统，在单位加速度输入信号作用下输出响应进行仿真，仿真模型如图 5 - 38 所示，其仿真结果如图 5 - 39(c) 所示。由图 5 - 39(c) 可知，经过两个采样周期随动系统输出稳定，但输出与输入之间始终存在恒值误差，即当 $K \geqslant 2$，$e(KT) = T^2$。

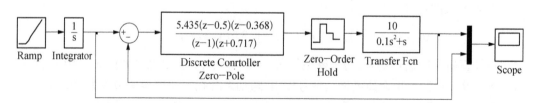

图 5 - 38 按单位速度输入设计的最少拍随动系统在单位加速度输入信号作用仿真结构

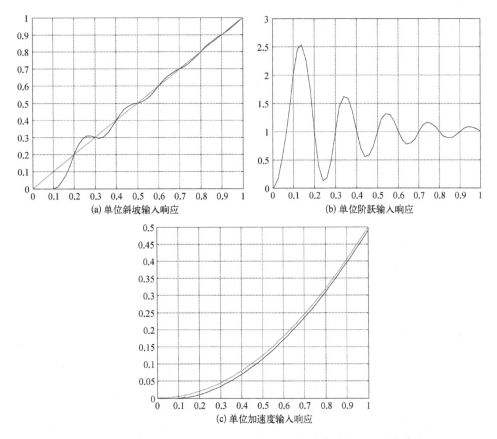

图 5-39 按速度输入设计的最少拍随动系统对典型输入信号的响应

单位加速度输入时,输入、输出、误差序列如表 5-3 所示。

表 5-3 单位加速度输入时,输入、输出、误差序列

KT	0	T	$2T$	$3T$	$4T$	$5T$	...
$r(KT)$	0	$T^2/2$	$2T^2$	$4.5T^2$	$8T^2$	$12.5T^2$	...
$y(KT)$	0	0	T^2	$3.5T^2$	$7T^2$	$11.5T^2$	...
$e(KT)$	0	$T^2/2$	T^2	T^2	T^2	T^2	...

　　从图 5-39 和表 5-3 可看出,按照给定的典型输入信号设计的最少拍系统,当输入信号改变时,系统性能变差,输出响应不一定满足性能要求。

　　例 5-9 设最少拍随动系统如图 5-40 所示,试设计单位阶跃输入信号时的最少拍控制器 $D(z)$。

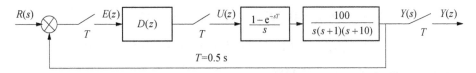

图 5-40 例 5-9 随动系统结构图

解：广义对象 Z 传递函数为

$$G(z) = Z\left[\frac{1 - \mathrm{e}^{-Ts}}{s} \frac{100}{s(s+1)(s+10)}\right] = (1 - z^{-1})Z\left[\frac{100}{s^2(s+1)(s+10)}\right]$$

$$= (1 - z^{-1})Z\left[\frac{10}{s^2} - \frac{11}{s} + \frac{100/9}{(s+1)} - \frac{1/9}{(s+10)}\right]$$

$$= (1 - z^{-1})\left[\frac{10Tz^{-1}}{(1 - z^{-1})^2} - \frac{11}{(1 - z^{-1})} + \frac{100/9}{(1 - \mathrm{e}^{-T}z^{-1})} - \frac{1/9}{(1 - \mathrm{e}^{-10T}z^{-1})}\right]$$

$$= \frac{0.738\,5z^2 + 1.158\,z + 0.057\,91}{z^3 - 1.613z^2 + 0.617\,4z - 0.004\,087}$$

$$= \frac{0.738\,5(z + 1.516\,3)(z + 0.051\,7)}{(z - 1)(z - 0.606\,5)(z - 0.006\,7)}$$

$$= \frac{0.738\,5z^{-1}(1 + 1.516\,3z^{-1})(1 + 0.051\,7z^{-1})}{(1 - z^{-1})(1 - 0.606\,5z^{-1})(1 - 0.006\,7z^{-1})}$$

广义 Z 传递函数 $G(z)$ 的分子存在 z^{-1} 因子和单位圆外的零点 $z = -1.516\,3$，根据式 (5-46)，要使最少拍控制器 $D(s)$ 稳定，则闭环 Z 传递函数 $\Phi(z)$ 应包含 $z^{-1}(1 + 1.516\,3z^{-1})$，即应把 $G(z)$ 的 z^{-1} 因子和单位圆外的零点 $z = -1.516\,3$ 作为 $\Phi(z)$ 零点和因子，则

$$\Phi(z) = az^{-1}(1 + 1.516\,3z^{-1})$$

根据式 (5-64)，对于单位阶跃输入，误差传递函数应为 $G_\mathrm{e}(z) = (1 - z^{-1})$，但因 $\Phi(z) = 1 - G_\mathrm{e}(z)$，$G_\mathrm{e}(z)$ 和 $\Phi(z)$ 应该是具有相同阶次的多项式，因此 $G_\mathrm{e}(z)$ 还包含 $(b_0 + b_1z)$，即

$$G_\mathrm{e}(z) = (1 - z^{-1})(b_0 + b_1z^{-1})$$

根据 $\Phi(z) = 1 - G_\mathrm{e}(z)$ 得

$$az^{-1}(1 + 1.516\,3z^{-1}) = 1 - (1 - z^{-1})(b_0 + b_1z^{-1})$$

解得

$$a = 0.397\,4,\ b_0 = 1,\ b_1 = 0.397\,4$$

则

$$\Phi(z) = 0.397\,4z^{-1}(1 + 1.516\,3z^{-1})$$

$$G_\mathrm{e}(z) = (1 - z^{-1})(1 + 0.602\,6z^{-1})$$

根据式 (5-46) 可得最少拍控制器为

$$D(z) = \frac{\Phi(z)}{G(z)G_e(z)}$$

$$= \frac{0.5381(1 - 0.6065z^{-1})(1 - 0.0067z^{-1})}{(0.6026z^{-1} + 1)(0.0517z^{-1} + 1)}$$

最少拍随动系统单位阶跃输入时输出响应为

$$Y(z) = \Phi(z)R(z)$$

$$= 0.3974z^{-1}(1 + 1.5163z^{-1})\frac{1}{1 - z^{-1}}$$

$$= (0.6026z^{-2} + 0.3974z^{-1})(1 + z^{-1} + z^{-2} + z^{-3} + z^{-4} + \cdots)$$

$$= 0.3974z^{-1} + z^{-2} + z^{-3} + z^{-4} + z^{-5} + \cdots$$

输出响应序列为

$$y(0) = 0, \ y(T) = 0.3974, \ y(2T) = y(2T) = y(3T) = \cdots = 1$$

可以看出,系统响应在两个采样周期达到稳态,这是由于闭环 Z 传递函数包含了单位圆外零点,所以调节时间延长了两拍,即 $t_s = 2T = 1 \text{ s}$。仿真模型和仿真结果如图 5-41 所示,离散阶跃响应如图 5-42 所示。由仿真结果可看出,$t_s = 1 \text{ s}$ 后,最少拍随动系统完全跟踪上阶跃输入信号,误差为零,且图 5-41 和图 5-42 仿真结果一致。

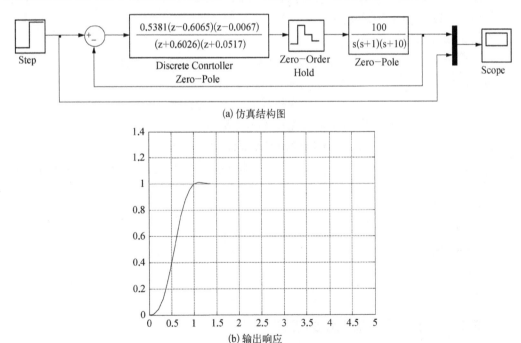

(a) 仿真结构图

(b) 输出响应

图 5-41 单位阶跃输入时,最少拍随动系统仿真

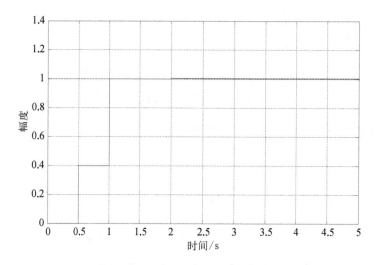

图 5 - 42 单位阶跃输入时,最少拍随动系统离散阶跃响应

离散阶跃响应 MATLAB 仿真程序如下:

```
% 被控对象 10/[s(s+1)(0.1s+1)],最少拍控制离散阶跃响应
T = 0.5;
num1 = 100; den1 = conv(conv([1 0],[1 1]),[1 10]);
G1 = tf(num1,den1);
% 被控对象广义 z 传函
Gz1 = c2d(G1,T,'zoh');具有零阶保持器的广义 z 传函
[numn,denn] = tfdata(Gz1)
% 最少拍控制器 z 传函
numd2 = 0.5381 * conv([1 -0.6065],[1 -0.0067])% 分子
dend2 = conv([1 0.6026],[1,0.0517])% 分母
Gz2 = tf(num2,den2,T); % 最少拍控制器 z 传函
Gz = Gz1 * Gz2; % 最少拍控制系统开环 z 传函
sysb = feedback(Gz,1); % 最少拍控制系统闭环 z 传函
[dnum dden] = tfdata(sysb,'v'); % 最少拍控制系统闭环 z 传函分子和分母
系数
% 最少拍控制离散阶跃响应
t = 0:0.5:5;
dstep(dnum,dden,t);
grid on
% end
```

5.5.2 最少拍无波纹系统的设计

最少拍系统设计方法得到的控制器是有纹波数字控制器,其输出序列经过若干拍后不为零或常值,而是振荡收敛的,只保证了在最少的几个采样周期后系统的响应在采样点

时是稳态误差为零,而不能保证任意两个采样点之间的稳态误差为零。在非采样时刻的纹波现象不仅造成非采样时刻有偏差,而且浪费执行机构的功率,增加机械磨损。而采用最少拍无波纹系统设计方法得到的无纹波控制器可以消除这种现象。要使系统的输出无纹波,对阶跃输入必须满足: 当 $t \geqslant NT$ 时,系统输出为常数。

1. 最少拍系统产生波纹的分析

以例 5-8 最少拍控制系统为例进行分析。由图 5-39 所示的单位速度和单位阶跃输出可看出在采样点误差为零,而在采样点之间误差不为零,因此输出在稳态值上下振荡。最少拍控制器的输出如图 5-43 所示。

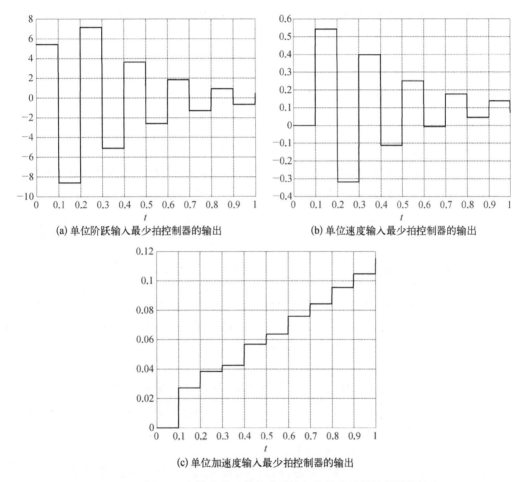

(a) 单位阶跃输入最少拍控制器的输出　　　　(b) 单位速度输入最少拍控制器的输出

(c) 单位加速度输入最少拍控制器的输出

图 5-43　例 5-8 中最少拍系统在典型输入信号作用的控制器的输出

图 5-43(a) 和 (b) 分别是在单位阶跃输入信号作用和单位斜坡输入信号作用的最少拍控制器的输出,因为控制器的输出在均值上下波动,所以相应系统的输出响应出现振荡如图 5-39(a) 和 (b) 所示。图 5-43(c) 是单位加速度输入信号作用的最少拍控制器的输出,因为控制器的输出未产生在均值上下波动,所以相应的系统输出响应未产生振荡,系统的输出响应如图 5-39(c) 所示。因此可以得出产生波纹的原因是在系统输出有限拍结束(即 $t > 2T$)后,数字控制器 $D(z)$ 输出序列还在围绕其平均值上下不停波动。

下面从数学上分析产生波纹的原因和消除波纹的方法。

由图 5-32 和式(5-44)知：

$$Y(z) = G(z)U(z)$$

$$Y(z) = \Phi(z)R(z)$$

则

$$G(z)U(z) = \Phi(z)R(z)$$

得

$$\frac{U(z)}{R(z)} = \frac{\Phi(z)}{G(z)} \tag{5-74}$$

由图 5-32 式(5-47)知：$U(z) = D(z)E(z) = D(z)G_e(z)R(z)$

则

$$\frac{U(z)}{R(z)} = D(z)G_e(z) \tag{5-75}$$

由式(5-74)和式(5-75)得

$$D(z)G_e(z) = \frac{\Phi(z)}{G(z)} \tag{5-76}$$

从上面对最少拍系统的分析可知，若要求系统的输出 $y^*(t)$ 在有限拍内结束过渡过程，则要求选择的闭环传递函数 $\Phi(z)$ 为关于 z^{-1} 的有限多项式。

同样，如果要求控制器的输出 $u^*(t)$ 在有限拍内结束过渡过程，也就是要求 $\frac{U(z)}{R(z)} = D(z)G_e(z)$ 为关于 z^{-1} 的有限多项式。因此产生波纹的原因是 $\frac{U(z)}{R(z)} = D(z)G_e(z)$ 不是关于 z^{-1} 的有限多项式，这样使 $u^*(t)$ 的过渡过程不在有限拍结束，从而使 $y^*(t)$ 产生振荡。

要想消除波纹，就要求 $u^*(t)$ 和 $y^*(t)$ 同时结束过渡过程，要求 $D(z)G_e(z)$ 为 z^{-1} 的有限多项式，即 $\Phi(z)$ 能被 $G(z)$ 整除，否则就会产生振荡现象。

2. 最少拍无波纹系统设计方法

由前面的分析可知，要实现最少拍无纹波系统，闭环 Z 传递函数 $\Phi(z)$ 需要包含被控对象 $G(z)$ 的所有零点，这样设计的控制器 $D(z)$ 中应消除了引起波纹振荡的所有极点，采样点之间的纹波也就消除了。

最少拍无纹波系统设计的一般步骤如下。

(1) 根据输入信号类型选择误差脉冲传递函数 $G_e(z)$。把广义被控对象 $G(z)$ 的不稳定极点作为 $G_e(z)$ 的零点，再添上同阶关系要求的附加项。

(2) 确定闭环脉冲传递函数 $\Phi(z)$。把广义被控对象 $G(z)$ 的纯滞后因子 z^{-d} 作为 $\Phi(z)$ 的纯滞后因子，并把 $G(z)$ 的所有零点作为 $\Phi(z)$ 零点，再添上同阶关系要求的附加项。

(3) 确定数字控制器 $D(z)$。利用 $G_e(z) = 1 - \Phi(z)$ 这一关系确定出 $\Phi(z)$、$G_e(z)$ 的全部待定系数，由 $D(z) = \dfrac{\Phi(z)}{G(z)[1 - \Phi(z)]} = \dfrac{\Phi(z)}{G(z)G_e(z)}$ 确定数字控制器 $D(z)$。

具体过程如下。

设最少拍系统被控对象的广义开环 Z 传递函数为

$$G(z) = z^{-N} \frac{k_1 \prod\limits_{i=1}^{u}(1 - b_i z^{-1})}{\prod\limits_{j=1}^{v}(1 - a_j z^{-1}) \prod\limits_{p=1}^{w}(1 - f_p z^{-1})} \tag{5-77}$$

式中，$a_1, a_2, \cdots, a_v$ 为 $G(z)$ 的 v 个不稳定极点；$f_1, f_2, \cdots, f_w$ 为 $G(z)$ 的 w 个稳定极点；$b_1, b_2, \cdots, b_u$ 为 $G(z)$ 的 u 个零点；z^{-N} 是 $G(z)$ 含有的纯滞后环节。

设最少拍系统闭环 Z 传递函数为

$$\Phi(z) = z^{-N} \prod\limits_{i=1}^{u}(1 - b_i z^{-1}) F_1(z) \tag{5-78}$$

式中，$F_1(z) = k(1 + c_1 z^{-1} + \cdots + c_{m+v-1} z^{-(m+v-1)})$，$k$ 为常数，对于单位阶跃输入、单位斜坡输入和单位加速度输入 m 分别为 1、2、3。

设最少拍系统误差 z 传递函数为

$$G_e(z) = (1 - z^{-1})^m \prod\limits_{j=1}^{v}(1 - a_j z^{-1}) F_2(z) \tag{5-79}$$

式中，$F_2(z) = 1 + d_1 z^{-1} + \cdots + d_{N+u-1} z^{-(N+u-1)}$。

由此得到最少拍无波纹控制器为

$$D(z) = \frac{\Phi(z)}{G(z) G_e(z)} \tag{5-80}$$

例 5-10 某位置随动系统被控对象的开环传递函数为 $G(s) = \dfrac{10}{s(0.1s+1)}$，采样周期 $T = 0.1s$，试分别确定单位阶跃信号和单位速度输入信号的最少拍无波纹控制的控制器 $D(z)$。

解：（1）单位阶跃输入下最少拍无波纹控制器设计。广义被控对象的 Z 传递函数为

$$G(z) = Z[G_h(s) G(s)]_{T=0.1} = Z\left[\frac{1 - e^{-sT}}{s} \frac{10}{s(0.1s+1)}\right]_{T=0.1}$$

$$= \frac{0.368 z^{-1}(1 + 0.718 z^{-1})}{(1 - z^{-1})(1 - 0.368 z^{-1})}$$

根据式（5-77）知，$N=1$，$u=1$，$v=0$，$m=1$。

根据式（5-78），对于阶跃输入信号，闭环 Z 传递函数 $\Phi(z)$ 应选为包含 z^{-1} 和 $G(z)$ 的全部零点，即

$$\Phi(z) = z^{-1}(1 + 0.718 z^{-1}) F_1(z)，\text{其中 } F_1(z) = k$$

根据式（5-79）对于阶跃输入信号 $m=1$，误差 Z 传递函数 $G_e(z)$ 可以写为

$$G_e(z) = (1 - z^{-1})F_2(z)，其中 F_2(z) = 1 + d_1 z^{-1}$$

由 $G_e(z) = 1 - \Phi(z)$ 得

$$1 - kz^{-1}(1 + 0.718z^{-1}) = (1 - z^{-1})(1 + d_1 z^{-1})$$

解得　　　　　　　　　　$k = 0.5821，d_1 = 0.4179$

则　　　　　　　　　$\Phi(z) = 0.5821z^{-1}(1 + 0.718z^{-1})$

$$G_e(z) = (1 - z^{-1})(1 + 0.4179z^{-1})$$

由式(5-80)确定数字控制器 $D(z)$ 为

$$D(z) = \frac{\Phi(z)}{G_e(z)G(z)} = \frac{1.582(1 - 0.368z^{-1})}{1 + 0.4179z^{-1}}$$

由式(5-75)可知,最少拍控制器的输出 $U(z)$ 为

$$U(z) = D(z)G_e(z)R(z) = 1.582(1 - 0.368z^{-1}) = 1.582 - 0.582z^{-1}$$

$U(z)$ 为 z^{-1} 的有限多项式,由 Z 变换的定义可知, $u(0) = 1.582$, $u(T) = -0.582$, $u(2T) = U(3T) = \cdots = 0$。

在采样点上最少拍系统的输出为

$$
\begin{aligned}
Y(z) &= \Phi(z)R(z) = 0.5821z^{-1}(1 + 0.718z^{-1})\frac{1}{1 - z^{-1}} \\
&= (0.5821z^{-1} + 0.4179z^{-2})(1 + z^{-1} + z^{-2} + z^{-3} + \cdots) \\
&= 0.5821z^{-1} + z^{-2} + z^{-3} + \cdots
\end{aligned}
$$

可得到最少拍系统的单位阶跃响应输出序列为 $y(0) = 0$, $y(T) = 0.5821$, $y(2T) = y(3T) = y(4T) = \cdots = 1$。

系统仿真模型和仿真结果如图5-44所示。

由最少拍系统的单位阶跃响应输出序列、图5-44(b)和(c)可知,最少拍控制器的输出在2拍后输出保持为零,系统输出响应经过2拍就无波纹地跟随上单位阶跃输入信号。说明 $u(K)$ 和 $y(K)$ 序列同时结束过渡过程,系统经过2拍以后消除了波纹,此时对于单位阶跃输入信号来说,随动系统为2拍系统。

若阶跃输入所求得最少拍无波纹系统在单位速度信号作用下控制器的输出

$$
\begin{aligned}
U(z) &= D(z)G_e(z)R(z) = \frac{1.582(1 - 0.368z^{-1})}{1 + 0.417z^{-1}}(1 - z^{-1})(1 + 0.417z^{-1})\frac{Tz^{-1}}{(1 - z^{-1})^2} \\
&= \frac{0.1582z^{-1}(1 - 0.368z^{-1})}{1 - z^{-1}} \\
&= 0.1582z^{-1} + 0.1z^{-2} + 0.1z^{-3} + 0.1z^{-4} + 0.1z^{-5} + \cdots
\end{aligned}
\tag{5-81}
$$

由式(5-81)可得出:控制器的输出序列为 $u(0) = 0$, $u(T) = 0.1582$, $u(2T) = U(3T) = \cdots = 0.1$。

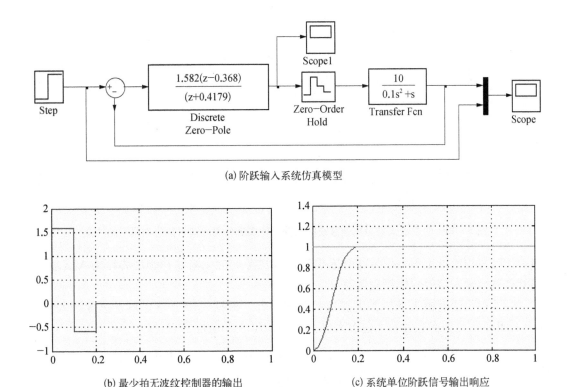

(a) 阶跃输入系统仿真模型

(b) 最少拍无波纹控制器的输出　　　　(c) 系统单位阶跃信号输出响应

图 5 - 44　某位置随动系统阶跃输入最少拍无波纹控制器设计仿真

若阶跃输入所求得最少拍无波纹系统在单位速度信号作用下输出响应 Z 变换为

$$Y(z) = \Phi(z)R(z) = 0.582\,1z^{-1}(1 + 0.718z^{-1})\frac{Tz^{-1}}{(1 - z^{-1})^2}$$

$$= \frac{(0.058\,21z^{-2} + 0.041\,79z^{-3})}{1 - 2z^{-1} + z^{-2}}$$

$$= 0.058\,21z^{-2} + 0.158\,21z^{-3} + 0.258\,2z^{-4} + 0.358\,2z^{-5} + 0.458\,2z^{-6} +$$

$$0.558\,2z^{-7} + \cdots \qquad\qquad (5-82)$$

由式(5-82)可得出：系统的输出响应序列为 $y(0) = y(T) = 0$，$y(2T) = 0.058\,2$，$y(3T) = 0.158\,2$，$y(4T) = 0.258\,2$，$y(5T) = 0.358\,2$，$\cdots$。

从式(5-81)和式(5-82)可知，单位阶跃输入信号设计的最少拍控制器对于单位斜坡输入信号作用的系统，经过 2 拍后控制器输出保持常值，单位斜坡输出响应在 2 拍后过渡过程结束，输出虽无波纹，但始终存在输出无法消除的误差。输出仿真模型与图 5-44 类似，仅将单位阶跃输入模块换为单位斜坡输入模块即可，仿真结果如图 5-45 所示。

由图 5-44 和图 5-45 可知，以单位阶跃输入信号设计的最少拍无波纹系统只能对阶跃输入信号经过 2 个采样周期后无波纹精确跟踪，而对单位斜坡输入信号虽经过 2 拍能无波纹稳定跟踪，但始终存在跟踪误差。说明了最少拍无波纹系统设计的闭环系统，仅

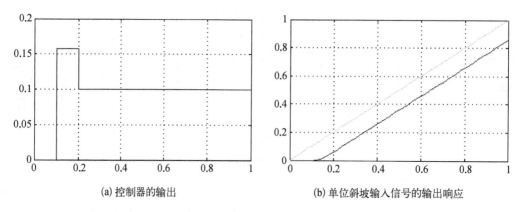

(a) 控制器的输出　　　　　　　(b) 单位斜坡输入信号的输出响应

图 5-45　阶跃输入最少拍无波纹控制器设计在单位斜坡输入信号作用下的仿真

对设计时使用的给定典型信号在有限拍后进入稳态且能无波纹精确地跟踪输入信号,而对其他典型输入信号不能精确跟踪。

(2) 单位速度输入最少拍无波纹控制器设计。根据式(5-78),对于速度输入信号 $m = 2$,闭环 Z 传递函数 $\Phi(z)$ 应选为包含 z^{-1} 和 $G(z)$ 的全部零点,即

$$\Phi(z) = z^{-1}(1 + 0.718z^{-1})F_1(z),\ \text{其中}\ F_1(z) = k(1 + c_1 z^{-1})$$

根据式(5-79)对于速度输入信号,误差 Z 传递函数 $G_e(z)$ 可以写为

$$G_e(z) = (1 - z^{-1})^2 F_2(z),\ \text{其中}\ F_2(z) = 1 + d_1 z^{-1}$$

由 $G_e(z) = 1 - \Phi(z)$ 得

$$1 - kz^{-1}(1 + 0.718z^{-1})(1 + c_1 z^{-1}) = (1 - z^{-1})^2(1 + d_1 z^{-1})$$

解得　　　　　　　　$k = 1.4074,\ c_1 = -0.5864,\ d_1 = 0.5926$

则　　　　　　　$\Phi(z) = 1.407z^{-1}(1 + 0.718z^{-1})(1 - 0.5864z^{-1})$

$$G_e(z) = (1 - z^{-1})^2(1 + 0.5926z^{-1})$$

由式(5-80)确定数字控制器 $D(z)$ 为

$$D(z) = \frac{\Phi(z)}{G_e(z)G(z)} = \frac{3.8234(1 - 0.5864z^{-1})(1 - 0.368z^{-1})}{(1 - z^{-1})(1 + 0.5926z^{-1})}$$

由式(5-75)可知,最少拍无波纹控制器的输出 $U(z)$ 为

$$U(z) = D(z)G_e(z)R(z) = 3.8234(1 - 0.368z^{-1})(1 - z^{-1})(1 - 0.5864z^{-1})\frac{Tz^{-1}}{(1 - z^{-1})^2}$$

$$= \frac{0.3823z^{-1} - 0.3649z^{-2} + 0.0825z^{-3}}{1 - z^{-1}}$$

$$= 0.3823z^{-1} + 0.0174z^{-2} + 0.0999z^{-3} + 0.0999z^{-4} + \cdots$$

$U(z)$ 为 z^{-1} 的多项式,由 Z 变换的定义可知,最少拍无波纹控制器输出信号 $u(0) = 0$,

$u(T) = 0.382\ 3$，$u(2T) = 0.017\ 4$，$u(3T) = u(4T) = U(5T) = \cdots = 0.099\ 9$。 因此，$u(KT)$ 在 3 拍后输出为恒值 0.099 9,保持不变。

在采样点上最少拍系统的输出为

$$Y(z) = \Phi(z)R(z) = 1.407z^{-1}(1 + 0.718z^{-1})(1 - 0.586\ 4z^{-1})\frac{Tz^{-1}}{(1 - z^{-1})^2}$$

$$= 0.140\ 7z^{-2} + 0.3z^{-3} + 0.4z^{-4} + 0.5z^{-5} + \cdots$$

可得到最少拍系统的单位速度响应输出序列为 $y(0) = y(T) = 0$，$y(2T) = 0.140\ 7$，$y(3T) = 0.3$，$y(4T) = 0.4$，$y(5T) = 0.5$，$\cdots$。 因此，$y(KT)$ 在 3 拍后输出跟踪上了单位斜坡速度输入信号。

系统仿真模型和仿真结果如图 5-46 所示。

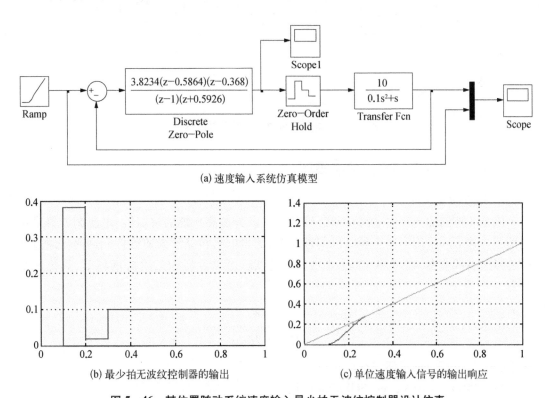

(a) 速度输入系统仿真模型

(b) 最少拍无波纹控制器的输出　　　　　(c) 单位速度输入信号的输出响应

图 5-46　某位置随动系统速度输入最少拍无波纹控制器设计仿真

由最少拍系统的单位速度响应输出序列和图 5-46(b) 和(c)可知,最少拍无波纹控制器的输出在 3 拍后输出保持为常值,无波动;系统输出响应经过 3 拍就无波纹地跟随上单位速度输入信号。说明 $u(K)$ 和 $y(K)$ 序列在 3 拍后同时结束过渡过程,系统经过 3 拍以后消除了波纹,且系统误差为零。此时对于速度输入信号来说,随动系统为 3 拍系统。

由图 5-39(a) 和图 5-46(c)可看出,最少拍无波纹系统比最少拍系统所用时间多,但却实现了无波纹控制,系统平稳性比最少拍系统好。

5.6　数字控制器设计应用

数字随动系统的框图如图 5 - 47 所示。该系统采用一个功率为 2.5 kW 的宽调速电机作为执行电机,拖动负载运动,系统要求达到的技术指标如下:

(1) 定位精度 < 0.4°;

(2) 跟踪过程超调量<10%;

(3) 输入阶跃、速度转角信号时,调节时间 t_s < 250 ms;

(4) 跟随速度信号时,无稳态误差。

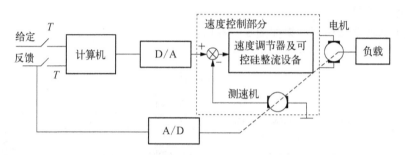

图 5 - 47　高精度位置数字随动系统框图

5.6.1　数字随动系统数学模型

1. 速度控制部分

该系统控制的内环由电流环和速度环组成。为提高系统的快速性,电流调节器采用比例器。速度环采用测速机和电机同轴相连,测量电机转速形成速度控制回路。通过选择适当速度调节器,在忽略非线性影响时,速度环可以近似为二阶振荡环节,其传递函数为

$$G_1(s) = \frac{K_1}{T_0^2 s^2 + 2\zeta T_0 s + 1}$$

式中,K_1 为速度回路闭环增益。

经实测,V_1 = 10 V,n = 860 r/min,则

$$K_1 = \frac{860 \times 360}{10 \times 60} = 516 \ (°)/s$$

实测得阻尼比 ζ 约为 0.5,T_0 = 11.03 ms,代入相关参数后得

$$G_1(s) = \frac{516}{0.011\,03^2 s^2 + 0.011\,03 s + 1}$$

2. D/A 转换

计算机输出的控制量,必须以模拟量的形式作用到被控对象上,因此采用 D/A 转换

器。为了保证控制精度的要求,要求 D/A 转换器的单位足够小。

设 D/A 转换器的位数为 n,如果 D/A 转换器模拟量输出的最大范围 $M_{max} = 10\text{ V}$。采用 12 位 D/A 转换器时,量化单位为

$$q = \frac{M_{max}}{2^n} = \frac{10}{2^{12}} \approx 2.44\text{ mV}$$

如果 10 V 对应的转速为 1 000 r/min,则 2.44 mV 对应的转速为

$$n_2 = \frac{(2.44 \times 1\,000)}{10\,000} = 0.244\text{ r/min}$$

3. A/D 转换

A/D 转换器位于反馈通道中,量化单位也影响系统的精度,系统的位置检测元件选用与控制电机同轴的轴角编码电路。

控制电机每旋转 1 周,轴角编码电路的调制通道要增(减)N 个脉冲。因此调制通道每增(减)1 个脉冲,相位变化一个单位,对应电机轴转角的变化为 $\alpha = 360/N$。

如果 $N = 2\,048$,测角精度 $\alpha = 360/2\,048 \approx 0.176° < 0.4°$,满足控制精度要求。故选用 $N = 2\,048 = 2^{11}$ 的轴角编码电路作为系统位置检测电路。

4. 位置环的结构

位置环结构如图 5-48 所示。

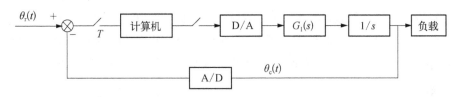

图 5-48 位置环结构图

5. 开环放大倍数

用 b 表示二进制的数码,由 D/A 转换器可知,其转换系数 $K_2 \approx 2.44\text{ mV/bit}$。

由 A/D 转换器的原理可知,当电机旋转 1 周时,轴角编码器的数码为 2 048,所以 A/D 转换系数 $K_3 = 2\,048/360 \approx 5.69\text{ bit/(°)}$。因此系统广义被控对象的开环放大系数为

$$K = K_1 K_2 K_3 = 516 \times 0.002\,44 \times 5.69 \approx 7.162$$

位置环的传递函数为

$$G(s) = \frac{K}{s(T_0^2 s^2 + 2\zeta T_0 s + 1)}$$

5.6.2 数字控制器设计

将位置环结构框图等效为单位反馈形式,如图 5-49 所示。

图 5-49 位置环的等效框图

下面介绍数字 PID 控制器和最少拍无波纹系统控制器设计。

1. PID 控制器设计

常规 PID 算法：$D(s) = K_p \left(1 + \dfrac{1}{T_i s} + T_d s\right)$，使用模拟控制器离散化的方法，将模拟 PID 控制器 $D(s)$ 转化为数字 PID 控制器 $D(z)$，采用反向差分法得到数字控制器的脉冲传递函数为

$$D(z) = D(s) \bigg|_{s = \frac{1-z^{-1}}{T}} = K_p + \frac{K_p}{T_i} \frac{T}{1 - z^{-1}} + K_p T_d \frac{1 - z^{-1}}{T}$$

$$= \frac{(K_p + K_i + K_d)z^2 - (K_p + 2K_d)z + K_d}{z^2 - z} \qquad (5-83)$$

式中，$K_i = \dfrac{K_p T}{T_i}$，$K_d = \dfrac{K_p T_d}{T}$。

采用扩充临界比例系数法，去掉积分和微分控制，只保留比例控制，逐渐增大比例系数 K_p，直至系统出现等幅振荡，其仿真模型如图 5-50 所示，仿真结果如图 5-51 所示。由仿真模型和仿真结果可知临界振荡周期 $T_C = 0.07s$，临界比例系数 $K_C = 12.659$。

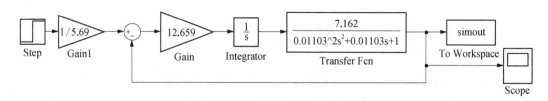

图 5-50 等幅振荡的系统仿真模型

当控制度为 1.05 时，按扩充临界比例系数法整定参数有：$K_p = 0.63K_C = 7.9745$、$T = 0.014T_C = 9.8 \times 10^{-4}$、$T_i = 0.49T_C = 0.0343$、$T_d = 0.14T_C = 0.0098$，相应得到 $K_i = \dfrac{K_p T}{T_i} == 0.2278$、$K_d = \dfrac{K_p T_d}{T} = 79.745$。

由式(5-83)可得离散 PID 模型为

$$D(z) = \frac{87.947z^2 - 167.464z + 79.745}{z^2 - z}$$

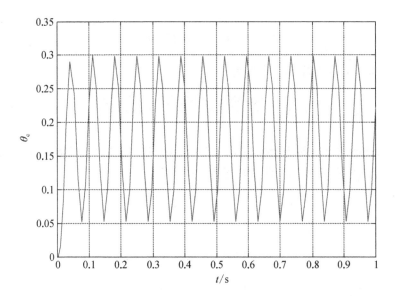

图 5-51　等幅振荡的系统阶跃响应曲线

以单位阶跃转角信号为输入信号,按扩充临界比例系数法设计的数字 PID 控制器的系统仿真模型如图 5-52 所示,其响应曲线和误差曲线如图 5-53 所示。

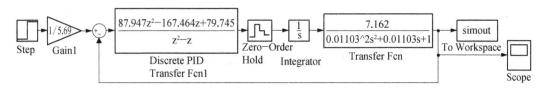

图 5-52　扩充临界比例系数法设计数字 PID 控制器的系统仿真模型

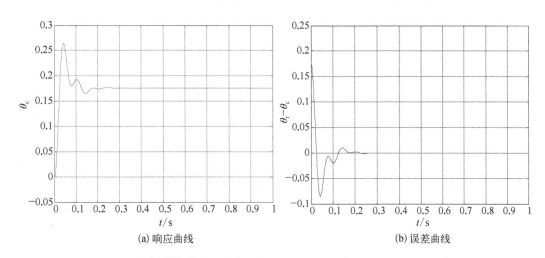

(a) 响应曲线　　　　　　　　　　　　　　(b) 误差曲线

图 5-53　扩充临界比例系数法设计的数字 PID 控制系统阶跃输入信号响应和误差曲线

由图 5-53 阶跃响应曲线可知,经 PID 校正后系统性能不能满足指标要求,其超调量为 48%,根据 PID 参数的作用,调整整定参数,使 $K_p = 4.5$, $T = 9.8 \times 10^{-4}$, $T_i = 0.09$, $T_d =$

0.01，相应得到 $K_i = \dfrac{K_p T}{T_i} = 0.049$，$K_d = \dfrac{K_p T_d}{T} = 45.918$。

由式(5-83)可得离散 PID 模型为

$$D(z) = \frac{50.467z^2 - 96.337z + 45.918}{z^2 - z}$$

将上式调整后的 PID 模型替换图 5-52 中 PID 模型，以单位阶跃转角信号为输入信号，系统的阶跃响应曲线和误差曲线如图 5-54 所示。

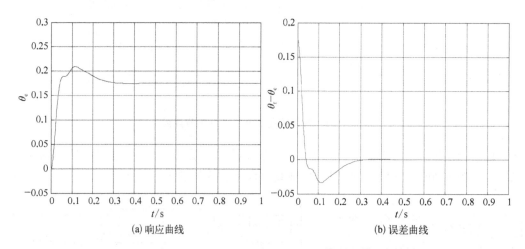

(a) 响应曲线   (b) 误差曲线

图 5-54　调整后的阶跃输入信号响应曲线

由图 5-54 单位阶跃输入的系统响应曲线可知，跟踪过程超调量为 19.2%<20%，调节时间为 226 ms<250 ms，稳态误差为 0，满足系统性能指标要求。

以斜坡角度信号为输入信号，替换图 5-52 的阶跃信号环节，系统斜坡响应及误差曲线如图 5-55 所示，从图中可以看出，系统对速度输入信号跟踪过程最大跟踪误差为

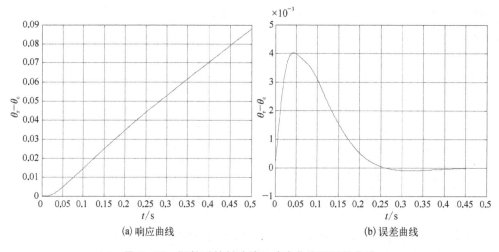

(a) 响应曲线   (b) 误差曲线

图 5-55　调整后的斜坡输入响应曲线和误差曲线

0.004,系统稳态误差为 0,系统在 0.172 s 时跟踪误差就为 0,调节时间为 172 ms<250 ms。因此,经调整后系统能满足性能指标要求。

2. 最少拍无波纹系统控制器设计

为了尽快消除误差,达到时间最优控制,可以采用最少拍无波纹系统数字控制算法进行控制。

广义被控对象的脉冲传递函数为

$$G(z) = Z\left[G_h(s)G(s)\right]_{T=0.001} = Z\left[\frac{1 - e^{-Ts}}{s} \cdot \frac{7.162}{s(0.011\,03^2 s^2 + 0.011\,03 s + 1)}\right]$$

$$= 9.589 \times 10^{-6} \frac{z^{-1}(1 + 3.647 z^{-1})(1 + 0.262 z^{-1})}{(1 - z^{-1})(1 - 1.905 z^{-1} + 0.913\,3 z^{-2})}$$

连续模型到离散模型转换程序如下:

```
% 连续模型到离散模型转换
s = tf('s');
T = 0.001;% 采样周期
Gs = 7.162/(s*(0.01103^2*s^2+0.01103*s+1));% 连续传递函数
Gz = c2d(Gs,T,'zoh');% 连续模型到离散模型
Gzpk = zpk(Gz);% 转换为离散零极点模型
% end
```

以阶跃输入信号作为典型输入信号,要满足无纹波设计,单位阶跃输入选择误差脉冲传递函数 $G_e(z)$ 和闭环脉冲传递函数 $\Phi(z)$ 为

$$G_e(z) = (1 - z^{-1})(1 + a z^{-1} + b z^{-2})$$

$$\Phi(z) = c z^{-1}(1 + 3.647 z^{-1})(1 + 0.262 z^{-1})$$

由 $G_e(z) = 1 - \Phi(z)$ 得到 $a = 0.829\,5$, $b = 0.162\,9$, $c = 0.170\,5$。

由 $D(z) = \dfrac{\Phi(z)}{G(z)\left[1 - \Phi(z)\right]} = \dfrac{\Phi(z)}{G(z)G_e(z)}$ 确定数字控制器 $D(z)$ 为

$$D(z) = 1.778\,1 \times 10^4 \frac{1 - 1.905 z^{-1} + 0.913\,3 z^{-2}}{1 + 0.829\,5 z^{-1} + 0.162\,9 z^{-2}}$$

以单位阶跃转角信号为输入信号,按最少拍无波纹系统控制器设计的系统仿真模型如图 5-56 所示,其响应曲线和误差曲线如图 5-57 所示。

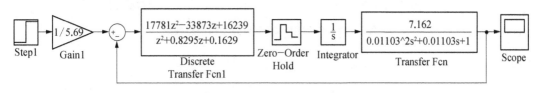

图 5-56　最少拍无波纹系统仿真模型

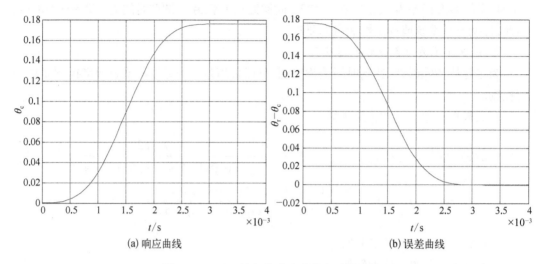

(a) 响应曲线　　　　　　　　　　(b) 误差曲线

图 5 - 57　阶跃输入的响应曲线和误差曲线

由图 5 - 57 单位阶跃输入的系统响应曲线和误差曲线可知, 跟踪过程无超调量, 且输出只需三拍就可跟踪上输入信号, 调节时间为 3 ms, 远远小于 250 ms, 稳态误差为 0。因此, 完全满足系统性能指标要求。

以斜坡角度信号为输入信号, 替换图 5 - 56 中的阶跃信号环节, 系统斜坡响应及误差曲线如图 5 - 58 所示, 从图中可以看出, 系统对速度输入信号跟踪过程最大跟踪误差为 0.000 35, 系统稳态误差非常小(约为 0.000 32), 系统调节时间非常小(小于 3 ms)。因此, 经最少拍无波纹系统控制器设计后系统完全能满足性能指标要求。

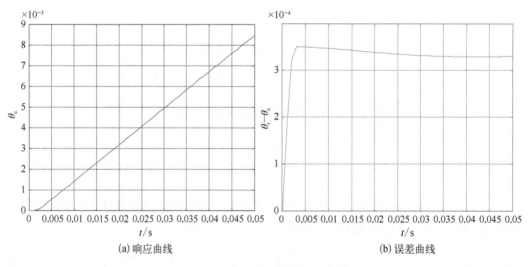

(a) 响应曲线　　　　　　　　　　(b) 误差曲线

图 5 - 58　斜坡输入的响应曲线和误差曲线

第六章
电液比例控制技术及应用

电液比例控制系统是导弹发射装置液压系统的重要组成部分,可以在控制计算机的配合下完成发射车的调平、发射装置的起竖和回平等功能。本章主要介绍是电液比例控制技术概念、比例电磁铁、电液比例阀的结构和工作原理、比例放大器控制原理,并给出电液比例控制技术在发射装置调平、起竖液压系统中的典型应用。

6.1 电液比例控制技术概述

6.1.1 电液比例控制的基本概念

从广义上讲,凡是输出量(如压力、流量、位移、速度、加速度等),能随输入信号连续地按比例变化的控制系统,都称为比例控制系统。从这个意义上说,伺服控制也是一种比例控制。但是通常所说的比例控制系统是特指介于开关控制和伺服控制之间的一种新型电液控制系统。

相对于开关控制系统来说,比例控制系统能实现连续、比例控制,并且控制精度高、反应速度快。相对于伺服控制系统来说,由于比例阀是在普通工业用阀的基础上改造而成的,因此加工精度不高、成本低廉、抗污染性能好。它几乎同开关型控制差不多,控制精度、反应速度等控制性能虽然比电液伺服系统差,但能满足大多数工业控制的要求,并且阀内压降小,因此能节省能耗,降低发热量。

组成电液比例控制系统的基本元件有如下几种。

(1)指令元件:是产生与输入给定控制信号的元件。

(2)比较元件:作用是把给定输入与反馈信号进行比较,得出的偏差信号作为电控器的输入。

(3)电控器:作用是对输入的信号进行加工、整形和放大,以便达到电-机械转换装置的控制要求。

(4)比例阀:可分为两部分,即电-机械转换器及液压放大元件,还可能带有阀内的检测反馈元件。

(5)液压执行器:通常指液压缸或液压马达,它是系统的输出装置,用于驱动负载。

(6)检测反馈元件:对于闭环控制需要加入检测反馈元件,检测被控量或中间变量的实际值,得出系统的反馈信号。

按被控量是否被检测和反馈,电液比例控制系统可分为开环比例控制和闭环比例控制系统。按控制信号的形式,电液比例控制系统可分为模拟式控制和数字式控制,数字式控制又分为脉宽调制、脉码调制和脉数调制等。按比例元件的类型,电液比例控制系统可分为比例节流控制和比例容积控制两大类。比例节流用在功率较小的系统,而比例容积控制用在功率较大的场合。

目前,最常用的分类方式是按被控对象(量或参数)来进行分类,则电液比例控制系统可以分为比例流量控制系统、比例压力控制系统、比例流量压力控制系统、比例速度控制系统、比例位置控制系统、比例力控制系统和比例同步控制系统。

电液比例控制系统的主要优点有:

(1) 操作方便,容易实现遥控;

(2) 自动化程度高,容易实现编程控制;

(3) 工作平稳,控制精度较高;

(4) 结构简单,使用元件较少,对污染不敏感;

(5) 系统的节能效果好。

6.1.2 电液比例控制的基本原理

电液比例控制可以是开环控制,如图6-1所示;也可以是闭环控制,如图6-2所示。

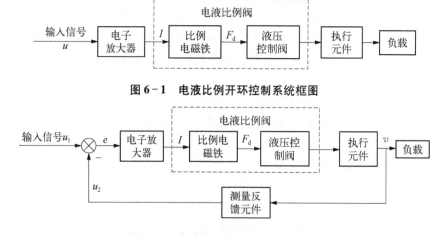

图 6-1 电液比例开环控制系统框图

图 6-2 电液比例闭环控制系统框图

在图6-1中,当通过电液比例阀进行开环控制,输入电压均经电子放大器放大时,驱动比例电磁铁,使之产生一个与驱动电流 I 成比例的力 F_d,推动液压控制阀,液压控制阀输出一个强功率的液压信号(压力和流量),使执行元件拖动负载以所期望的速度运动。改变输入信号的大小,便可改变负载的运动速度。

若需提高控制性能,则可以采用闭环控制。图6-2是在开环控制的基础上增加一个测量反馈元件,不断测量系统的输出量并将它转换成一个与之成比例的电压信号,反馈到系统的输入端,同输入信号比较,形成偏差 e。此偏差信号 e 经放大、校正后,加到电液比例阀上,放大成强功率的液压信号,去驱动执行元件,以拖动负载朝着消除偏差的方向运动,直到偏差 e 趋近于零。

6.1.3 电液比例阀的组成及分类

电液比例阀是由电-机械转换器、液压放大元件及液压阀本体组成的。电-机械转换器是电液的接口元件,它把放大后的电信号转换成与电信号成比例的机械量(力或位移)输出,经液压阀放大驱动负载。

目前应用的电-机械转换器大多采用电磁式设计,利用电磁力与弹簧力相平衡的原理实现电-机械转换。这种电-机械转换器称为比例电磁铁,它是螺管式直流电磁铁。这种比例电磁铁结构简单,采用一般材料,工艺性好、输出力大、行程长,有些还增设应急操作装置,在电控器失灵时能用手动维持正常工作。

比例电磁铁根据是否带内置位移传感器可分为力控制型和行程控制型。

(1)力控制型比例电磁铁。改变输入比例电磁铁的电流,可以获得按线性变化的力,输出力与输入电流呈线性关系。这种关系在 $1\sim5$ mm 的行程内有效,称为力-行程特性曲线。力控制型比例电磁铁负载弹簧刚度大,动态特性好,仅工作在一个相当小的行程范围(1.5 mm)内,适用于控制先导阀芯。

(2)行程控制型比例电磁铁。在行程控制型比例电磁铁中,线性位移传感器(差动变压器式)与衔铁相连,组成一个内部闭环控制回路,使电磁铁的行程得到更准确的控制;同时其负载弹簧刚度小,故电磁铁的行程大,典型行程范围为 $3\sim5$ mm。行程控制型比例电磁铁可直接与方向阀、流量阀的滑阀相连,也可与压力阀、锥阀相连。比例电磁铁最大输入直流电压为 24 V,最大直流电流为 800 mA,最大输出力 $65\sim80$ N。

液压系统的压力和流量是两个主要被控参数。常见比例阀有比例压力控制阀、比例流量控制阀、比例方向阀和比例复合阀。比例压力控制阀、比例流量控制阀为单参数控制阀;比例方向阀同时控制液流方向和流量,是两参数控制阀;比例复合阀为多参数控制阀。

6.2 比 例 电 磁 铁

6.2.1 典型结构和工作原理

尽管国内外比例电磁铁品种繁多,但其基本结构和原理大体相同。图 6 - 3(a)所示为 20 世纪 70 年代末发展起来的耐高压比例电磁铁的典型结构。与普通直流电磁铁相比,由于结构上的特殊设计,形成特殊形式的磁路,从而使它获得的基本吸力特性(水平位移-力特性)与普通直流电磁铁的吸力特性有很大区别,如图 6 - 3(b)所示。

从图 6 - 3 可知,典型的耐高压比例电磁铁主要由衔铁、导套、极靴、壳体、线圈、推杆等组成。导套前后两段由导磁材料制成,中间用一段非导磁材料(隔磁环)焊接;导套具有足够的耐压强度,可承受 35 MPa 的静压力;导套前段和极靴组合,形成带锥型端部的盆型极靴,其相对尺寸决定了比例电磁铁稳态特性曲线的形状;导套和壳体之间配置同心螺线管式控制线圈;衔铁前端装有推杆,用以输出力或位移;衔铁后端装有由弹簧和调节螺钉组成的调零机构,可在一定范围内对比例电磁铁特性曲线进行调整。

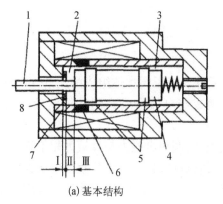 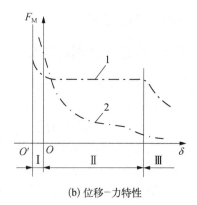

(a) 基本结构   (b) 位移-力特性

1. 推杆；2. 工作气隙；3. 非工作气隙；4. 衔铁；　　　1. 比例电磁铁；2. 普通直流电磁铁
5. 轴承环；6. 隔磁环；7. 导套；8. 限位片　　　　　Ⅰ. 吸合区；Ⅱ. 工作行程区；Ⅲ. 空行程区

图 6-3　耐高压直流比例电磁铁的结构和特性

6.2.2　工作原理

当给比例电磁铁控制线圈一定电流时,在线圈电流控制磁势的作用下,形成两条磁路,如图 6-4 所示,一条磁路 Φ_1 由前端盖盆形极靴底部,沿轴向工作气隙,进入衔铁,穿过导套后段和导磁外壳回到前端盖极靴。另一磁路由 Φ_2 经盆形极靴锥形周边(导套前段),径向穿过工作气隙进入衔铁,而后与 Φ_1 相汇合。这种特殊形式磁路的形成,主要是由于采用了隔磁环节结构,构成了一个带锥形周边的盆形极靴。因此,盆口部位几何形状及尺寸,需要经过优化设计和试验研究才能决定。由于电磁作用,磁通 Φ_1 产生了通常的端面力 F_{M1},磁通 Φ_2 则产生了一定数量的附加轴向力 F_{M2},如图 6-4(b) 所示,两者的综合,就得到了整个比例电磁铁的输出力 F_M。在工作区域内,电磁力 F_M 相对于衔铁位移基本呈水平力特性关系。

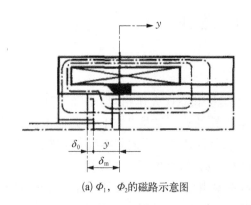 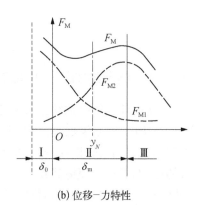

(a) Φ_1, Φ_2 的磁路示意图   (b) 位移-力特性

图 6-4　比例电磁铁磁路及位移-力特性

由图 6-4(b) 可知,在比例电磁铁衔铁的整个行程区内,位移-力特性并不全是水平特性。它可以分为三个区段。在工作气隙接近于零的区段,输出力急剧上升,称为吸合区Ⅰ,这一行程区段不能正常工作。因此,在结构上用加限位片的方法将其排除,使衔铁不能

移动到该区段内。当工作气隙过大时,电磁铁输出力明显下降,称为空行程区Ⅲ,这一区段虽然也不能正常工作,但有时是需要的,如用于直接控制式比例方向阀中的比例电磁铁,当通电的比例电磁铁工作在工作行程区时,相应的不通电的比例电磁铁则处于空行程Ⅲ区段。除吸合区Ⅰ和空行程区Ⅲ外,具有近似水平位移-力特性的区段,称为工作区,工作区的长度与比例电磁铁的类型等有关。

衔铁与导套之间的摩擦力,往往可以采用在控制电流信号里叠加一定频率的交流信号,即加颤振信号的办法,使其得到明显降低。颤振信号在衔铁中产生一个与控制信号相比幅值较小的附加振动,使摩擦力的干扰影响明显减小。实验表明,颤振信号对减小材料磁滞带来的滞环也同样有效。应注意的是,颤振信号幅值以能消除滞环的影响为限,其频率则受弹簧质量系统的惯性和铁磁材料的涡流损耗的限制。颤振信号波形一般为三角波或矩形波。

6.3　电液比例阀

6.3.1　电液比例溢流阀

比例溢流阀的结构,基本上与常规手动调节溢流阀相同。两者区别在于,比例溢流阀中用比例电磁铁取代常规阀中的调压弹簧调节装置。

比例溢流阀的功能较常规阀有明显的增强。在系统中不但可稳定系统压力为一定值,而且可以根据工况要求无级地快速改变系统压力。比例阀不用加二位二通电磁阀就具备了卸荷功能。比例溢流阀还可以根据需要构成闭环压力反馈控制。在与其他控制器件构成复合控制方面,如 $p-q$ 阀(压力控制与流量控制的组合)等,也显现出其结构紧凑、控制便利等优越性。

比例溢流阀是液压系统中重要的控制元件,其特性对系统的工作性能影响很大,其主要作用有以下几个方面。

(1) 构成液压系统的恒压源。比例溢流阀作为定压元件,一方面当控制信号一定时,可获得稳定的系统压力;另一方面当控制信号变化时,可无级调节系统压力,且压力变化过程平稳,对系统的冲击小。

(2) 将控制信号置为零,即可获得卸荷功能。此时液压系统不需要压力油,油液通过主阀口低压流回油箱。

(3) 比例溢流阀可方便地构成压力负反馈系统,或与其他控制元件构成复合控制系统。

比例溢流阀包括直动型比例溢流阀和先导型比例溢流阀,以下只介绍直动型比例溢流阀的结构及工作原理。

1. 普通直动比例溢流阀

直动型比例溢流阀结构及工作原理如图6-5所示。它是双簧结构的直动型溢流阀,与手调式直动溢流阀功能完全相同。其主要区别是用比例电磁铁取代了手动的弹簧力调节组件。

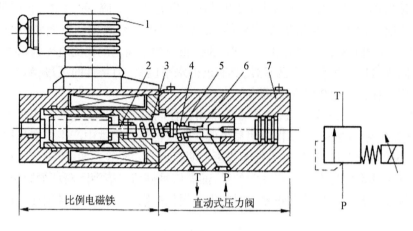

图 6-5 直动型比例溢流阀

1. 线圈插头;2. 推杆;3. 传力弹簧;4. 锥阀芯;5. 防振弹簧;6. 阀座;7. 阀体

图 6-5 所示的直动型比例溢流阀的工作原理为:改变阀的电流会使衔铁推杆 2 对传力弹簧 3 产生的作用力按比例产生相应的变化,传力弹簧对锥阀芯 4 的作用力也按比例产生相应的变化,从而按比例改变了 P 口溢流压力,也就达到了通过改变比例阀的电流而按比例改变 P 口溢流压力的目的。

2. 带位置反馈的直动溢流阀

带位置反馈的直动溢流阀如图 6-6 所示,其结构主要包括力控制型比例电磁铁 4 以及由阀体 10、阀座 11、锥阀芯 9、调压弹簧 7 等组成的液压阀体本体。输入电信号时,比例电磁铁 4 产生相应电磁力,通过调压弹簧 7 作用于锥阀芯 9 上。电磁力对弹簧预压缩,预压缩量决定了溢流压力。预压缩量正比于输入电信号,溢流压力正比于输入电信号,实现了对压力的比例控制。

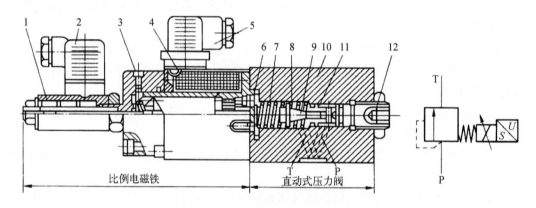

图 6-6 带位置反馈的直动溢流阀

1. 位移传感器;2. 传感器插头;3. 放气螺钉;4. 比例电磁铁;5. 线圈插头;
6. 弹簧座;7. 调压弹簧;8. 防振弹簧;9. 锥阀芯;10. 阀体;11. 阀座;12. 调节螺塞

因为电磁铁有水平吸力特性,因此在动杆下加位移传感器,即在给定电流后,动铁可以在工作行程内移动,而输出力不变。这样推杆推着的阀芯与对应的阀座之间构成可变液阻,加上与电磁铁动铁固联的位移传感器后,随时检测动铁位移并反馈至带 PID 控制单元的电控器。用反馈信号对输入信号的偏差值对电磁铁进行控制,使动铁继续移动,直至偏差值为零,构成动铁位移的闭环控制,使调压弹簧 7 得到与输入信号成比例的精确压缩量,使阀达到更小的磁环和更高的控制精度。

普通溢流阀采用不同刚度的调压弹簧改变压力等级。由于比例电磁铁的推力与电流成正比,比例溢流阀通过改变阀座 11 的孔径而获得不同的压力等级。阀座孔径小,控制压力高,流量小。调节螺塞 12 可在一定范围内调节溢流阀的工作零位。

直动型比例溢流阀在小流量场合下单独做调压元件,也可以做先导型溢流阀或减压阀的先导阀。

6.3.2　电液比例流量控制阀

电液比例流量控制阀的流量调节作用,都是通过改变节流阀口的开度(通流面积)来实现的。它与普通流量阀的主要区别是用比例电磁铁取代原来的手调机构,直接或间接地调节主节流阀口的通流面积,并使输出流量与输入电信号成正比。

节流阀口的流量公式为

$$q = C_d A(x) \sqrt{\frac{2}{\rho} \Delta p} \qquad\qquad (6-1)$$

式中, C_d 为阀口的流量系数,在紊流时近似为常数。

由式(6-1)可见,控制通流面积 $A(x)$ 可以控制通过阀口的流量,但通过的流量还受节流阀口的前后压差 Δp 等因素的影响。电液比例流量控制阀按其被控量是节流阀口的开度 x [或通流面积 $A(x)$]还是流量,可分为比例节流阀和比例流量阀。

比例节流阀有直动式和先导式之分,以下主要介绍直动式比例节流阀的结构及工作原理。

用电-机械转换元件直接控制功率级阀芯位移的比例节流阀称为直动式比例节流阀。在主阀口压差一定的情况下,阀输出的流量与输入电信号呈比例关系。按它的阀芯运动形式有转阀式和滑阀式。转阀式比例节流阀是由伺服电机经减速机构减速后驱动控制,这种形式的比例节流阀结构复杂、响应慢,目前市场上已经不多见了,常见的是采用比例电磁铁驱动的滑阀式比例节流阀。

直动式比例节流阀的构成一般是在传统节流阀的基础上,用比例电磁铁代替手动调节机构构成。为了提高调节精度,还可以配上位置检测装置,形成位移-电反馈的节流阀芯位置的闭环控制,如图 6-7 所示。

实际使用中,常用二位四通比例方向阀来代替比例节流阀,典型结构见图 6-7(a)。比例方向阀有两条通路,因此,作比例节流阀使用时,根据流量的要求,可以只利用其中一条节流通道,也可同时使用两条节流通道。其连接情况及职能符号可参见图 6-7(b)。二位四通比例方向阀用作比例节流阀时,如要同时利用两个通道,可使通过流量倍增,但此时其无信号状态必须是 O 型的,即四个油口互相封闭。如果只利用其中一个通道,其无信号状态可以有多种形式供选用。

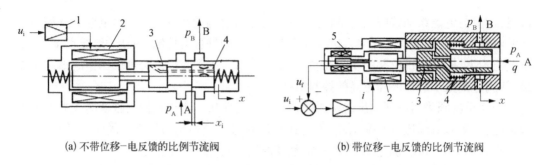

(a) 不带位移-电反馈的比例节流阀　　　　　(b) 带位移-电反馈的比例节流阀

图 6-7　直动式电液比例节流阀的结构原理图
1. 比例放大器;2. 比例电磁铁;3. 节流阀芯;4. 复位弹簧;5. 位移传感器

6.4　比例控制放大器

6.4.1　输入接口单元

为了满足各种外设需要,增强适应性,比例控制放大器一般具有多种输入接口。

1. 模拟量输入接口

最简单的模拟量输入接口就是利用手调电位器输入控制电信号,即手动输入。常用安装在面板上的多圈电位器来调节,在对比例控制放大器或比例控制系统进行调试时使用。图 6-8(a)所示为一带电压跟随器的电位器 P。移动触头可取出 $0 \sim u_R$ 的任意值 u_1。接入电压跟随器,可减小负载效应对其线性度的影响。

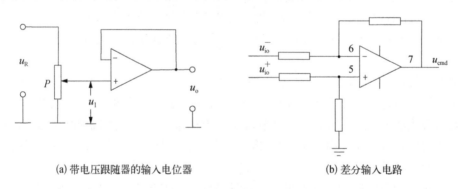

(a) 带电压跟随器的输入电位器　　　　　(b) 差分输入电路

图 6-8　模拟量输入电路

比例放大器内部的模拟量接口电路一般采用差分输入方式,如图 6-8(b)所示。正相端接入指令信号,负相端与指令信号的参考地相连接。这样就可以消除指令信号与比例放大器内部参考地之间的共模信号干扰,但必须注意该共模信号的幅度不能超过比例放大器运算单元的正负电压范围。

在比例控制放大器中,往往有多个模拟指令信号输入接口,包括输入电压信号接口和输入电流信号接口,以适应不同的模拟量输入信号。模拟控制信号一般由外设通过模拟量输入接口输入,也可通过安装在比例控制放大器中的信号函数发生器实现。常见的信号函数发生器有周期性函数发生器,如正弦波发生器、三角波发生器、锯齿波发生器等,以满足不同工况的要求。

此外,电反馈比例控制放大器还有反馈模拟信号输入接口,接受来自位移传感器、压力传感器、流量传感器等的反馈检测信号,构成位移、压力、流量等电反馈闭环控制同路。

2. 数字量输入接口

为了满足数字控制的需要,有的比例控制放大器还具有数字接口。图6-9所示为一简化的四位数字输入接口单元。图中 $D_1 \sim D_4$ 为四位数字输入口,电位器 $P_1 \sim P_4$ 用来调定数字量经 D/A 转换后对应的模拟量值。

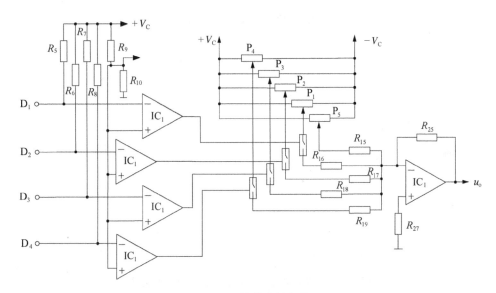

图6-9　四位数字输入接口

6.4.2　信号处理电路

为了适应各种不同控制对象和工况的要求,比例控制放大器中还有各种信号处理电路,用来对输入指令信号进行相应的处理。最常见的有斜坡信号发生器、阶跃函数发生器、双路平衡电路、初始电流设定电路等。

1. 斜坡信号发生器

以一个设定值阶跃作为输入信号,斜坡信号发生器产生一个缓慢上升或下降的输出信号,输出信号的变化速率可通过电位器调节。以实现被控系统工作压力或运动速度等的无冲击过渡,满足系统控制的缓冲要求。

如图6-10所示,在输入阶跃信号情况下,由于电容 C 充电的阻滞作用,可使输出电压缓慢而连续地变化。调节可变电阻 R 能改变输出电压的斜率。斜坡预调时间与100%额定输入电信号相对应的设定值(输入阶跃信号)相关。当输入信号设定值仅为额定值的某个比值时,其斜坡调整时间亦为相应预调最大斜坡时间的比值。

图6-11所示是一种常见的阶跃信号斜坡转换电路,用来分别调节两个斜坡函数的速率。适用于被控系统压力(速度)上升和下降速率需各自独立调节的场合。输出幅值

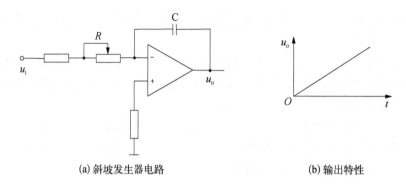

(a) 斜坡发生器电路　　　　　　　　　(b) 输出特性

图 6-10　斜坡信号发生器

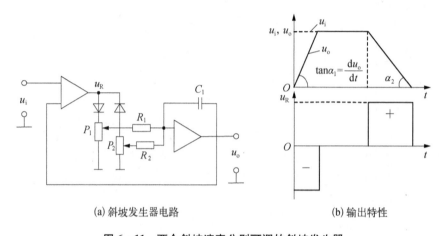

(a) 斜坡发生器电路　　　　　　　　　(b) 输出特性

图 6-11　两个斜坡速率分别可调的斜坡发生器

的调节可通过改变 u_i 实现。

2. 阶跃函数发生器

阶跃函数发生器的输出特性如图 6-12(b) 所示。它的输出信号经放大后,给比例电磁铁一个阶跃电流,使比例阀阀芯快速越过零位死区,即削弱或排除比例阀阀芯正遮盖的影响,适应零区控制特性的要求。在控制三位型比例方向阀的比例控制放大器中,一般有阶跃函数发生器。

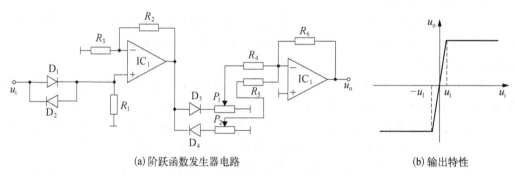

(a) 阶跃函数发生器电路　　　　　　　　　(b) 输出特性

图 6-12　阶跃函数发生器

图 6-12 所示是阶跃函数发生器的原理图。阶跃函数发生器,在设定电压值大于一个较小的电压值 u_i 时,产生一个恒定的输出信号,其大小可由 p_1 和 p_2 调定。当设定电压值小于 u_i 时,输出信号为零。

3. 初始电流设定电路

初始电流设定电路如图 6-13 所示,其主要用于产生比例电磁铁的预激磁电流,调整比例阀的零位死区大小或避开死区,使比例阀在设定值输入时从起始位置迅速启动。

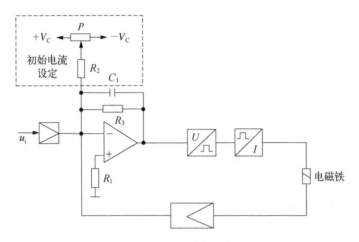

图 6-13　初始电流设定电路

6.4.3　调节器

调节器是电反馈比例控制放大器中的一个组成单元,其用途为改善电反馈闭环控制比例阀或系统的稳态和动态品质,使控制比例阀或系统稳定并达到一定的控制精度,对干扰起抑制作用,使动态特性得到提高。调节器常按使用要求构成不同的调节特性。常用的调节器有 P、I、D 型及其组合。

1. P 调节器

P 调节器具有比例调节特性,即输出量与输入量成比例。如图 6-14 所示,输出量为

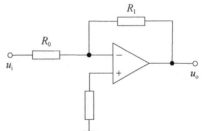

$$u_o = -\frac{R_1}{R_0}u_i = -K_P u_i \qquad (6-2)$$

式中,$K_P = R_1/R_0$ 为比例增益(或称放大系数)。

图 6-14　P 调节器

P 调节器的优点是结构简单,调整容易,对调节量的变化响应快,但始终存在一个和放大系数相关的调节偏差(静差)。调节器的比例增益 K_P 越大,静差越小,调节精度越高;但若 K_P 过大,会使系统产生自激振荡。

2. I 调节器

如图 6-15 所示,I 调节器的输出量为输入量对时间的积分,即

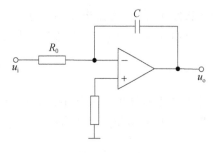

图 6-15 I 调节器

$$u_o = -\frac{1}{T_I}\int_0^t u_i \mathrm{d}t \qquad (6-3)$$

式中，$T_I = R_0 C$ 为积分时间常数，表示积分速度的大小。T_I 越大，积分速度越慢，积分作用越弱；反之亦然。

积分环节的特点在于只要输入量不为零，输出量就不断地变化，直到输入量为零，输出电压才保持在某一数值上。因此，I 调节器原则上能完全消除任何调节偏差。但 I 调节器需要较长的调整时间，当调节量变化时，反应很慢，且有可能出现较大的超调。

3. PI 调节器

如图 6-16 所示，PI 调节器综合了 P 调节器的快速性和 I 调节器的精确性的优点。输出量为

$$u_o = -K_P \left(u_i + \frac{1}{T_I}\int u_i \mathrm{d}t \right) \qquad (6-4)$$

式中，$K_P = R_1/R_0$；$T_I = R_1 C$。

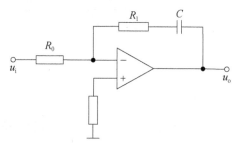

图 6-16 PI 调节器

PI 调节器的特点是既能快速地抑制干扰量，又能进行精确的调整，消除静差。但对于惯性较大的对象，PI 调节器就不能及时克服扰动的影响，以致造成较大的动态偏差和较长的调节时间。

4. D 调节器

D 调节器只对有变化的输入量产生反应，对固定不变的输入，不会有微分作用输出，因此不能克服静差。通常只能与其他类型调节器配合使用。

如图 6-17 所示的调节器是纯微分环节和惯性环节的组合。其传递函数为

$$W(s) = -\frac{T_2 s}{1 + T_1 s} \qquad (6-5)$$

式中，$T_1 = R_1 C, T_2 = R_1 C$。

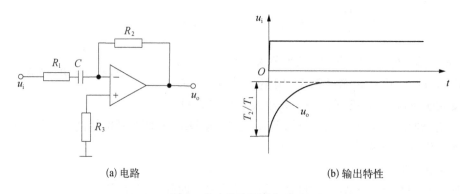

| (a) 电路 | (b) 输出特性 |

图 6-17 微分调节电路

在调节器中加入微分作用,在调节偏差尚不大时,提前给出较大的调节动作。由于调节及时,就可以大大减小系统的动态偏差及调节时间,使动态品质得到改善。但若微分作用过强或对象惯性较小,微分作用反而会使动态品质变坏,甚至使系统不能稳定。

5. PD 调节器

如图 6-18 所示,PD 调节器中的微分部分影响调节偏差的变化速度,可加速调节过程。但 PD 调节器存在一个静态调节偏差。

6. PID 调节器

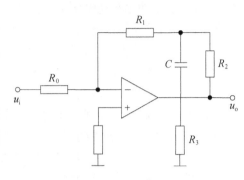

PID 调节器综合了三种控制类型的特性,不但具有良好的动特性,而且能消除静态控制偏差,是用得较多的一种调节器。

理想的 PID 调节器的传递函数为

图 6-18　PD 调节器

$$W(s) = K_P \left(1 + \frac{1}{T_I s} + T_D s \right) \tag{6-6}$$

调整量的变化首先取决于输入值的变化率 du_i/dt 值(D 部分),其次在微分作用时间之后调整量回到与比例部分相对应的值,然后根据 I 部分的值进行变化。

6.4.4　功率放大器

功率放大器是比例控制放大器的核心单元。比例控制放大器的稳态和动态性能及其工作可靠性很大程度上取决于功率放大器。功率放大器除了必须有足够的输出功率外,还必须具有良好的静、动特性。其输出的控制电流要有足够的稳定性,能抵抗温度变化、电源电压变化的干扰。此外,功率放大器还需具备几个附加功能,如能接受颤振信号、输出电流能采样和监视等。

功率放大器主要由信号放大和功率驱动电路组成。图 6-19 所示是它的典型结构。

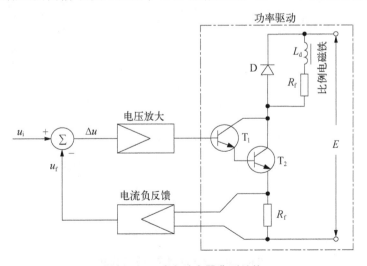

图 6-19　功率放大器典型结构

在保证功率放大器工作稳定的前提下,一般应尽量提高前向通道电压放大倍数,以提高输出电流抵抗电源电压波动和负载阻抗变化的能力,改善电流动态特性。

如前所述,根据功率放大级工作原理的不同,比例控制放大器有模拟式和开关式之分。实际上,以功率驱动电路的结构来看,模拟式和开关式却大同小异。两者工作原理和特性上的所有差异都来自功放管工作状态的不同。以下只介绍开关式功率放大器。

为了降低功放管功耗,提高电功率利用率,缓解由于功耗大引起的一系列不良影响,比例控制放大器还采用开关式功率放大级。开关式功率放大级用开关放大技术,使功放管始终工作在饱和区或截止区,使功放管的功耗大为降低,电路板的热负荷相应减小,散热装置体积得以缩小。因此,开关式功率放大级是一种节能电路。开关式功率放大级有脉宽调制、脉频调制、脉幅调制、脉码调制等多种方式,以脉宽调制(PWM)式最为常用。

图 6-20(a)、(b)分别是脉宽调制功率放大级的结构框图和原理图。这种功率放大级由脉宽调制器、功率驱动电路、电流负反馈单元、电流调节器等组成。

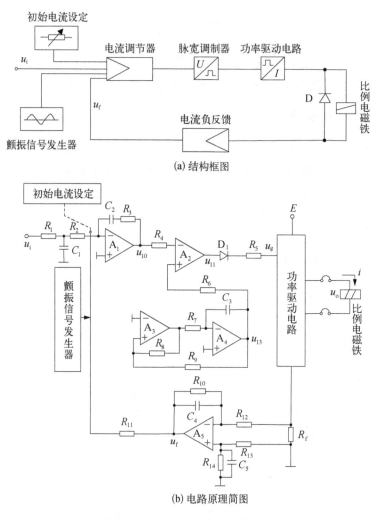

(a) 结构框图

(b) 电路原理简图

图 6-20 脉宽调制式功率放大级

当输入电压 $u_i \leq 0$ 时，A_1 正向饱和，A_2 负向饱和，功率驱动电路各功放管截止，输出电流 $i = 0$。

当 $u_i > 0$ 时，u_i 与反馈信号 u_f 相比较，其差值经电流调节器 A_1 运算放大后输给脉宽调制器，脉宽调制器将电流调节器输出的连续信号转换成脉冲宽度与其大小成比例的脉冲信号，该脉冲信号经功率驱动电路功率放大，在比例电磁铁线圈两端产生与之同相的脉冲电压 u_s。当开关频率远高于比例电磁铁线圈的截止频率时，由于比例电磁铁线圈的电感对电流信号的滤波作用，在线圈上就可得到平均值与脉宽成比例的、带有交流纹波分量的直流电流。与此同时，输出电流经采样电阻 R_f 检测、滤波及放大，反馈到输入端，构成输出电流平均值的闭环调节。此闭环削弱了前向放大环节的非线性、增益变化、负载阻抗变化以及电源电压波动对输出电流的影响。

在图 6-20(b) 的原理图中，A_3、A_4 构成三角波调制信号发生器，A_2 为比较器，它与调制波发生器组成脉宽调制器，将连续变化信号转换成脉宽调制信号。A_5 组成一具有滤波作用的差动电压放大电路，用于对电流采样信号进行综合、滤波和放大，构成电流负反馈。图 6-21 给出了上述电路的理想工作波形。

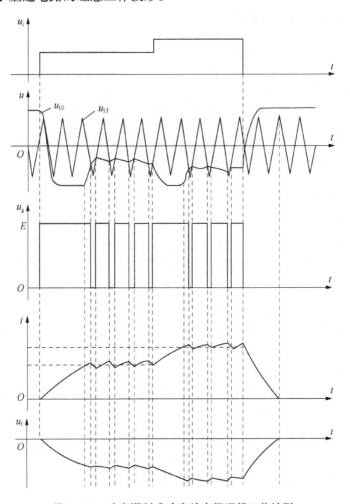

图 6-21　脉宽调制式功率放大级理想工作波形

如前所述,开关式功率放大级的输出电流带有频率与调制波相同的交流纹波分量,这是它区别于模拟式功率放大级的重要特征之一。稳态输出电流的纹波特性也是衡量开关式功率放大级稳态特性的重要技术指标。

传统的开关式功率放大级通常为低频脉宽调制式,开关频率较低(200 Hz 左右),与颤振信号频率(50~250 Hz)接近,因而无法像模拟式那样用独立的波形发生器产生颤振电流。低频脉宽调制式功率放大级输出电流的固有纹波虽然有颤振效果,但由于其频率与调制波频率相同,其幅值与负载时间常数、调制波频率、电源电压以及输入信号大小等呈函数关系,频率与幅度相互牵连,不可独立调节,故稳态控制性能较差。其适用于环境温度较高、控制性能要求较低的场合。

为解决上述低频脉宽调制式颤振分量频率和幅度不可独立调节的问题,目前开关式功率放大级采用了高频脉宽调制技术,调制波频率达到 10^3 Hz 量级。提高开关频率,还可减小线圈电流纹波幅度以及开关特性的延迟时间对线圈电流的影响,但开关频率的提高受到一定限制。当开关频率太高,以至于功放管的开关过渡过程时间占开关周期显著分量时,功放管的动态功耗较大,有悖于开关式功率放大级功耗低这一特有的优势。

6.4.5 典型比例控制放大器

1. 比例控制放大器 VT2000 原理

用方块图来解释比例放大器 VT2000 的功能,如图 6-22 所示。电源电压加到端子 24ac(+)和 18ac(0 V)上。电源电压在放大板上进行稳压处理,并由 DC-DC 模块⑦产生一个稳定的 9 V 电压。此稳定的 9 V 电压用于供给外部或内部指令值电位器,供给内部运行的放大器。通过指令值输入 12ac 进行控制。此输入电压是相对于测量零点 M0 的电位。最大电压为+9 V(端子 10ac)。指令值输入可直接连接到电源单元⑥的+9 V 测量电压上,也可连接到外部指令值电位器上。

假如指令值输入直接连接到测量电压上,电磁铁所需的最大电流,可由电位器 R2 来决定。如用外部指令值电位器,则 R2 的作用为限制器。VT2000 的指令值,也能通过差动放大器①(端子 28c 和 30ac)输入。此时,端子 28c 对端子 30ac 的电位应是 0 到+10 V。如果采用差动放大器输入,则必须仔细地将指令电压切入或切出,使两信号线与输入连接或断开。

斜坡发生器②根据阶跃的输入信号产生缓慢上升或下降的输出信号。输出信号的斜率,可由电位器 R3(对向上斜坡)和 R4(对向下斜坡)进行调节。规定的最大斜坡时间为 5 秒,只能在整个电压范围为+9 V 时才能达到。假如小的指令值阶跃加到斜坡发生器的输入,则斜坡时间会相应缩短。

在电流调节器③上,斜坡发生器②的输出信号和电位器 R1 的值相加,电位器 R1 用于调节起始电流。借助振荡器④的调节,产生导通输出级的大功率晶体管的脉宽信号。此脉冲电流作用在电磁铁上,就像一恒定电流叠加了颤振信号。电流调节器③的输出信号,输到输出级⑤。输出级⑤控制电磁铁输出⑧,其最大电流为 800 mA。通过电磁铁的电流,可在测量插座 X2 处测得,斜坡发生器的输出,可在测量插座 X1 处测得 (mV ≙ mA)。

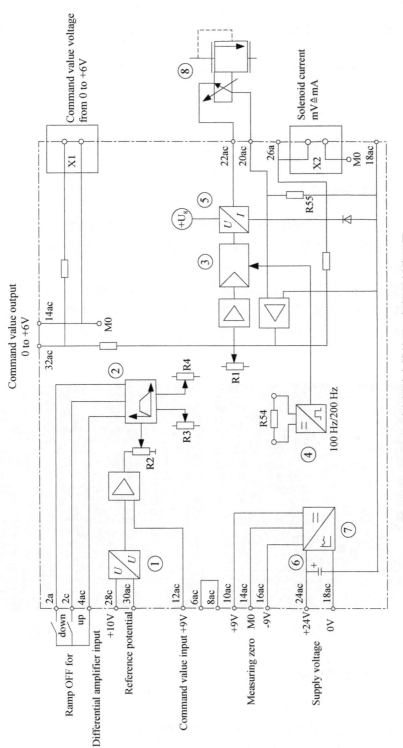

图 6-22　VT2000 型比例控制放大器的原理框图及插脚配置

2. 比例放大器上的测量点

（1）电源电压的测量。+24 V：端子 24ac 对端子 18ac。

（2）9V 稳定电压的测量。+9 V：端子 10ac 对端子 14ac；-9 V：端子 16ac 对端子 14ac。

（3）指令值的测量在测量插座 X1 处测 0 到+6 V 电压。

（4）在测量插座 X2 处测 100~800 mA 电磁铁电流（mV△mA）。

6.5　发射装置调平起竖控制系统

6.5.1　功能与组成

系统利用控制计算机控制液压系统完成车体调平功能和架体起竖功能。

液压系统由液压源、控制元件、液压辅件、4 支调平油缸和 1 支起竖油缸、管路连接件等组成，通过电气输出指令，控制元件和液压辅件将液压油从液压源输送到各执行器，由控制元件下达相应指令完成系统所需的动作。控制系统由控制计算机和水平传感器、压力传感器、倾角传感器组成，其中控制计算机包括 CPU 板、开关量输入板、A/D 板、D/A 板。液压油源、比例多路阀、调平油缸、起竖油缸分别如图 6-23、图 6-24、图 6-25 和图 6-26 所示。

图 6-23　液压油源

图 6-24　比例多路阀

6.5.2　主要技术指标

（1）整车满载重量：不大于 1 t。

（2）起竖油缸：起竖最大载荷 5.5 t，回平最大载荷 5.5 t。

（3）调平油缸：调平过程最大载荷 0.7 t。

（4）泵站电机：1.5 kW、220 V、50 Hz 工频电源。

图 6 - 25 调平油缸外形图

图 6 - 26 起竖油缸外形图

（5）控制系统直流电源输出：+24 V，20 A。

（6）输入交流电压为 50 Hz±2 Hz，220 V±22 V。

（7）输入直流电压 24 V±2.4 V。

（8）液压油源外形尺寸不超过 800 mm×490 mm×550 mm。

（9）调平油缸伸出行程不小于 200 mm，承载不小于 1t，采用 6 - M12 螺栓与底盘连接。

（10）起竖油缸安装距 750.5 mm，安装耳环孔 D30 mm，伸出行程不小于 415 mm。

6.5.3 液压系统

1. 液压泵站

液压泵站原理如图 6 - 27 所示。电机①正常运行后，定量齿轮泵②泵出高压液压油，通过单向阀③进入高压滤油器④，目的是防止污染物进入工作回路，保护液压回路中的阀件。在油箱处安装比例溢流阀⑤，其作用包括两个方面：一是可以通过比例阀控制器进行压力调定，使液压系统压力与负载匹配；二是在电机启动时，将比例溢流阀压力值调为零，确保不带载启动，保护电机。比例溢流阀控制电流的变化范围为 0~600 mA，控制压力范围为 0~16 MPa。液压油经过比例溢流阀返回油箱前经过回油滤油器⑥进行过滤，旁路阀与回油滤油器并联，在滤油器阻塞严重时，液压油通过旁路阀返回油箱。液压油经过工作油路返回油箱前，通过回油滤油器⑦进行过滤，与回油滤油器⑥安装形式相同，也通过一个旁路阀与回油滤油器并联。回油滤油器⑥和回油滤油器⑦都有压差发信器，过滤器一旦堵塞,压差发信器会报警,其次过滤器目视指示器会变色,则表明系统堵塞,需要清洗、更换滤芯。图中⑧为空气滤清器,⑨为油箱液位传感器,⑩为安装压力传感器,检测整个液压系统的压力。

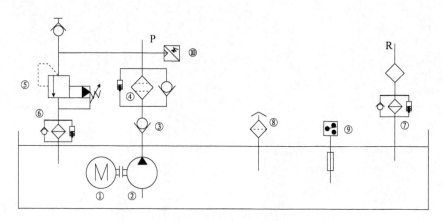

图6-27 液压泵站原理图

2. 调平油缸和起竖油缸的双平衡阀结构

如图6-28所示,调平油缸和起竖油缸均设置双平衡阀组,防止由于过载或油管爆裂等因素引起的油缸快速伸出或收回动作,采用双平衡阀结构。基本原理为:无论在油缸有杆腔或者无杆腔,当控制口压力突然变小时,平衡阀节流口变小,产生背压,平衡负负载。四个调平油缸的无杆腔安装压力传感器,检测调平支腿的压力。

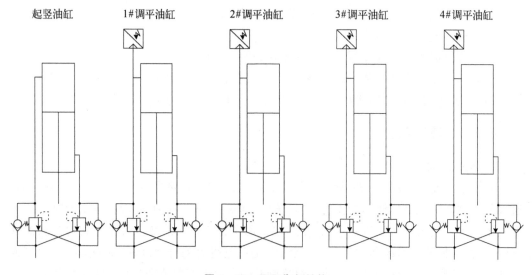

图6-28 双平衡阀结构

3. 比例多路阀

比例多路阀结构如图6-29所示。设定溢流阀②的最大安全压力为160 bar,当压力超过安全压力时,液压油溢流回油箱。三通减压阀③为各换向块的比例减压阀提供恒定压力的先导控制油。换向阀的负载反馈油路检测到各自的油压,反馈到梭阀④,各个换向阀对应的梭阀组成梭阀网络,将最大压力反馈给阻尼元件⑩,通过缓冲后,液压油到达三通流量控制阀①。三通流量控制阀是一个靠定压作用的溢流阀来进行压力补偿的流量控制阀,所控流量仅取决于节流口的开口面积大小,而不受负载变化的影响,在相同的压差下,节流口面积越大流量越大,多余的流量流回油箱。当液压油到达各个换向阀时,靠各自的二通压力补偿阀⑤的补偿作用保证换向阀进出口的油压压差恒定,使五个换向阀块能够同时协调动作,避免了负载低的换向阀先工作。比例减压阀⑨作为先导控制阀控制换向阀⑧主阀阀芯的两个控制腔的压力,当输入控制信号为零时,主阀在外弹簧的作用下保持在中位,当给比例减压阀输入控制电信号时,比例减压阀输出恒定的压力,推动主阀芯运动。二次限压阀⑥和⑦是直动式溢流阀,插装在换向阀块上,用于限定换向阀两个控制腔的压力,减小油液缓冲,二次限压阀⑥设定压力为 100 bar,二次限压阀⑦设定压力为 80 bar,均小于溢流阀②的最大安全压力。

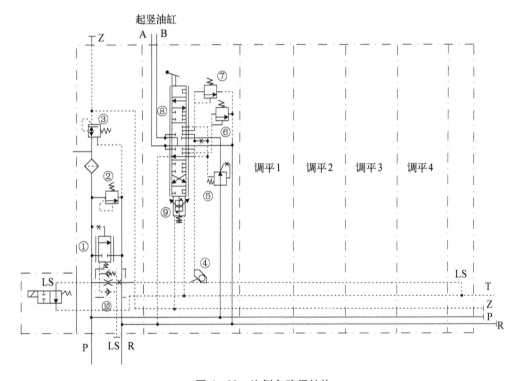

图 6‑29　比例多路阀结构

6.5.4　控制系统

1. 工作原理

控制系统的核心为 CPU 板,外围分别为 A/D 板、D/A 板、开关量输入板。开关量输入板给出调平和起竖的控制信号;A/D 板在调平过程中采集水平传感器数据和压力传感器的数据,A/D 板在起竖过程中采集倾角传感器数据;D/A 板给出 -10~10 V 的 5 路模拟信号,通过控制输出差分电压的大小控制多路比例阀的流量和比例溢流阀的最大压力,通过控制输出差分电压的极性进行多路比例阀的换向;功率放大板将 −10~10 V 的 5 路模拟信号放大为 0~600 mA 的电流信号输入到比例溢流阀和多路比例阀的比例电磁铁,驱动比例阀。如图 6 − 30 所示。

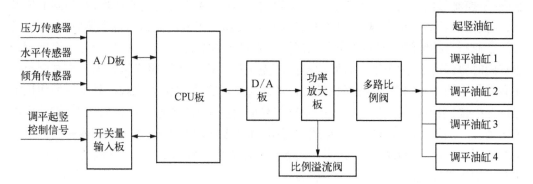

图 6 − 30　控制系统原理框图

2. 调平控制算法

在调平过程中,三点可以确定一个平面,四点调平是一个超静定问题,调平完毕后,可能造成某个支腿虚腿的情况,这对于大载重平台来说是不允许的,因此每个调平油缸的无杆腔安装压力传感器,在调平结束后,检测 4 个支腿压力,如果某个支腿压力小于某个设定值,继续执行该支腿伸出,进行压力补偿。算法流程如图 6 − 31 所示,其中载车的前后方向为 Y 轴,车尾高于车头为正,载车的左右方向为 X 轴,右侧高于左侧为正。算法的基本思想是首先检测水平传感器前后和左右两个方向的输出值,确保优先伸出最低点对应

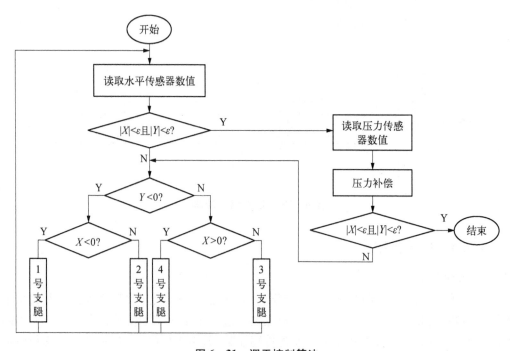

图 6 − 31　调平控制算法

的调平油缸,当前后方向和左右方向水平角的绝对值均小于某个设定值 ε 时,调平过程结束,进入压力调整阶段,压力补偿结束后,如果水平角不满足要求,继续进行调平,两个过程反复迭代,直到最终调平。

3. 起竖控制算法

起竖控制遵循中间阶段快,开始和结束阶段慢的原则,通过采集倾角传感器的数据,控制多路比例阀完成起竖过程,控制规律如图 6-32 所示,起竖角速度经历斜坡上升、匀速、斜坡下降三个阶段,到达某个规定角度后停止。

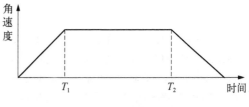

图 6-32　起竖控制规律

算法流程如图 6-33 所示。当起竖角在 $0 \sim \theta_1$ 的范围内时,均加速转动;当起竖角在 $\theta_1 \sim \theta_2$ 时,匀速转动;当起竖角大于 θ_2 时,匀减速运动;当起竖角达到 θ 时,停止起竖。

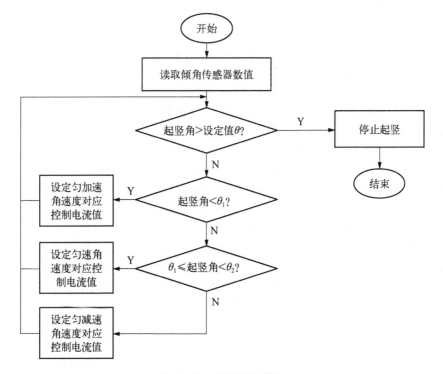

图 6-33　起竖控制算法

参考文献

《中国集成电路大全》编写委员会,1985. TTL 集成电路. 北京：国防工业出版社.

敖荣庆,袁坤,2006. 伺服系统. 北京：航空工业出版社.

曹鹏举,许平勇,李晓峰,2008. 基于 DSP 的液压伺服系统最少拍无纹波控制. 液压与气动(1)：33-35.

丛爽,李泽湘,2006. 实用运动控制技术. 北京：电子工业出版社.

飞思科技产品研发中心,2005. MATLAB7 辅助控制系统设计与仿真. 北京：电子工业出版社.

冯国楠,1990. 现代伺服系统的分析与设计. 北京：机械工业出版社.

高金源,等,2001. 计算机控制系统——理论、设计与实现. 北京：北京航空航天大学出版社.

高金源,夏洁,张平,等,2010. 计算机控制系统. 北京：高等教育出版社.

国家机械工业委员会,1987. 控制微电机产品样本. 北京：机械工业出版社.

郝丕英,1992. 防空导弹发射装置伺服系统. 北京：宇航出版社.

何克忠,李伟,2000. 计算机控制系统. 北京：清华大学出版社.

贺卫东,常晓权,党海燕,2015. 航天发射装置设计. 北京：北京理工大学出版社.

胡寿松,2004. 自动控制原理. 北京：科学出版社.

姜大中,陈铮,费开,等,1998. 动力装置数字控制系统. 西安：西北工业大学出版社.

姜学军,刘新国,李晓静,2009. 计算机控制技术. 2 版. 北京：清华大学出版社.

康波,李云霞,2015. 计算机控制系统. 2 版. 北京：电子工业出版社.

李红增,何华锋,李爱华,等,2015. 计算机测控技术. 西安：西北工业大学出版社.

厉虹,杨黎明,艾红,2008. 伺服技术. 北京：国防工业出版社.

刘浩,李喜仁,丁旭昶,等,2015. 航天发射装置概览. 北京：北京理工大学出版社.

刘金琨,2017. 先进 PID 控制 MATLAB 仿真. 4 版. 北京：电子工业出版社.

刘胜,彭侠夫,叶瑰昀,2001. 现代伺服系统设计. 哈尔滨：哈尔滨工程大学出版社.

娄寿春,2000. 地空导弹武器系统. 西安：空军工程大学.

卢志刚,吴杰,吴潮,2007. 数字伺服控制系统与设计. 北京：机械工业出版社.

吕淑萍,李文秀,2002. 数字控制系统. 哈尔滨：哈尔滨工业大学出版社.

梅晓榕,兰朴森,柏桂珍,1994. 自动控制元件及线路. 哈尔滨：哈尔滨工业大学出版社.

潘玉田,郭保全,2009. 轮式自行火炮总体技术. 北京：北京理工大学出版社.

钱平,2005. 伺服系统. 北京：机械工业出版社.

秦刚,陈中孝,陈超波,2013. 计算机控制系统. 北京：中国电力出版社.

秦继荣,沈安俊,2002. 现代直流伺服控制技术及其系统设计. 北京：机械工业出版社.

宋锦春,2014. 液压比例控制技术. 北京：冶金工业出版社.

王广雄,何朕,2008. 控制系统设计. 北京：清华大学出版社.

王洁,刘少伟,时建明,等,2020. 随动系统原理与设计. 北京：清华大学出版社.

王生捷,李建东,李梅,2015. 发射控制技术. 北京：北京理工大学出版社.

王正林,王胜开,陈国顺,等,2017. Matlab/Simulink 与控制系统仿真. 4 版. 北京：电子工业出版社.

吴根茂,邱敏秀,王庆丰,等,2006. 新编实用电液比例控制技术. 杭州：浙江大学出版社.

夏福梯,1996. 防空导弹制导雷达伺服系统. 北京：宇航出版社.

肖田元,范文慧,2010. 系统仿真导论. 北京：清华大学出版社.

肖英奎,尚涛,陈殿生,2004. 伺服系统实用技术. 北京：化学工业出版社.

徐承忠,王执铨,王海燕,1994. 数字伺服系统. 北京：国防工业出版社.

徐丽娜,张广莹,2010. 计算机控制——MATLAB 应用. 哈尔滨：哈尔滨工业大学出版社.

徐文尚,2014. 计算机控制系统. 2 版. 北京：北京大学出版社.

薛定宇,2006. 控制系统计算机辅助设计. 北京：清华大学出版社.

杨杰,陈木朝,2015. 计算机控制技术. 长春：吉林大学出版社.

杨征瑞,花克勤,徐轶,2009. 电液比例与伺服控制. 北京：冶金工业出版社.

于存贵,王惠方,仁杰,2015. 火箭导弹发射技术进展. 北京：北京航空航天大学出版社.

于殿君,张艳清,邓科,2015. 航天发射装置试验技术. 北京：北京理工大学出版社.

张莉松,胡佑德,徐立新,2005. 伺服系统原理与设计. 北京：北京理工大学出版社.

张汝波,徐东,2002. 计算机控制原理与系统. 哈尔滨：哈尔滨工业大学出版社.

张晓江,黄云志,2009. 自动控制系统计算机仿真. 北京：机械工业出版社.

张彦斌,2009. 火炮控制系统及原理. 北京：北京理工大学出版社.

赵瑞兴,2015. 航天发射总体技术. 北京：北京理工大学出版社.

朱忠尼,蔡小勇,卢飞量,等,2000. 伺服控制系统. 武汉：空军雷达学院.